住房和城乡建设领域"十四五"热点培训教材

大型复杂钢结构
设计要点、事故分析及案例

霍文营　孙海林　著

中国建筑工业出版社

图书在版编目（CIP）数据

大型复杂钢结构设计要点、事故分析及案例/霍文营，孙海林著. —北京：中国建筑工业出版社，2023.5（2024.10重印）
住房和城乡建设领域"十四五"热点培训教材
ISBN 978-7-112-28461-0

Ⅰ. ①大… Ⅱ. ①霍… ②孙… Ⅲ. ①建筑结构-钢结构-研究 Ⅳ. ①TU391

中国国家版本馆 CIP 数据核字（2023）第 043959 号

本书分为三篇：

第一篇重点介绍钢结构设计的基本设计要点，包括结构基本单元、悬挑式体育场挑篷设计、单向与双向布置钢结构设计、拱式结构及壳结构、索结构设计与选型、多高层钢结构设计等。

第二篇重点介绍复杂钢结构设计案例，包括中铁青岛世界博览城、贵阳某体育场结构设计、霞田文体园体育场等。

第三篇重点介绍典型钢结构事故及思考，包括大跨结构事故、典型钢结构事故、桥梁事故、门式刚架等轻钢结构破坏等，以及结构事故经验教训分析。

本书可供工程技术人员阅读参考，也可作为高等院校土建类专业辅助教材。

责任编辑：李天虹
责任校对：孙　莹

住房和城乡建设领域"十四五"热点培训教材
大型复杂钢结构设计要点、事故分析及案例
霍文营　孙海林　著
*
中国建筑工业出版社出版、发行（北京海淀三里河路 9 号）
各地新华书店、建筑书店经销
霸州市顺浩图文科技发展有限公司制版
建工社（河北）印刷有限公司印刷
*
开本：787 毫米×1092 毫米　1/16　印张：23½　字数：583 千字
2023 年 5 月第一版　　2024 年 10 月第二次印刷
定价：**72. 00** 元
ISBN 978-7-112-28461-0
（40931）

前　言

随着国家提出"创新、协调、绿色、开放、共享"的发展理念，大力推广绿色建筑，钢结构得到更加广泛的应用，大型复杂钢结构项目越来越多，复杂钢结构项目的设计成为重点。钢结构设计是一项经验性很强的工作，如果概念不清楚，就容易出现设计错误。告诉读者如何做好钢结构设计，少走弯路，提高设计效率，是本书写作的主要目的。

本书分为三篇：

第一篇重点介绍钢结构设计的基本设计要点，从结构的基本单元出发，介绍梁柱单元、杆单元、板壳单元、索单元等设计及不同杆件单元组合形成的结构体系，介绍结构设计的基本概念及理论；重点介绍简化分析方法，如梁、拱、索等的简化计算，力图通过简化计算，从复杂程序计算中跳出来，由点到面，帮助读者快速适应大型复杂钢结构设计。

第二篇重点介绍复杂钢结构设计案例，如中铁青岛世界博览城、贵阳某体育场、霞田文体园体育场等，结合设计案例介绍复杂钢结构设计选型、概念设计、程序计算等设计要点，为读者提供相关的复杂钢结构设计经验。

第三篇重点介绍典型钢结构事故，结合钢结构事故介绍基本概念的应用，如脆性破坏、节点破坏、荷载选择等，通过对事故的分析，从中吸取教训，分析原因，采取对策，避免在大型复杂钢结构设计中出现同类事故。

第1、2章主要撰写人是霍文营、孙海林，第3章主要撰写人是罗敏杰、孙海林，第4章主要撰写人是孙海林、李子栋，第5章主要撰写人是孙海林、董越等，第6章主要撰写人是孙海林、孙亚、白晶晶、王海波等，第7章主要撰写人是孙海林、董越等，第8章主要撰写人是孙海林，第9章主要撰写人是曹永超、孙海林，第10～14章主要撰写人是孙海林、霍文营；最后由霍文营、孙海林统稿。书中的典型工程案例，刘松华提供万州体育场、游泳馆等，史杰提供南宁园博园园林艺术馆。彭永宏、王奇、孙亚、杨永睿、贾天悦、王睿等参与了校对。感谢中国建筑设计研究院有限公司任庆英、范重、王载、尤天直、陈文渊、彭永宏、施泓、王春光、张亚东、王大庆、梁伟、刘建涛、张路、孙媛媛等多位教授级高级工程师以及左凌霄、卢畅、王安强等在写作过程中给予的指导和帮助。

本书重视基本理论和结构计算，重视基本构件的概念简化设计，对于电算结果通过简化方法进行判断，还有大量的工程实例作参考，指导性、实用性强。本书可供工程技术人员阅读参考，也可作为高等院校土建类专业辅助教材。

钢结构设计内容非常丰富，本书不能面面俱到，只能选取部分进行讲解，由于编者的经验和水平限制，本书一定还存在不少缺点甚至错误，敬请读者提出批评和指正，以便及时改进。

目　录

第三篇 典型钢结构事故及思考

第一篇
钢结构设计要点

1 结构基本单元

1.1 常见单元

常见的结构单元有梁、柱、拱、索、杆等。以常见的简支梁为例，通过充分发挥材料和结构的力学性能，梁体系可以演变成一系列形式，如桁架、网架、网壳等；梁的向上弯曲形成拱；梁的下垂形成悬索，如图 1.1-1 所示。梁依靠截面高度建立刚度，发挥效率低；桁架则依靠高度建立刚度。

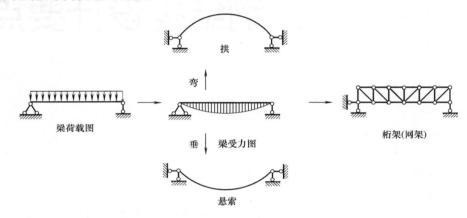

图 1.1-1 结构体系变化

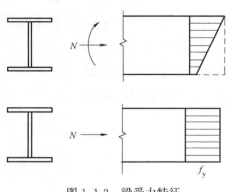

图 1.1-2 梁受力特征

以钢梁为例，梁处在纯弯或者压弯、拉弯状态下，达到强度设计值时，材料性能不能充分发挥，如图 1.1-2 所示；如果梁处在纯压或纯拉状态下，达到强度设计值时，材料性能充分发挥。设计的主要目标是使全部材料能够充分发挥其力学性能，尽量避免弯矩的影响，使结构构件承受拉力或者压力。由于受压构件容易产生稳定问题，钢材承受拉力的性能更好。但仅承受拉力的结构很少，大部分需要受拉构件与受压构件结合。杆件全截面材料得到充分利用的单元主要有桁架、拱、二力杆、钢索等。

《钢结构设计标准》GB 50017—2017 根据整体结构受力特点，将结构分成三种类型：以整体受弯为主的结构、以整体受压为主的结构和以整体受拉为主的结构，如表 1.1-1 所示，容许挠度值如表 1.1-2 所示。以整体受拉为主的结构和以整体受压为主的结构更能发挥结构的效率。

大跨度钢结构体系分类 表 1.1-1

体系分类	常见形式
以整体受弯为主的结构	平面桁架、立体桁架、空腹桁架、网架、组合网架钢结构以及与钢索组合形成的各种预应力钢结构
以整体受压为主的结构	实腹钢拱、平面或立体桁架形式的拱形结构、网壳、组合网壳钢结构以及与钢索组合形成的各种预应力钢结构
以整体受拉为主的结构	悬索结构、索桁架结构、索穹顶等

大跨度钢结构容许挠度值 表 1.1-2

结构类型		跨中区域	悬挑结构
以整体受弯为主的结构	桁架、网架、斜拉结构、张弦结构等	$L/250$(屋盖) $L/300$(楼盖)	$L/125$(屋盖) $L/150$(楼盖)
以整体受压为主的结构	双层网壳	$L/250$	$L/125$
	拱架、单层网壳	$L/400$	
以整体受拉为主的结构	单层单索屋盖	$L/200$	
	单层索网、双层索系以及横向加劲索系的屋盖、索穹顶屋盖	$L/250$	

拱结构：充分利用结构受压特性，让各截面尽量处于全截面受压，充分发挥材料特性，改变了梁受力状态，结构在竖向荷载作用下产生水平推力。为保证在水平推力下的结构稳定，采取设拉杆平衡、利用下部结构或基础等措施。拱是一种以受轴向压力为主的结构，有时也承受弯矩。

索结构：使各截面处于受拉状态，结构在竖向荷载作用下产生水平拉力，可采用曲梁、拉索等措施，结构主要问题是平衡拉力；拉索自身在风吸力作用下的稳定，可采用设置稳定索、重屋面等措施。

桁架结构：利用梁结构上边受压下边受拉的特性，使之变为二力杆体系，将结构的弯矩、剪力转化为杆件的轴向力，上弦受压，下弦受拉，腹杆承担剪力，这样可以用较小截面的杆件，实现大跨度。设计需要关注的点是受压杆件的稳定。

如果索等不依靠形效，采用直索，则需要依靠预应力建立刚度，类似羽毛球拍这种结构，如图 1.1-3 所示，需要比较大的索力。

通过建筑形态与结构的统一，可以获得力学逻辑清晰的建筑形式，高效的结构形式才能实现轻盈美观的建筑效果。

图 1.1-3 羽毛球拍

1.1.1 不同类型截面抗弯及抗扭效率

对于梁或者桁架而言，梁高或者桁架高度是很重要的影响因素。由于弯矩是力与距离的乘积，那么当外力一定时，增加力臂长度会增大弯矩。表 1.1-3 表明了相同材料、相同面积、不同截面类型的梁抗弯强度及刚度对比，均为弹性，简化分析时未考虑抗剪。由对比可见，越往高度方向分配材料，相对抗弯强度及刚度越高。

不同截面类型抗弯强度及刚度 表 1.1-3

梁的横截面						
相对抗弯强度	1	2	4	8	15.8	46.6
相对抗弯刚度	1	4	16	64	192	768

扭矩和弯矩类似，因为它也是力与距离的乘积。和抵抗弯矩一样，杆件的抵抗扭矩能力也是由形成杆件刚度或强度的横截面形式所决定的。圆钢管是抵抗扭矩最有效的形式之一，但是如果存在开缝，抵抗扭矩能力将会大大减小。表 1.1-4 列出了具有相同材料的构件，由于横截面类型不同，产生抵抗扭矩能力的差异[1]。从表中可以看出，箱形截面和圆形截面具有比较高的抗扭强度和抗扭刚度，而 H 形截面等抗扭强度和抗扭刚度较弱。

不同截面类型抗扭强度及刚度 表 1.1-4

构件横截面					
相对抗扭强度	100	332	18	74	280	22.2
相对抗扭刚度	100	637	5.5	88	341	9.9

1.1.2 梁

梁是一种以弯曲变形为主的构件，其轴线可为直线，也可为曲线；在建筑的构件中，梁是最具典型特征的元素，以线性受力体系为主要特征，可以倾斜、折叠、弯曲和面向叠加，也可以多种材料复合。表 1.1-5 给出了不同类型结构截面高度建议值，以跨度 30m 屋盖为例，混凝土梁高 2～2.5m，钢梁高 1～2m，拱梁高 0.375～0.5m，壳截面 0.1～0.2m。

不同类型结构截面高度 表 1.1-5

类型	混凝土梁	钢梁	拱	壳
建议截面高度	$(1/15～1/12)L$	$(1/30～1/15)L$	$(1/80～1/60)L$	$(1/300～1/150)L$

注：L 为跨度。

1.1.3 柱

柱是结构中的一种竖向构件，承受轴向压力，或轴向压力和弯矩的组合作用，柱的截面为实腹式或格构式。结构设计中，也会采用上下端不承受弯矩的摇摆柱，摇摆柱失稳时，其挠度曲线类似于两端铰接的欧拉柱，因此计算长度取 1.0。在设计时，可在结构柱构件中，局部采用摇摆柱，如图 1.1-4 所示；如果全部采用摇摆柱，则结构体系不成立，如图 1.1-5 所示。

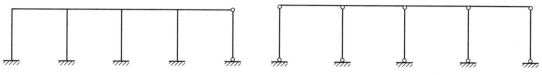

图 1.1-4 局部摇摆柱   图 1.1-5 全部摇摆柱——体系不成立

表 1.1-6 给出了不同类型结构截面高度建议值，以 15m 高跃层柱为例，混凝土柱子截面直径 1~1.5m，钢柱直径 0.75~1m，摇摆柱直径 0.25~0.5m。

不同类型结构截面高度   表 1.1-6

类型	混凝土柱	钢柱	摇摆柱
建议截面高度	$(1/15\sim1/10)H$	$(1/20\sim1/15)H$	$(1/60\sim1/30)H$

注：H 为柱高。

1.1.4 梁的受力变化

对于梁而言，可以通过悬挑（图 1.1-6）减小跨中弯矩，在简支梁两端挑出悬臂，悬挑部分使梁跨中产生与原来相反的变形，使梁的跨中内力减小。

简支梁的计算弯矩：

$$M=\frac{qL^2}{8}$$

悬臂结构根部弯矩：

$$M=\frac{qL^2}{2}$$

图 1.1-6 悬挑梁

随着梁悬挑长度的变化，梁弯矩发生变化（图 1.1-7），梁截面也可以随之相应变化，可以做出各种有特点的结构。

选择悬挑长度，可使跨中弯矩等于支座弯矩。要使支座弯矩与跨中弯矩相等，则支座到端点的距离 a 与梁的跨度 L 之比，应满足下面条件，计算简图如图 1.1-8 所示。

$$\frac{qL^2}{8}-\frac{qa^2}{2}=\frac{qa^2}{2}$$

$$a=\frac{\sqrt{2}L}{4}=0.354L$$

当悬挑长度为中间跨度的 0.354 倍时，梁端与跨中弯矩相等，这种情况下可以充分发挥等截面钢梁或者等高度钢桁架的受力作用，在大跨钢结构结合建筑设计，这种思路经常采用，如图 1.1-9 所示。

要使梁跨中弯矩为 0，需要满足条件：

$$\frac{qL^2}{8}=\frac{qa^2}{2}$$

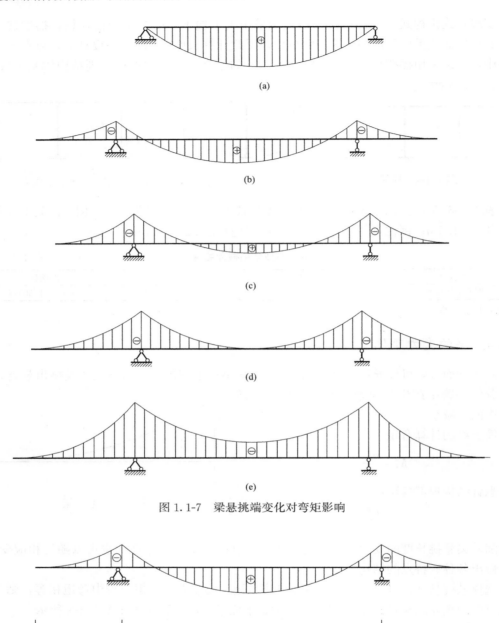

图 1.1-7 梁悬挑端变化对弯矩影响

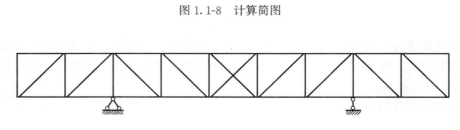

图 1.1-8 计算简图

图 1.1-9 桁架悬挑

则悬挑长度：

$$a = 0.5L$$

这样相当于支座位置悬挑对称，中间可以为铰。

前面的分析假定梁是受均布荷载的作用。如果在悬挑两端附加拉杆（或者索）（图1.1-10），通过主动施加预应力，可以减小跨中弯矩。例如机场指廊，一般中部会开天窗，希望截面尽量小，就可以采取这样的措施。图1.1-11和图1.1-12给出了华东建筑设计研究院有限公司设计的某机场指廊剖面，利用两侧幕墙杆，减小了跨中截面，并根据需要开指廊天窗，丰富了建筑形式。

图1.1-10　悬挑端加拉杆

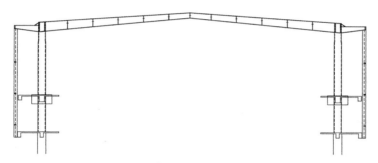

图1.1-11　某机场指廊剖面一

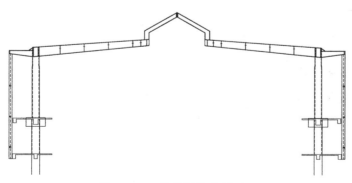

图1.1-12　某机场指廊剖面二

在巴黎蓬皮杜艺术中心，格贝梁作为悬臂梁和简支梁组合结构，其形态直接反映均布荷载作用下弯矩图的形式，实现了48m×140m的无柱内部空间，而外侧6.3m的悬臂梁部分支承外部走廊和设备管道，将结构、空间、立面完美融合成一体，如图1.1-13所示。

跨度比较大的时候，梁自重占的比例很高，为了减轻梁自重，可以采用桁架、空腹桁

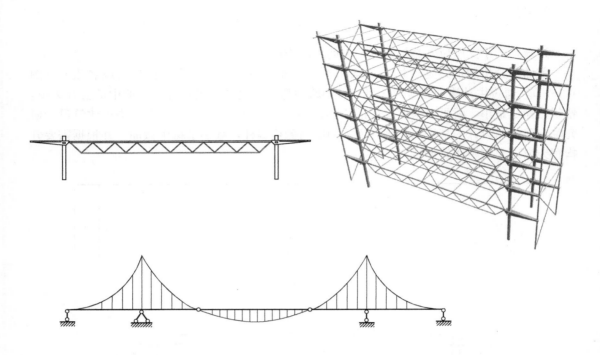

图 1.1-13　蓬皮杜艺术中心格贝梁示意图

架、弧形桁架、拱形桁架、索桁架、张弦梁等各种形式，如图 1.1-14 所示，为建筑提供丰富的建筑空间。

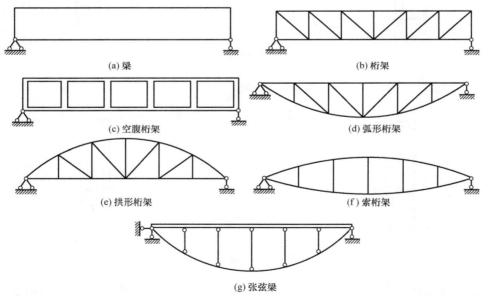

(a) 梁

(b) 桁架

(c) 空腹桁架

(d) 弧形桁架

(e) 拱形桁架

(f) 索桁架

(g) 张弦梁

图 1.1-14　简支结构不同的受力形式

梁可以通过各种形式的组合构造，形成有特色的结构空间，如图 1.1-15 所示，有斜拉式、吊挂式及与弯矩形状基本一致的杂交结构。

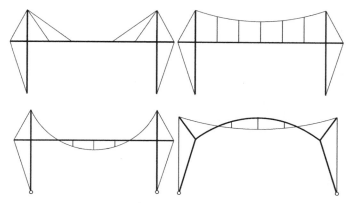

图 1.1-15 单榀梁柱体系受力

1.2 空间结构基本单元

空间结构的基本单元主要有五种：板壳单元、梁单元、杆单元、索单元和膜单元，见表 1.2-1。

空间结构基本单元   表 1.2-1

基本单元	示意图	受力特点	截面尺寸
板壳单元		既能承受平面内荷载，又能承受弯曲荷载	一般取跨度的 1/300～1/200
梁单元		抗弯，承受弯曲荷载	混凝土梁:1/15～1/12 钢梁:1/30～1/15
杆单元		全截面受力(受压或者受拉)	一般取高度的 1/60～1/30
索单元		受拉	
膜单元		平面内受力	

1.2.1 空间结构类型及受力特点

董石麟院士在《中国空间结构的发展与展望》[2] 一文中提出了按照空间结构的基本单

9

元进行划分的方法，并对目前工程应用中的空间结构进行了分类。采用按板壳单元、梁单元、杆单元、索单元和膜单元五种单元组成来分类，并给出了不同杆件组合形成的结构体系（图 1.2-1）。

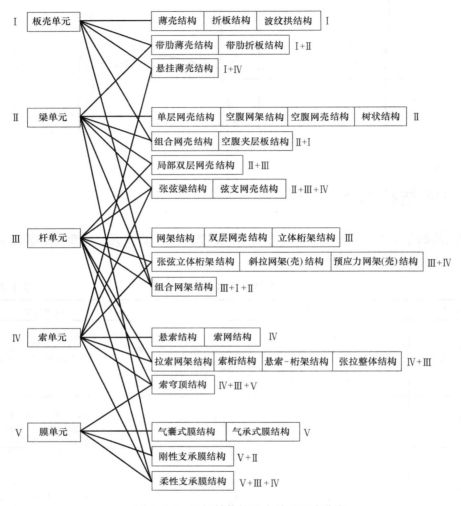

图 1.2-1　空间结构按基本单元组成分类

典型空间结构受力特点如表 1.2-2 所示[3-4]，不同类型的空间单元结合在一起，可以创造出多种多样的结构形式，创新结构发展。

典型空间结构受力特点

表 1.2-2

分类	结构特点	组成单元
薄壳结构	薄壳结构为曲面的薄壁结构,主要承受曲面内的轴向压力,弯矩很小,受力合理,材料强度充分利用	板壳单元
折板结构	折板结构是由若干狭长薄板以一定角度相交连成折线形的空间薄壁体系。刚度较大,承重能力强,节省材料	板壳单元
悬挂薄壳结构	悬挂薄壳结构是在预应力索网上铺设屋面板,提高极限承载力和刚度,节约造价,缩短工时。由于索的预紧力,使薄壳处于受压状态,不易开裂	板壳单元＋索单元

分类	结构特点	组成单元
树状结构	树状结构是一种多级分枝的立柱结构,可以看作传统柱的一个演变,由多点支承代替传统柱的单点支承,其形态特点可概括为多级分枝	梁单元
张弦梁结构	张弦梁结构是由上弦刚性构件、下弦高强度拉索以及撑杆形成的自平衡体系。用钢量少,结构轻盈,但平面外稳定性较差	梁单元+杆单元+索单元
弦支网壳结构	弦支网壳结构通常是由上层单层网壳、下层若干圈环索、斜索通过竖杆连接形成的自平衡体系,具有单层网壳和索穹顶结构的优点	梁单元+杆单元+索单元
网架结构	网架结构是由大量杆架组成的高次超静定空间结构。杆件主要承受轴力,受力合理,刚度大,抗震性能好	杆单元
立体桁架结构	立体桁架结构是一种在宽度方向有一定空间作用的单向桁架。结构布置灵活,应用范围广	杆单元
双层网壳结构	双层网壳结构是有上下弦杆的网架。具有良好的承载能力、稳定性和协调变形性能	杆单元
张弦立体桁架结构	张弦立体桁架结构是由立体桁架代替张弦梁结构的上弦梁	杆单元+索单元
悬索结构	悬索结构是由柔性受拉索及其边缘构件所形成的承重结构。通过屋面板共同工作保证其稳定性,可减少材料用量,减轻自重	索单元
索网结构	索网结构是由互相正交的两组索组成。下凹的一组为承重索,上凸的一组为稳定索,两组索形成双曲面	索单元
张拉整体结构	张拉整体结构大部分单元是连续的张拉索,而零星单元是受压杆	索单元+杆单元
索桁结构	索桁结构是在双层索中间布置受压撑杆,当索施加预应力之后构成自平衡的结构	索单元+杆单元
索穹顶结构	索穹顶结构钢索为主要受力构件,通过对径向钢索和环向钢索施加预应力,形成索穹顶结构	索单元+杆单元+膜单元
刚性支承膜结构	刚性支承膜结构的支承为梁、拱等支承结构,膜材主要是覆盖作用,与支承结构共同工作较弱	膜单元+梁单元
柔性支承膜结构	柔性支承膜结构的支承为拉索、撑杆等柔性索系,膜材与支承索系共同作用明显	膜单元+杆单元+索单元

1.2.2 树状结构

树状结构是一种多级分枝的立柱结构,可以看作传统柱的一个演变,由多点支承代替传统柱的单点支承,其形态特点可概括为多级分枝,从树干到树枝,构件数目逐渐增加,尺寸随杆件支承荷载的减小而减小。树状结构具有合理的传力路径,承载力较高,支撑覆盖范围广,可以用较小的杆件形成较大的支撑空间。树形结构仿照自然界中树枝的造型,结构布置符合最小传力路径原理,体现力流从上到下、从分散到集中的汇聚过程,实现力与形的完美结合。

在给定荷载的前提下,树状结构可以通过找形使杆件只受轴向力作用,力流路径与结构形态完全一致。树状结构找形方法包括:几何找形——各级树枝延长线依次通过其负荷面的形心;力学找形——各级树枝轴向受力无弯矩状态。图 1.2-2 和图 1.2-3 给出了力学找形示意。

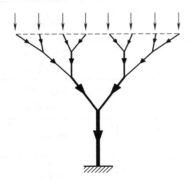

图 1.2-2　力学找形一

斯图加特机场候机大厅采用树状结构,从四个直径为 40cm 的树干上生长出四根一级树枝,再向上分出二级、三级树枝,最上面三级树枝直径 16cm,整个建筑内部空间显得生动而轻巧。

某工程为开敞空间,整体采用树状结构,如图 1.2-4 所示。屋顶采用箱形梁,能展示轻盈的结构空间,如图 1.2-5 所示;根据建筑空间需要,也可以采用桁架形式,如图 1.2-6 所示。

某办公楼为树状中庭结构,效果图如图 1.2-7 所示,计算模型见图 1.2-8,由于树形结构偏置,采取与主体相连的措施,以平衡水平力。

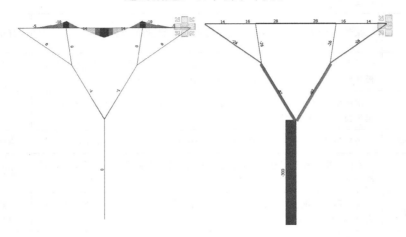

图 1.2-3　力学找形二

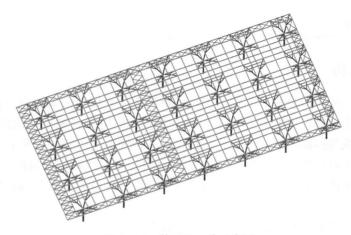

图 1.2-4　某工程三维示意图

12

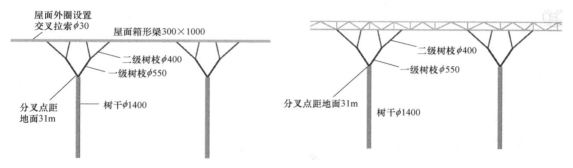

图 1.2-5 树状图截面示意   图 1.2-6 树状图截面示意

图 1.2-7 中庭效果图

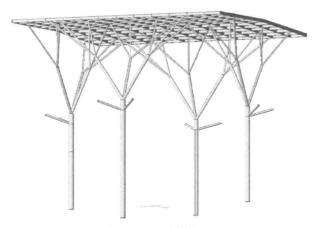

图 1.2-8 计算模型

1.2.3 壳

单层网壳结构是面内受压为主的空间结构，能充分利用结构构件的性能。以银川大阅城综合体采光顶为例，网壳平面尺寸为椭圆形，尺寸为 40.2m×31.7m，矢高 4m，垂跨比大约 1/8。杆件为 □120×120×6 的方管，跨度与截面的比值 260：1。图 1.2-9 给出了三维模型示意图，图 1.2-10 给出了现场照片，图 1.2-11 给出了采用的节点。

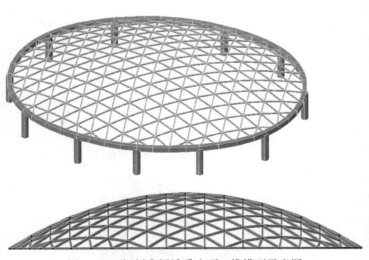

图 1.2-9　银川大阅城采光顶三维模型示意图　　图 1.2-10　银川大阅城采光顶照片

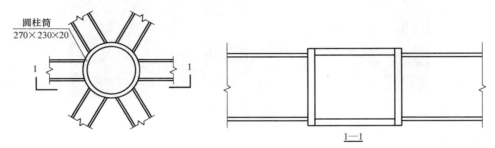

图 1.2-11　银川大阅城采光顶节点

　　壳的稳定性问题需要重点关注，失稳形态主要为结构表面大范围的凹陷或凸起、结构表面波浪状起伏变形等。集中荷载、局部不均匀荷载、局部刚度薄弱等不利因素也可能导致结构的局部失稳，并进而导致整体网壳结构失稳。经过失稳机理研究工作和参数化分析研究，进行包括初始缺陷、几何非线性、节点刚度、弹塑性等因素的数值分析，以求得临界荷载，并确定网壳结构的设计承载能力。

1.2.4　大跨度钢结构的设计原则

　　大跨度钢结构的设计原则应符合下列规定：

　　（1）大跨度钢结构的设计应结合工程的平面形状、体型、跨度、支承情况、荷载大小、建筑功能综合分析确定，结构布置和支承形式应保证结构具有合理的传力途径和整体稳定性。平面结构应设置平面外的支撑体系。

　　（2）预应力大跨度钢结构应进行结构张拉形态分析，确定索或拉杆的预应力分布，不能因个别索的松弛导致结构失效。

　　（3）对以受压为主的拱形结构、单层网壳以及跨厚比较大的双层网壳应进行非线性稳定分析。

　　（4）地震区的大跨度钢结构，应按抗震规范考虑水平及竖向地震作用效应。对于大跨度钢结构楼盖，应按使用功能满足相应的舒适度要求。

（5）应对施工过程复杂的大跨度钢结构或复杂的预应力大跨度钢结构进行施工过程分析。

（6）杆件截面的最小尺寸应根据结构的重要性、跨度、网格大小按计算确定，普通型钢不宜小于 L 50×3，钢管不宜小于 ϕ48×3。对大、中跨度的结构，钢管不宜小于 ϕ60×3.5。

1.3 典型受力单元及高强钢材应用

建材是建筑行业重要的碳排放来源，碳排强度高、环境影响大。采用高强钢材能减小构件截面，节约工程造价，减少碳排放。

1.3.1 轴心受力构件

1.3.1.1 强度控制的构件

《钢结构设计标准》GB 50017—2017 对于轴心受拉构件和轴心受压构件的强度计算公式规定如下：

$$\frac{N}{A_n} \leqslant f$$

式中：N——轴心拉力或轴心压力；

A_n——构件净截面面积；

f——钢材的强度设计值。

对于强度控制的构件，构件材料用量与材料强度设计值成反比，强度越高所用材料越少。

高层钢结构中常用的钢材厚度为 8～63mm，常用钢材等级为 Q355。以 Q355 为基准，表 1.3-1 列出各强度等级钢材的强度设计值及与 Q355 的比值。当构件由强度控制时，采用高强钢有明显的优势，强度最多可以提高 34%，材料用量最多可以减少约 25.6%；若采用 Q235 钢，相同截面的承载力只有 Q355 的 70% 左右，材料用量最多增加 41.9%。此表格未对比钢材价格影响。

各强度等级钢材的强度设计值对比　　　　　　　　　　　　　　表 1.3-1

钢材等级	抗拉或抗压强度设计值（N/mm²）			与 Q355 的承载力比值		
	钢材厚度（mm）			钢材厚度（mm）		
	≤16	>16，≤40	>40，≤63	≤16	>16，≤40	>40，≤63
Q235	215	205	200	0.70	0.69	0.69
Q355	305	295	290	1.00	1.00	1.00
Q390	345	330	310	1.13	1.12	1.07
Q420	375	355	320	1.23	1.20	1.10
Q460	410	390	355	1.34	1.32	1.22

1.3.1.2 稳定控制的构件

《钢结构设计标准》GB 50017—2017 对于轴心受压构件的稳定性计算公式规定如下：

$$\frac{N}{\varphi A} \leqslant f$$

式中：N——轴心压力；

φ——轴心受压构件的稳定系数；

A——构件毛截面面积；

f——钢材的强度设计值。

轴心受压构件的稳定系数，根据构件的长细比、钢材屈服强度和截面分类查表取值。其值与钢材屈服强度的关系很大，表 1.3-2 给出了钢号修正系数 ε_k，可见，Q235 钢号修正系数为 1，稳定计算容易满足限值要求，低合金高强度结构钢 Q355、Q390、Q420、Q460 修正系数为 Q235 的 0.813～0.715 倍。

钢号修正系数 ε_k 表 1.3-2

钢材牌号	Q235	Q355	Q390	Q420	Q460
钢号修正系数	1	0.813	0.776	0.748	0.715

以常用的 b 类截面为例，考虑柱长细比取值为 10～100，以 Q355 为基准，将 Q235 及高强钢 Q390、Q420、Q460 与其进行对比，分析在不同长细比条件下轴心受压构件考虑稳定系数后的承载力比值（表 1.3-3）。

考虑稳定系数后各等级钢材与 Q355 的承载力比值   表 1.3-3

钢材等级	钢材厚度（mm）	长细比									
		10	20	30	40	50	60	70	80	90	100
Q235	16～40	0.70	0.71	0.71	0.73	0.76	0.77	0.81	0.84	0.88	0.92
	40～63	0.69	0.70	0.71	0.72	0.74	0.76	0.80	0.84	0.88	0.91
Q390	16～40	1.12	1.11	1.11	1.10	1.10	1.08	1.07	1.06	1.05	1.04
	40～63	1.07	1.07	1.06	1.06	1.05	1.05	1.04	1.03	1.02	1.01
Q420	16～40	1.20	1.19	1.19	1.18	1.16	1.14	1.11	1.09	1.07	1.06
	40～63	1.10	1.10	1.09	1.08	1.07	1.05	1.03	1.01	1.00	0.99
Q460	16～40	1.32	1.31	1.29	1.27	1.24	1.20	1.16	1.12	1.10	1.08
	40～63	1.22	1.21	1.20	1.18	1.16	1.12	1.09	1.05	1.03	1.01

构件钢板厚度为 16～40mm 时，承载力与同规格截面 Q355 比较：

（1）当构件长细比为 10～50 时，同规格截面 Q390 提高约 10％～12％，Q420 提高约 16％～20％，Q460 提高约 24％～32％；

（2）当构件长细比为 50～80 时，同规格截面 Q390 提高约 6％～10％，Q420 提高约 9％～16％，Q460 提高约 12％～24％；

（3）当构件长细比为 80～100 时，同规格截面 Q390 提高约 4％～6％，Q420 提高约 6％～9％，Q460 提高约 8％～12％。

当构件长细比较大的时候，如 80～100 时，Q390、Q420、Q460 提高不多，高强钢材相对优势不大；Q235 为 Q355 的 0.84～0.92，当长细比较大的时候，工程上也会采用 Q235。当应力较小，稳定成为主要控制指标时，如局部稳定、钢柱长细比等不满足规范要求，采用 Q235 也是一种比较好的选择。

构件钢板厚度为 40～63mm 时，承载力与同格截面 Q355 比较：

（1）当构件长细比为 10～50 时，同规格截面 Q390 提高约 5%～7%，Q420 提高约 7%～10%，Q460 提高约 16%～22%；

（2）当构件长细比为 50～80 时，同规格截面 Q390 提高约 3%～5%，Q420 提高约 1%～7%，Q460 提高约 5%～16%；

（3）当构件长细比为 80～100 时，同规格截面 Q390 提高约 1%～3%，Q420 基本没有提高，Q460 提高约 1%～5%。

当构件长细较大的时候，如 80～100 时，Q390、Q420、Q460 提高很少，高强钢材相对优势不大。

Q420 钢、Q460 钢厚板已在大型钢结构工程中批量应用，成为关键受力部位的主选钢材。《建筑结构用钢板》GB/T 19879—2015 中的 Q355GJ 钢与《低合金高强度结构钢》GB/T 1591—2018 中的 Q355 钢力学性能指标相近，二者在各厚度组别的强度设计值接近，一般情况下采用 Q355 钢更经济，但 Q355GJ 钢中微合金元素含量得到控制，塑性性能较好，屈服强度变化范围小，有冷加工成型要求（如方矩管）或抗震要求的构件宜优先采用。

结构用钢板、型钢等产品的尺寸规格、外形、重量和允许偏差应符合相关现行国家标准的规定，但当前钢结构材料市场的产品厚度负偏差现象普遍，调研发现在厚度小于 16mm 时尤其严重。因此必要时设计可附加要求，限定厚度负偏差，《建筑结构用钢板》GB/T 19879—2015 规定其不得超过 0.3mm。

1.3.1.3 不同截面类别轴心受压构件稳定系数

不同截面类别轴心受压构件稳定系数差异较大。以长细比 50 为例，a 类与 b 类相差 7%；c 类与 b 类相差 9.5%；d 类与 b 类相差 19.4%。表 1.3-4 和图 1.3-1 给出了在长细比 10～100 范围内不同截面类型轴心受压构件稳定系数与 b 类的比较，可以看出差异较大，因此截面分类选择错误对实际计算结果影响较大。

轴心受压构件稳定系数与 b 类截面比值及变化　　　　　　　　　　　表 1.3-4

截面类别		长细比									
		10	20	30	40	50	60	70	80	90	100
稳定系数	a 类	0.995	0.981	0.963	0.941	0.916	0.883	0.839	0.783	0.714	0.638
	b 类	0.992	0.97	0.936	0.899	0.856	0.807	0.751	0.688	0.621	0.555
	c 类	0.992	0.966	0.902	0.839	0.775	0.709	0.643	0.578	0.517	0.462
	d 类	0.984	0.938	0.848	0.766	0.69	0.618	0.552	0.493	0.439	0.393
与 b 类比较	a 类	−0.3%	−1.1%	−2.9%	−4.7%	−7.0%	−9.4%	−11.7%	−13.8%	−15.0%	−15.0%
	c 类	0.0%	0.4%	3.6%	6.7%	9.5%	12.1%	14.4%	16.0%	16.7%	16.8%
	d 类	0.8%	3.3%	9.4%	14.8%	19.4%	23.4%	26.5%	28.3%	29.3%	29.2%

对于 b 类截面，可采用简化方法确定其稳定系数：当长细比 L/d 为 10～30 时，取稳定系数为 1～0.95；当长细比 $L/d=30$ 时，稳定系数为 0.95；当长细比 $L/d=80$ 时，稳定系数为 0.7；当长细比 $30<L/d<80$，取上两种情况的线性比例按 0.005 插值；当长细比 $80<L/d<100$ 时，按照前段线性比例 0.005 的 1.5 倍插值。此简化方法与规范的对比

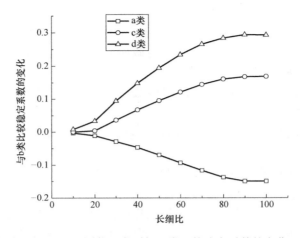

图 1.3-1　不同截面类别与 b 类比较稳定系数的变化

结果见图 1.3-2，结果比较接近。

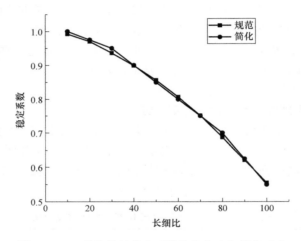

图 1.3-2　b 类构件的稳定系数简化方法与规范对比

　　因此，采用简化计算方法，可以在不查询规范的条件下，得到 b 类构件的近似稳定系数，初步确定受压构件的截面尺寸。

1.3.1.4　轴心受压构件截面分类

　　表 1.3-5 给出了轴心受压构件的截面分类，从表中可以看出，轴心受压的矩形钢管（包括焊接及轧制），板件宽厚比≤20 时，为 c 类；板件宽厚比＞20 时，为 b 类。c 类与 b 类稳定系数在长细比 10～100 时相差 0～16.8%，在长细比较大的情况下对受力不利。因此实际设计时，当板件宽厚比接近 20 时，尽量使其大于 20。

　　钢管按照成型方法不同可分为热轧无缝钢管和冷弯焊接钢管，热轧无缝钢管又分为热挤压和热扩两种；冷弯焊接圆管则分为冷卷制与冷压制两种；而冷弯焊接矩形管也有圆变方与直接成方两种。不同的成型方法会对管材产品的性能有不同的影响，热轧无缝钢管和最终热成型钢管残余应力小，在轴心受压构件的截面分类中属于 a 类；冷弯焊接钢管品种规格范围广，但是其残余应力大，在轴心受压构件的截面分类中属于 b 类。

轴心受压构件的截面分类   表 1.3-5

截面形式			对 x 轴	对 y 轴
	轧制		a 类	a 类
	焊接		b 类	b 类
轧制工字形或H形截面	$t<40\text{mm}$	$b/h\leqslant0.8$	a 类	b 类
		$b/h>0.8$	a^* 类	b^* 类
	$40\text{mm}\leqslant t<80\text{mm}$		b 类	c 类
	$t\geqslant80\text{mm}$		c 类	d 类
焊接工字形截面	翼缘为焰切边		b 类	b 类
	翼缘为轧制或剪切边	板厚 $t<40\text{mm}$	b 类	c 类
		板厚 $t\geqslant40\text{mm}$	c 类	d 类
焊接箱形截面、轧制 $t<40\text{mm}$箱形截面	板件宽厚比>20		b 类	b 类
	板件宽厚比≤20		c 类	c 类

注：a^* 类含义为 Q235 钢取 b 类，Q345、Q390、Q420 和 Q460 钢取 a 类；b^* 类含义为 Q235 钢取 c 类，Q345、Q390、Q420 和 Q460 钢取 b 类。

无缝钢管属于 a 类构件，焊接圆管属于 b 类构件，在计算软件中要明确对应类别。a 类与 b 类稳定系数在长细比 10～100 时相差 0.3%～15.0%，无缝管与焊接管单价差 10% 左右，计算时要合理区分。如果误将选用的无缝钢管改成焊接钢管，可能使钢结构应力比不满足要求。

钢板制作圆管可采取冷弯或热成型工艺，圆管直径与壁厚之比决定了成型的难易程度与工艺要求。在成型方面，参考目前国内部分工程，冷弯圆管直径与壁厚之比限值为 18。热成型主要流程有放样、号料、切割下料、预弯、加热、卷制或压制、合缝、整圆、退火、检测等。卷制或压制的控制温度约 900℃，退火控制温度约 600℃，热成型的构件指标更容易控制。

1.3.1.5 截面特性计算

长细比 λ：

$$\lambda=\frac{l_0}{i}$$

回转半径 i：

$$i=\sqrt{\frac{I}{A}}$$

式中：l_0——构件的计算长度；

$\quad\quad\ I$——构件的截面惯性矩；

A——构件的截面积。

圆形、矩形等截面，回转面积越靠外侧，贡献越大。表1.3-6给出了常用截面回转半径近似计算方法。对于工字形截面受压构件，其平面外的稳定系数主要由对应的梁弱轴的长细比决定。

常用截面回转半径近似计算

表1.3-6

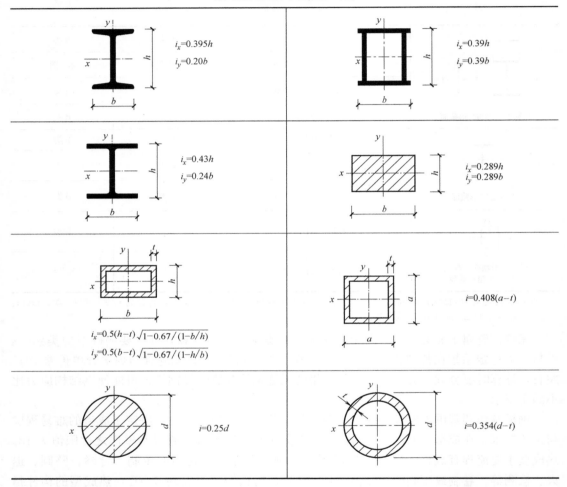

根据《建筑抗震设计规范》GB 50011—2010（2016年版），框架柱的长细比，一级不应大于 $60\sqrt{235/f_{ay}}$，二级不应大于 $80\sqrt{235/f_{ay}}$，三级不应大于 $100\sqrt{235/f_{ay}}$，四级不应大于 $120\sqrt{235/f_{ay}}$；支撑的长细比，按压杆设计时，不应大于 $120\sqrt{235/f_{ay}}$，一、二、三级中心支撑不得采用拉杆设计，四级采用拉杆设计时，其长细比不应大于180。

1.3.2 受弯构件

《钢结构设计标准》GB 50017—2017对于实腹受弯构件的强度计算公式规定如下：

$$\frac{M_x}{\gamma_x W_{nx}} + \frac{M_y}{\gamma_y W_{ny}} \leqslant f$$

式中：M_x、M_y——同一截面处绕 x 轴和 y 轴的弯矩；

$\quad\quad W_{nx}$、W_{ny}——对 x 轴和 y 轴的净截面模量；

$\quad\quad \gamma_x$、γ_y——截面塑性发展系数；

$\quad\quad f$——钢材的抗弯强度设计值。

在多高层钢结构中，一般均将楼板铺在梁的受压翼缘上并与其牢固相连，能阻止梁受压翼缘的侧向位移，此时梁的整体稳定有保证，即梁截面设计由强度控制。理论上，由于梁由强度控制，可通过采用高强钢材提高强度，减小翼缘厚度来节省用钢量，但截面厚度减小的同时净截面模量也会减小，梁刚度有可能会成为控制因素。在高层钢结构中，梁的截面优先选用热轧型钢，此类截面板件宽厚比均接近规范限值，用于框架梁时板件厚度并不能减薄，采用高强钢材无优势。

由于刚度和局部稳定会成为制约因素，梁是否采用高强钢材要具体分析，一般采用 Q355 是合适的。

参考文献

[1] 安布罗斯. 材料力学与强度简化分析 [M]. 李鸿晶等，译. 北京：中国水利水电出版社，知识产权出版社，2006.

[2] 董石麟. 中国空间结构的发展与展望 [J]. 建筑结构学报，2010，31（06）：38-51.

[3] 董石麟. 空间结构的发展历史、创新、形式分类与实践应用 [J]. 空间结构，2009，15（03）：22-43.

[4] 董石麟，邢栋，赵阳. 现代大跨空间结构在中国的应用与发展 [J]. 空间结构，2012，18（01）：3-16.

2 悬挑式体育场挑篷设计

2.1 概述

  体育场挑篷依据结构形式主要分为悬挑式、拱支式、拱吊式、柱顶桅杆斜拉式和巨型独立桅杆斜拉式等五类[1-2]。拱和索是挑篷中应用比较广泛的体系,两者均为挑篷前端提供一个竖向弹性支承,减小悬挑端部弯矩,以合理的受力方式实现更大的悬挑。对于拱支式、拱吊式、柱顶桅杆斜拉式和巨型独立桅杆斜拉式,通过根部和前端某种弹性支承的组合来改善承载能力和刚度,属改进型悬臂梁结构,可衍生出诸多复杂且新颖的挑篷形式。

  鄂尔多斯东胜体育场[3-4]为典型的拱吊式结构,体育场剖面如图 2.1-1 所示,图 2.1-2 为实景照片。屋盖为开合屋盖,固定屋盖投影为椭圆形,长轴为 268m、短轴为 220m,巨拱高度为 129m,跨度为 330m,与地面垂线倾斜 6.1°。巨型钢拱采用立体钢桁架,在钢拱拉索吊挂的屋面处布置两条开合屋盖的运行轨道,屋盖为具有主次桁架的钢结构屋盖。

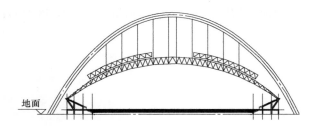 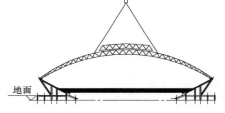

图 2.1-1 体育场剖面

图 2.1-2 鄂尔多斯东胜体育场实景照片

  延安全民健身运动中心位于延安新区北区(图 2.1-3),体育场两侧看台约 30000 座位,建筑面积 53950m²。计算模型如图 2.1-4 所示。钢拱最高点约 55.85m,钢拱跨度约 256.8m,采用实腹钢梁与三角桁架拱共同受力,钢罩棚最高点约 45.6m,钢拱中心点高约 55.85m(圆钢管结构中心点高度),钢拱跨度约 256.8m(不含混凝土柱墩),挑篷悬挑跨度 47m。结合建筑造型需要与受力大小,实腹式箱形主梁高度从 2400mm 过渡到 800mm;靠近混凝土门形柱附近设置环向水平支撑;各榀箱形梁的侧向均匀设置 5 根环向刚接系杆；大跨拱提供了可靠支撑，降低了箱形梁的挠度。对于本项目，由于拱跨度较大，矢高较低，前端仅能提供部分弹性支座。

图 2.1-3 延安全民健身运动中心

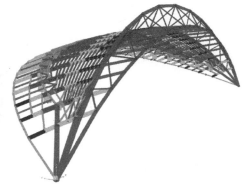

图 2.1-4 计算模型

桅杆斜拉型挑篷结构也是体育场中的典型屋盖形式，如图 2.1-5 所示，包括挑篷、桅杆、前拉索、后拉索、平衡索，在风吸较大地区设置抗风索。桅杆斜拉型挑篷结构与建筑造型结合比较密切，建筑师设计屋盖造型时需要充分考虑结构形式，考虑结构构件作为建筑效果的美观性，并提供必需的基本构成要素。

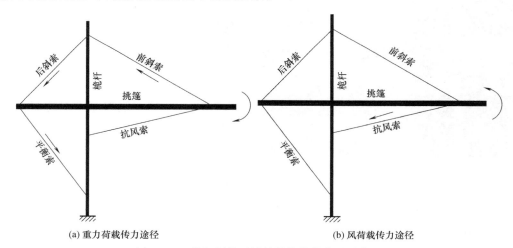

(a) 重力荷载传力途径　　　　　　　　　(b) 风荷载传力途径

图 2.1-5 桅杆斜拉型挑篷结构荷载传递示意图

2.2 悬挑式挑篷简化分析

悬挑结构是体育场挑篷中较为常见的结构形式。根据下部混凝土看台与挑篷支承点的关系，大致可分为两种形式：一种是与看台脱离，另一种是与看台相连。

由于建筑限制，无法在看台上部提供挑篷支点，可采用梁柱刚接或者落地桁架刚接，柱线刚度不宜小于梁线刚度，柱底需要刚接，一般梁悬挑长度不宜大于 30m；如果有可能，悬挑前端可考虑空间作用。海东市体育中心南北小看台采用钢梁直接悬挑，如图 2.2-1 和图 2.2-2 所示。

图 2.2-1　海东市体育中心悬挑钢梁

图 2.2-2　海东市体育中心现场照片

国家体育场是 2008 年北京奥运会的主体育场和 2022 年北京冬奥会开闭幕式体育场。国家体育场建筑顶面呈马鞍形，长轴为 332.3m，短轴为 296.4m，最高点高度为 68.5m，最低点高度为 40.1m，固定座席可容纳 8 万人，活动座席可容纳 1.1 万人，总建筑面积约为 25.8 万 m^2。建筑的设计使用年限为 100 年，抗震设防烈度 8 度，抗震设防分类乙类[5]。

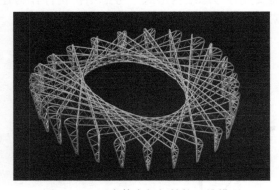

图 2.2-3　国家体育场钢结构三维模型

国家体育场钢结构，如图 2.2-3 所示，通过合理的布置把悬挑体系转成桁架体系，大跨度钢结构与主场看台部分完全脱开，如图 2.2-4 所示。国家体育场大跨度屋盖支撑在 24 根桁架柱之上，柱距为 37.958m。屋盖中间开洞长度为 185.3m，宽度为 127.5m。主桁架围绕屋盖中部的洞口呈放射形布置，有 22 榀主桁架直通或接近直通，并在中部形成由分段直线构成的内环桁架。为了避免节点过于复杂，4 榀主桁架在内环附近截断。上弦杆截面尺寸为 □1000×1000～□1200×1200，下弦杆截面尺寸为□800×800～□1200×1200，腹杆截面尺寸主要为□600×600～□750×750。

图 2.2-4　典型榀剖面

大部分常见的悬挑式挑篷，一般屋顶钢结构挑篷支承于看台。下部看台结构可为挑篷提供前后两个支点，如图 2.2-5 所示，使抵抗力臂大幅增加，受力趋于合理，悬挑长度可达 30～50m。

对于前端没有共同作用的挑篷，悬臂结构根部弯矩：

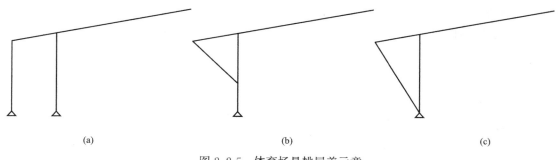

图 2.2-5　体育场悬挑屋盖示意

$$M = \frac{qL^2}{2}$$

式中：L——悬挑长度。

对于悬臂梁（图 2.2-6），直接根据弯矩进行复核。对于单榀桁架，上下弦轴力为：

$$N = \frac{M}{H}$$

式中：H——桁架高度。

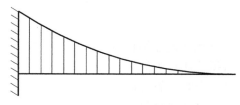

对于采用立体管桁架的结构，可根据上下弦管桁架的杆数量，平均分配对应轴力。

若前端有空间共同作用，计算时可考虑空间作用折减系数 φ：

图 2.2-6　悬臂梁

$$N = \varphi \frac{M}{H}$$

以悬挑跨度 30m 为例，单榀桁架间距 10m，估算时考虑恒荷载 $2.0\mathrm{kN/m^2}$，活荷载 $0.5\mathrm{kN/m^2}$，不考虑风荷载作用，图 2.2-7 给出了后端拉杆轴力变化，长度比例系数在 $0.2 \sim 0.3$ 范围拉力明显减小。因此，一般悬挑部分的后延伸跨宜为悬挑跨度的 $0.2 \sim 0.3$ 倍。悬臂梁挠度和悬臂长度的四次方成正比，悬臂长度较大会使结构厚度和用钢量大幅增加。

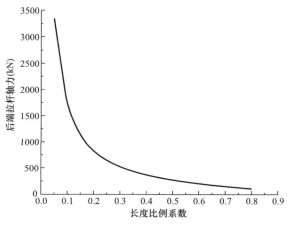

图 2.2-7　后端拉杆轴力变化

在恒荷载 $2.0kN/m^2$，活荷载 $0.5kN/m^2$ 作用下，根部弯矩随悬挑端长度增大（图 2.2-8），悬挑端长度越大，结构受力越不利。

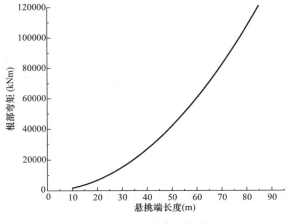

图 2.2-8　根部弯矩变化

悬挑式挑篷结构设计关键点：主结构抗倾覆，通过刚接柱脚或前后支点形成的力臂，有效抵抗倾覆力偶；有效发挥空间作用，实现变形协调和内力重分布，增强结构承载的冗余度；合理布置环向结构和支撑体系，保证屋盖的面内刚度和整体稳定性。

大多数挑篷是一个独立的悬挑结构体系，受力比较简单，为减小悬挑根部弯矩，就要尽量减小自重；随着跨度增加，风荷载的敏感程度随之增加，加上挑篷是开敞式的建筑，正、负风压的不同作用会给它的内力组合带来很大的影响。如果上吸风比较大，挑篷结构重量较轻，在上吸风荷载作用下，后端拉杆变成压杆，受力会发生变化，后端杆件要综合考虑。

2.2.1　鄂托克旗体育中心体育场

鄂托克旗体育中心位于内蒙古鄂托克旗乌兰镇，其中体育场建筑面积 2.89 万 m^2，座位数 15598。建筑效果图如图 2.2-9 所示，体育场地上 3 层，挑篷最高点标高 40.245m，体育场典型剖面如图 2.2-10 所示。

体育场屋盖采用单榀钢桁架结构（图 2.2-11），结构最大悬挑长度 30.5m，建筑端头 31m，桁架间距 7.2m，屋顶中间设置三道水平桁架保证结构主体稳定。悬挑尾部桁架高度 3100～4000mm。双柱距离 8750mm，后端与前端比为 0.282。

图 2.2-9　建筑效果图

图 2.2-12 给出了钢结构挑篷三维图，在相应混凝土结构分段区域屋顶钢结构进行脱开构造，钢结构支座采用成品铰支座。体育场屋盖采用单榀钢桁架结构体系，支撑每榀桁架的双柱采用型钢混凝土圆柱（直径 1400、1300mm，考虑到建筑造型需要，

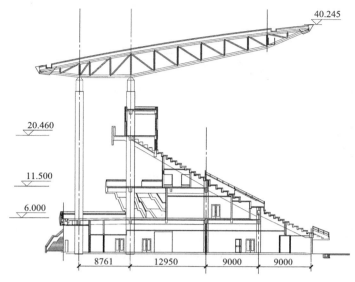

图 2.2-10　体育场剖面图

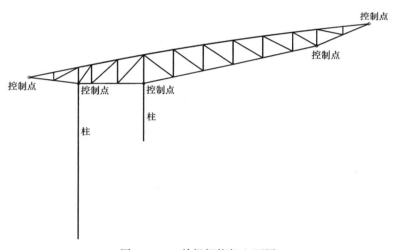

图 2.2-11　单榀钢桁架立面图

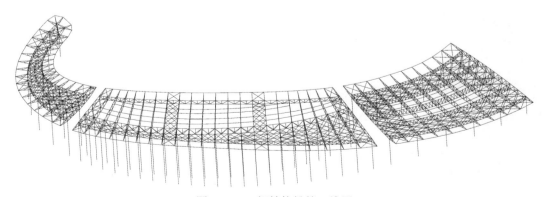

图 2.2-12　钢结构挑篷三维图

支座下方 2m 范围柱子直径缩小到 1000mm），按中震弹性进行抗震设计。设置型钢主要考虑支撑挑篷的柱子在荷载作用下会受拉，型钢根据拉力及构造要求设置。

屋盖分析时，分别建立钢屋盖模型及钢屋盖与下部混凝土组装在一起的整体模型，采用 SAP2000 进行分析，设计时考虑地震作用、风荷载和活荷载等荷载组合。单独钢屋盖模型为下部混凝土结构提供反力并进行屋盖单独分析，整体模型对下部混凝土结构和钢结构挑篷进行复核分析。

挑篷设计荷载：

（1）恒载：钢结构自重由程序自动计算。

屋面板及檩条自重 0.5kN/m²，下弦吊挂荷载按照吊挂位置取均布线荷载取 2kN/m 进行设计。

（2）活荷载：0.5kN/m²（不上人屋面）。

（3）基本风压：0.65kN/m²（重现期 100 年），体育场屋盖属大跨度空间结构，风荷载的大小对结构影响较大，故风荷载的重现期取为 100 年；具体数值详风洞试验部分。

（4）基本雪压：0.20kN/m²（重现期 100 年）。

雪荷载准永久值系数分区为 Ⅱ 区。

（5）结构合拢温度：15±5℃。

鄂托克旗体育中心体育场关于钢结构温度计算的有关参数：鄂托克旗地区年平均气温 7.1℃；最热月平均气温 22.4℃；最冷月平均气温 -10.2℃；极端最低气温 -31.6℃；极端最高气温 36.7℃。考虑辐射温度 10℃，钢结构最大温差为 -51.6℃，+36.7℃。

本工程抗震设防烈度 6 度，设计基本地震加速度值为 0.05g，多遇地震水平地震影响系数最大值为 0.04，抗震设计地震分组属第二组，场地类别为 Ⅱ 类，特征周期 0.45s。根据内蒙古鼎宸地震工程勘察有限公司 2011 年 6 月提供的《鄂托克旗体育中心体育场工程场地地震安全性评价报告》，多遇地震水平地震影响系数最大值为 0.05。多遇地震以安评报告为准，取水平地震影响系数最大值为 0.05，比规范值大。

体育场挑篷为风致敏感结构，悬挑跨度大，风荷载分布较为复杂，因此在中国建筑科学研究院进行了风洞试验，图 2.2-13 为风洞试验照片。

图 2.2-14 和图 2.2-15 分别给出了平均压力系数统计最大值和最小值。

图 2.2-13　风洞试验照片

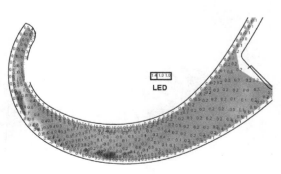

图 2.2-14　平均压力系数统计最大值

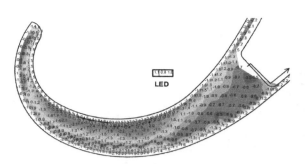

图 2.2-15 平均压力系数统计最小值

根据风洞试验报告，体育场看台上方屋盖的上吸风荷载平均压力系数大致在 $-2.5\sim$ -1.0 之间（对应体型系数约 $-1.6\sim-0.7$）；下压风荷载的平均压力系数除了屋盖尾部较高，大致在 0.6 左右，其他区域通常在 0.2 以内。本工程倾斜角约 10°，根据《建筑结构荷载规范》GB 50009—2012，上吸风体型系数悬挑端对应 -1.3，尾端 -0.5，下压风体型系数悬挑端对应 0.5，尾端 1.3。

根据风洞试验结果，看台上方的屋盖在某些风向角下，边缘局部区域会出现超强负压，上下合压力的平均压力系数可达 -4.6（对应体型系数约 -3.1）。这些强负压涵盖的范围较小，对整体结构设计影响不大，但对围护结构设计有重要影响，设计屋面时要特别注意。

根据本工程风洞试验，对于开敞挑篷，建议风荷载取值悬挑端上吸风体型系数为 -1.6，下压风体型系数为 0.6，风振系数取值 $1.6\sim1.8$，估算时按照 1.8 考虑。风荷载高度系数 1.52，风荷载设计值 $1.1\mathrm{kN/m^2}$。

设计时控制屋盖杆件最大应力比 0.85，重要杆件最大应力比 0.8。恒载估算的时候包含自重按照 $1.5\mathrm{kN/m^2}$。按照荷载分项系数 1.3、1.5，并考虑风雪组合，则每延米荷载设计值 $27.4\mathrm{kN/m}$，因本项目端部没有空间环桁架作用，可以近似按照悬挑梁计算，悬挑根部弯矩：

$$M=\frac{qL^2}{2}=0.5\times27.4\times31^2=13165.7\mathrm{kN\cdot m}$$

桁架高度 4m，上下弦轴力：

$$N=13165.7\div4=3291.4\mathrm{kN}$$

暂采用 $\phi450\times14$ 钢管，不考虑稳定，应力比为 0.56。

圆管回转半径：

$$i=0.354\times(0.45-0.014)=0.154\mathrm{m}$$

对于受压杆，长度 4m，长细比约为 26，近似计算可按照长细比 30 考虑，按照 b 类稳定系数约 0.95，考虑稳定的应力比约为 0.59，考虑钢管受弯应力比约增加 $0.1\sim0.2$，基本满足要求。

鄂托克旗市体育中心体育场造型独特，屋面和主体混凝土结构布置均较为复杂，通过单独屋盖模型、整体计算模型进行包络设计。支撑每榀桁架的双柱采用型钢混凝土圆柱，按中震弹性进行抗震设计。体育场挑篷为风致敏感结构，由于该屋盖挑篷悬挑跨度大、形状特殊，风荷载分布较为复杂，进行了风洞试验，可为同类开敞挑篷工程提供风荷载建议数值。

图 2.2-16　竣工照片

2.2.2　赤峰体育中心体育场

赤峰体育中心位于内蒙古赤峰市，是2014 年内蒙古自治区第十三届运动会主会场，项目竣工照片见图 2.2-16。体育中心总占地面积 20 万 m²，体育场建筑规模为3.1 万座，建筑面积 3.9 万 m²，地上 4层，建筑最高点高 41.5m。体育场剖面如图 2.2-17 所示。

体育场屋盖采用单榀钢桁架结构，最大悬挑长度 31m，桁架间距约 5.3m，屋顶采用三道水平桁架及上下弦斜向水平支撑保证结构主体稳定。钢结构挑篷檩条采用圆钢管，与钢结构斜向水平支撑构造成建筑需要的交叉杆件造型。

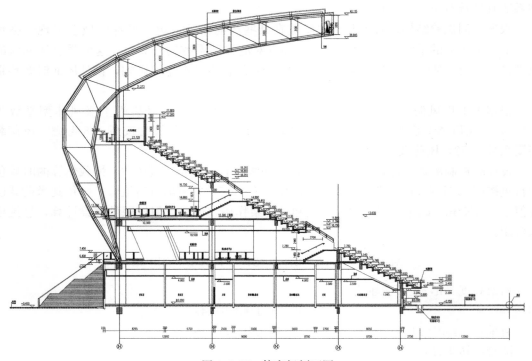

图 2.2-17　体育场剖面图

以 AJ1 为例（图 2.2-18），悬挑长度 30.5m，考虑端部建筑做法等，悬挑长度 31m，尾巴后端距离与前段比值约为 0.27。

估算时屋面做法及檩条自重等取 0.7kN/m²；马道及灯光等下挂荷载，以及钢结构自重等，估算总体考虑屋面恒荷载 2.0kN/m²；屋面活荷载取 0.5kN/m²；基本雪压，重现期 100 年，取 0.35kN/m²；基本风压，重现期 100 年，取 0.65kN/m²，地面粗糙度 B 类，风振系数 $\beta_z=1.8$，风荷载高度系数取平均约 1.53。估算时考虑下压风为不利工况，风载体型系数 μ_s 按照前端下压风 0.6，后端 1.3 考虑。

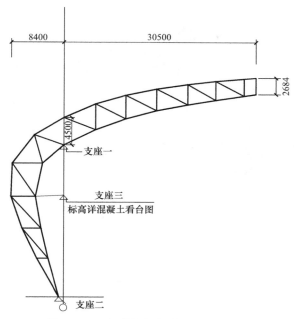

图 2.2-18　钢结构挑篷单榀 AJ1 立面图

设计时控制屋盖杆件最大应力比 0.85，重要杆件最大应力比 0.8。恒载估算的时候包含自重按照 $1.5kN/m^2$。按照荷载分项系数 1.3、1.5，并考虑风雪组合，则每延米荷载设计值 $28.24kN/m$，因本项目端部没有空间环桁架作用，可以近似按照悬挑梁计算，悬挑根部弯矩：

$$M=\frac{qL^2}{2}=0.5\times28.24\times31^2=13569.3kN\cdot m$$

桁架高度 4.5m，上下弦轴力：

$$N=13569.3\div4.5=3015.4kN$$

暂定采用 $\phi402\times16$ 钢管，不考虑稳定问题，应力比为 0.51。

圆管回转半径：

$$i=0.354\times(0.402-0.016)=0.137m$$

对于受压杆，长度 5.6m，长细比约为 40.9，近似计算可按照长细比 40 考虑，按照 b 类稳定系数约 0.90，考虑稳定的应力比约为 0.57，考虑钢管受弯应力比约增加 0.1～0.2。

简化计算结果与程序计算结果基本一致，根据轴力及弯矩，以及温度等影响选择合适的截面。对于单榀桁架，除了承受轴力之外，还承受弯矩，估算截面的时候要考虑相关影响，初估的时候可考虑增加 0.1～0.2。

2.2.3　文登体育中心体育场

文登体育中心体育场总建筑面积为 $40048m^2$，可容纳观众 27500 人。体育场看台采用钢筋混凝土斜框架结构。楼盖采用普通梁板结构体系。体育场弧形悬挑挑篷采用管桁架钢结构体系，支承于下部的钢骨混凝土框架柱上。体育场环行屋盖平面为四心椭圆，内圈长轴 108m，短轴 74m，外圈长轴 140m，短轴 120m。图 2.2-19 是体育场的现场照片。

图 2.2-19 体育场现场照片

体育场屋盖最大悬挑长度28.126m，挑篷屋盖采用立体管桁架，由钢骨混凝土框架柱和格构柱支承。后端与格构柱相连的长度为9.4m，与悬挑端之比为0.334。

整个屋盖由12块挑篷区域构成，分别沿南北轴线和东西轴线对称，每块区域均由立体桁架支撑。图2.2-20为典型剖面图。整个结构杆件均采用圆钢管，杆件的连接除个别重要节点为焊接球（即屋盖立体桁架与格构柱的连接节点）外，其余节点采用相贯焊接，杆件材料主要选用Q345C。

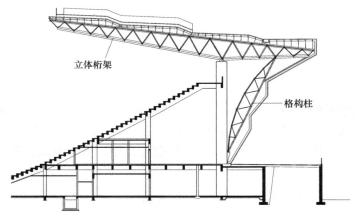

立体桁架

格构柱

图 2.2-20 典型剖面图

32榀立体桁架在平面上呈扇形分布，间距11m，是屋盖结构主要受力部分，每榀桁架均由钢骨混凝土框架柱和沿平面外轮廓布置的格构柱支承，支承点之间的距离为9.4m左右。结构自重、风荷载、雪荷载等外荷载均通过立体桁架和格构柱传递到下部混凝土结构。

立体桁架宽2.8m，高度在1.1~3.3m之间变化，网格尺寸均根据桁架高度的变化进行调整，确保支管与主管或两支管之间的夹角不小于30°；立体桁架的最大悬挑长度约28m，最小悬挑长度约10m；桁架弦杆杆件采用 $\phi194\times8$~$\phi530\times32$。格构柱外形呈鱼腹状，最大宽度约2.4m，最大高度约1.9m，杆件采用 $\phi76\times4$~$\phi351\times12$，两端分别与屋盖立体桁架、钢骨混凝土框架柱连接，如图2.2-21所示。

每个区域的立体桁架上弦平面内均设两道横向水平支撑和横向系杆，下弦平面在纵横两向各设置两道水平支撑和横向系杆；此外还布置四道纵向次桁架，增强屋盖结构的整体稳定性，次桁架分别位于立体桁架两端、框架混凝土柱顶和与格构柱连接处。在格构柱中间部位也同样设置一道纵向次桁架。

在荷载组合中考虑了恒荷载、活荷载、风荷载和地震作用。恒荷载作用在屋盖上弦平面，屋面板和檩条自重标准值总和为 $0.4kN/m^2$；下弦平面、音响和灯光设备按其实际布

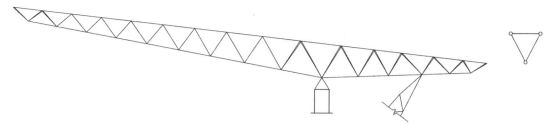

图 2.2-21 典型结构剖面示意

置确定荷载；钢结构主体结构自重由程序自动计算。屋面活荷载标准值为 $0.5kN/m^2$。基本风压为 $0.75kN/m^2$（100 年重现期），体型系数按下压风 0.8 和上吸风 1.6 分别考虑，风压高度系数 1.4。

雪荷载取值为 $0.5kN/m^2$；温度荷载按使用阶段 $\pm30℃$ 和施工阶段（即在屋面板未铺设前）$+50℃$ 分别计算。

典型楣截面最大高度 3.3m，上弦杆间距 1.8m，上弦杆最大截面 $\phi377\times18$，下弦杆 $\phi530\times32$，腹杆 $\phi219\times10$。

设计时控制屋盖杆件最大应力比 0.85，重要杆件最大应力比 0.8。恒载估算的时候包含自重按照 $1.5kN/m^2$。如果按照恒 1.3、活 1.5 系数并考虑活荷载组合（根据《建筑结构荷载规范》GB 50009—2012，活荷载可以不与风雪荷载同时组合），则每延米荷载设计值 52.0kN/m，因本项目端部没有空间环桁架作用，可以近似按照悬挑梁计算，悬挑根部弯矩：

$$M=\frac{qL^2}{2}=0.5\times52\times28.13^2=20573kN\cdot m$$

桁架高度 3.3m，上下弦轴力：

$$N=20573\div3.3=6234.5kN$$

对于 $\phi530\times32$ 钢管，不考虑稳定及弯矩影响，应力比为 0.42，考虑钢管受弯及温度作用等，应力比会更高。上弦杆为双管，轴力为一半，对于 $\phi377\times18$ 的管，应力比为 0.52，设计时通过简化分析，可以初步判断杆件截面是否满足要求，是否需要进行适当优化或调整。整体计算结果表明，挑篷结构杆件主要由风荷载的静力组合工况控制，地震作用和温度效应对屋盖结构影响相对较小，主要杆件的应力比均小于 0.85。

格构柱在整个结构体系中起着至关重要的作用。在风吸力的作用下，格构柱由承担拉力转为承担压力，而格构柱的长度约 18m，较为细长，仅在中间部位设置一道纵向次桁架，因此其稳定问题必须注意。

首先计算结构弹性屈曲模态，计算模型考虑次桁架起侧向支撑的作用。图 2.2-22 为结构的一阶失稳模态，可以看出结构的失稳模态在支承端部变形最大。然后按一阶弹性屈曲模态分布考虑跨度的 1/300 的初始缺陷，计算所得结构考虑一致屈曲缺陷的几何非线性整体稳定的安全系数（即临界承载力和标准值之比）$K=10.5$。

为了考虑构件的弹塑性行为对于整个结构承载力的影响，同时使用一致缺陷分布模型，从而得到结构在弹塑性状态下的极限承载能力，结构失稳的安全系数 $K=2.6$。

根据《钢结构设计标准》GB 50017—2017，当弦杆长径比不大于 12 和腹杆长径比不大于 24 时，不能忽略节点的刚度，故本工程采用两种计算模型：全铰接模型和满足规范

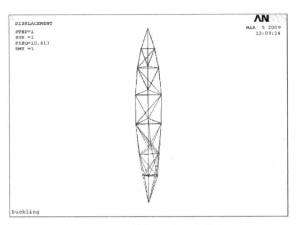

图 2.2-22 结构一阶失稳模态

要求的计算模型。采用振型分解反应谱法计算结构的水平、竖向地震作用，对各类工况考虑屋盖整体的空间协同工作。

2.2.4 桑给巴尔阿玛尼体育场

桑给巴尔阿玛尼体育场维修工程是在保留原有西侧看台的基础上新增罩棚，罩棚采用正交正放四角锥网架结构。桑给巴尔阿玛尼体育场是我国 20 世纪 60 年代的援建项目，是当地最大型的体育设施。为了改善体育场的条件与设备，对体育场进行重新修缮。对体育场东立面进行改造，在西侧看台的基础上增设罩棚，以便满足当地人民更高的体育运动需求。修缮工程于 2010 年 5 月竣工，图 2.2-23 是体育场西侧看台改造后的内景照片。

为保留原有看台结构，在西侧看台外侧与道路之间，增加独立结构以支承新增罩棚，见图 2.2-24。罩棚形状类似大海的波浪，屋面采用彩色钢板岩棉夹心板。为加快海外工程的施工进度和减小施工难度，除基础外的结构构件材质采用钢材。

图 2.2-23 体育场西侧看台改造后的内景照片

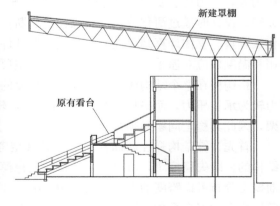

图 2.2-24 建筑剖面图

屋盖结构最大悬挑长度 17.1m，由于建筑立面效果和体育场入口的限制，罩棚中线位置无法设置支承罩棚的钢柱，故屋盖结构采用正交正方四角锥网架结构（图 2.2-25），屋盖能够更好地实现整体受力；网架网格尺寸约为 2m×2m，网架支座位置的最大结构中心高度约 2m，悬挑端结构中心高度最小，约为 1m；网架杆件采用无缝圆钢管 $\phi60\times4\sim$ $\phi159\times8$，材质均为 Q235B；螺栓球主要规格 BS100～BS260，材质为 45 号钢；檩条采用 C 形檩条，自重轻、便于连接，所有连接节点均采用螺栓连接，减少现场焊接工作量。

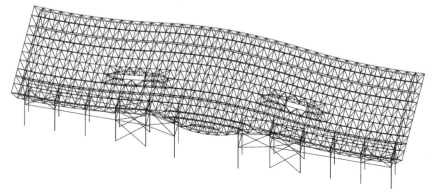

图 2.2-25　钢结构罩棚三维图

屋盖与钢框柱的连接采用铰支座，网架的节点按铰接模型，下部结构钢框架节点均为刚接节点。结构的整体计算主要采用空间网架设计软件 MST2006 进行，并采用 SAP2000V9.11 进行复核计算。网架结构的拉压杆件长细比均按 180 控制，杆件应力比控制在 0.85 以内。钢框架的水平支撑按受拉杆件设计，满足长细比大于 350。支撑节点均按轴力等强设计。结构在标准荷载组合下，最大位移为 134mm，满足 $L/250$ 的要求。

由于无明确的基本风压，业主提供了当地近十年最大风速资料，参考中国规范的计算方法将风速值换算成具有一定保证率的重现期为 50 年的基本风压值。我国规定基本风速采用极值 I 型概率分布函数进行统计分析，根据近十年最大风速计算出风速平均值 $\overline{x}$ 和根方差 σ，重现期 50 年的概率 F_I 为 98%，计算出保证系数 φ。

$$\varphi=-\frac{\sqrt{6}}{\pi}\left[0.5772+\ln(-\ln F_I)\right]$$

由保证系数 φ 换算基本风速 v_0 和基本风压 w_0。

$$v_0=\overline{x}+\varphi\sigma$$

$$w_0=v_0^2/1600$$

根据《建筑结构荷载规范》GB 50009—2012 的要求，基本风压 w_0 不得小于 $0.3m^2$，取两者最大值。

2.2.5　贵阳某足球场

贵阳某足球场项目，可容纳 8 万人，结构悬挑长度 70～83.2m，属于大跨悬挑项目，屋盖长度超过 300m，结构非常复杂。由于悬挑长度非常大，采用了内压环，相当于内场增加了弹性支座，考虑了空间作用，能有效减小悬臂影响，详细分析见本书案例。剖面图见图 2.2-26。

估算的时候可考虑空间作用 30%～40%，本工程简化受力如图 2.2-27 所示，竖向受力 2145kN，距离支座位置约 38m 支座高度 9.1m。

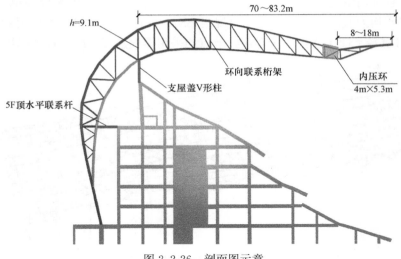

图 2.2-26　剖面图示意

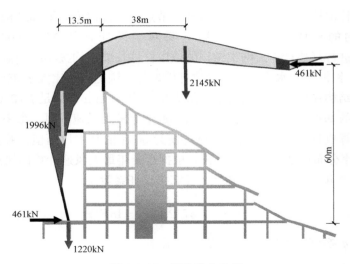

图 2.2-27　简化受力分析

估算承担的最大弯矩：

$$M = 2145 \times 38 = 81510 \text{kN} \cdot \text{m}$$

考虑空间作用占 35%，悬挑根部弯矩折减系数为 0.65。

桁架高度 9.1m，上下弦杆轴力：

$$N = 0.65 \times 81510 \div 9.1 = 5822 \text{kN}$$

与程序计算结果 5800kN 比较接近。

此计算结果为标准值，考虑设计值放大 1.35 倍，对应轴力设计值为 7860kN。对于 □700×700×25，不考虑弯矩及稳定的应力比为 0.396；对于 □700×700×20，不考虑弯矩及稳定的应力比为 0.492。

2.2.6 鄂尔多斯市体育场

鄂尔多斯市体育场（图 2.2-28）建筑面积 11.3 万 m²，3 层看台。外围筒体最高点 85m，看台总座位数约为 60000 座。混凝土看台长轴长 343m，短轴长 327m，钢屋盖最高点为 76m，最低点为 42m，长轴约长 326m，短轴约长 302m。体育场主体结构为框架-抗震墙体系；屋顶结构为钢结构桁架悬挑体系。

屋盖采用空间钢桁架体系，屋盖环形罩棚的主桁架由周边环绕的斜向巨型柱悬挑而出（图 2.2-29），形成屋盖的径向主肋，最大悬挑长度 68m。

图 2.2-28 鄂尔多斯市体育场实景照片

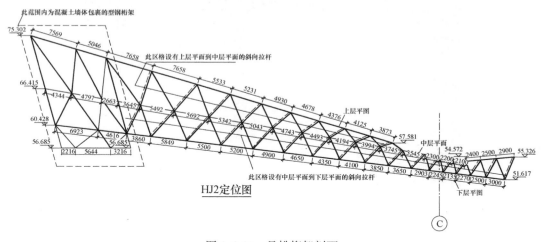

HJ2定位图

图 2.2-29 悬挑桁架剖面

2.3 万州体育场

挑篷与拱结合，相当于给悬臂端提供连续弹性支承，悬臂根部只需铰支即可使结构成型，拱的侧向稳定则由挑篷径向梁或桁架来保证。根据拱与挑篷的相对位置关系可细分为拱支式和拱吊式。

万州体育场位于重庆市万州区龙宝片区内，东临滨江大道，隔绿化带与长江相望。该项目占地面积约 17.66 公顷，总建筑面积 32718m²。固定总座席 21475 座，实景照片如图

2.3-1 和图 2.3-2 所示。西区上部覆盖钢结构屋盖，屋盖采用钢管拱桁架巨拱结构，为拱吊和拱支结合的结构。结构设计使用年限为 50 年，建筑结构的安全等级为二级。

图 2.3-1　万州体育场实景照片

图 2.3-2　万州体育场场内实景

2.3.1　屋盖钢结构体系

屋盖钢结构体系（图 2.3-3）分为钢拱体系与屋盖体系。钢拱体系由前拱、高拱及后拱组成。每个拱均由三角形钢管桁架组成，拱跨 249.5m，高拱中心点标高 65m，前拱中心点标高 46.5m。为提高钢拱体系与屋盖体系的整体性，在高拱与屋盖桁架之间设置斜腹杆，这样，高拱、前拱与中拱形成更大体量的巨型钢拱，并在拱脚处相交在一起，形成一个大的拱脚。拱桁架的弦管采用直径为 600mm 的直缝钢管，加工时应考虑消除煨弯残余应力。桁架腹杆与弦杆之间采用圆钢管相贯焊接。

屋盖体系由 18 道正放变截面三角形钢管桁架组成，桁架截面宽 3m，高 3～4m，跨度30～55m。屋盖桁架前端支承于前拱上，中间与中拱相连接，连接节点均为相贯节点。后端部通过双向铰支座支承于混凝土环梁上，并由后拱将各支座连为整体。屋盖围护结构采用骨架膜结构。

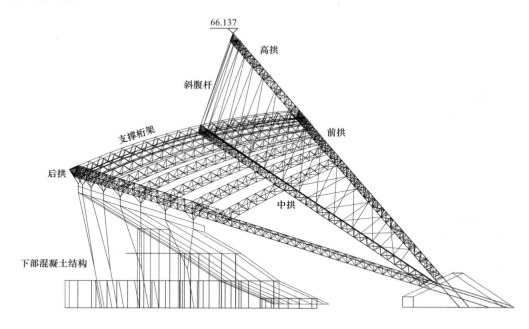

图 2.3-3　屋盖钢结构体系示意图

2.3.2　荷载

屋盖钢结构自重由程序自动计算生成，为了考虑节点、加劲肋等引起自重的增加，钢材重度取 1.1 的放大系数，即 $7.85 \times 1.10 = 8.6 \mathrm{kN/m^3}$。体育场屋盖采用 PTFE 膜结构，同时考虑膜支撑次结构与连接件，取其荷载为 $1.0 \mathrm{kN/m^2}$。屋面活荷载取值为 $0.5 \mathrm{kN/m^2}$。工程抗震设防烈度为 6 度（$0.05g$），设计地震分组为第一组。

屋顶钢结构基本风压按 100 年一遇采用，取 $w_0 = 0.35 \mathrm{kN/m^2}$，地面粗糙度类别为 C 类。由于屋盖体型复杂，且上、下表面均会受到风荷载作用，风荷载体型系数在规范中未作明确规定；屋盖跨度大，在风荷载作用下发生较大的风致响应。本工程进行了风洞试验确定屋盖所受风荷载作用。风洞试验采用刚性模型，模型比例为 1:200。定义来流风风向沿体育场东西轴线从东向西吹为 0°，风向角按顺时针方向增加。风向角间隔取为 10°，共 36 个风向角。风洞试验结果表明，$-30° \sim 30°$ 风向角范围内的风荷载最大。按照风荷载分布形式，将整个屋盖分成 51 个板块，对屋面分块施加等效静风压。风压符号的约定为：压力方向指向建筑物为正，离开建筑物为负。图 2.3-4 所示为屋盖分块及用于设计的等效风荷载。

当地年极端最高气温 42.3℃，年极端最低气温 -3.7℃，年平均气温 18℃。大气透明度介于 5 级与 6 级之间，偏安全取为 5 级。钢构件的最高温度应出现在夏季太阳辐射与气温都达到最高峰的短暂时段，而钢构件的最低温度应出现在冬季气温最低的时段。设合拢温度为 20℃ ± 2℃，则 $T_降 = 25.7$℃，降温荷载取 -26℃。升温荷载 $T_升 = T_辐射 + T_气温 - T_合拢$，$T_辐射 = \rho \cdot J / \alpha_\mathrm{w}$，其中 ρ 为结构表面对于太阳辐射热的吸收系数，J 为逐时太阳

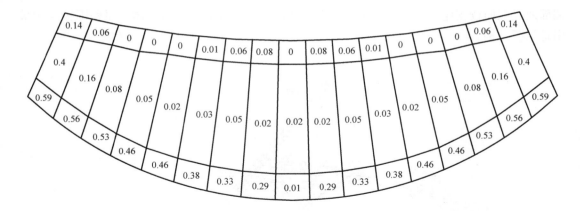

(a) 屋盖等效静风压(W+)

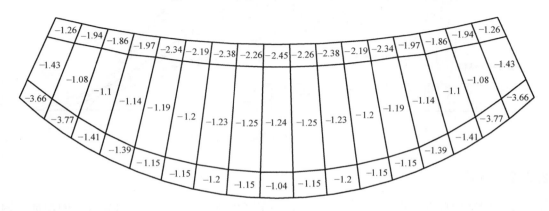

(b) 屋盖等效静风压(W−)

图 2.3-4　等效风荷载取值

总辐射照度，α_w 为结构表面换热系数。钢结构外表面为乳白色，吸收系数应小于 0.30，偏安全取为 0.32。对于钢管桁架而言，其表面有相当的部分是不能被阳光直接照射到的，可以考虑部分折减。但是由于钢材是热的良导体，折减系数不宜过大，取折减系数为 0.75。$T_{辐射}=25.65℃$，$T_{升}=47.95℃$，升温荷载取 48℃。

2.3.3　计算结果分析

采用通用结构分析与设计软件 SAP2000 计算屋盖钢结构体系整体计算，结构阻尼比取 0.02；采用 ANSYS 软件复核钢结构体系结构动力特性；采用结构分析与设计软件 PMSAP 计算下部钢筋混凝土看台结构，阻尼比取 0.05。钢结构周期与振型模态详见表 2.3-1。

2.3.4　基础及支座设计

两个拱脚承担钢拱传来的竖向荷载及水平推力，采用灌注嵌岩桩的群桩基础。由单桩水平静载试验，确定单桩水平及竖向承载力特征值。由于北区拱脚群桩基础处填土很深，

钢结构周期与振型模态 表 2.3-1

编号	周期(s)	振型模态
1	5.209	沿拱跨方向整体平动
2	3.781	中拱竖向振动为主
3	2.857	前拱、中拱竖向振动为主的整体振动
4	2.638	中拱、上拱、前拱竖向振动为主的整体振动

约 27m，为了满足设计需要的水平承载力要求，对此处采取以下措施：基础施工之前，由具备相关资质的单位对地基进行强夯法处理，经过强夯处理，对于填土深度小于 8m 的场地，应完全消除回填土对桩基的负摩阻力。桩基础施工完毕，混凝土强度达到设计强度后，在桩侧进行深层注浆加固，承台施工完毕后，在承台下及承台周围体内进行灌浆处理。

屋盖支撑桁架置于后环梁上，采用球形抗震支座，满足屋盖变形引起的支座部位的转动，释放支座弯矩，仅承受水平及竖向荷载。此支座形式与结构计算模型基本相符。

2.3.5　非线性稳定分析

本工程采用大型有限元分析软件 ANSYS 对钢结构体系进行非线性稳定分析。目的是考察几何非线性对整个钢结构体系稳定性的影响。设计荷载组合工况采用（恒＋活）及（恒＋半跨活）。采用上拱结构跨度的 1/300 作为结构稳定分析时的整体几何缺陷，首先计算结构的初始屈曲模态，再根据屈曲模态的变形与预设的结构整体初始缺陷值改变结构部分节点的坐标，形成整体结构的几何缺陷。

在满布活荷载工况下，基底反力达到 141522kN（荷载倍数为 8）时，结构未达到承载力极限状态；在半跨活荷载工况下，基底反力达到 138131kN（荷载倍数为 8）时，结构也未达到承载力极限状态，满足《空间网格结构技术规程》JGJ 7—2010 中结构弹性稳定系数大于 5.0 的要求。通过以上分析计算结果表明，整个屋盖钢结构在强度、整体稳定、变形各方面均满足规范要求。

2.3.6　防连续倒塌设计

本工程中，钢结构与混凝土后环梁的连接节点越靠近端头受力越大，存在连续倒塌的可能性，故进行结构模拟倒塌分析。具体方法如下：在 1.0 恒载＋0.5 活载＋0.6 温度荷载（温度荷载组合值系数取 0.6）的工况下，使单纯钢结构模型中最端头连接节点失效，考察其余连接节点内力，按照内力的 1.2 倍（放大系数）作为荷载设计值进行连接节点设计，并将荷载设计值施加到单纯混凝土模型中，验算 V 形柱柱头以及相关看台斜梁。以此类推，分别再将端头倒数第二个及第三个连接节点失效（每个状态均只有一个节点失效），并进行相应的考察。验算连接节点以及混凝土柱头、看台斜梁时可用材料强度的标准值。模拟分析表明结构整体抗倒塌能力满足设计目标，结构设计满足要求。

2.3.7　钢结构施工方案及施工模拟分析

由于此钢结构体系跨度较大，形式复杂，对安装的要求较高。施工方案如下：首先对前拱进行空中拼接，拼接时应采取可靠支撑。待前拱完成后，分段吊装屋盖桁架系统。其后，在屋盖下设置临时支撑，以屋盖为工作平台，进行高拱及斜杆的空中拼接就位。当所有构件就位后，在达到合拢温度范围内时进行合拢。形成整体后，方可拆除所有支撑。拆除支撑时，应预先制定卸载均匀的合理拆除方案。

设计建议在钢结构安装过程中搭设"满堂红"支架，在支撑卸载之前，钢拱桁架尽量不受力或受力极小。进行了施工模拟计算，计算模型描述如下：18道水平管桁架下设支撑，支撑间距5m左右，屋盖施工荷载考虑$3kN/m^2$，各道钢拱在屋盖范围之外部分均不考虑。计算结果表明，此施工方案能保证在钢结构安装过程中的安全性，且不对钢结构杆件造成不良影响。

2.3.8 抗震构造措施

通过计算分析，关键杆件主要是钢拱柱脚附近杆件和连接高拱的斜拉杆；薄弱部位主要是钢拱拱脚群桩基础、桁架与混凝土后环梁的连接支座等。

1) 截面应力比控制：整个结构各杆件截面应力比控制在0.85以内，重要部位（大拱柱脚附近、屋盖桁架两侧2跨、斜拉杆）构件应力比控制在0.75以内。

2) 钢拱支座附近杆件包络设计：钢拱支座处共有12根$\phi600$圆钢管，分别考虑刚接与铰接模型，模拟薄弱部位出铰后的状况。经比较，对于整体钢结构而言，两者的差别不大，设计时按取包络处理。

3) V形柱柱头的设计加强措施：由于支座位于环梁顶，高于顶层现浇看台近2m，桁架水平推力产生出来的弯矩，偏安全地单独由柱头承受，而顶环梁的抗扭转能力作为安全储备。弯矩设计值取支座水平抗力设计值与高差的乘积。

参考文献

[1] 丁洁民，张峥. 体育场挑篷结构选型与应用研究 [J]. 建筑结构学报，2011，32（12）：16-28.

[2] 丁洁民，张峥. 体育场挑篷结构在中国近期的发展与应用 [J]. 建筑结构，2011，41（04）：1-6.

[3] 范重，胡纯炀，刘先明，等. 鄂尔多斯东胜体育场看台结构设计 [J]. 建筑结构，2013，43（09）：10-18.

[4] 范重，胡纯炀，李丽，等. 鄂尔多斯东胜体育场开合屋盖结构设计 [J]. 建筑结构，2013，43（09）：19-28.

[5] 范重，刘先明，范学伟，等. 国家体育场大跨度钢结构设计与研究 [J]. 建筑结构学报，2007（02）：1-16.

3 单向与双向布置钢结构设计

3.1 概述

根据《混凝土结构设计规范》GB 50010—2010（2015 年版）第 9.1.1 条规定，对于四边支承的板，当长边与短边比值大于 3 时，可以按短边方向的单向板计算，但应沿长边方向布置足够数量的构造钢筋；当长边与短边比值介于 2 与 3 之间时，宜按双向板计算；当长边与短边比值小于 2 时，应按双向板计算。

混凝土结构梁采用双向布置时，交汇节点处理难度小，施工成本较单向布置无较大增加（图 3.1-1）。钢结构梁的构造和建造方式与混凝土结构存在很大差异。单向布置的钢结构，梁端构造简单，现场安装便捷。双向布置时，交汇处刚接节点构造和施工更为复杂且焊接工程量大，使得现场临时支撑布置多，施工成本高。图 3.1-2 为钢梁刚接的节点做法。

图 3.1-1　混凝土双向井字梁

图 3.1-2　钢梁刚接

3.1.1 某宴会厅屋顶双向布置分析

以某工程宴会厅屋顶为例进行比较，楼盖长 40.5m，宽度 24.3m，长宽比小于 2，平面布置见图 3.1-3。参考《混凝土结构设计规范》GB 50010—2010（2015 年版），结构采用双向布置，框架梁和非框架梁高度一致，仅翼缘厚度取值不同。

图 3.1-4 给出了计算弯矩，图 3.1-5 给出了应力比。虽然平面采用双向布置，但短向框架梁仍然起到支承非框架梁的作用，使得梁端弯矩和跨中弯矩较其他梁较大，成为主要受力构件。根据受力进行截面优化，区分主次受力作用。可以将截面区分主次，增加主梁截面规格，降低次梁截面规格，降低用钢量，但该做法使得结构布置与建筑空间效果不统一，在大跨结构中通常不采用。

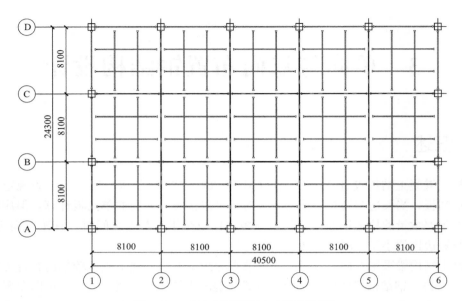

图 3.1-3　宴会厅屋顶双向布置平面图

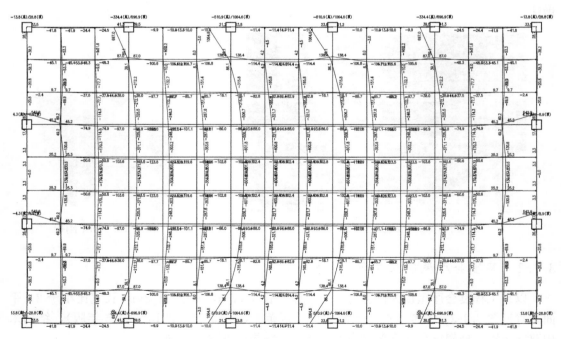

图 3.1-4　宴会厅屋顶双向布置构件计算弯矩

　　为了让水平构件的竖向刚度均匀，避免短跨中间位置的框架梁受力过大，也避免周边框架柱特别大，可将框架梁的梁端设为铰接，保证同向梁的竖向抗弯刚度。图 3.1-6 结果显示中部短跨向的梁受力均匀且承担了楼面主要荷载。该方案较上一种双向布置对于水平构件受力更为合理，大跨钢结构一般采用两端铰接的多。

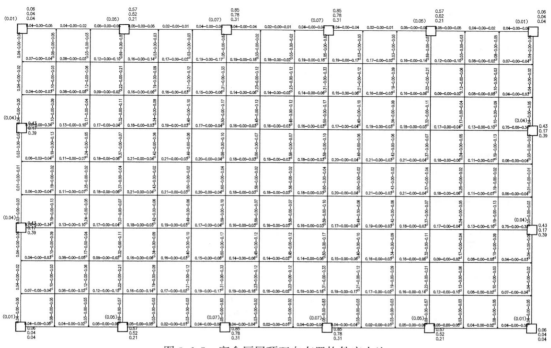

图 3.1-5　宴会厅屋顶双向布置构件应力比

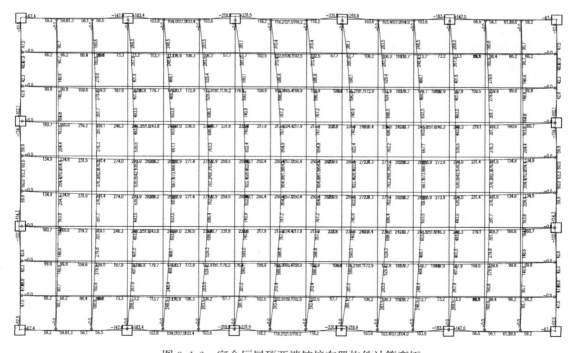

图 3.1-6　宴会厅屋顶两端铰接布置构件计算弯矩

3.1.2　某宴会厅屋顶单向布置分析

宴会厅屋顶基于同样的荷载取值,采用单向布置钢梁,框架梁和非框架梁高度一致,

45

翼缘厚度取值不同。平面布置见图 3.1-7。

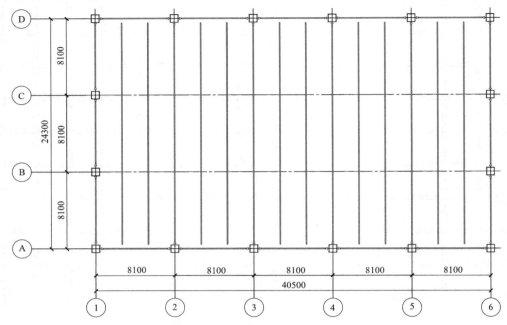

图 3.1-7　宴会厅屋顶单向布置平面图

　　根据宴会厅屋顶钢梁单向布置的平面受力状态，见图 3.1-8 和图 3.1-9，框架梁和非框架梁差异较小，保证结构高度一样，梁的翼缘和腹板取壁厚不同实现用钢量的优化。单向布置的钢梁在形式上更为统一，易于满足建筑大空间的效果要求。

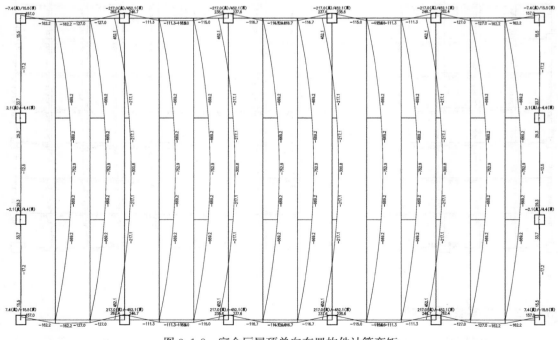

图 3.1-8　宴会厅屋顶单向布置构件计算弯矩

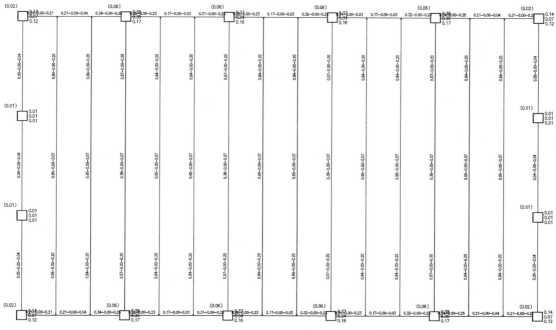

图 3.1-9　宴会厅屋顶单向布置构件应力比

3.2　大跨度钢结构楼盖布置对比分析

本节对大跨度钢结构楼盖采用单向和双向布置进行对比分析，研究采用何种方式布置钢梁或钢桁架，可以节省材料用量且受力合理，总结受力规律。

3.2.1　钢梁布置方案对比分析

现以 24.3m 跨度的楼盖为例，柱网采用 8.1m，每个柱网布置两道次梁，次梁间距2.7m，钢梁截面均选用 H1000×350×16×36。平面长向尺寸按长宽比从 1 开始，逐渐递增 8.1m 至长宽比大于 2，即理论上单双向板的分界。楼板采用的混凝土强度等级为 C30，楼板厚度 120mm，计算中不考虑组合楼盖的有利作用。选择工程中常用的焊接钢梁截面。恒荷载和活荷载均取 4kN/m²。

表 3.2-1 和图 3.2-1 给出了不同长宽比的等效弯矩系数计算结果。在长宽比不大于1.33 时，双向布置较单向具有一定优势，最大跨中等效弯矩系数也比单向布置小。随着平面长向长度的增加，中间区域的短跨方向梁承担弯矩增加，应力比随之加大；根据分析结果，长宽比大于 1.00 时，随着平面长度增加，中间区域的短跨方向梁应力增加较大；长宽比达到 2.00 以后，等效弯矩系数也趋于稳定，且大于单向布置时的梁跨中等效弯矩系数。

从最大应力比的计算结果看出，在钢梁截面不变的情况下，当长宽比大于 1.50 时，部分构件应力比已经超过 1.00，需要增加中间区域的短跨方向梁截面。相比之下，单向布置受力简单，易于施工，更能取得经济效果。

计算参数表（钢梁材质：Q355）　　　　　　　　　　　表 3.2-1

平面尺寸 （长×宽）	长宽比	平面布置	最大应力比	活载作用跨中弯矩 （kN·m）	等效弯矩 系数 a
24.3m×24.3m	1.00	双向布置	0.60	481	0.075
32.4m×24.3m	1.33	双向布置	0.93	746	0.117
40.5m×24.3m	1.50	双向布置	1.08	861	0.135
48.6m×24.3m	2.00	双向布置	1.13	891	0.140
56.7m×24.3m	2.33	双向布置	1.11	886	0.139
		单向布置	0.95	794	0.125

注：等效弯矩系数 $a = M/qL^2$。

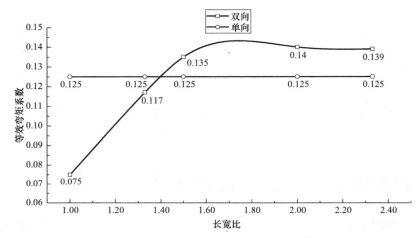

图 3.2-1　不同长宽比的等效弯矩系数

3.2.2　钢桁架布置方案对比分析

大跨结构除了选择实腹钢梁外，还可以采用钢桁架形式，钢桁架可以利用合理的结构高度有效节约结构材料，实现更大跨度的建筑空间。桁架整体受弯转换为弦杆的轴力乘以桁架中心高度承担。根据桁架弦杆轴力换算等效弯矩系数，进行不同跨度比较，便于概念判断。

对大跨度钢桁架结构的楼盖采用单向和双向布置进行对比，以 27m 跨度为例，柱网尺寸采用 9m。除柱间布置一道桁架外，在 9m 柱网中间布置一道桁架，使得各榀桁架间距为 4.5m。为便于双向杆件连接，桁架高度统一取 2.5m。桁架上下弦截面均为 H600×400，腹杆采用 H400×400 截面，均为常用焊接钢梁截面。楼盖尺寸按长宽比从 1 开始，长边按柱网 9m 逐渐递增至楼盖长宽比达到 2。楼板混凝土强度等级为 C30，楼板厚度120mm。计算中不考虑组合楼盖的有利作用，取零板厚并将楼板自重折算为面荷载施加，因此恒荷载取 10.0kN/m²，活荷载取 5.0kN/m²，如图 3.2-2 所示。

表 3.2-2 和图 3.2-3 给出了 27m 跨度的桁架结构在不同长宽比的等效弯矩系数对比，采用双向布置在长宽比不大于 1.33 时，双向布置的桁架较单向布置具有一定优势，最大跨中等效弯矩系数比单向布置小。随着平面长向长度的增加，中间区域的短跨方向承担弯

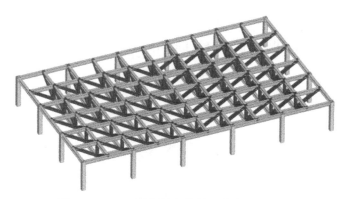

图 3.2-2　27m 跨钢桁架结构双向布置三维图

矩增加，应力比随之加大。随着平面长度增加，中间区域的短跨方向杆件应力增加较大。长宽比达到 2.00 以后，等效弯矩系数也趋于稳定，且大于单向布置时的梁跨中等效弯矩系数，呈现的规律性与钢梁布置的分析结论一致。

计算参数表（钢材质：Q355）　　　　　　　　　　　　　　　表 3.2-2

平面尺寸 （长×宽）	长宽比	平面布置	最大应力比	活载作用跨中 上弦杆轴力（kN）	等效弯矩 系数 a
27m×27m	1.00	双向布置	0.38	447	0.068
36m×27m	1.33	双向布置	0.59	794	0.121
45m×27m	1.50	双向布置	0.64	884	0.135
54m×27m	2.00	双向布置	0.69	963	0.147
63m×27m	2.33	双向布置	0.69	961	0.146
		单向布置	0.65	812	0.125

注：等效弯矩系数 $a = M/qL^2$。

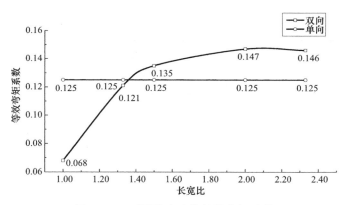

图 3.2-3　不同长宽比的等效弯矩系数

为进一步验证规律性，增加短跨向结构跨度。以短跨跨度为 45m 为例，除柱间布置一道桁架外，在 9m 柱网中间布置一道桁架，使得各榀桁架间距为 4.5m。为便于双向杆件连接，桁架高度统一取 3.5m，见图 3.2-4。桁架上下弦截面均为 H700×400，腹杆采用 H400×400 截面，均为常用焊接钢梁截面。楼盖尺寸按长宽比从 1 开始，长边按柱网 9m

逐渐递增至楼盖长宽比达到 2。楼板混凝土强度为 C30，楼板厚度 120mm。计算中不考虑组合楼盖的有利作用，取零板厚并将楼板自重折算为面荷载施加，恒荷载取 $10.0kN/m^2$，活荷载取 $5.0kN/m^2$。

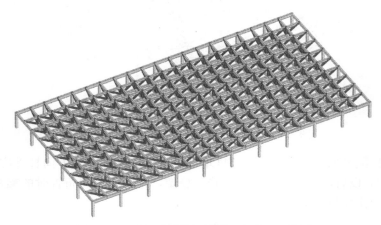

图 3.2-4　45m 跨钢桁架结构双向布置三维图

　　表 3.2-3 和图 3.2-5 给出了 45m 跨度的桁架结构在不同长宽比的分析数据对比。采用双向布置在长宽比不大于 1.4 时，双向布置方案较单向布置具有一定优势，最大跨中等效弯矩系数也比单向布置小。随着平面长向长度的增加，中间区域的短跨方向承担弯矩增加，应力比随之加大；根据分析结果，长宽比不小于 1.50 时，随着平面长度增加，中间区域的短跨方向杆件应力增加较大；长宽比达到 2.00 以后，等效弯矩系数也趋于稳定，且大于单向布置时的梁跨中等效弯矩系数。表 3.2-3 和图 3.2-5 中呈现的规律性与钢梁和 27m 钢桁架布置的分析结论一致。

计算参数表（钢材质：Q355）　　　　　　　　　　　　　　　　表 3.2-3

平面尺寸 （长×宽）	长宽比	平面布置	最大应力比	活作用跨中 上弦杆轴力(kN)	等效弯矩 系数 a
45m×45m	1.00	双向布置	0.41	1123	0.074
54m×45m	1.20	双向布置	0.58	1658	0.109
63m×45m	1.40	双向布置	0.62	1795	0.118
72m×45m	1.60	双向布置	0.67	2005	0.132
81m×45m	1.80	双向布置	0.71	2080	0.137
90m×45m	2.00	双向布置	0.73	2150	0.142
99m×45m	2.20	双向布置	0.73	2111	0.139
		单向布置	0.68	1892	0.125

注：等效弯矩系数 $a = M/qL^2$。

3.2.3　小结

　　通过三种不同跨度的单向和双向布置的钢梁和钢桁架分析结果对比，图 3.2-6 给出了汇总结果，桁架等效弯矩系数、钢梁等效弯矩系数与平面长宽比的关系基本相似，呈现同样的受力特点和规律。双向布置的桁架结构即使跨度不同，但在长宽比一样的情况下，短跨向桁架的最大等效弯矩系数具有一致性；单向布置的桁架等效弯矩系数则基本保持不变。

因此在结构方案试算对比时，根据初步确定的桁架或网架结构的高度和杆件长度，就可以大体推算杆件，便于确定结构杆件和尺度。

也可以根据这个规律大体对计算结果进行复核，判断选择的杆件是否合理，是否正确。

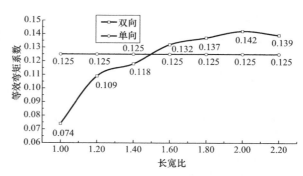

图 3.2-5　不同长宽比的等效弯矩系数

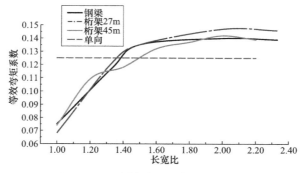

图 3.2-6　不同长宽比的等效弯矩系数

3.3　典型工程

3.3.1　华北科技学院多功能体育馆

华北科技学院多功能体育馆位于河北三河市华北科技学院中院（原学院后勤大院），用地面积约 2.08 公顷，为学院内的重要体育设施。体育馆基底面积 9361m^2，总建筑面积 17831m^2，地上 2 层（2 层以上局部夹层），地下 1 层，檐口最高处建筑高度为 20.30m。图 3.3-1 是该建筑的效果图。

图 3.3-1　建筑效果图

多功能体育馆主要功能包括：50m×21m 标准八道游泳池，总坐席数 3182 的体育馆（其中固定坐席 2104 座，活动看台 1078 座）和若干体育运动附属设施，如室内网球场、乒乓球室，以及健身室、活动室和办公室等。

多功能体育馆的屋盖为钢结构。其中体育馆比赛大厅尺寸为 53m×34m，大厅上方采用双向布置的网架结构。网架结构整体性好，布置灵活利于后期增加吊挂，故选用此方式。屋盖网架平面尺寸 74.8m×46.8m，如图 3.3-2 所示，网架配合建筑双坡屋面的要求，利用上弦找坡，下弦水平布置以获得较大的结构高度。找坡后受力最大处的网架高度为 3.71m，随着两侧向下找坡，端部网架高度为 3m。上下弦网格尺寸均为 2600mm×2800mm。屋盖上弦恒荷载 1.0kN/m²、活荷载 0.5kN/m²，下弦活荷载 0.5kN/m²。

设计时控制屋盖杆件最大应力比 0.85，重要杆件最大应力比 0.8。恒荷载估算时自重取 1.6kN/m²。按照荷载分项系数 1.3、1.5，则网架中部短跨方向每个网格单元的每延米荷载设计值 20.05kN/m，因为网架下弦跨中抽空，下弦计算间距为 5.6m，上弦计算间距为下弦的一半，即 2.8m。

根据前文分析，体育馆屋盖长宽比为 1.68，中部短跨跨中等效弯矩系数近似取 0.134，因此跨中最大弯矩：

$$M = aqL^2 = 0.134 \times 20.05 \times 46.8^2 = 5883.93\text{kN} \cdot \text{m}$$

网架中部结构中心高度为 3.710m，近似取 3.7m，上下弦杆最大轴力：

$$N = 5883.93 \div 3.70 = 1590.25\text{kN}$$

暂定该位置网架下弦采用 $\phi 219 \times 10$ 钢管，应力比为 0.78；上弦杆采用的 $\phi 159 \times 8$ 钢管为双上弦圆管，计算轴力取一半，不考虑稳定，应力比为 0.68；考虑风荷载、温度作用以及压杆稳定等，应力比可能会更高。通过实际分析，在方案初步估算过程可以根据等效弯矩系数推算，并适当控制应力比。

3.3.2 赤峰体育中心体育馆

赤峰体育中心位于内蒙古赤峰市新城区，为 2014 年内蒙古自治区第十三届运动会主会场。项目总占地面积 20 万 m²，建设用地南北最大长度约 635m，东西向最宽处约 555m。体育中心包括体育场、体育馆及商业平台。其中体育馆与体育场是通过一层室外平台联系（体育中心建筑效果图详见图 3.3-2）。

图 3.3-2　赤峰体育中心建筑效果图

体育馆规模为 8000 座，总建筑面积约 2.5 万 m²。地上三层，体育馆屋盖最高点高 28.5m。体育馆内包含比赛大厅（比赛大厅屋盖结构平面布置图详见图 3.3-3）、训练厅等

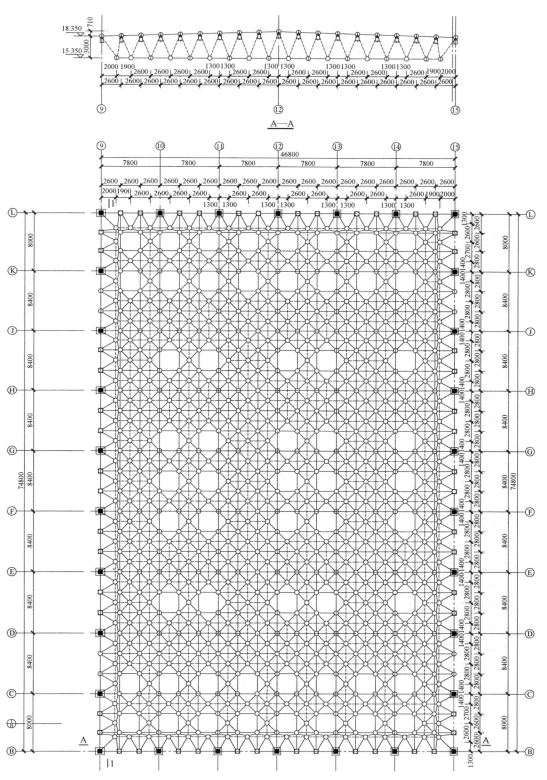

图 3.3-3　比赛大厅屋盖结构平面布置图

（体育馆剖面图详见图 3.3-4），比赛大厅最大场地使用空间 60m×40m，具备承接篮球、排球、手球等体育赛事的条件；训练厅是一个 24.9m×45m 矩形大空间，紧挨着比赛大厅；训练厅上部是小球训练厅，由大跨度预应力混凝土梁支承。

该体育馆工程设计基准期和使用年限均为 50 年，体育馆抗震设防分类为重点设防类。根据内蒙古自治区地震工程研究勘察院 2010 年 1 月提供的《赤峰体育中心工程场地地震安全性评价报告》以及《建筑抗震设计规范》GB 50010—2010，本工程抗震设防参数如下：抗震设防烈度为 7 度，设计基本地震加速度值为 $0.15g$，地震分组为第一组，场地类别为Ⅱ类，体育馆框架结构的抗震等级为一级；地面粗糙度为 B 类，设计基本风压为 $0.55kN/m^2$，基本雪压为 $0.30 kN/m^2$；体育馆屋盖属于大跨度空间结构，风荷载的大小对结构影响较大，故风荷载的重现期取为 100 年。

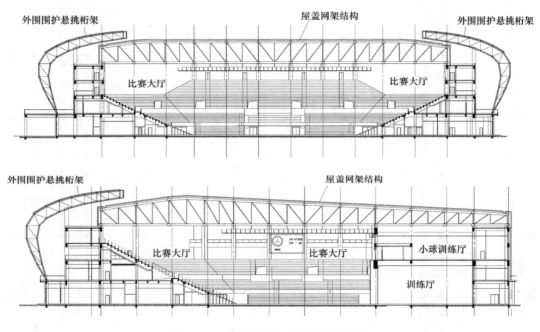

图 3.3-4　赤峰体育中心体育馆剖面图

赤峰体育中心体育馆的屋盖形状是一个被斜平面分割后的圆锥体，采用双向平面桁架组成的网架结构（见图 3.3-5），网格尺寸由 3.6m×4m 到 4.5m×4.5m 不等；屋盖的最大跨度约 103m，网架最大高度约 6.7m；网架杆件采用圆钢管 $\phi140×5\sim\phi351×16$，节点均采用加肋焊接球，主要规格 WSR400×16～WSR800×24，材料均为 Q345B；屋盖支座与混凝土柱相连接时，采用弹性球铰支座；与混凝土梁相连接时，采用滑动球铰支座，以减小屋盖的温度应力和屋盖变形产生的支座水平反力，同时达到减小屋盖地震作用的目的。

在荷载组合中考虑了恒荷载、活荷载、风荷载和地震作用。计算荷载工况包括：①恒荷载、活荷载（包括半跨作用的活荷载）、风荷载、雪荷载以及温度荷载（±20℃）等静力荷载组合；②对于多遇地震作用，考虑单向水平地震作用、双向地震作用以及与竖向地震共同作用的荷载组合工况；③对于施工阶段，阳光照射于裸露的钢结构上，考虑屋盖自重与温度荷载（＋50℃）组合。其中，屋盖上弦恒荷载 0.8kN/m²、活荷载 0.5kN/m²，下弦恒荷载 1.0kN/m²、活荷载 0.5kN/m²。

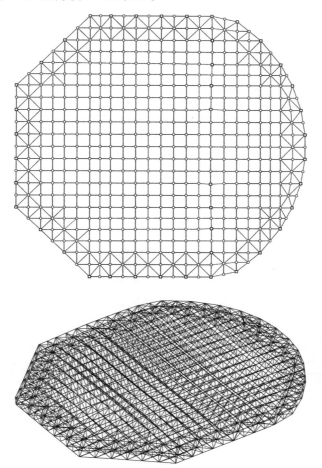

图 3.3-5　赤峰体育中心体育馆屋盖三维模型

设计时控制屋盖杆件最大应力比 0.85，重要杆件最大应力比 0.8。按照荷载分项系数 1.3、1.5，则网架中部短跨方向每个网格单元的每延米荷载设计值 17.28kN/m。

体育馆屋盖平面轮廓为多边形，近似取每个方向的最长距离作为长和宽，分别为 96.6m 和 69.35m。屋盖的长宽比为 1.39，因此可以选择符合双向受力特点的网架。

中部短跨跨中等效弯矩系数近似取 0.118，因此跨中最大弯矩：
$$M = aqL^2 = 0.118 \times 17.28 \times 69.35^2 = 9806.6 \text{kN} \cdot \text{m}$$

网架中部结构中心高度为 5.850m，上下弦杆最大轴力：
$$N = 9806.6 \div 5.85 = 1676 \text{kN}$$

暂定该位置网架下弦采用 $\phi 219 \times 12$ 钢管，应力比为 0.69；上弦杆采用 $\phi 245 \times 14$ 钢管，不考虑稳定时，应力比为 0.53；上弦杆考虑稳定时，长度为 4.5m，长细比为 55，估算 b 类构件稳定系数为 0.825，应力比约为 0.64。考虑风荷载、温度作用等，应力比会更高。通过实际分析，在方案初步估算过程可以根据等效弯矩系数推算，并适当控制应力比。

经过施工图阶段分析，屋盖结构杆件主要由恒荷载和活荷载的静力组合工况控制，其他荷载效应对杆件影响相对较小。在各个荷载组合包络计算下所有杆件的应力比均小于0.85，重要杆件最大应力比控制在0.75以下。在恒载和半跨活荷载作用下，屋盖发生最大竖向位移，位移值为155mm，满足规范规定的竖向挠度不大于跨度的1/250的要求。

3.3.3 中关村三小新校区体育馆

中关村三小新校区项目位于北京市海淀区万泉庄路与圣化路交叉口东北角，总建筑面积45952m^2（其中地上建筑面积25609m^2，地下建筑面积20343m^2），分为教学楼和体育馆两部分，整体效果图见图3.3-6。其中教学楼地上四层，檐口高度18.900m，主要功能为教室、办公室、实验室、会堂、展示交流中心等。地下两层，主要功能为车库、游泳池、餐厅、活动室等。体育馆比赛场地为两层通高，层高10.6m。体育馆在地下一层和教学楼连为一体，见图3.3-7。

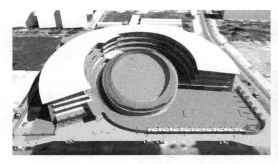

图3.3-6 中关村三小新校区整体效果图

图3.3-7 中关村三小新校区剖面示意图

体育馆主要功能为篮球馆，屋顶为上人屋面，兼作学校的操场。体育馆的平面形状呈椭圆形，长轴约93m，短轴约55m。体育馆大跨屋盖近似取每个方向的柱间最长距离作为长和宽，分别为80.6m和39.5m。屋盖的长宽比为2.04，因此可以选择符合单向受力特点的桁架。体育馆屋盖结构采用单向受力的钢桁架结构体系，桁架采用下弦支承的鱼腹形管桁架，桁架与下部混凝土框架柱的柱顶采用铰支座连接。椭圆形屋盖中间的桁架跨度最大约43.36m，南北两端的短向跨度最小约20.96m。图3.3-8是体育馆屋盖结构三维简图。

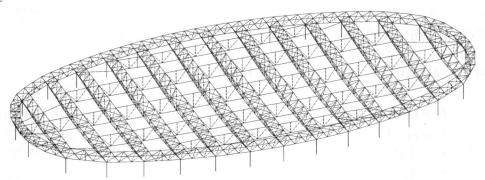

图3.3-8 体育馆屋盖结构三维简图

屋盖结构采用单向布置，每榀桁架最大高度沿着中间长轴方向逐渐减小，中间榀桁架最大高度约 3.00m，两端的桁架最大高度约 2.60m，各榀桁架两端的最小高度均为 1.95m，桁架间距 6m。由于建筑功能的需要，体育馆屋顶作为学校的风雨操场，需要铺设 400mm 厚的覆土，因此在桁架上弦顶面铺设钢筋混凝土楼板，以满足建筑使用功能的需要。图 3.3-9 是体育馆屋顶钢桁架三维计算图，计算模型包括体育馆外圈走廊。

屋盖结构设计荷载：

（1）恒荷载

屋面板采用 150mm 厚混凝土楼板：$25 \times 0.15 = 3.75 \text{kN/m}^2$

屋面做法 400mm 厚：$20 \times 0.4 = 8 \text{kN/m}^2$

下弦吊挂荷载：灯光音响及风管重量：0.5kN/m^2

并考虑附加吊挂荷载：0.5kN/m^2

（2）活荷载

a. 屋面满布活荷载：4.0kN/m^2

b. 屋面半跨活荷载：4.0kN/m^2

（3）风荷载

基本风压：0.45kN/m^2（重现期 50 年）

体型系数 0.8（风吸）；风压高度系数 1（屋盖最高度 5m）；风振系数 1.2

设计风压力：0.432kN/m^2

（4）温度荷载取 ±25℃

（5）地震作用：8 度（0.2g）；二类场地；设防分组为第一组；特征周期 0.35s；阻尼比 0.02

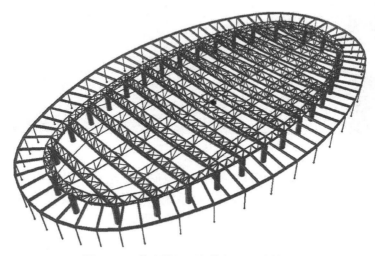

图 3.3-9 体育馆屋顶钢桁架三维计算图

为了在有限的结构净高条件下实现更大的屋盖竖向刚度，以满足人群在屋盖上活动的舒适性，设计时控制屋盖上下弦杆件最大应力比为 0.60。按照恒 1.3、活 1.5 系数，则荷载设计值 135.45kN/m。

中部短跨跨中等效弯矩系数近似取 0.125，因此跨中最大弯矩：

$$M=aqL^2=0.125\times135.45\times39.5^2=26417.0\text{kN}\cdot\text{m}$$

桁架中部结构中心高度为 3.0m，上下弦杆最大轴力：

$$N=26417.0\div3.0=8805.6\text{kN}$$

暂定该位置桁架下弦采用 $\phi600\times30$ 钢管，应力比为 0.56；上弦杆采用 $\phi400\times24$ 钢管，为双上弦圆管，计算轴力取一半，不考虑稳定，应力比为 0.52；考虑风荷载、温度作用以及压杆稳定等，应力比会更高。通过实际分析，在方案初步估算过程可以根据等效弯矩系数推算，并适当控制应力比。

经过施工图阶段分析，屋盖结构杆件主要由恒荷载和活荷载的静力组合工况控制，其他荷载效应对杆件影响相对较小。但结构一阶竖向振动基本频率为 2.34Hz，低于 3Hz，不满足《混凝土结构设计规范》GB 50010—2010（2015 年版）第 3.4.6 条的要求。原结构楼板在各种频率的人行激励下均不满足舒适度要求；结构设置调谐质量阻尼器（TMD）之后，在同样的人行激励条件下，楼板竖向加速度最大值大幅减小，满足规范的舒适度要求。故在每榀桁架跨中设置 TMD，TMD 安装后对楼板的减振效果明显，减小了楼板振动引起的人员不舒适感。经过多年的使用，均未引起人员的不舒适感。图 3.3-10 是投入使用后的体育场屋顶现场照片。

图 3.3-10　体育馆屋顶现场照片

调谐质量阻尼器（TMD）由质块、弹簧与阻尼系统组成。当结构在外激励作用下产生振动时，带动 TMD 系统一起振动，TMD 系统产生的惯性力反作用到结构上，调谐这个惯性力，使其对主结构的振动产生调谐作用，即调整 TMD 自身频率与主体结构的频率接近，从而达到减小结构振动反应的目的。

由于本结构各阶振型主要发生在内部椭圆形的桁架体系中，与外部的连接无关，所以荷载分布只考虑内部椭圆部分。考虑该结构功能的特殊性：学生将在作为操场的楼盖上进行体育活动和体操运动。此种工况成为结构最不利荷载工况，需要针对此工况激励荷载进行减振设计，考虑学生跳跃运动对结构的激励能量最大，且频率与结构自身固有频率最为接近（跳跃运动节拍为 2Hz），选定调谐质量阻尼器（TMD）的调谐频率为 2Hz。

在理论上，存在着最佳的 TMD 配置参数。TMD 附加质量越大，减振效果越好，但要受结构承载力和成本的限制。通常可选取的 TMD 总质量为减振控制目标振型模态质量的 1‰～5‰。基于经济性，本工程选定 TMD 总质量为 54t，考虑到结构受力均匀与减振效果，选定 54 个质量为 1t 的 TMD 分散布置在体育馆屋盖上弦平面，每排布置 6 套，共 9 排，如图 3.3-11 所示，安装后的照片见图 3.3-12。

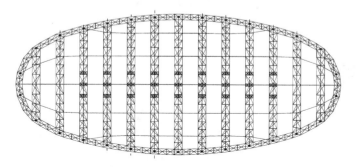

图 3.3-11　TMD 平面布置图

通常增加 TMD 中阻尼器的阻尼比，TMD 可调频的带宽越宽，而针对目标频率激励荷载的减振效果减弱，所以阻尼比的选取视具体情况而定。本结构主要控制 2Hz 激励荷载，同时要兼顾不同频率激励荷载的减振效果，因此选取较大的阻尼比，取阻尼比 $\zeta=0.2$。最终选定的调谐质量阻尼器 TMD 系统的参数如表 3.3-1 所示。

体育馆屋盖在人群激励荷载下，振动加速度过大，影响正常使用过程中的人体舒适度，通过采用 TMD 减振装置进行减振分析，得到以下结论：结构最不利的激励工况不是

图 3.3-12　TMD 安装后的照片

常规人行荷载和跑步荷载，而是学生集体在操场做广播操的激励工况；安装 TMD 减振不损伤主体结构，也无需对主体结构进行大的调整，施工简单，也不影响主体结构原有外观。

TMD 系统参数　　　　　　　　　　　　　　　　　　　　　表 3.3-1

弹簧刚度 （kN/m）	质量块 （kg）	调频频率 （Hz）	阻尼器参数		
			阻尼指数	阻尼系数 C（N·s/m）	最大行程（mm）
154.9(1±15%)	1000	2	1	4930	±30

通过在钢桁架上弦位置设置调谐质量阻尼器可以在不改变原有结构的基础上有效抑制结构在人群荷载激励下的振动，成为有效的减振方法。

4　拱式结构及壳结构

4.1　拱式结构

拱式结构外形美观，体现了结构受力与建筑造型的完美结合，是大跨度钢结构中一种重要的形式。拱结构的杆轴线通常为曲线，在竖向荷载作用下，支座产生水平推力，如图 4.1-1 所示。

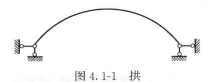

图 4.1-1　拱

拱的合理轴线：拱在给定荷载下只产生轴力的拱轴线，称为拱的合理轴线，拱截面只受轴向压力，弯矩和剪力为零，应力均匀，使得材料能充分发挥作用。

不同的结构形式、不同的荷载作用，合理轴线不同。拱的截面可采用实腹式等截面或变截面。

拱的受力特点：

（1）在竖向荷载作用下，拱脚支座内将产生水平推力，因此，拱与对应的等代梁相比，弯矩要小得多；拱比梁更能发挥材料的性能，适合较大的跨度和较重的荷载。

（2）拱脚水平推力的大小等于相同跨度简支梁在相同竖向荷载作用下所产生的在相应的跨中截面上的弯矩除以拱的矢高 f。

（3）当结构跨度与荷载条件一定时，拱脚水平推力与拱的矢高 f 成反比。

（4）拱截面上的轴力较大，且一般为压力。

拱身截面的内力与简支梁相比：

（1）拱身截面内的弯矩小于相同跨度相同荷载作用下简支梁内的弯矩。

（2）拱身截面内的剪力小于相同跨度相同荷载作用下简支梁内的剪力。

（3）拱身截面内存在较大的轴力，而简支梁中一般是没有轴力的。

拱为平面受压或压弯结构，因此必须设置横向支撑来保证拱在轴线平面外的受压稳定性。

拱的矢高选取原则：

（1）矢高应满足建筑使用功能和建筑造型的要求。

（2）矢高的确定应使结构受力合理。

（3）矢高应满足屋面排水构造的要求。

4.1.1　拱的分类

拱可以分成三铰拱、两铰拱和无铰拱三种（图 4.1-2）。三铰拱为静定结构，较少采用。两铰拱和无铰拱为超静定结构，在大跨结构中较为常用。

图 4.1-2　拱类型

三铰拱　　　　　两铰拱　　　　　无铰拱

4.1.2　拱脚水平推力的平衡

拱结构中有较大的支座水平推力，当拱脚不能有效地抵抗其水平推力时便成为曲梁，就需要比较大的截面，拱脚水平推力的存在是拱与曲梁的根本区别。

拱脚水平推力的平衡解决方法：

（1）利用地基基础直接承受水平推力（落地拱）：当地质条件较好或拱脚水平推力较小时，拱的水平推力可直接作用在基础上，通过基础传给地基。为了更有效地抵抗水平推力，防止基础滑移，也可将基础底面做成斜坡状，或者采用斜桩等。

（2）利用下部结构承受水平推力：屋盖采用拱结构，利用下部结构承担水平推力，下部结构必须具有足够的刚度（图 4.1-3）。

（3）利用拉杆承受水平推力：在拱脚间设置拉杆等，对下部结构及基础影响较小（图 4.1-4）。

图 4.1-3　屋盖拱结构　　　　　　　图 4.1-4　带拉杆的两铰拱

（4）拱的组合（大小拱）：利用连续拱平衡中间拱的水平推力（图 4.1-5），比如桥梁中经常采用主跨大拱加两个短拱组成，减少中间支座水平力。

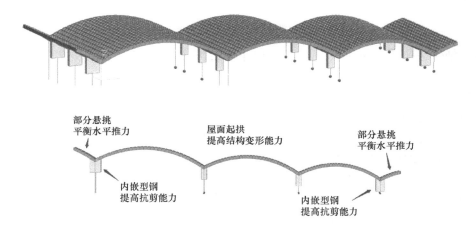

部分悬挑　　　　　　屋面起拱　　　　　　部分悬挑
平衡水平推力　　　　提高结构变形能力　　平衡水平推力

内嵌型钢　　　　　　　　　　　　　内嵌型钢
提高抗剪能力　　　　　　　　　　　提高抗剪能力

图 4.1-5　连续拱

61

4.1.3 拱的合理轴线

在沿跨度投影方向均布的竖向荷载作用下，合理形状是二次抛物线，适合于恒载分布比较均匀的结构。

在沿着构件单元长度均布的荷载作用下，合理轴线是悬链线。

在沿着曲线法线的均布荷载作用下，合理形状则是圆弧：拱轴各点曲率相同，线型简单；矢跨比较大时，与恒载压力线偏离较大，拱圈受力不均。

4.1.3.1 拱在均匀荷载作用下的计算

在沿跨度投影方向均布的竖向荷载作用下，合理形状是二次抛物线，计算简图如图 4.1-6 和图 4.1-7 所示。

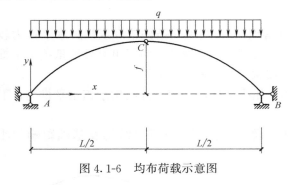

图 4.1-6 均布荷载示意图

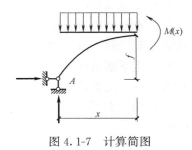

图 4.1-7 计算简图

拱的竖向力及水平力：

$$R_A = \frac{qL}{2}$$

$$H_A = \frac{qL^2}{8f}$$

支座处拱轴力：

$$N = \sqrt{R_A^2 + H_A^2}$$

可得三铰拱合理拱轴的轴线方程为：

$$y = \frac{4f(L-x)x}{L^2}$$

在拱轴线合理的情况下，均布荷载作用时，无铰拱与两铰拱、三铰拱的曲线基本一致。

由于最大的合力 N 位于拱支座，所以拱在这个部位的截面往往也是最大的。在拱顶，基本上由水平力 H 控制，而 H 比支座处的总反力小，所以需要的截面也较小。当拱的外形和内力已知时，用力除以适用于该拱材料的平均应力来求得拱的截面面积。

4.1.3.2 拱在沿杆件均匀荷载作用下的计算

悬链线（Catenary），即一根质量不可忽略、两端自由悬挂的绳或链，在重力作用下下垂弯曲形成的曲线。因其与两端固定的绳子在均匀引力作用下下垂相似而得名。19 世纪 70 年代，安东尼奥·高迪率先在建筑设计中尝试使用悬链逆吊法，通过实验手段探索空间形态。

悬链线的方程是一个双曲余弦函数，其标准方程为：

$$f(x) = a \cosh \frac{x}{a}$$

函数表达式：$\cosh x = \dfrac{e^x + e^{-x}}{2}$

对悬链线方程的双曲函数进行泰勒展开后，当 a 比较大的时候，可近似保留前两项，此时双曲函数近似成二次函数（抛物线），这也就是很多情况下悬链线近似采用抛物线的原因。

将双曲函数进行泰勒展开后 $y = \cosh \dfrac{x}{a} = 1 + \dfrac{\left(\dfrac{x}{a}\right)^2}{2!} + \dfrac{\left(\dfrac{x}{a}\right)^4}{4!} + \dfrac{\left(\dfrac{x}{a}\right)^6}{6!} + \cdots\cdots$

保留前两项 $y = 1 + \dfrac{x^2}{2a^2}$

悬链线反过来可以作为拱的一种形式，比如美国圣路易斯的杰斐逊纪念拱门，主要竖向荷载是拱的自重，采用悬链线拱。工程中常用的悬链线公式如下：

$$f(x) = a\left(\cosh \frac{x}{a} - 1\right)$$

在超静定拱结构的设计中，由于力并不完全均布，其内力与变形有关，忽略轴向变形，合理轴线与相应的三铰拱的拱轴线相同。考虑轴向变形，拱中必将产生附加内力而出现弯矩。

4.1.4 标准曲线对比

不同矢跨比下，标准的圆半径和悬链线参数如表 4.1-1 所示，抛物线对应矢跨比可以直接求得。不同跨度的拱，线型是一致的，直接放大对应的曲线即可。

不同矢跨比圆半径和悬链线参数　　　　　　　　　　表 4.1-1

矢跨比（f/L）	圆半径（R/L）	悬链线参数
0.10	1.3000	1.2650
0.15	0.9083	0.8550
0.20	0.7250	0.6550
0.25	0.6250	0.5367
0.30	0.5667	0.4600
0.35	0.5321	0.4050
0.40	0.5125	0.3650
0.45	0.5028	0.3333
0.50	0.5000	0.3083

在相同矢跨比下，相同荷载作用时支座水平力与跨度成正比例关系，可以根据矢跨比及跨度直接求出对应的水平力，拱的轴力可以根据水平力及支座反力换算得到；在相同跨度下，支座水平力随着矢跨比增大等比例减小，在建筑及结构造型中可以选择合适的矢跨比。

$$H_A = \frac{qL}{8f/L}$$

4.1.4.1 沿杆件均布荷载作用下的弯矩

以 60m 跨度为例,抛物线拱、悬链线拱、圆拱在沿拱均布荷载 10kN/m 作用下,不同矢跨比的弯矩对比见表 4.1-2 和图 4.1-8,可以看出在相同荷载作用下,矢跨比较小时(0.10~0.20)弯矩相差不大,但在矢跨比较大时(0.45~0.50),悬链线的弯矩小于圆和抛物线。

不同矢跨比的弯矩对比(均布荷载)   表 4.1-2

矢跨比(f/L)	弯矩(kN·m)		
	抛物线	悬链线	圆
0.10	9(20)	18	35
0.15	−13(28)	8	49
0.20	−31(42)	5	80(−95)
0.25	−50(60)	4	125(−157)
0.30	−73(81)	3	187(−239)
0.35	−99(103)	3	267(−343)
0.40	−127(127)	2	367(−473)
0.45	−158(151)	2	489(−632)
0.50	−192(175)	−2	536(−823)

注:括号内数值为最大弯矩不在跨中处时;正值为下部受拉,负值为上部受拉。

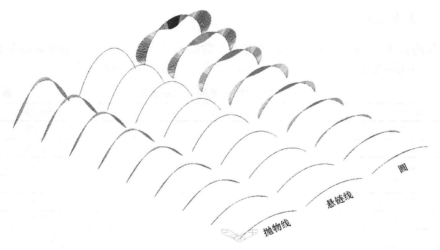

图 4.1-8 不同矢跨比的弯矩图对比(均布荷载)

表 4.1-3~表 4.1-7 给出了不同跨度(20~80m)矢跨比 0.1~0.5 的情况下的弯矩对比。矢跨比 0.1 时,不同跨度、不同类型的拱(抛物线拱、悬链线拱、圆拱)弯矩相差不大;在不同矢跨比下,悬链线拱弯矩很小,基本可忽略。随着矢跨比的增加,抛物线拱的跨中弯矩随跨度增加比较小,而圆拱的跨中弯矩随跨度增加比较大,图 4.1-9 给出了矢跨比 0.5 时均布荷载作用下的弯矩随跨度的变化,可以看到,悬链线在均布荷载作用下的跨中弯矩基本为 0,悬链线拱在此形式荷载作用下较为合理。随着矢跨比的增加,圆拱跨中弯矩增加较大,抛物线次之。

矢跨比 0.1 的跨中弯矩随跨度的变化 表 4.1-3

跨度(m)	弯矩(kN·m)		
	抛物线	悬链线	圆
20	16	17	18
30	15	17	21
40	14(15)	17	25
50	12(17)	17	29
60	9(20)	17	35
70	6(24)	18	41
80	3(29)	18	49

矢跨比 0.2 的跨中弯矩随跨度的变化 表 4.1-4

跨度(m)	弯矩(kN·m)		
	抛物线	悬链线	圆
20	1(7)	5	13
30	−4(12)	5	23
40	−11(20)	5	38(−41)
50	−19(30)	5	57(−66)
60	−30(42)	5	80(−95)
70	−42(57)	5	107(−131)
80	−57(74)	5	138(−171)

矢跨比 0.3 的跨中弯矩随跨度的变化 表 4.1-5

跨度(m)	弯矩(kN·m)		
	抛物线	悬链线	圆
20	−6(10)	2	23(−26)
30	−16(21)	2	48(−59)
40	−31(37)	2	84(−106)
50	−49(57)	2	131(−166)
60	−72(82)	2	187(−239)
70	−99(111)	2	254(−325)
80	−130(144)	2	331(−425)

矢跨比 0.4 的跨中弯矩随跨度的变化 表 4.1-6

跨度(m)	弯矩(kN·m)		
	抛物线	悬链线	圆
20	−13(15)	1	42(−52)
30	−30(32)	1	93(−118)
40	−55(57)	1	164(−210)
50	−87(88)	1	255(−328)
60	−126(127)	1	367(−473)
70	−172(173)	1	499(−644)
80	−225(226)	1	651(−841)

矢跨比 0.5 的跨中弯矩随跨度的变化　　　　　　　表 4.1-7

跨度（m）	弯矩（kN·m）		
	抛物线	悬链线	圆
20	−20(20)	1	71(−91)
30	−47	1	160(−206)
40	−84	1	283(−366)
50	−131	1	442(−571)
60	−190	1	636(−823)
70	−258	1	865(−1120)
80	−338	2	1130(−1463)

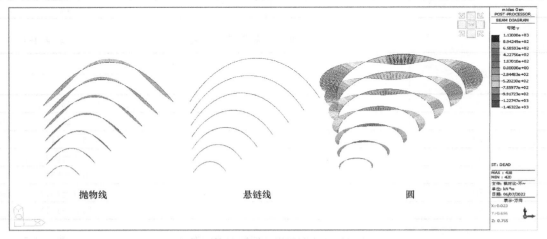

图 4.1-9　矢跨比 0.5 时均布荷载作用下的弯矩随跨度的变化

4.1.4.2　半跨均布荷载作用下的弯矩

在不均匀荷载作用下，拱会产生弯矩，抗弯设计是个复杂的问题。由于拱的曲线形状，任何形状拱中的弯矩要比在同样跨度的简支梁中所求得的弯矩小很多。

以 60m 跨度为例，抛物线拱、悬链线拱、圆拱在半跨均布荷载 10kN/m 作用下，不同矢跨比的弯矩对比见表 4.1-8 和图 4.1-10，可以看出在半跨均布荷载作用下，不同矢跨比的抛物线拱、悬链线拱、圆拱弯矩都比较大；抛物线拱、悬链线拱弯矩比在均布荷载下大很多，设计时尤其要注意不均匀荷载作用。

不同矢跨比的弯矩对比　（半跨均布荷载）　　　　表 4.1-8

矢跨比（f/L）	弯矩（kN·m）		
	抛物线	悬链线	圆
0.10	585	582	565(−589)
0.15	600	594	567(−615)
0.20	624	618	580(−647)
0.25	654	639	599(−685)
0.30	690	666	624(−727)
0.35	731	698	658(−771)
0.40	775	731	700(−815)
0.45	822	769	751(−857)
0.50	871	807	813(−894)

注：括号内数值为最大弯矩不在跨中处时；正值为下部受拉，负值为上部受拉。

图 4.1-10　不同矢跨比的弯矩图对比（半跨均布荷载）

表 4.1-9～表 4.1-13 给出了不同跨度（20～80m）矢跨比 0.1～0.5 的情况下的弯矩对比，半跨均布荷载作用、相同矢跨比时，抛物线、悬链线、圆最大弯矩均随着跨度的增加而增加，且在相同跨度时，控制最大弯矩基本接近。

图 4.1-11 给出了矢跨比 0.1 时半跨均布荷载作用下的弯矩随跨度的变化，可以看出这种趋势。

矢跨比 0.1 半跨荷载的弯矩对比　　　　　　　　　　表 4.1-9

跨度(m)	弯矩(kN·m)		
	抛物线	悬链线	圆
20	70	70	70
30	149	149	149
40	260	259	253
50	403	391	391
60	577	575	577
70	784	781	783
80	1022	1018	1021

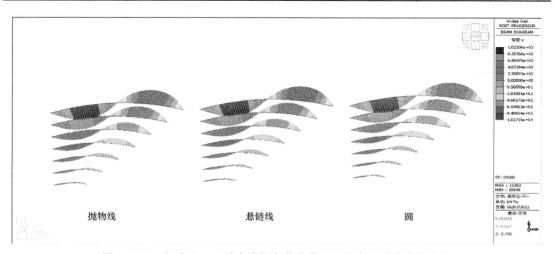

图 4.1-11　矢跨比 0.1 时半跨均布荷载作用下的弯矩随跨度的变化

矢跨比 0.2 半跨荷载的弯矩对比 表 4.1-10

跨度(m)	弯矩(kN·m)		
	抛物线	悬链线	圆
20	70	69	68
30	153	153	151(−156)
40	275	271	259(−287)
50	429	411(−435)	403(−449)
60	617	607(−616)	597(−629)
70	839	825(−840)	812(−856)
80	1095	1077(−1097)	1060(−1119)

矢跨比 0.3 半跨荷载的弯矩对比 表 4.1-11

跨度(m)	弯矩(kN·m)		
	抛物线	悬链线	圆
20	77	74	72(−77)
30	172	165(−167)	161(−175)
40	304	293(−298)	278(−322)
50	475	447(−473)	434(−504)
60	683	659(−671)	640(−703)
70	930	897(−914)	871(−957)
80	1214	1171(−1194)	1137(−1250)

矢跨比 0.4 半跨荷载的弯矩对比 表 4.1-12

跨度(m)	弯矩(kN·m)		
	抛物线	悬链线	圆
20	86	81	79(−87)
30	192	181(−184)	177(−195)
40	342	322(−327)	311(−362)
50	533	492(−519)	486(−566)
60	768	725(−737)	708(−783)
70	1045	986(−1003)	963(−1065)
80	1365	1288(−1310)	1257(−1391)

矢跨比 0.5 半跨荷载的弯矩对比 表 4.1-13

跨度(m)	弯矩(kN·m)		
	抛物线	悬链线	圆
20	96	89	90(−94)
30	217	200(−203)	202(−211)
40	385	356(−361)	361(−397)
50	601	545(−573)	564(−621)
60	865	801(−813)	806(−846)
70	1178	1090(−1107)	1096(−1151)
80	1538	1423(−1446)	1432(−1504)

以 60m 跨度为例，抛物线拱、悬链线拱、圆拱在升温 20℃情况下，不同模型受力对比见表 4.1-14，可以看出在拱支座完全约束的情况下，因为拱能相对自由变形，拱轴力变化不大；与在均布恒荷载 10kN/m 作用下的轴力相比，占比很小，温度作用的工况为非控制工况。在矢跨比和跨度比较小的情况下，温度作用的轴力相对占比更大，但非主要控制工况。

不同矢跨比下升温的最大轴力（kN）　　　　表 4.1-14

矢跨比 (f/L)	轴力(kN)					
	抛物线		悬链线		圆	
	升温	恒荷载	升温	恒荷载	升温	恒荷载
0.10	−17.5	−818.7	−17.4	−816.6	−17.3	−814.6
0.15	−7.7	−605.6	−7.6	−602.7	−7.5	−599.8
0.20	−4.3	−515.5	−4.2	−512.8	−4.1	−508.6
0.25	−2.7	−474.4	−2.6	−472.0	−2.5	−467.3
0.30	−1.8	−457.6	−1.8	−455.7	−1.7	−451.4
0.35	−1.3	−454.4	−1.3	−452.9	−1.2	−450.3
0.40	−1.0	−459.6	−0.9	−458.7	−0.8	−458.9
0.45	−0.7	−470.3	−0.7	−470.5	−0.6	−474.2
0.50	−0.6	−484.8	−0.5	−486.4	−0.5	−494.5

4.1.5 拱曲线选择

拱轴线的形状应尽可能选择与压力曲线接近，对称并沿拱弦线均布的荷载起主要作用时，宜采用悬链线拱和抛物线拱。对于自重很大的高拱，宜采用悬链线外形。为简化拱的设计，扁平拱也可用圆弧代替，不会引起内力实质性的变化。

平面的拱式结构为受压曲杆，应按压弯杆件设计，拱在弯矩作用平面内需要验算强度和稳定性。拱在弯矩作用平面外的刚度如果与平面内相差很大，受压时容易产生平面外的失稳，应利用沿房屋长度方向设置的横向支撑系统及檩条体系作为平面外的支撑，按压弯杆件验算平面外的稳定。

活荷载比较大，或者恒荷载有不均匀布置时会产生较大的弯矩，要充分考虑荷载不利布置对拱设计的影响。

钢结构拱可采用实腹式和格构式；大跨一般采用格构式，截面高度（1/30～1/60）L，以节省材料。实腹式拱截面高度（1/50～1/80）L，可以做成曲线形，通常为焊接工字形截面。拱身截面可以采用等截面，也可以采用变截面。变截面一般改变截面的高度而使截面的宽度保持不变，拱身截面的变化应根据结构的约束条件与主要荷载作用下的弯矩图一致，弯矩大处截面高度较大，弯矩小处截面高度可小些。

一般拱的计算长度可根据下式初步计算：

三铰拱：$L_0=0.58S$

双铰拱：$L_0=0.54S$

无铰拱：$L_0=0.36S$

式中：S——拱轴线的周长。

对于钢拱，拱身整体计算长度 L_0 的取值，可进行非线性分析反算得到。

4.2　典型拱结构

图 4.2-1 给了大跨高层中常用的拱形结构及与索相结合的结构形态。

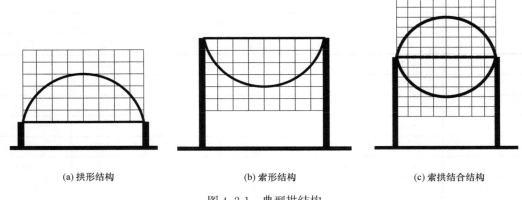

(a) 拱形结构　　　　(b) 索形结构　　　　(c) 索拱结合结构

图 4.2-1　典型拱结构

4.2.1　某游泳馆简化分析

对某游泳馆进行拱的类型及初步分析，矢高 20.15m，跨度 93.3m，矢跨比 0.216，拱间距 10m。由于游泳馆上方有轻质覆土绿化，考虑覆土及楼板重量，取恒荷载 8.0kN/m^2，活荷载 3.0kN/m^2，剖面图如图 4.2-2 所示，荷载设计值 14.9kN/m^2。

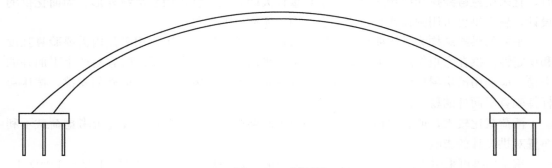

图 4.2-2　剖面图

支座反力：

$$R_A = \frac{qL}{2} = \frac{14.9 \times 10 \times 93.3}{2} = 6950\text{kN}$$

$$H_A = \frac{qL^2}{8f} = \frac{14.9 \times 10 \times 93.3^2}{8 \times 20.15} = 8046\text{kN}$$

拱轴力：

$$N = \sqrt{R_A^2 + H_A^2} = 10632\text{kN}$$

图 4.2-3 给出了程序计算结果，因为程序简化模型与估算曲线稍有差别，可以看出简化计算与程序计算结果基本一致，可以用于估算截面等。

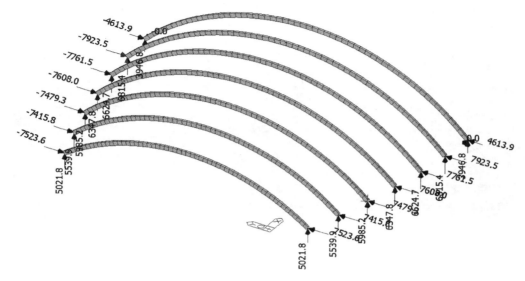

图 4.2-3 拱的水平推力

由于本项目为游泳馆，±0.000 无法增加水平拉杆，水平方向不能很好地约束水平力，因此采用联合桩基础来抵抗水平力，很多大跨拱结构均采用此方法。

对于本工程，如果采用钢结构箱梁，上覆盖混凝土楼板，不考虑混凝土楼板对壳的共同作用。拱长约 104.9m，估算按照无铰拱考虑，计算长度系数取 0.36，拱的面内计算长度约为 37.8m。拱高取跨度的 1/80～1/60，混凝土板厚取 150mm，钢梁近似取 1100mm 高，由于面外有楼板约束，箱梁取为 1100mm×800mm×25mm，长细比约为 88，近似按照长细比 90 估算，稳定系数约为 0.625。在不考虑弯矩作用情况下，应力比约为 0.62，如果考虑荷载不均匀分布及弯矩影响，则应力比会更大，采用有限元进一步复核。

4.2.2 布罗德盖特交易大楼

布罗德盖特交易大楼共 10 层（图 4.2-4），位于进出利物浦站的轨道上方，设计的难点在于如何跨越底部的列车轨道。SOM 建筑设计事务所（以下简称 SOM）采用钢拱解决方案，暴露在结构外面的抛物线拱跨越铁轨，交易大楼由 4 个 7 层高的钢拱支撑，拱脚落在铁轨两旁的混凝土柱子上，柱子之间净距 78m。钢拱与柱子直接相连。钢拱采用以直代曲的方式，直线钢构件拼接点位于钢柱和钢拱的交点。钢梁直接与钢柱相连，内部采用桁架梁，与钢柱连接的节点处为实腹梁。SOM 采用了一种经过特殊处理的双层防火玻璃，通过这种玻璃将外露的结构与火源隔离开，外露的钢结构上采用膨胀型防火涂料。

为了保证拱的稳定性，SOM 采取了两个措施：拱的上部区域，在拱平面内布置钢梁，且通过斜撑，将钢梁与楼板组成一个整体；立面上辐射状斜撑从二层中点撑向拱的两个三分点，这两个支撑有效增强了拱在不均匀荷载下的刚度和稳定性。拱柱脚推力很大，为了解决推力，在底部通过拉杆连接两个拱脚。拱脚一端是固定铰支座，一端是滑动橡胶支座。

71

4.2.3 柏林证券交易中心

柏林证券交易中心利用拱作为主结构，采用吊挂方式，形成室内无柱的自由空间，如图 4.2-5 所示。

图 4.2-4 布罗德盖特交易大楼正立面 　　图 4.2-5 柏林证券交易中心

4.3 球状网壳

4.3.1 球状网壳简化计算

球状网壳（简称球壳）支座反力可分解成竖向力 V 和水平推力 H，如图 4.3-1 所示。如果双曲拱壳的总重为 W，则该壳底部的力可以简化计算。

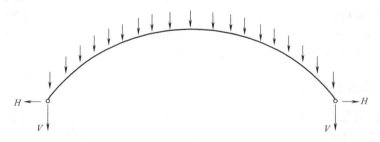

图 4.3-1 壳剖面

每延米壳的竖向力及水平力：

$$V = \frac{W}{\pi D}$$

$$H = \frac{V}{\tan\theta} = \frac{W}{\pi D \tan\theta}$$

支座处每延米拱轴力：

$$N = \sqrt{H^2 + V^2}$$

如果没有支座抵抗水平力，则圆形环梁中的拉力为：

$$T = \frac{HD}{2} = \frac{W}{2\pi\tan\theta}$$

式中：θ——球壳边缘角度，可根据最外侧杆件角度确定。

球壳重量 W 可以根据球冠面积公式计算：

$$S = 2\pi R f$$

式中：R——球半径；

f——球冠高度。

以上为圆截面双曲拱壳支座反力的基本公式。环梁拉力与总重 W 成正比，与 $\tan\theta$ 成反比，角度越大，拉力就越小；如果杆件接近垂直，接近半球，θ 接近 $90°$，$\tan\theta$ 就变成无穷大，H 为零；而角度 θ 很小时，拉力变成很大。矢高越大，θ 角越大，水平力越小。

球壳与拱相比有一个优点，可以通过底部环梁平衡水平力，减少对下部结构的影响，受力具有天然的优势。

4.3.2 网壳结构的分类

网壳结构的曲面形状按高斯曲率可分为三类，即正高斯曲率曲面或同向曲面、负高斯曲率曲面或反向曲面、零高斯曲率曲面或单向曲面。正高斯曲率曲面网壳结构和负高斯曲率曲面网壳结构统称为双向曲面网壳结构。

正高斯曲率曲面网壳结构或同向曲面网壳结构的高斯曲率 $k \geqslant 0$，常见的正高斯曲率曲面有球面、椭球面；负高斯曲率曲面网壳结构或反向曲面网壳结构的高斯曲率 $k < 0$，常见的负高斯曲率曲面有扭曲面、双曲抛物面或鞍形曲面；零高斯曲率曲面网壳结构或单向曲面网壳结构的高斯曲率 $k = 0$，常见的零高斯曲率曲面有圆柱面、圆锥面等。

负高斯曲率曲面网壳结构由于结构曲面在两个相反方向弯曲，在外荷载作用下，有一个方向杆件受拉，对另一个方向受压的杆件具有支撑作用，比正高斯曲率曲面网壳结构具有更高的整体稳定承载能力。

钢网壳结构的曲面形状与整体稳定性的关系：负高斯曲率曲面网壳结构的整体稳定性最好，正高斯曲率曲面网壳结构的整体稳定性次之，零高斯曲率曲面网壳结构整体稳定性最差。

球壳上方的环梁可以受拉也可以受压，环梁力的大小取决于固有压力线和拱弧线接近的程度。在局部或非均匀荷载作用下，在某些环梁中会产生较大的力，环梁既能受压也能受拉。采用桁架网壳，可以建造任何曲率的双曲拱壳，通过桁架抵抗弯矩等。

4.3.3 某工程简化案例分析

某工程屋顶采用单层球壳，球壳水平直径 $D = 30.1m$，矢高 $3.35m$，底部杆角度 $24°$，如图 4.3-2 所示，对模型截面进行了部分简化，径向杆截面□$200 \times 150 \times 10$，考察荷载 $1.0kN/m^2$ 作用下支座反力及环梁受力等。

根据网壳矢高和半径，换算出球体半径：

$$R = \frac{(L/2)^2 + f^2}{2f} = \frac{\left(\frac{30.1}{2}\right)^2 + 3.35^2}{2 \times 3.35} = 35.5m$$

$$W = 2 \times 3.14 \times 35.5 \times 3.35 = 746.9kN$$

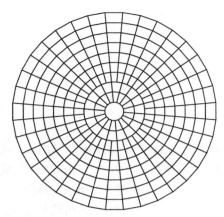

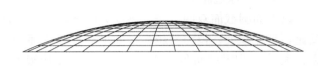

图 4.3-2　某单层球壳平面和立面

估算时也可根据网壳半径直接估算

$$W=0.25\times3.14\times30.1^2=711.6kN$$

在实际设计中，根据计算情况，通常采取以下做法：壳底部均铰接、底部采用滑动连接、部分区域铰接、采用短柱与网壳连接和弹性支座连接等，最后两种做法类似，如图 4.3-3 所示。有限元分析时节点杆件以直代曲，施加荷载采用虚面方式，荷载通过虚面传到节点上。

对于 18 个支座情况

$$V=\frac{746.9}{18}=41.5kN$$

与程序计算 41.3kN 基本一致。

对于 36 个支座情况（图 4.3-3 模型 a）

$$V=\frac{746.9}{36}=20.7kN$$

与程序计算 21kN 和 20.3kN 的平均值基本一致，可根据支座数量初步估计对下部结构的影响。

图 4.3-3 中模型 a 全部受力由支座承担，环梁受力为 0，与程序计算结果一致，模型 a 中水平支座反力程序计算值为 40.1kN。程序计算中，周边导荷到节点，简化计算中进行相应扣除，支座水平力为 41.4kN，与程序计算结果一致。

$$H=\frac{V}{\tan\theta}=\frac{20.7-2.27}{\tan24°}=41.4kN$$

图 4.3-3 中模型 b 全部水平力由环梁承担，支座承担水平力为 0，这种模型在实际应用中比较少，只有在下部计算不满足要求的情况下采取此项措施。考虑荷载折减，圆形环梁中的拉力为

$$T=\frac{HD}{2}=\frac{746.9-2.27\times36}{2\pi\tan24°}=238kN$$

比程序计算结果 207kN 大，可用于估算。

图 4.3-3 中模型 c 部分水平力由环梁承担，大部分由支座承担，这种模型在实际应用中比较多，有限元计算支座水平力 67.7kN，环梁内力 30.1kN。

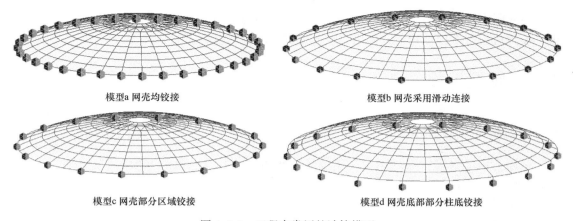

模型a 网壳均铰接　　　　　　　　　模型b 网壳采用滑动连接

模型c 网壳部分区域铰接　　　　　　模型d 网壳底部部分柱底铰接

图 4.3-3　工程中常用的计算模型

图 4.3-3 中模型 d 采用短钢柱连接，截面□400×400×16，18 个支座，水平推力为 27.8kN，小于铰接的支座水平力，部分水平力转换成网壳环梁拉力，环梁受力为 93.4kN。

在实际工程中，根据不同的受力情况，可以初步估算支座反力等；根据估算的支座反力，能初步估算出单层网壳杆件轴力等，用于初步估算壳截面等。

计算模型 C 只在左半侧布置均布荷载 1.0kN/m²，环梁轴力由 30.1kN 减小为 20.9kN，弯矩由 11.2kN·m 增加到 24.5kN·m；径向杆件弯矩由 1.3kN·m 增加到 9.3kN·m，为了协调变形，弯矩增加比较大。在弯矩 10kN·m 作用下，□150×100×8 的 Q355 应力比为 0.21，□200×100×8 的应力比为 0.135，应力比增加比较明显，设计时需要特别注意。

如果总荷载不变，则半侧均布荷载 2.0kN/m²，在荷载一侧支座最大水平力 104.0kN，竖向力 71.4kN；另外一侧支座最大水平力−52.3kN，竖向力 17.9kN；环梁弯矩增加到 50.9kN·m；径向杆件弯矩增加到 19.3kN·m，为了协调变形，弯矩增加比较大，对于壳构件等小截面杆件，应力比会增加比较大。

温度变化取±20℃，在升温 20℃情况下，不同模型受力对比见表 4.3-1，可以看出球壳支座完全约束的情况下，底部环梁轴力为−1056.8kN，其他环梁轴力−92.1kN，比在 1.0kN/m² 受力情况下大很多；对于部分支座铰接的情况，受力差别不大，稍微减小；对支座均采用滑动连接的情况，温度作用下的反力及内力均为零。

表 4.3-1 给出了模型 d 采用立柱及双向弹性支座的受力情况，可以看出双向弹性支座 10kN/mm 下，结构受力比较小；采用立柱模拟弹性支座的情况下，温度应力也比较小。在实际工程中，采用模型 d 并考虑周边结构弹性的情况下比较多。

温度作用下不同模型受力对比　　　　　　　　　　　表 4.3-1

计算模型	支座水平力(kN)	底部环梁轴力(kN)	其他环梁轴力(kN)	径向轴力(kN)
模型 a	200.0	−1056.8	−92.1	−14.4
模型 b	0	0	0	0
模型 c	329.1	−869.6	−76	71.5
模型 d	−55.2	−234.4	28.2	23.9
双向弹性支座 10kN/mm	32.5	−86	−8.7	−7.5

在实际设计中，不会出现完全铰接的模型，因为下部结构有一定的变形，不会完全约束，设计可根据下部结构情况采用弹性支座等，减少温度应力的影响。

4.4 典型工程

4.4.1 某冰雪馆屋盖

某冰雪馆工程建设地点位于哈尔滨市，建筑面积约 51780m² （南馆 22960m²、中馆 15450m²、北馆 13370m²）。

基本风压 0.55kN/m²（50年），地面粗糙度 B 类；基本雪压 0.45kN/m²（50年）；抗震设防烈度：7 度（0.10g），第一组，重点设防类，抗震措施按 8 度考虑；建筑场地类别 Ⅲ 类；温度荷载±25℃。

南馆钢结构，大量吊挂荷载，内部需要整体封闭成冰雪空间，采用双层网壳结构。中馆钢屋盖尺寸 73m×51m，钢屋盖最高点标高为 19m。最早设计为单层网壳结构，但因需要吊挂吸声材料、灯光设施、LED 屏以及演艺设备等，荷载非常大，且不均匀；因为建筑标高严格限制，矢高也限制，结合建筑及室内设计空间，在中部布置 4 组分叉柱，以减小屋盖跨度（最大跨约 25m）。杆件主要截面尺寸：□300×200×8、□300×200×10、□400×200×6、□400×200×8、□400×200×10 等。

本工程结合建筑造型及工艺需求，三角采用 1.8m×1.8m 间距。为了减小温度作用对周边结构的影响，采用双向弹性支座，刚度 12kN/mm，并加强周边环梁，减少温度应力，周圈支座 20 个。图 4.4-1 是单独钢结构计算模型，图 4.4-2 为整体计算模型。

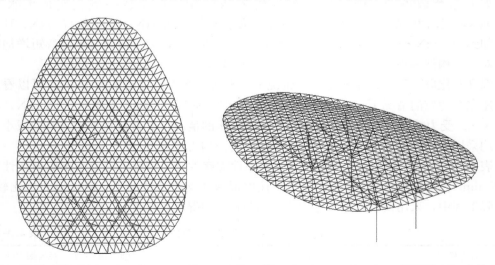

图 4.4-1 单独钢结构计算模型

表 4.4-1 给出了整体弹性支座模型和铰接模型的支座水平力对比，可以看出整体铰接模型各工况的支座水平力非常大，对下部结构的影响也比较大，需要增强下部结构。为了减小对下部结构的影响，支座连接采用弹性支座，并加强球壳环梁。

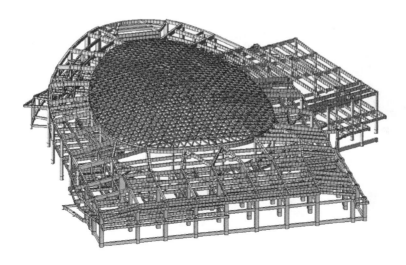

图 4.4-2　整体计算模型

不同工况支座水平力　　　　　　　　　　　　　　表 4.4-1

计算模型	恒载(kN)	活载(kN)	温度荷载(kN)
整体弹性支座模型	149.0	47.2	96.9
整体铰接模型	609.2	241.2	1095.5

4.4.2　迪拜未来博物馆

本项目位于迪拜,下面分析为过程投标分析,分析模型与最终实施模型有一定差异。结构体系采用网壳核心筒(筒中筒),建筑面积 2.5 万 m²,地下三层,地上七层。结构最高点标高 80.0m,抗震设防烈度 6 度,基本风压 0.98kN/m²。主要分析软件有 ANSYS、SAP2000 和 Midas 等。计算模型如图 4.4-3 所示。屋顶拱脚最大推力为 450kN,通过楼面平衡相应推力,如图 4.4-4 所示。对于这种复杂的结构,进行了弹性屈曲分析(图 4.4-5)及节点有限元分析(图 4.4-6)。

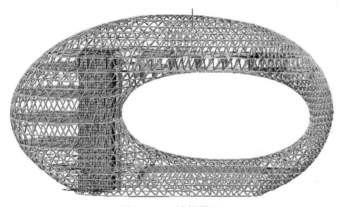

图 4.4-3　计算模型

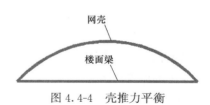

图 4.4-4　壳推力平衡

77

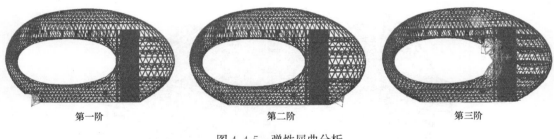

第一阶　　　　　　　　　第二阶　　　　　　　　　第三阶

图 4.4-5　弹性屈曲分析

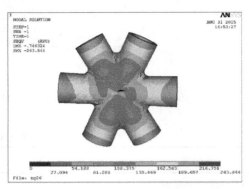

图 4.4-6　节点有限元分析

表 4.4-2 给出了弹性屈曲因子，最小为 8.045，满足规范要求。根据《空间网格结构技术规程》JGJ 7—2010，当按弹塑性全过程分析时，安全系数 K 可取为 2.0；当按弹性全过程分析且为单层球面网壳、柱面网壳和椭圆抛物面网壳时，安全系数 K 可取为 4.2。

弹性屈曲因子　　　　　　　　　　　　　　　表 4.4-2

屈曲模态号	屈曲因子	屈曲模态号	屈曲因子
1	8.045	4	15.060
2	12.584	5	15.238
3	13.262		

4.4.3　南宁园博园园林艺术馆

第十二届中国（南宁）国际园林博览会是一次国际性的民族性的园艺盛会。园林艺术馆是本届园博会的主场馆，以"嵌入山体、织补大地、馆园结合、融入自然"为设计策略，总建筑面积约 2.56 万 m^2，是面积最大的建筑场馆，以"聚落""材料"为设计主题，主要功能为园林艺术与相关主题展览。竣工后的照片如图 4.4-7 所示。

本项目耐久性年限 50 年，抗震设防类别为丙类，抗震设防烈度 7 度（0.10g），建筑场地类别为Ⅱ类，设计地震分组第一组，特征周期 0.35s。

园林艺术馆屋面网壳体型独特，结构设计时，屋面体型系数参考《建筑结构荷载规范》GB 50009—2012 表 8.3.1 中第 27 项双面开敞及四面开敞式双坡屋面取值，荷载主要为向上的风吸力。

图 4.4-7 竣工照片

基本风压 $w_0 = 0.35\text{kN/m}^2$

体型系数取 -1.3；风压高度系数变化系数（按高度为 20m）取 1.23

风振系数取 2.0

风压力（方向为向上）$w_k = 2.0 \times 1.23 \times 1.3 \times 0.35 = 1.1\text{kN/m}^2$

屋面结构计算除结构自重外，需要考虑以下荷载：

（1）恒荷载：1.0kN/m^2，主要包括屋面建筑阳光板

（2）活荷载：（非上人屋面）0.5kN/m^2

当地最低气温 6℃，最高气温 36℃。

4.4.3.1 结构方案选型及特点

园林艺术馆地上一层（局部二层），地下一层。下部采用混凝土框架结构，地上一层根据建筑分区自然分为 15 个单体。上部屋架整体采用钢结构单层空间网格结构。建筑最大高度 19.8m。

结构设计特点如下：

（1）本项目总长约 260m，宽约 79m，地下一层不设缝，首层超长，采取了计算和构造措施对超长结构进行了处理。计算上进行了详细的温度应力分析，并根据分析结果对地下一层顶板进行了配筋加强处理。构造上每隔 30m 左右设置伸缩后浇带，减小结构超长带来的不利影响。

（2）二层混凝土部分划分为 15 个单体，而顶部钢结构不设缝。计算模型分别按照单体模型和整体模型输入分析，进行多模型包络计算。

（3）屋面结构采用单层钢结构空间网格体系。在混凝土顶部采用多个树形斜支承，在满足建筑效果的同时，斜支承的布置有效减小了网格结构的跨度和悬挑长度，保证了杆件截面尺寸，减少了结构用钢量。对单层空间网格钢结构进行了非线性的稳定性分析验算。

（4）屋顶空间网格结构节点均为六个杆件空间相交，如采用通常节点过渡区的方式，则屋面每个节点角度和做法均不相同，无法保证连接质量，也无法保证施工时间。设计采用特殊节点连接构造，并对此节点进行了有限元分析验证。在节点位置设置圆柱形钢管，

钢管内部设置加劲肋。这样，每个节点形式均相同，只需现场调整节点角度进行焊接，有效地解决了屋顶空间网格结构六个杆件空间相交的问题，节点连接传力直接，且施工连接简便。

（5）树形支承与上部网格结构的铰接节点形式复杂多样，采用销轴连接保证连接与计算模型相符。

4.4.3.2　结构计算模型及分析软件

结构整体计算采用北京盈建科软件股份有限公司的 YJK 软件，上部钢结构屋面采用 SAP2000 进行补充分析。整体计算模型如图 4.4-8 所示，屋顶钢结构计算模型如图 4.4-9 所示。

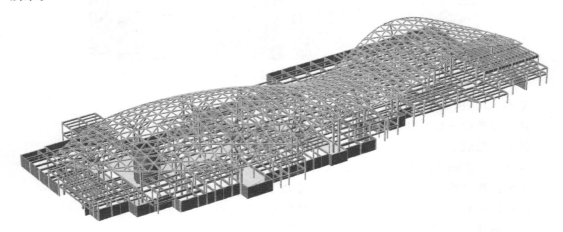

图 4.4-8　整体计算模型

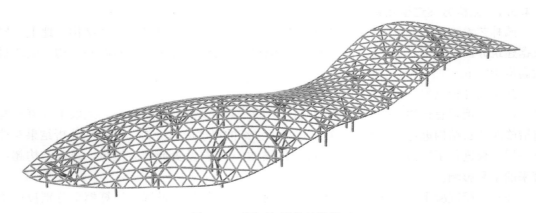

图 4.4-9　屋顶钢结构计算模型

4.4.3.3　钢结构变形

恒荷载下变形图如图 4.4-10 所示，屋面最大位移 68mm，活荷载变形图如图 4.4-11 所示，屋面最大位移 16mm。

标准组合下位移最大值为 $68+16=84$mm，最大位移处框架柱间跨度约 32.8m，32800/84＝390，基本能满足 1/400 的挠度要求。

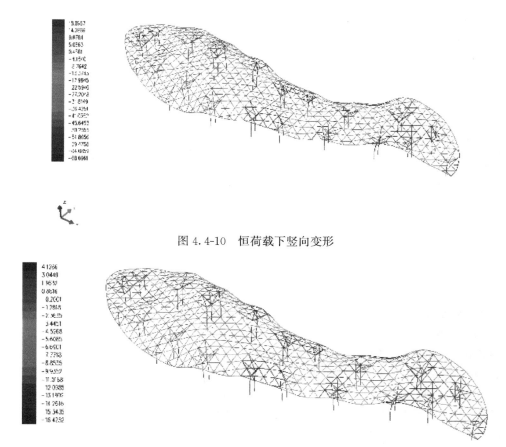

图 4.4-10　恒荷载下竖向变形

图 4.4-11　活荷载竖向变形

4.4.3.4　单层网壳稳定性 SAP2000 补充计算

根据《空间网格结构技术规程》JGJ 7—2010 的要求，非线性屈曲分析考虑初始几何缺陷的影响，初始缺陷分布取线弹性计算的一阶屈曲模态。缺陷最大值取 100mm（考虑缺陷跨度 30m）。计算模型如图 4.4-12 所示。

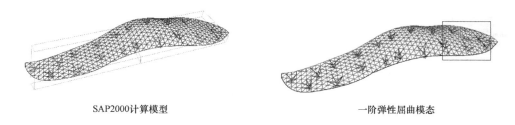

SAP2000计算模型　　　　　　　　　　一阶弹性屈曲模态

图 4.4-12　屈曲模态计算模型

非线性分析时取杆件 1375 号为监测杆件，非线性分析的荷载取恒荷载与活荷载的 50 倍，如图 4.4-13 所示计算结果显示荷载步第 3 步以后（相当于总荷载的 0.3 倍）杆件内力出现拐点，此时局部已经屈服。网壳的稳定承载力安全系数 $K=50\times0.3=15>4.2$，满足规范要求。

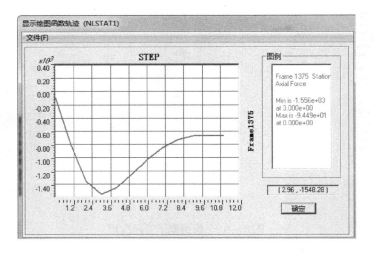

图 4.4-13　稳定计算

4.4.3.5　节点设计

本项目屋顶空间网格结构节点均为六个杆件空间相交，由于空间相交的六个杆件不在一个平面内，同时建筑效果上也要求所有的网格结构杆件的高度均相同，所以通常采用的钢结构双 K 形连接节点在本项目中无法直接采用；而如果采用节点过渡区的方式，由于屋面的特殊几何造型，屋面每个节点过渡区的节点角度均不相同，无法保证连接质量，同时也无法保证施工时间。设计时采用了在中间部位增加六边形转换区域的方式（图 4.4-14）。在转换区域内设置了圆柱形钢管，钢管内部设置加劲肋加强（图 4.4-15），这样，每个节点形式均相同，只需现场调整节点角度进行焊接，有效地解决了屋顶空间网格结构六个杆件空间相交的问题，节点连接传力直接，且施工连接简便。

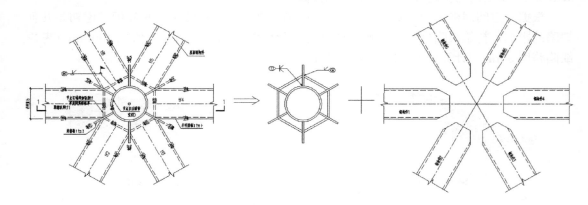

图 4.4-14　屋面网格节点示意图

上部屋面与下部混凝土柱之间通过钢结构支撑进行连接。钢支撑上部支承在六个杆件汇交的节点下部，设计采用了销轴铰接的方式进行处理（图 4.4-16、图 4.4-17），可以有效地释放支撑构件的弯矩，减小支撑构件的截面尺寸。

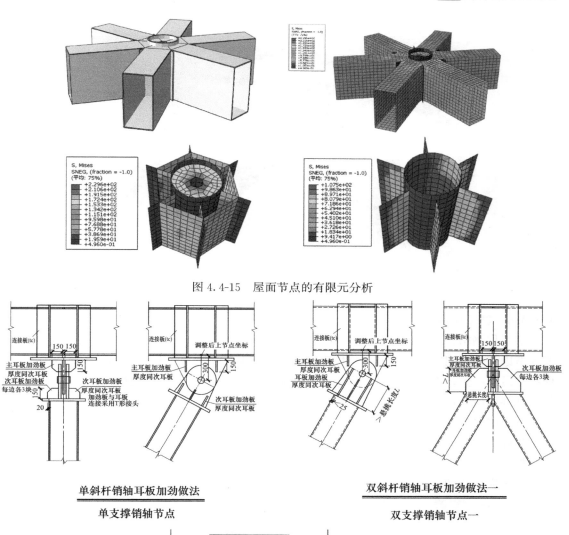

图 4.4-15 屋面节点的有限元分析

单斜杆销轴耳板加劲做法   **双斜杆销轴耳板加劲做法一**

单支撑销轴节点   **双支撑销轴节点一**

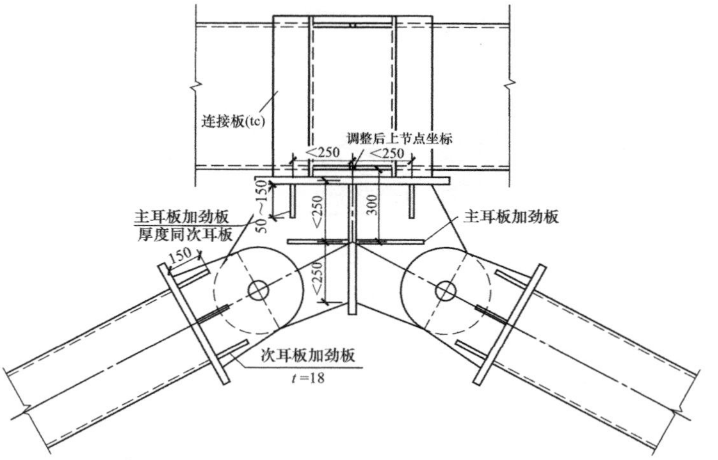

双支撑销轴节点二

图 4.4-16 节点大样

图 4.4-17　节点深化图

4.4.3.6　施工模拟分析

本工程钢结构造型新颖，结构受力复杂。在施工过程中，共设置了 114 个临时支撑，需要考虑结构不同的拆除方式对构件内力的影响。而且在拆撑过程中，结构的支撑条件与使用阶段不一致，部分构件的内力有可能会超过设计应力，因此在选择拆撑工况时，必须保证杆件内应力控制在设计允许范围内，从而需要对拆撑全过程进行详细周密的分析，以指导整个临时支撑拆除过程的实施。

为确保结构的安全和整体外形，先拆除部分支撑，余下支撑同步卸载，在拆除的过程中需控制各支撑点同步下降。

施工完成后的照片如图 4.4-18 所示。

图 4.4-18　施工完成后的照片

4.4.4 万州游泳馆

万州游泳馆（图 4.4-19）位于重庆市万州区龙宝片区内，项目总建筑面积 18500m²，其中地上建筑面积 13000m²，地下建筑面积 5500m²。屋面及外围采用钢管桁架结构，基础采用桩基础。

工程外围墙体与屋盖形成一体，整体外观呈水滴状，采用横向多榀桁架与端部纵向桁架相结合的空间管桁架结构。结构随建筑造型变化，满足功能要求，且传力简单、直接。

钢结构由 13 榀横向（南北向）主桁架拱与 7 榀纵向（西侧）支撑主桁架及横向主桁架之间的次桁架组成（图 4.4-20）。

图 4.4-19 万州游泳馆场内实景图

各榀主桁架均为倒三角形截面（图 4.4-21），三角形边长约 3m，桁架外形随建筑造型而变化。桁架截面在拱脚附近逐渐缩小，最终汇聚到拱脚支座。

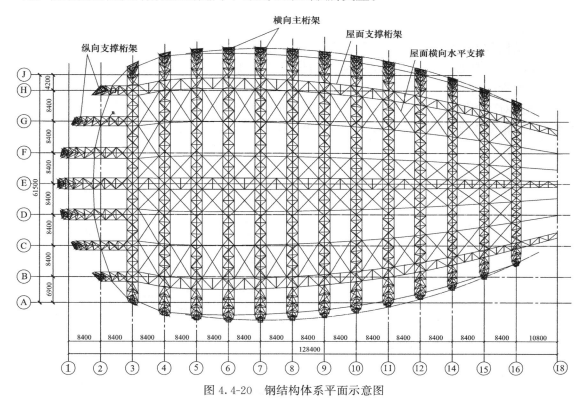

图 4.4-20 钢结构体系平面示意图

每榀横向主桁架按建筑造型均为不规则钢拱或近似钢拱体系。横向桁架拱最大跨度 78m，高 24m。北侧拱脚落在首层混凝土承台基础上，南侧拱脚置于二层混凝土斜柱顶（图 4.4-21）。

纵向支撑桁架为半跨钢拱体系，拱脚侧置于二层混凝土柱顶，另一侧与最边跨（③轴）的横向拱桁架相连。

为了形成完整的双向抗侧力体系以传递水平作用，在主桁架上弦设置屋盖支撑体系。与7榀纵向支撑桁架上弦对应，在屋面设置7组水平系杆体系，其中边跨及中间跨为平面桁架。水平系杆从横向桁架端部贯穿13榀横向桁架，支撑于右侧混凝土挡土墙上。为保证屋盖的刚度和空间整体性，系杆之间设置了横向水平支撑（图4.4-20）。拱边部为了满足净高要求进行抬高，底部水平力比较小。

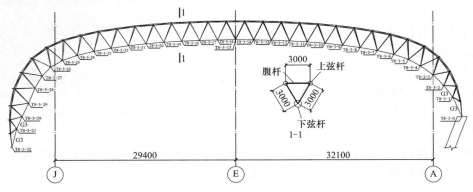

图 4.4-21　单榀横向主桁架示意图

钢结构体系均采用无缝钢管，钢材选用Q345B。桁架三角形截面两上弦杆管径203mm，下弦杆管径为426mm，根据受力情况，通过调整壁厚来满足设计要求。腹杆及其他杆件管径在108～180mm之间。

通过对整体结构进行分析，每榀桁架在平面外变形很小，支座处平面外弯矩可近似忽略。故主桁架支座采用与桁架方向一致的单向轴铰支座，释放单榀桁架平面内转动约束（图4.4-22）。

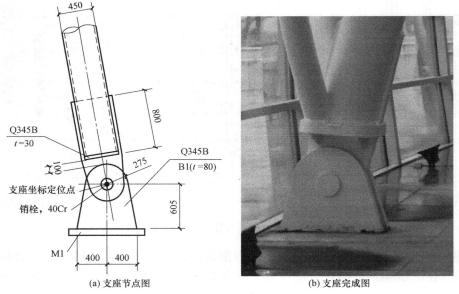

(a) 支座节点图　　　　　(b) 支座完成图

图 4.4-22　单向轴铰支座

4.4.4.1 钢结构节点

对于钢管桁架结构，杆件之间节点采用最多的有相贯焊接节点及节点板连接节点。由于本工程功能及建筑美观的特殊性，所有节点均采用相贯焊接节点（图 4.4-23）。主桁架弦杆为主贯通杆，其余杆件均与其相贯焊接，许多节点有多根杆件汇聚，且各杆件呈空间关系。对于相贯节点，规范只给出了平面内的 X、Y、K 形等节点计算方法。这些计算方法对于本工程局限性较大。设计中通过对典型节点进行有限元分析，找出不同类型节点的薄弱点，进行针对性的加强。同时严格控制杆件应力比，并采取相应的构造措施，保证节点的安全性。

对于相贯节点，保证主管壁厚不小于支管最大壁厚的 1.2 倍。对于支管管径及应力比均较大的支管相贯节点处的主管，采取内部加焊环肋等措施。拱桁架支座部位，由于三根弦杆的汇交，上弦杆贯于下弦杆上。两上弦杆将力大部分传至下弦杆，最终下弦杆为主要受力构件。建筑效果不允许下弦杆管径增大，只增加壁厚效果有限，故在下弦杆内部增设纵向钢板（图 4.4-24），增大下弦杆截面面积，从而提高下弦杆承载力。

由于每榀桁架上、下弦杆均为整根弯曲钢管，采用对接焊缝拼接接长，对接接头的焊缝等级为一级。对于多根杆件相贯节点，构造上使各腹杆保持一定间隙，并遵循均匀、对称的原则，确定相贯线焊接次序。在所有节点处，均保证节点强度不低于原钢管强度。所有相贯焊缝均要求熔透焊，焊缝等级为二级。

图 4.4-23　相贯焊接节点

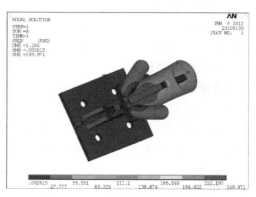

图 4.4-24　支座节点有限元分析

设计采用的荷载参数如下：

静荷载：上弦 $0.65kN/m^2$，下弦 $0.3kN/m^2$，结构自重由程序自动生成；活荷载：屋盖部分 $0.5kN/m^2$；风荷载：基本风压 $0.3kN/m^2$（50 年一遇）；温度作用：根据场区温度变化及合拢温度，考虑温差为 ±25℃。场区抗震设防烈度为 6 度（0.05g），设计地震分组为第一组。竖向地震荷载取重力荷载代表值的 5%。

采用 SAP2000 计算上部钢结构体系，阻尼比取 0.02。对钢结构杆件设计时取整体计算与单榀计算包络设计，钢结构周期结果详见表 4.4-3。上部钢结构模型的分析能较全面地反映钢结构体系的整体特征及各项指标。

周期及振型　　　　　　　　　　　　　　　　　　　　　　　　　　　　表 4.4-3

振型数	周期（s）	周期描述
1	0.779	整体 Y 向平动兼屋盖上下振动

振型数	周期(s)	周期描述
2	0.672	整体竖向振动(7 跨为主)
3	0.634	整体竖向振动(3、4 跨为主)
4	0.557	整体竖向振动(4、5 跨为主)
5	0.514	整体竖向振动(9、10、11 跨为主)
6	0.495	

对钢结构屋盖的计算分析表明，钢结构屋盖模态以中间几榀主桁架拱竖向振动为主振型。这与本体系结构形式及布置相吻合。通过对第 6、第 7 跨主桁架拱中间竖向位移的计算表明，钢结构整体挠度满足相关规范要求。

4.4.4.2 杆件长细比、应力比控制

在对钢结构进行分析时，除了整体结构满足规范规定外，桁架杆件长细比也应满足规范要求。为了满足建筑美观及经济性的要求，对主桁架受压腹杆，当其内力小于承载能力的 50% 时，容许长细比限值取为 200。

为了预留适当的安全储备，对杆件应力比作以下控制：杆件应力比控制在 0.85 以内，重要部位（柱脚附近杆件、中间较大跨度弦杆）构件应力比控制在 0.75 以内。上述数值不包括相贯节点处局部单元应力偏大的情况。

4.4.4.3 钢结构防连续倒塌分析

本工程钢结构通过对单榀桁架的分析，保证每榀桁架均可独立形成稳定体系，选用单向铰支座。但当其中某榀桁架退出工作时，仍对其他桁架产生不利影响，存在连续倒塌的可能。故对本工程进行结构模拟倒塌分析。具体方法如下：在"1.0×恒载＋0.5×活载＋0.6×温度荷载"的工况下，将整体钢结构模型其中一跨进行支座释放，失效桁架承担的荷载将由相邻桁架承担，并向两侧延伸出去。次桁架杆件将受到较大的拉力作用。在此基础上，各杆件及节点均应满足结构承载力要求。对于不满足要求的杆件及节点予以加强，基于节点破坏不早于杆件破坏的原则，连接节点内力，将此时杆件内力的 1.2 倍（放大系数）作为荷载设计值进行连接节点设计。并将此模型中失效桁架周围的支座反力作为荷载施加到钢结构支座，验算混凝土基础、斜柱及周圈拉梁的承载力。验算杆件内力、连接节点以及混凝土柱、看台斜梁时均采用材料强度标准值。

4.4.4.4 钢结构施工模拟分析

根据结构特点，钢结构施工采用局部杆件在加工厂加工并拼装，在现场完成整榀拼装后进行单榀起吊的方案。施工顺序为，从最右侧主桁架开始吊装，就位后安装与其相连的次桁架及支撑系杆，然后吊装其左侧主桁架，以此类推直至逐榀安装完毕。

由于在吊装过程中，单榀主桁架受力与其正常使用时受荷状态不同。对单榀主桁架进行施工吊装模拟分析。以其中跨度最大的单榀桁架为例，跨度 78m，单榀总重 37.55t。验算时不考虑风荷载作用。为保证安全，取吊车动力系数为 1.2。在桁架两侧上弦各选择两个吊点作为支点。对此模型进行计算分析，验算原结构杆件是否满足吊装状态下的强度及稳定性要求。分析结果表明，钢结构各杆件均可满足此吊装方案的受力要求，最终结构成功起吊并安装（图 4.4-25）。

图 4.4-25　单榀主桁架现场吊装

4.4.4.5　钢结构防腐、防火

由于游泳馆使用功能的特殊性，本工程对钢结构防腐要求较高。这也是采用钢管桁架结构的原因之一，钢结构节点采用相贯焊接，阻止腐蚀性气体进入杆件内部，造成对结构的腐蚀。在进行钢结构表面涂层设计时，钢结构腐蚀性等级提高至Ⅲ级，并以此进行钢结构表面除锈及涂层保护。

根据《体育建筑设计规范》JGJ 31—2003 规定，游泳馆比赛及训练部位，承重钢结构可不做防火保护。为了经济，整个钢结构体系分区进行防火设计，现场照片如图 4.4-26 所示。

图 4.4-26　泳池及上方钢结构照片

5　索结构设计与选型

5.1　概述

高品质绿色低碳的结构，应该通过最大限度地利用恰当的材料，采用高效的、最低限度能源消耗的方式得以完成。索结构是以高强受拉钢索作为主要承重构件的一类索力结构形式，通过施加预应力可以合理地改变受力分布，提高结构整体抵抗外部效应的性能，充分发挥材料的潜能。钢索轻质高强，截面尺寸远小于长度，可视为理想的柔性材料，索头节点简洁美观，各种新型索结构体系得到了广泛的研究和实践。

索结构是现代大跨度建筑结构的主要形式之一，已在国内外大型工程项目中得到广泛应用。索结构应用领域包括：公共建筑，如体育场馆、会展中心、剧院、商场、飞机库、候机楼等；工业建筑，如大跨度屋盖结构及连廊结构等；高层建筑，如吊挂结构、索幕墙等；桥梁，如悬索桥、斜拉桥等。

索结构在国内的发展始于 20 世纪 50 年代后，北京工人体育馆和浙江人民体育馆是当时的代表作。近些年的索结构典型工程包括：国家体育馆的双向张弦结构，平面尺寸 114m×144m；北京工业大学羽毛球馆的弦支穹顶结构，跨度 90m；北京大学乒乓球馆辐射式布置的空间张弦结构；佛山世纪莲体育场、宝安体育场、盘锦体育场等大跨度索膜结构；徐州奥体中心体育场的大开口弦支穹顶结构、鄂尔多斯伊金霍洛旗索穹顶结构、天津理工大学索穹顶结构等。

索的受力与拱的受力情况刚好相反，如图 5.1-1 所示，索本身受拉，支座有水平拉力，轴心受力的构件能充分利用结构材料的强度。利用钢材去做"索"，最能发挥钢材受拉性能好的优点。

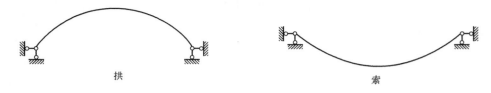

拱　　　　　　　　　　　　　索

图 5.1-1　索与拱受力比较

索结构的选型根据建筑物的功能与形状，综合考虑材料供应、加工制作与现场施工安装方法，选择合理的结构形式、边缘构件及支承结构，保证结构的整体刚度和稳定性。

索的主要类型有两种：

柔性索：仅承受拉力的构件，如钢丝束、钢绞线、钢丝绳及钢拉杆。

劲性索：长度远大于其截面特征尺寸，可承受拉力和部分弯矩的构件，如型钢等。

5.1.1　常见索结构类型

索结构通常可以分为两类：

（1）由刚性构件和柔性拉索组合而成的半刚半柔结构体系，如单向张弦结构、双向张弦结构、空间张弦结构、弦支穹顶结构、预应力桁架结构、斜拉结构、横向加劲索系等；

（2）以柔性拉索为主的索穹顶结构、悬索结构、索桁架等。

常见索结构类型：

悬索结构：由一系列作为主要承重构件的悬挂拉索按一定规律布置而组成的结构体系，包括单层索系（单索、索网）、双层索系及横向加劲索系。单索抗负风压的能力很差，对风吸力较大的索结构屋面部位，应采取加强屋面和索的连接构造或加大屋面自重等措施，防止屋面发生风揭破坏。索网由相互正交和曲率相反的承重索和稳定索组成，形成负高斯曲率的曲面，具有负曲率的索称为稳定索。在施加一定的预应力后，索网可以具有很大的刚度，可采用轻型屋面。双层索系的布置方式取决于建筑平面。在施加预应力后，稳定索可以和承重索一起抵抗竖向荷载作用，从而使体系的刚度得到加强，具有良好的形状稳定性。

索穹顶结构：由脊索、谷索、环索、撑杆及斜索组成并支承在圆形、椭圆形或多边形刚性周边边缘构件上的结构体系。

索桁架：由在同一竖向平面内两根曲率方向相反的索和两索之间的联系杆组成的结构体系。承重索、稳定索、受压撑杆或拉索一般布置在同一竖向平面内，由于其外形与受力特点与传统平面桁架相似，所以又被称为索桁架。

横向加劲索系：由平行布置的单索及与索垂直方向上设置的梁或桁架等横向加劲构件组成的结构体系，通过对横向加劲构件两端施加强迫位移在整个体系中建立预应力。

5.1.2　常用钢绞线截面

钢绞线的极限抗拉强度可选用 1570MPa、1670MPa、1720MPa、1770MPa、1860MPa、1960MPa 等级别。封闭索一般采用 1570MPa，普通索一般采用 1670MPa。

钢拉杆杆体的屈服强度可选用 345MPa、460MPa、550MPa、650MPa 等级别。合金钢钢拉杆杆体的屈服强度可选用 345MPa、460MPa、550MPa、650MPa、750MPa、850MPa、1100MPa 等级别，不锈钢钢拉杆的杆体规定塑性延伸强度可选用 205MPa、400MPa、725MPa、835MPa、1080MPa 等级别。

索体材料的弹性模量宜由试验确定。在未进行试验的情况下，索体材料的弹性模量可按表 5.1-1 取值。

索体弹性模量　　　　　　　　　　　　　　　　　　　　表 5.1-1

索体类型		弹性模量（N/mm^2）
钢丝束		$(1.9\sim2.0)\times10^5$
钢丝绳	密封钢丝绳	$(1.55\sim1.65)\times10^5$
	单股钢丝绳	1.4×10^5
	多股钢丝绳	1.1×10^5
	锌-5%-铝-稀土合金镀层钢绞线	$(1.55\sim1.65)\times10^5$
	预应力混凝土用钢绞线	$(1.85\sim1.95)\times10^5$
钢拉杆		2.06×10^5

根据《建筑工程用锌-5％铝-混合稀土合金镀层拉索》YB/T 4543—2016，常用钢绞线规格如表 5.1-2 所示。

热铸拉索参数　　　　　　　　　　　　　　表 5.1-2

钢绞线公称直径 (mm)	钢绞线公称截面积 (mm²)	钢绞线结构	热铸拉索理论最小破断力（kN）		
			1570MPa	1670MPa	1770MPa
20	244	1×37	337	367	389
24	352	1×61	486	529	561
28	463	1×61	640	696	738
30	525	1×91	725	789	836
32	601	1×91	830	903	957
34	691	1×91	955	1040	1100
36	755	1×91	1040	1140	1200
38	839	1×127	1160	1260	1340
40	965	1×127	1330	1450	1540
50	1450	1×91	2000	2180	2310
60	2120	1×169	2930	3190	3380
68	2690	1×169	3720	4040	4290
75	3300	1×217	4560	4960	5260
80	3750	1×271	5180	5640	6000
90	4810	1×331	6650	7230	7660
95	5260	1×331	7270	7910	8380
101	6040	1×397	8350	9080	9620
105	6500	1×469	8980	9770	10400
110	7130	1×469	9850	10700	11400
119	8320	1×547	11500	12500	13300
125	9160	1×631	12400	13800	14600
131	10040	1×631	13600	15100	16000
140	11470	1×721	15500	17200	18300

5.1.3　索结构垂度

常见索结构的垂度要求见表 5.1-3。除了表中的数据，其他类型索结构垂度取值要求：张弦拱（张弦拱架）的矢高宜取结构跨度的 1/12～1/7，其中拱架矢高可取跨度的 1/18～1/14，张弦的垂度宜取结构跨度的 1/30～1/12。张弦网壳矢高不宜小于跨度的 1/10。索穹顶的高度与跨度之比不宜小于 1/8；斜索与水平面相交的角度宜大于 15°。

索结构垂度   表 5.1-3

结构形式		索	承重索	稳定索	其他
悬索结构	单索	1/20～1/10			
	索网		1/20～1/10	1/30～1/15	
	矩形双层索系		1/20～1/15	1/25～1/15	
	圆形双层索系		1/22～1/17	1/26～1/16	
	横向加劲索系	1/20～1/10			横向加劲构件 1/25～1/15
双层索系玻璃幕墙		1/20～1/10			

5.1.4 索结构变形控制

竖向位移均由初始预应力态位置算起，常见索结构挠度容许值见表 5.1-4。根据近年来工程实践经验，对索网、双层索系及横向加劲索系的挠度限值进行了适当放松，打 * 号的原限值 $l/250$，可参考单索要求放松到 $l/200$。比较特殊的情况是平面索网玻璃幕墙，最大挠度容许值为 $l/45$，可以减少索截面。

索结构挠度容许值   表 5.1-4

结构形式		最大挠度容许值
悬索结构	单索	$l/200$
	索网	$l/250^*$（$l/200$）
	双层索系	
	横向加劲索系	
斜拉结构		$l/250$
张弦结构		
索穹顶		
单层平面索网玻璃幕墙		$l/45$
曲面索网及双层索系玻璃幕墙		$l/200$
曲面索网及双层索系玻璃采光顶		$l/200$
张弦结构玻璃采光顶		$l/200$

注：1. l 为索结构的跨度；
    2. 对于体育场等建筑的挑篷结构，跨度 l 应取挑篷结构悬挑长度的 2 倍。

5.1.5 索计算

拉索的抗拉承载力设计值应按下式计算：

$$F = \frac{F_{tk}}{\gamma_R}$$

式中：F——拉索的抗拉承载力设计值（kN）；

    F_{tk}——拉索的公称破断力（kN）；

γ_R——拉索的抗力分项系数，取 2.0，当为钢拉杆时取 1.7。

拉索的承载力应按下式验算：

$$\gamma_0 N_d \leqslant F$$

式中：N_d——拉索承受的拉力设计值（kN）；

γ_0——结构重要性系数。

5.1.6 索松弛

在永久荷载控制的荷载组合作用下，索结构中的索不得松弛；在可变荷载控制的荷载组合作用下，索结构不得因个别索的松弛而导致结构失效。

5.1.7 索节点

索结构节点的承载力和刚度应按现行国家标准《钢结构设计标准》GB 50017 的规定进行验算。索结构节点应满足其承载力设计值不小于拉索内力设计值 1.25～1.5 倍的要求。当拉索应力比较小时，按该方法确定的节点承载力设计值有可能低于拉索的承载力设计值，一般节点承载力设计值应大于 1.0 倍拉索承载力设计值。

节点设计是索结构设计中非常重要的一环。一般情况下，节点设计需经历前期设计和深化设计两个阶段。在前期设计阶段，根据设计计算模型及受力大小，初步确定节点连接的基本形式和要求；在深化设计阶段，综合考虑拉索产品构造、节点加工条件、施工安装方法等。

根据索结构的特点和拉索节点的连接功能，节点可分为张拉节点、锚固节点、转折节点、索杆连接节点和拉索交叉节点等主要类型；各类节点的设计与构造应符合现行国家标准《钢结构设计标准》GB 50017 等相关规范的规定。

节点的构造设计应考虑预应力施加的方式、结构安装偏差、进行二次张拉及使用过程索力调整的可能性，以及夹具、锚具在张拉时预应力损失的调整取值。对于张拉节点，应保证节点张拉区有足够的施工空间，便于施工操作。对于多根拉索和结构构件的连接节点，在构造上应使拉索轴线汇交于一点，避免连接板偏心受力。

5.1.8 索结构初始态

索结构应分别进行初始预拉力及荷载作用下的计算分析，计算中均应考虑几何非线性影响。索结构在荷载作用下的变形很大，在结构分析时，其平衡方程必须建立在变形以后的形态上，这一点与常规的刚性结构分析有重要的区别。索结构的分析不能像常规结构那样，将结构的任何平衡状态都近似地建立在其受荷前的形态上。

索结构的平衡状态定义为三种特征状态，如图 5.1-2 所示，即零状态、初始态（初始预应力状态）和荷载态。其中零状态指的是结构在无预应力作用下的平衡状态（施工放样态）；初始态指的索结构在预应力施加完毕后的平衡状态（预应力态）；而荷载态指的是某个荷载工况作用于结构初始态上所最终达到的一个平衡状态。

索结构是通过预应力来提供结构刚度的结构体系，预应力是保证结构形状稳定性的关键因素。索结构的初始态形状确定，其预应力就必须满足某种分布规律来适应其形状特征，而不能任意确定；如果事先确定索结构的预应力分布，那么索的形状也就会与之相对应。

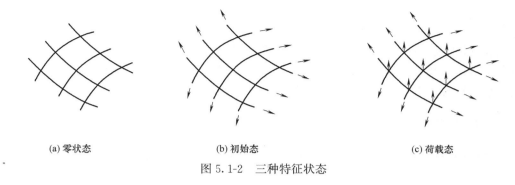

(a) 零状态   (b) 初始态   (c) 荷载态

图 5.1-2   三种特征状态

在实际工程设计时，如何在给定边界条件下合理地确定索结构初始态的平衡形状是工程设计首先要考虑的问题，也就是结构找形分析。找形分析通常是在结构形式确定的前提下，根据某个特定的目标函数（譬如最小杆长原则、最小曲面原则、最小内力原则等）对节点坐标进行优化的过程。索结构的主要找形方法包括有限单元法、力密度法和动力松弛法等。在实际结构设计中，索结构的初始形状通常由建筑和结构共同确定，最后确定合理的状态。

5.1.9 重点关注问题

由于索抗腐蚀能力差，耐久性问题突出，需要重点关注索的长期性能；由于索力较大，大部分索结构受力体系不能自平衡，需要较强的周边支撑，下部支撑结构的负担较重；由于索结构比较轻盈，属风敏感结构，抗风问题不容忽视。

5.2 结构分析方法

5.2.1 线性分析

线性分析方法可应用于预应力钢结构体系静力弹性承载能力分析、正常使用状态下弹性变形分析、多遇地震反应谱分析及结构构件和连接节点的强度、刚度、稳定、疲劳的弹性设计。当跨度较大或结构几何非线性作用效应显著增大时，应考虑结构几何非线性的影响或进行几何非线性分析。

5.2.2 非线性分析

非线性分析方法应用于预应力钢结构体系及连接节点的弹塑性设计、几何非线性分析、结构体系稳定承载力设计，非线性分析应遵循以下原则：

（1）材料的非线性本构关系性能指标可取材料通用值，重大工程宜根据实际材料通过材性试验确定本构关系，取平均值；

（2）应考虑结构几何非线性的不利影响；

（3）宜考虑结构初始缺陷的不利影响；

（4）宜同时考虑结构几何非线性和材料非线性的不利影响。

5.2.3 试验分析

试验分析方法应用于新型结构体系、新型预应力构件、新型材料、重要或受力复杂的预应力结构体系及节点的设计；采用试验分析进行辅助设计的结构，应达到相关设计的可靠度水平，符合《工程结构可靠性设计统一标准》GB 50153—2008 的相关要求。

5.2.4 施工模拟

预应力钢结构设计在方案选型及施工图设计时，应考虑预应力施工工艺的可实施性，进行结构施工与承载全过程仿真分析。

5.3 单索计算

5.3.1 索支座反力计算

1. 支座高度相同的索

索支座 A、B 在相同高度上，如图 5.3-1 所示，垂直变位的边界条件，在 $x=0$ 和 $x=L$ 处，垂直变位等于零。

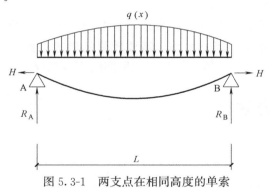

图 5.3-1 两支点在相同高度的单索

索的基本平衡方程式：

$$H \frac{\mathrm{d}^2 w}{\mathrm{d}x^2} = -q(x)$$

由 $\sum M_B = 0$ 可得：$R_A = \dfrac{1}{L} \int_0^L q(L-x)\mathrm{d}x$

索两端的垂直反力和简支梁两端的反力是相同的。

$M(x)$ 为将索当作简支梁时坐标 x 处的弯矩，可根据上述公式求 $w(x)$ 的基本公式。

$$w(x) = \frac{M(x)}{H}$$

索的下垂度 f 是 M 和 H 的函数，当悬索的荷载为均布荷载时，其合理轴线为抛物线；当为集中力作用时，其合理的轴线为折线；悬索的合理轴线形状是随荷载作用方式而变化的，并与其相应简支梁的弯矩图相似。

索的索力 T 沿着整个索长是变化的，它的水平分力 H 是一个常数，T 和 H 之间存在着如下关系：

$$H = T\cos\theta$$

θ 为索的水平夹角。

对于小挠度索，$\theta \approx 0$，$\cos\theta \approx 1$，假定索的索力 T 和它的水平分力 H 是近似相等的，即有：

$$H \approx T$$

均布荷载作用下，索的曲线：

$$y = \frac{4f(L-x)x}{L^2}$$

$$T_{\max} = H\sqrt{1 + \frac{16f^2}{L^2}}$$

2. 支座高度不同的索计算

索支座在不同高度上，如图 5.3-2 所示，索两支点 A、B 的高度差为 C，在垂直荷载 $q(x)$ 的作用下，假定索拉力的水平分力 H 是已知的，可以求出索的垂直变位 $w(x)$。

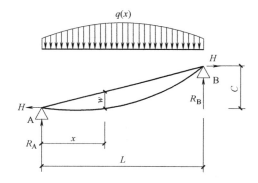

图 5.3-2 两支点在不同高度的单索

A、B 两支点的垂直反力为 R_A 和 R_B，根据平衡方程有：

$$V_B = \frac{1}{L}\int_0^L xq(x)\mathrm{d}x$$

$$V_A = \frac{1}{L}\int_0^L q(x)(L-x)\mathrm{d}x$$

$$R_A = V_A - \frac{HC}{L}$$

$$R_B = V_B + \frac{HC}{L}$$

V_A 和 V_B 是将索看作简支梁时在支点 A 和 B 处的反力。

索的垂直变位 $w(x)$ 为：

$$w(x) = \frac{M(x)}{H}$$

$$M(x) = V_A x - \int_0^x q(\xi)(x-\xi)\mathrm{d}\xi$$

特殊情况下，在索上作用梯形的垂直荷载，如图 5.3-3 所示。

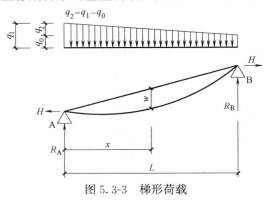

图 5.3-3　梯形荷载

索的水平分力为 H，根据前面的分析将索作为简支梁考虑，简支梁的反力 V_A、V_B 如下式所示：

$$V_A = \frac{q_0 L}{2} + \frac{q_2 L}{3}$$

$$V_B = \frac{q_0 L}{2} + \frac{q_2 L}{6}$$

支点 A、B 处的反力 R_A、R_B 如下式所示：

$$R_A = \frac{q_0 L}{2} + \frac{q_2 L}{3} - \frac{HC}{L}$$

$$R_B = \frac{q_0 L}{2} + \frac{q_2 L}{6} + \frac{HC}{L}$$

索的变形曲线：

$$w(x) = \frac{M(x)}{H} = \frac{q_0 x}{2H}(L-x) + \frac{q_2 x}{6H}(2L-3x) + \frac{q_2 x^3}{6HL}$$

这些公式对于后面简化计算轮辐式体系等结构有较大的帮助。

基本力学受力特点为三角形荷载和均布荷载叠加。对于三角形荷载，如图 5.3-4 所示，A 点反力为 B 点反力的 1/2。

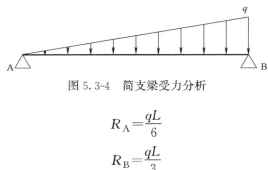

图 5.3-4　简支梁受力分析

$$R_A = \frac{qL}{6}$$

$$R_B = \frac{qL}{3}$$

5.3.2　索长近似计算

悬索的两支点在相同高度时，假设悬索的垂直变位曲线是抛物线，跨度为 L，最大垂

度为 f，索长 S 的近似值等于：

$$S \approx L\left(1+\frac{8}{3}\frac{f^2}{L^2}-\frac{32}{5}\frac{f^4}{L^4}\right) \approx L\left(1+\frac{8}{3}\frac{f^2}{L^2}\right)$$

对索长公式近似求导，可得索长变化与垂度变化的近似关系：

$$\frac{\Delta S}{\Delta f} \approx \frac{16}{3}\frac{f}{L}$$

这个公式是变形协调很重要的估算公式。

5.3.3 水平索力

悬索结构的计算假定：索是线弹性的；索是无重柔索，它既不能承受压力，也不能承受弯矩。

通常设计时，跨中垂度 f 已知，在均布荷载 q 作用下索的水平力 H：

$$H=\frac{qL^2}{8f}$$

在水平索力 H 已知的情况下，均布荷载 q：

$$q=\frac{8Hf}{L^2}$$

H 值的大小与索的下垂度 f 成反比。当荷载及跨度一定时，f 越小，H 越大，找出合理的垂度，处理好水平力的传递和平衡结构，是设计中要解决的重要问题。

5.4 单曲率悬索结构

均布荷载作用下单曲率悬索结构，如图 5.4-1 所示，主承重索跨中索力 H_c（对应水平索力）和背索索力 T_b 简化计算方法如下：

$$H_c=\frac{qL^2}{8f_c}$$

$$T_b=\frac{qL^2}{8f_c\cos\alpha}$$

式中：L——主承重索跨度（m）；

$\quad\ \ f_c$——主承重索矢高（m）；

$\quad\ \ q$——主承重索上的线荷载（kN/m）；

$\quad\ \ \alpha$——为背索与水平面的夹角。

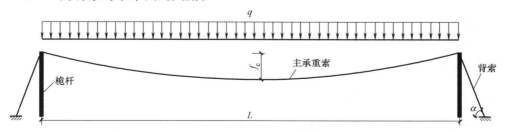

图 5.4-1 无稳定索的单曲率悬索结构分析示意图

均布荷载作用下设置向下防风索的单曲率悬索结构，如图 5.4-2 所示，主承重索水平索力 H 和背索索力 T_b 简化计算方法如下：

$$H = \frac{(q + T_v/d)L^2}{8f_c}$$

$$T_b = \frac{(q + T_v/d)L^2}{8f_c\cos\alpha}$$

式中：T_v——防风索索力（kN），防风索的索力随荷载不同变化，根据上吸风索不松弛的原则确定；

$\quad\quad d$——防风索间距（m）；

$\quad\quad L$——主承重索跨度（m）；

$\quad\quad f_c$——主承重索矢高（m）；

$\quad\quad q$——主承重索上的线荷载（kN/m）；

$\quad\quad \alpha$——为背索与水平面的夹角。

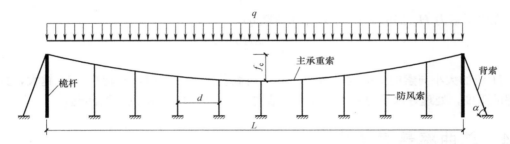

图 5.4-2　带防风索的单曲率悬索结构分析示意图

单层索系采用单向曲率的布置方式，用于建筑物屋盖时宜采用重型屋面或设置向下的防风索，以防止风吸力作用下屋盖整体向上倾覆。当平面为矩形或多边形时，可将拉索平行布置构成单曲下凹屋面。索两端支点可设计为等高或不等高，索的垂度宜取跨度的 1/20～1/10。当平面为圆形时，拉索可按辐射状布置构成碟形的屋面，中心宜设置受拉环。中心受拉环与结构外环直径之比宜取 1/17～1/8，索的垂度宜取跨度的 1/20～1/10。

对于单索结构，考虑到一般均采用钢筋混凝土屋面板等重屋面，在屋面板上加荷并浇筑板缝，然后卸载建立预应力，单索跨中竖向位移自初始几何状态位置算起。

5.4.1　边界条件

悬索结构会产生比较大的水平力，对支座条件要求非常高，结构的解决办法：采用背索平衡，采用直柱或斜柱，也可采用桁架或两端结构主体，水平力小的时候可以采用框架柱，水平力大时可采用剪力墙等，如图 5.4-3 所示。

5.4.2　玉环图书馆与博物馆

玉环图书馆与博物馆工程位于浙江省玉环市，采用反曲的钢筋混凝土悬索预应力薄壳屋面，将悬索屋面固定在两端的墙体上，墙体起到传递竖向力和屋盖悬索水平力的作用，

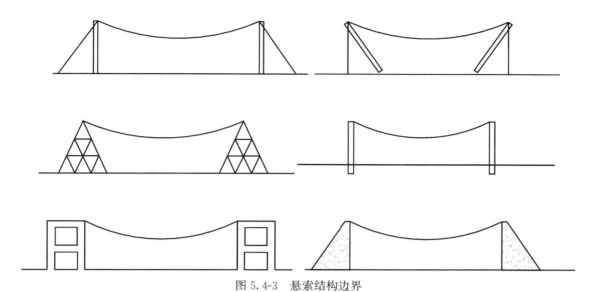

图 5.4-3 悬索结构边界

这是一种较为新颖的预应力索-壳组合结构。项目处于风荷载很大的沿海地区，台风频发，下凹形状的混凝土薄壳能够利用薄壳结构的受力特点较好地抵御向上的风吸力。

屋盖平面布置为长方形，采用垂跨比为 1/20 的悬链线，三个单元采用了悬索预应力薄壳屋面。其中单元 A 最大跨度 31.4m，采用 180mm 厚 C40 混凝土楼板，在接近支座位置，逐渐加厚到 300mm，平均厚度约 189mm。预应力钢绞线采用直径 17.8mm（面积 191mm^2）的高强低松弛钢绞线，间距 150mm，$f_{ptk}=1860MPa$，预应力筋均采用缓粘结预应力技术，图 5.4-4 给出了剖面示意[1]。

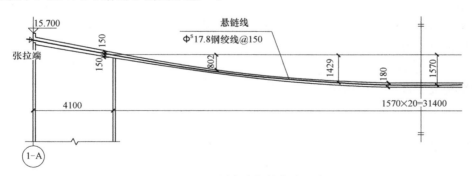

图 5.4-4 玉环图书馆与博物馆示意图

按照屋面 2.5kN/m^2 做法，估算荷载：
$$q=1.3\times(25\times0.189+2.5)+1.5\times0.5=10.14kN/m^2$$
估算预应力，每根索的水平力：
$$H_c=\frac{0.15\times10.14\times31.4^2}{8\times1.57}=119.4kN$$

换算到每米设计值约 840kN，靠两侧的墙体抵抗，对结构墙体及基础要求比较高。对于直径 17.8mm 钢绞线，应力为 625MPa，按照设计时荷载组合系数，应力为 578MPa，与文献［1］中的应力 570.3MPa 基本一致。

101

本工程为预应力索-壳组合结构，张拉时与柔性结构不完全相同，会在支座等产生附加弯矩，本工程采用端部支座加厚到 300mm 来抵抗支座附加弯矩。

5.4.3　里斯本世博会葡萄牙馆

1998 年里斯本世博会葡萄牙馆，是建筑师西扎与结构师巴尔蒙德合作设计的，采用了长 67.5m，宽 50m 的半开敞公共大厅，采用悬链线屋面，跨度 67.5m，垂度 3m，如图 5.4-5 所示，混凝土板厚度 20cm，采用 L25 轻质混凝土，重度不大于 $18kN/m^3$，采用无粘结预应力筋，共 90 根，直径 70mm。顶棚设计时对不均匀荷载、地震作用、湿度变化、材料剥落等进行了详细分析[2]。

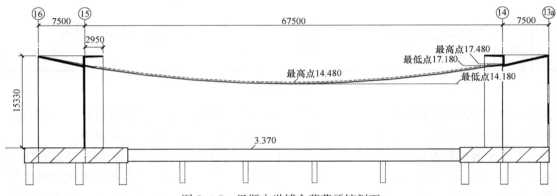

图 5.4-5　里斯本世博会葡萄牙馆剖面

采用无粘结预应力筋，通过对混凝土板施加预应力以控制板裂缝宽度小于 0.15mm，保证顶棚的耐久性。混凝土的变形与索分离，减少了温度热胀冷缩对混凝土的影响。对钢索施加预应力使混凝土受压，既保证混凝土不开裂，又依靠混凝土薄板提供必要的刚度，以自重抵抗风吸力。

按照屋面 $0.3kN/m^2$ 做法（考虑部分修补及室外），活荷载按照 $0.5kN/m^2$ 取值（排水通过结构坡度），按照中国规范估算荷载：

$$q=1.3\times(18\times0.2+0.3)+1.5\times0.5=5.82kN/m^2$$

每延米水平力：

$$H_c=\frac{5.82\times67.5^2}{8\times3}=1105kN$$

标准值下每延米 835kN，靠两侧的墙体直接抵抗，对周边结构墙体的要求比较高。钢筋对支座的拉力会使其底部产生巨大的倾覆力矩，设计最初采用倾斜的桩基来抵抗水平推力，但因造价过高，采用一系列横穿整个跨度的基础梁来连接两端基础，使基础受力平衡。

因为在室外，屋面混凝土板在两端支座处以狭缝断开，暴露出钢索，表达结构的逻辑，不在混凝土端支座中产生附加弯矩，如图 5.4-6 所示。混凝土板与支座间的钢索也能带来有趣的光影变化，展现结构的魅力。

图 5.4-6　里斯本世博会葡萄牙馆现场照片

5.4.4　华盛顿杜勒斯机场候机厅

1957 年建成的华盛顿杜勒斯机场候机厅采用单层悬索体系，矩形平面 195.2m×51.5m，屋面采用预制轻质混凝土板，灌缝处理。屋顶索跨度约 59.3m，垂度约 5m，两端支座高差约 6.6m。在重力荷载下，屋面自然下垂成悬链状，巨大的混凝土柱子向外倾斜，用以部分平衡和抵抗悬索端部的水平力，斜柱间距约 12m，图 5.4-7 给出了剖面示意，图 5.4-8 给出了传力途径，通过斜柱及地下室平衡大部分水平力。

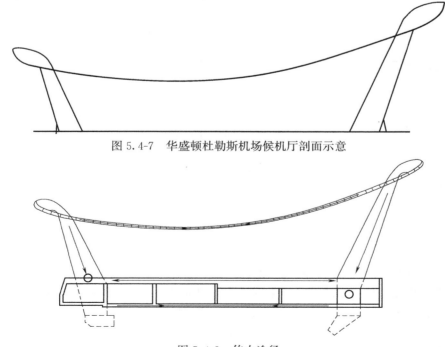

图 5.4-7　华盛顿杜勒斯机场候机厅剖面示意

图 5.4-8　传力途径

103

索间距约 3m，采用直径 25mm 的索，通过端头传递到每根斜柱上。估算荷载标准值约为 $3.8kN/m^2$，则索水平力：

$$H_c = \frac{3.8 \times 3 \times 59.3^2}{8 \times 4.9} = 1026kN$$

$$R_A = V_A - \frac{HC}{L} = 229.1kN$$

$$R_B = V_B + \frac{HC}{L} = 454.9kN$$

通过斜柱及竖向荷载平衡约 40% 的弯矩，减少斜柱配筋，并通过地下室等传递水平力，减小基础弯矩。

5.5 索桁架

索桁架一般选用双向曲率的索网体系，不同方向的钢索呈正反不同的两个曲率方向布置。承重索的垂度宜取跨度的 $1/20 \sim 1/10$，稳定索的拱度宜取跨度的 $1/30 \sim 1/15$。由于单向双层悬索屋盖具有承重索和稳定索的加强刚度体系，一般宜用轻屋盖方案。

承重索与稳定索可采用不同的组合方式，两索之间应分别以受压撑杆或拉索相联系。当平面为矩形或多边形时，承重索、稳定索宜平行布置，构成索桁架形式的双层索系。常见的索桁架主要类型如图 5.5-1 所示，分为凹形索桁架和凸形索桁架两种。

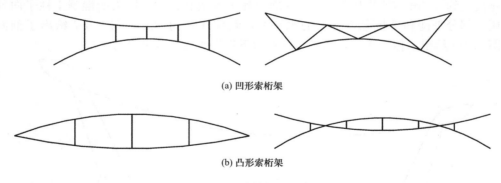

(a) 凹形索桁架

(b) 凸形索桁架

图 5.5-1　索桁架主要类型

凹形索桁架会有排水问题；采用凸形索桁架，很好地解决了矩形平面悬索屋盖通常会遇到的屋面排水问题。通过不同的索形式，可以提供比较新颖的建筑造型。

5.5.1 基本受力特点

索结构简化计算一般采用等效荷载，以外荷载为零时的索结构作为初始态，此时稳定索和承重索的等效荷载互相平衡，稳定索的矢高一般比承重索的值略小。为了保证最大荷载作用下索不松弛，稳定索或者承重索的最小等效荷载可取最大荷载的 $0.1 \sim 0.2$ 倍。

承重索、稳定索的预应力值必须和初始形态满足特定的关系，不能任意取值。由于拉索是不可承受压力的构件，索力不可能为负值，上部索和下部索的曲率必须相反。

索桁架的受力特点如图 5.5-2 所示，在向下荷载作用下，承重索主要受力；在向上荷

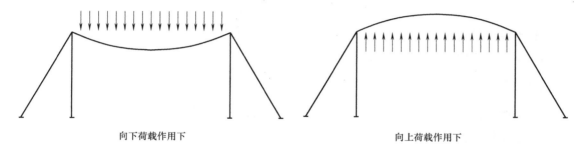

向下荷载作用下

向上荷载作用下

索桁架

图 5.5-2 索桁架受力示意

载作用下（比如风荷载等），稳定索主要受力。向下荷载作用下，索 A 张力增加，索 B 张力减小；向上荷载作用下，索 A 张力降低，索 B 张力增加。

承重索的垂度对索内力和屋面刚度有较大影响。如垂度增加，则索内力呈线性减少，屋面刚度增加；大垂度将会增加覆盖材料用量。如垂度过小，则会引起较大的水平力。垂跨比综合考虑屋盖尺寸及下部结构受力大小，经过试算、反复调整后确定。

承重索主要承受外荷载，稳定索主要使索网结构维持稳定。在索网中，通常通过施加预应力使承重索产生初索力，从而形成刚度。在施加预应力时，可只对承重索进行张拉，也可只对稳定索进行张拉，或同时对承重索和稳定索进行张拉。预应力索网张拉后，边缘构件和边缘结构产生较大的水平力。

5.5.2 简化分析

索的基本平衡方程式：

初始状态下：

$$H_{c0}\frac{d^2 z_{c0}}{dx^2}+H_{w0}\frac{d^2 z_{w0}}{dx^2}=0$$

受荷状态下：

$$H_c\frac{d^2 z_c}{dx^2}+H_w\frac{d^2 z_w}{dx^2}+q=0$$

对于承重索，在最大荷载作用下，不考虑温度等作用情况下，索的水平力：

$$H_c=(q_{max}+q_p)\frac{L_c^2}{8f_c}$$

式中：q_{max}——竖向最大荷载（kN/m）；

q_p——稳定索不松弛对应的荷载，可根据实际情况取最大荷载的 0.1～0.2 倍。

根据竖向最大荷载可以初步估算最大水平索力，在这基础上进一步考虑温度、不均匀荷载、地震等作用。

5.5.3 简化计算方法

初始索力的确定可以根据目标荷载，满足索桁架 1/250 的变形来初步进行计算。主要判断方法是保证稳定索不松弛，也能初步判断选择的索截面在现有荷载条件是否满足变形要求。

在 1/250 变形的时候，索应变：

$$\Delta\varepsilon \approx \frac{\Delta S}{L} \approx \frac{16}{3}\frac{f}{L} \times \frac{1}{250} = \frac{16}{750}\frac{f}{L}$$

在 1/200 变形的时候，索应变：

$$\Delta\varepsilon \approx \frac{\Delta S}{L} \approx \frac{16}{3}\frac{f}{L} \times \frac{1}{200} = \frac{2}{75}\frac{f}{L}$$

对应水平索力变化：

$$\Delta H = EA\Delta\varepsilon$$

1/250 变形时对应等效荷载：

$$\Delta q_c = \frac{8\Delta H_c\left(f_c + \dfrac{L_c}{250}\right)}{L_c^2}$$

$$\Delta q_w = \frac{8\Delta H_w\left(f_w - \dfrac{L_c}{250}\right)}{L_w^2}$$

根据承重索和稳定索的等效荷载与目标荷载的差值，初步确定稳定索和承重索索力变化，判断稳定索的索力变化范围，考虑索不松弛后初步确定稳定索索力。通过初步计算判断在目标荷载下变形是否满足要求。

5.5.4 索水平力近似方法

假定初始索几何形态是确定的，承重索和稳定索施加了预应力，体系处于初始态。初始态时承重索和稳定索中的变形和内力均可按照单索理论计算，在上述初始态的基础上施加竖向荷载，此时索桁架产生竖向变形 Δf，可以初步判断承重索和稳定索的内力变化比值。

在均布荷载作用下，向下变形加大，承重索索力增加，稳定索索力减少，承重索跨中向下变形，稳定索有相同变形 Δf。

索长变化：

$$\Delta S = \frac{16}{3}\frac{f}{L}\Delta f$$

承重索和稳定索应变比值近似为：

$$\frac{\varepsilon_c}{\varepsilon_w} = \frac{\Delta S_c / L_c}{\Delta S_c / L_w} = \frac{\frac{16}{3}\frac{f_c}{L_c}\Delta f / L_c}{\frac{16}{3}\frac{f_w}{L_w}\Delta f / L_w} = \frac{\frac{f_c}{L_c^2}}{\frac{f_w}{L_w^2}}$$

承重索和稳定索水平分量变化比值:

$$\frac{\Delta H_c}{\Delta H_w} = \frac{EA_c}{EA_w} \times \frac{\varepsilon_c}{\varepsilon_w}$$

根据承重索与稳定索索力变化值与初始平衡对比,判断承重索分配的等效荷载:

$$\Delta q_c = \frac{\dfrac{\Delta H_c}{H_c}}{\dfrac{\Delta H_c}{H_c} + \dfrac{\Delta H_w}{H_w}} q$$

根据分配的等效荷载,换算出索力变化值,此值可以作为近似索力变化值考虑。

$$\Delta H_c = \frac{\Delta q_c L_c^2}{8 f_c}$$

如果觉得误差过大,可以反算索桁架变形等,进行二次迭代,根据索力水平变化值及竖向变形关系,可以换算出近似的竖向变形:

$$\Delta f = \frac{3}{16}\frac{L}{f}\Delta S = \frac{3}{16}\frac{L}{f} \times \frac{\Delta H}{EA} L$$

根据对应的索力 H 及变化后的垂度反算荷载值:

$$q = \frac{8H(f + \Delta f)}{L^2}$$

根据计算得到的稳定索及承重索分配的荷载值与目标荷载值的比值确定实际索力变化。以上为索等高的计算方法,不等高时如果两端支座高差不大,也可以采用此近似方法。

5.5.5 简化计算案例

某工程两端支座等高,采用双层悬索体系,承重索和稳定索的形状均为抛物线,承重索承受均布荷载的作用,基本数据如下:$L=67\text{m}$,$f_c=4\text{m}$,$f_w=3.5\text{m}$,弹性模量 $E=1.7 \times 10^5 \text{N/mm}^2$,承重索面积为 3354mm^2,稳定索面积为 1677mm^2。

已知初始预拉力 $H_c=700\text{kN}$,$H_w=800\text{kN}$,在荷载标准值下 $g=11\text{kN/m}$,估算索力变化。剖面示意如图 5.5-3 所示。

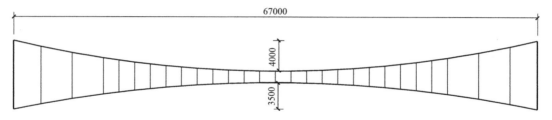

图 5.5-3 双层悬索剖面示意

本工程初始索力满足平衡条件。

$$EA_c = 570200\text{kN}, EA_w = 285100\text{kN}$$

初步按照 1/200 变形及 1/250 变形考虑，表 5.5-1 给出了在荷载 11kN/m 作用下的索力变化，在已知条件下，为了保证稳定索索力在设计值下不松弛，稳定索至少需要 620kN 左右，考虑整体预留，初始稳定索取 800kN 相对合适。

简化计算   表 5.5-1

控制变形	位置	应变	索力变化 （kN）	等效荷载 （kN/m）	合计 （kN/m）	索力变化 （标准值） （kN）	索力变化 （设计值） （kN）
1/250	承重索	0.001274	726.2	5.52	7.35		
	稳定索	0.001114	−317.7	−1.83		−475.3	−617.8
1/200	承重索	0.001592	907.8	7.01	9.25		
	稳定索	0.001393	−397.2	−2.24		−472.1	−613.8

在初始预拉力 $H_c = 700\text{kN}$，$H_w = 800\text{kN}$ 条件下，图 5.5-4 给出了 Midas 初始索力值，图 5.5-5 给出了按标准值 11kN/m 计算的索力值。简化计算时，考虑标准值及设计值（近似取 1.3 倍）情况下，表 5.5-2 给出了简化计算结果并与有限元计算结果进行比较，可以看出结果比较吻合。

简化计算   表 5.5-2

荷载取值 （kN/m）	位置	索刚度 比值	折算等 效荷载 （kN/m）	第一次 变化值 （kN）	合计值 （kN）	迭代后 变化值 （kN）	合计值 （kN）	Midas 计算值 （kN）
11	承重索	2.285	7.95	1115.9	1815.9	975	1675	1722.2
	稳定索	1	−3.05	−488.2	311.8	−426.6	373.4	393.3
14.3	承重索	2.285	10.34	1450.7	2150.7	1255.5	1955.5	2024.0
	稳定索	1	−3.96	−634.7	165.3	−549.3	250.7	284.0

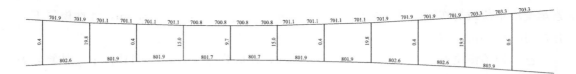

图 5.5-4 程序初始索力（kN）

图 5.5-5 施加荷载后索力变化（kN）

初始索力增加到 $H_c = 1050$ kN，$H_w = 1200$ kN 进行计算（表 5.5-3），简化计算结果和程序计算结果比较一致，经过迭代后计算结果与有限元结果吻合。

初始索力变化后的简化计算 表 5.5-3

荷载取值 (kN/m)	位置	索刚度比值	折算等效荷载 (kN/m)	第一次变化值 (kN)	合计值 (kN)	迭代后变化值 (kN)	合计值 (kN)	Midas 计算值 (kN)
11	承重索	2.285	7.95	1115.9	2165.9	933.9	1983.9	2034.3
	稳定索	1	−3.05	−488.2	711.8	−408.6	791.4	806.8
14.3	承重索	2.285	10.34	1450.7	2500.7	1202.9	2252.9	2325.8
	稳定索	1	−3.96	−634.7	565.3	−526.3	673.7	700.5

根据有限元计算结果，加大到 1.5 倍初始索力后，变形最大值为 0.301mm，与不增大索力的位移 0.312mm 变化比较小；仅仅增大索力不能有效减小变形。减小变形最好的方法是增大索截面，增加刚度，截面变为 1.5 倍后，Midas 计算变形为 0.216mm。表 5.5-4 给出了索截面加大到 1.5 倍后的计算结果，可以看出结果吻合比较好。

索截面增大后的简化计算 表 5.5-4

荷载取值 (kN/m)	位置	索刚度比值	折算等效荷载 (kN/m)	第一次变化值 (kN)	合计值 (kN)	迭代后变化值 (kN)	合计值 (kN)	Midas 计算值 (kN)
11	承重索	2.285	7.95	1115.9	1815.9	1040.0	1740.0	1722.2
	稳定索	1	−3.05	−488.2	311.8	−455.0	345.0	393.3
14.3	承重索	2.285	10.34	1450.7	2150.7	1346.3	2046.3	2069.6
	稳定索	1	−3.96	−634.7	165.3	−589.0	211.0	256.3

5.5.6 吉林滑冰馆

吉林滑冰馆平面为矩形，底层轮廓尺寸为 67.4m×76.8m，馆内大厅净高 12.75m，总建筑面积 8456m²。屋盖采用双层预应力悬索结构体系，承重索与稳定索均沿矩形平面的短向布置[3]。本工程中对应的承重索与稳定索不在同一竖向平面内，而是相互错开半个柱跨布置，简化计算时考虑稳定索与承重索在一个平面，如图 5.5-6 所示。

承重索跨度 $L = 59$m，稳定索跨度 $L = 56.6$m；承重索矢高 $f_c = 4.5$m，矢跨比约为 1/13；稳定索矢高 $f_w = 4.0$m，矢跨比约为 1/14；承重索支座高差 3.5m，稳定索支座高差 3.0m。承重索由 18 股 7ϕ5 钢绞线组成，其截面积为 2466mm²，稳定索采用两组 5 股 7ϕ5 钢绞线组成，其截面积为 1370mm²，弹性模量 $E = 1.8 \times 10^5$ N/mm²，承重索和稳定索间距均为 4.8m。设计强度 $R = 1500$ N/mm²，索的容许应力取 600N/mm²，安全系数取值 $K = 2.5$。索初始内力 $H_{c0} = 520$kN，$H_{w0} = 538$kN。

初始态不考虑索自重情况（索自重等在初始张拉索的时候已考虑，需要单独加上，简

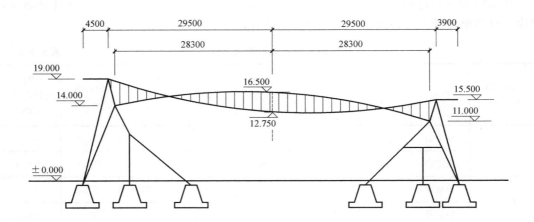

图 5.5-6 吉林滑冰馆剖面

化计算未考虑）。均布恒荷载 $q_d=1.0\mathrm{kN/m^2}$，本工程位于吉林，雪荷载较大，雪荷载标准值为 $q_w=1.0\mathrm{kN/m^2}$。

$$q_{c0}=8\times520\times4.5/59^2/4.8=1.12\mathrm{kN/m^2}$$
$$q_{w0}=8\times538\times4/56.6^2/4.8=-1.12\mathrm{kN/m^2}$$
$$q_0=q_{c0}+q_{w0}=0$$

承重索和稳定索间距均为 4.8m，$q_d=4.8\mathrm{kN/m}$，$q_w=4.8\mathrm{kN/m}$。图 5.5-7 给出了 Midas 计算模型。表 5.5-5 给出了简化计算与文献及有限元计算结果的对比，结果一致。根据简化计算，可以对方案进行粗估并对结构设计合理性作出有效判断。

近似简化计算   表 5.5-5

荷载取值 $(\mathrm{kN/m^2})$	位置	索刚度比值	折算等效荷载 $(\mathrm{kN/m^2})$	第一次变化值 (kN)	迭代后变化值 (kN)	参考文献 (kN)	Midas 变化值 (kN)
4.8	承重索	1.94	3.20	348.6	291.8	303	299.1
	稳定索	1	−1.60	−179.5	−150.2	−155	−165.7
9.6	承重索	1.94	6.41	697.3	599	606	608.6
	稳定索	1	−3.19	−359.0	−308.4	−310	−290.6

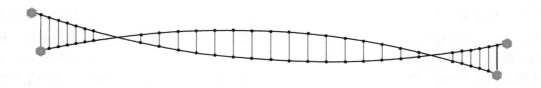

图 5.5-7 Midas 计算模型

5.6 马鞍形双曲率索网

索网宜采用轻型屋面。平面形状可为方形、矩形、多边形、菱形、圆形、椭圆形等，大部分案例采用圆形、椭圆形等，如图 5.6-1 所示。马鞍形索网与索桁架受力特点相同。

竖向均布荷载作用下，标准的马鞍形双曲率索网体系承重索及稳定索索力基本均匀（图 5.6-2），承重索水平索力 H_c 简化计算方法如下：

$$H_c = (q_{max} + q_p)\frac{L_c^2}{8f_c}$$

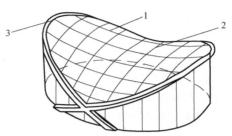

图 5.6-1 马鞍形索网
1—承重索；2—稳定索；3—拱

式中：q_{max}——竖向最大荷载（kN/m）；

q_p——稳定索不松弛对应的荷载，可根据实际情况取最大荷载的 $0.1 \sim 0.2$ 倍；

L_c——承重索索长（m）；

f_c——承重索矢高（m）。

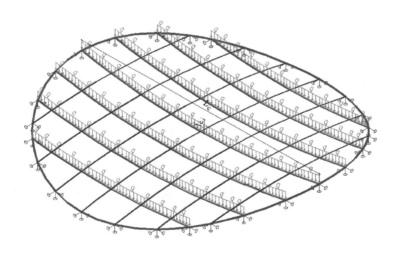

图 5.6-2 双曲索网面分析示意图

美国雷利体育馆采用预应力鞍形索网结构，是第一个具有现代意义的大跨度屋盖索结构，采用近圆形平面 92m×97m，索网格 1.83m×1.83m。

5.6.1 基本受力特点

正交索网体系是由同一平面内相互正交、曲率相反的两组单层索系构成的结构体系。

索的基本平衡方程式：

初始状态下：

$$H_{c0}\frac{\mathrm{d}^2 z_{c0}}{\mathrm{d}x^2}+H_{w0}\frac{\mathrm{d}^2 z_{w0}}{\mathrm{d}x^2}=0$$

受荷状态下：

$$H_c\frac{\mathrm{d}^2 z_c}{\mathrm{d}x^2}+H_w\frac{\mathrm{d}^2 z_w}{\mathrm{d}x^2}+q=0$$

对于承重索，在最大荷载作用下，不考虑温度等作用情况下，索的水平力：

$$H_c=(q_{max}+q_p)\frac{L^2}{8f_c}$$

由于拉索是不可承受压力的构件，因此其索力不可能为负值，索网结构两个方向的索曲率必须相反。

对于荷载态的平衡方程式，由于索不能承受压力，因此索网必须存在预应力才能承受荷载。当在竖向荷载作用时，由于索网结构两个方向的索曲率相反，承重索索力变大，稳定索索力变小。

5.6.2 简化公式

马鞍形索网的平面投影是椭圆，如图 5.6-3 所示，环梁的平面投影椭圆方程为：

$$\frac{x^2}{a^2}+\frac{y^2}{b^2}=1$$

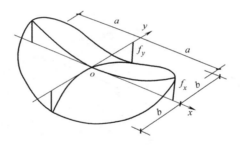

图 5.6-3 马鞍形索网示意图

以双曲抛物面的均匀受力状态为初始状态，该状态的曲面方程为：

$$z=f_c\frac{x^2}{a^2}-f_w\frac{y^2}{b^2}$$

式中：f_c——主索（承重索）的跨中垂度；

f_w——副索（稳定索）的跨中垂度。

一般马鞍形双曲抛物面结构垂度很小，简化计算时近似认为外环为平面构件，计算简图如图 5.6-4 所示。简化计算时不考虑环梁的变形，考虑其为等截面，荷载为双向均布荷载，则 A 点及 B 点轴力近似为：

$$N_A=q_y\times a=\frac{l_x}{2}q_y$$

$$N_B=q_x\times b=\frac{l_y}{2}q_x$$

式中：q_x、q_y——环梁承受的水平力。

在设计时尽量找形使环内任意位置弯矩为零。当 $q_x l_y^2 - q_y l_x^2 = 0$ 时，环内任意位置弯矩为零，这一特点对设计马鞍形索网结构有较大意义。

5.6.3 简化计算方法

马鞍形双曲率索网与索桁架的简化计算方法基本一致，主要的思路为对应位置索变形相同。

5.6.4 简化计算举例

设有一椭圆平面的双曲抛物面索网（图5.6-5）。长轴 $2a = 80\mathrm{m}$，短轴 $2b = 60\mathrm{m}$，每根承重索由 18 股 $\phi 12$ 钢绞线组成，其截面积为 $1584\mathrm{mm}^2$，稳定索均由 12 股 $\phi 12$ 钢绞线组成，其截面积为 $1056\mathrm{mm}^2$，弹性模量 $E =$

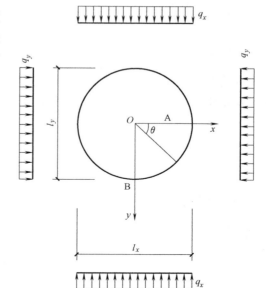

图 5.6-4 外环受力简化分析

$1.7 \times 10^5 \mathrm{N/mm}^2$，承重索间距 $s_x = 3\mathrm{m}$，稳定索间距 $s_y = 3\mathrm{m}$。初始态，不考虑索自重情况，$f_c = 4.2\mathrm{m}$，$f_w = 2.8\mathrm{m}$，索内力 $H_{c0} = 480\mathrm{kN}$，$H_{w0} = 406\mathrm{kN}$。计算在均布荷载 $q = 1.2\mathrm{kN/m}^2$ 作用下的索网内力。

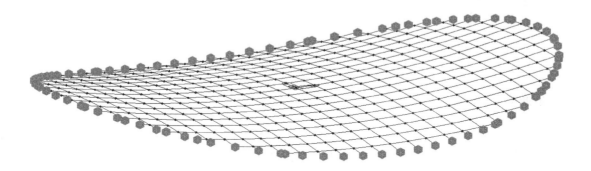

图 5.6-5 索网计算模型

索的初始态近似计算：

承重索：x 方向对应每米索力：$H_c = 480/3 = 160\mathrm{kN}$

稳定索：y 方向对应每米索力：$H_w = 406/3 = 135.3\mathrm{kN}$

$$q_{c0} = 8 \times 160 \times 4.2/80^2 = 0.84\mathrm{kN/m}^2$$

$$q_{w0} = -8 \times 135.3 \times 2.8/60^2 = -0.84\mathrm{kN/m}^2$$

$$q_0 = q_{c0} + q_{w0} = 0$$

每延米抗拉刚度：

承重索：$\dfrac{EA_c}{d}=\dfrac{1.7\times10^5\times1584}{3}=89760\text{kN}$

稳定索：$\dfrac{EA_w}{d}=\dfrac{1.7\times10^5\times1056}{3}=59840\text{kN}$

在均布荷载 $q=1.2\text{kN/m}^2$ 作用下，由于变形，引起承重索索力增加，稳定索索力减少，承重索跨中向下变形，稳定索发生相同变形。

$$S=L\left(1+\dfrac{8}{3}\dfrac{f^2}{L^2}\right)$$

$$\Delta S=\dfrac{16}{3}\dfrac{f}{L}\Delta f$$

应变比值为：

$$\dfrac{\varepsilon_c}{\varepsilon_w}=\dfrac{\Delta S_c/L_c}{\Delta S_c/L_w}=\dfrac{\dfrac{16}{3}\dfrac{f_c}{L_c}\Delta f/L_c}{\dfrac{16}{3}\dfrac{f_w}{L_w}\Delta f/L_w}=\dfrac{\dfrac{f_c}{L_c^2}}{\dfrac{f_w}{L_w^2}}$$

$$\dfrac{\varepsilon_c}{\varepsilon_w}=0.844$$

索水平力变化：

$$\dfrac{\Delta H_c}{\Delta H_w}=\dfrac{EA_c}{EA_w}\times\dfrac{\varepsilon_c}{\varepsilon_w}=1.266$$

考虑按变形分配一次，迭代计算数值过程为：

$$\Delta q_c=\dfrac{\dfrac{\Delta H_c}{H_c}}{\dfrac{\Delta H_c}{H_c}+\dfrac{\Delta H_w}{H_w}}q=\dfrac{\dfrac{1.266}{160}}{\dfrac{1.266}{160}+\dfrac{1}{135.3}}\times1.2=0.62\text{kN/m}^2$$

根据承担的荷载，换算出索力水平变化：

$$\Delta H_c=118.1\text{kN},\ \Delta H_w=\dfrac{117.8}{126}=93.3\text{kN}$$

根据索力水平变化值及竖向变形关系，可以换算出近似的竖向变形：

$$\Delta f=\dfrac{117.8/89760\times80}{\dfrac{16}{3}\times\dfrac{4.2}{80}}=0.375\text{m}$$

$$H_c=H_{c0}+\Delta H_c=160+118.1=278.1\text{kN}$$
$$H_w=H_{w0}+\Delta H_w=135.3-93.3=42\text{kN}$$

与程序计算的承重索 275.4kN，稳定索 49.1kN 比较接近，与文献中相对精确的算法，考虑变形及迭代后的精确计算值 287.1kN 相差不大[4]。

进一步换算等效荷载变化：

$$\Delta q_c=\dfrac{(4.2+0.375)\times(160+118.1)}{\dfrac{1}{8}\times80^2}=1.588\text{kN/m}$$

$$\Delta q_\mathrm{w} = \frac{(2.8-0.375)\times(135.3-93.3)}{\dfrac{1}{8}\times 60^2} = -0.227\mathrm{kN/m}$$

$$\Delta q = 1.588 - 0.227 = 1.36\mathrm{kN/m}$$

需要注意的是，马鞍形索网与索桁架在荷载平衡方面稍有区别，马鞍形索网不同位置索力及变形不一样，等效荷载稍有差别。Midas 计算结果如图 5.6-6 和图 5.6-7 所示。稳定索中间区域初始索力为 405.5～406.8kN，每延米为 135.2～135.6kN；承重索索力中间区域初始索力为 479.2～481.6kN，与手算初始态比较接近。

施加荷载后，承重索索力中间区域为 608.0～826.2kN，扣除每侧边界边上两根，为 608.0～826.2kN，大部分中间区域为 729.8～826.2kN；稳定索索力中间区域为 147.3～389.5kN，扣除每侧边界两根，为 147.3～308.3kN，大部分中间区域为 147.3～206.3kN。中间最大位移为 0.325m。表 5.6-1 给出了等效荷载，在最大值作用下等效荷载合计 1.29kN/m²，与荷载 1.2kN/m² 比较接近，中间大部分区域平均等效为 1.19kN/m²，与实际荷载基本相同。

索等效荷载分析

表 5.6-1

名称	索力极值 (kN)	每延米索力 (kN)	等效荷载 (kN/m²)	索力范围 (kN)	索力近似平均 (kN)	每延米索力 (kN)	等效荷载 (kN/m²)
承重索	826.2	275.4	1.56	784.9～ 826.2	805.6	268.5	1.52
稳定索	147.3	49.1	−0.27	147.3～ 206.3	176.8	58.9	−0.32
合计			1.29				1.19

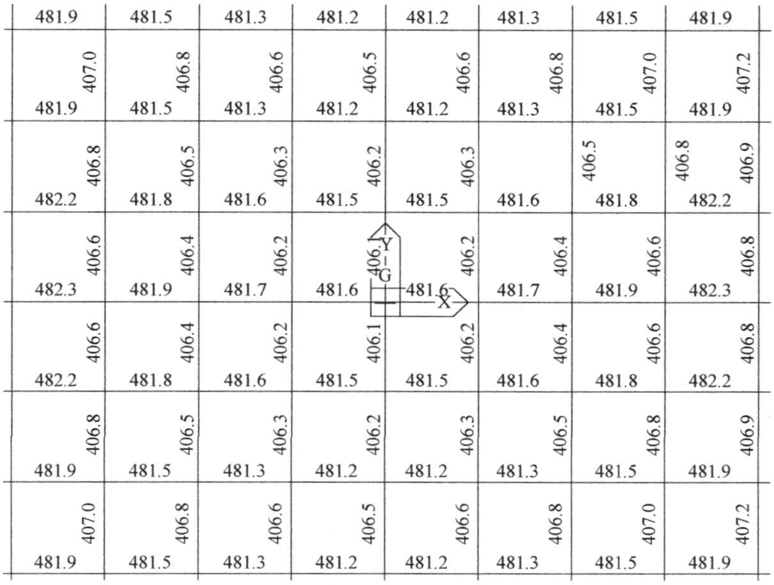

图 5.6-6　初始平衡计算结果（kN）

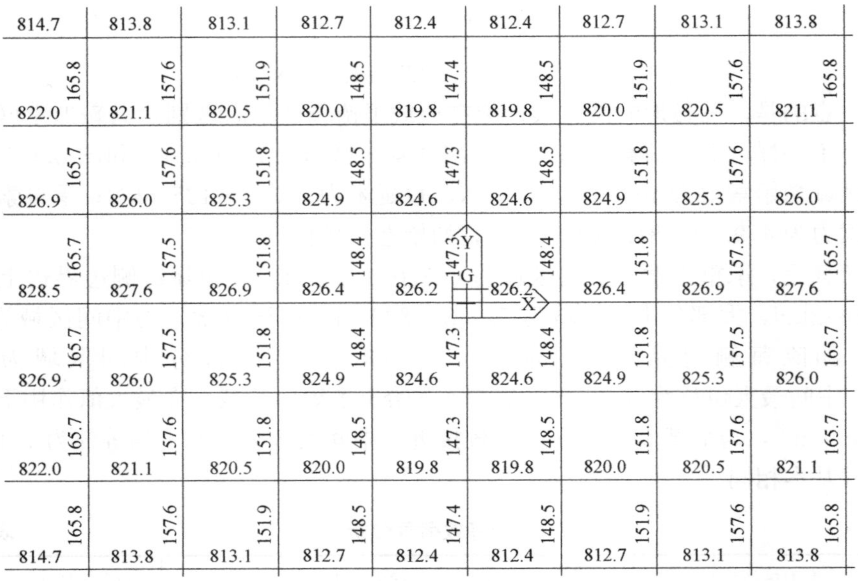

814.7	813.8	813.1	812.7	812.4	812.4	812.7	813.1	813.8
165.8	157.6	151.9	148.5	147.4	148.5	151.9	157.6	165.8
822.0	821.1	820.5	820.0	819.8	819.8	820.0	820.5	821.1
165.7	157.6	151.8	148.5	147.3	148.5	151.8	157.6	165.7
826.9	826.0	825.3	824.9	824.6	824.6	824.9	825.3	826.0
165.7	157.5	151.8	148.4	147.3	148.4	151.8	157.5	165.7
828.5	827.6	826.9	826.4	826.2	826.2	826.4	826.9	827.6
165.7	157.5	151.8	148.4	147.3	148.4	151.8	157.5	165.7
826.9	826.0	825.3	824.9	824.6	824.6	824.9	825.3	826.0
165.7	157.6	151.8	148.5	147.3	148.5	151.8	157.6	165.7
822.0	821.1	820.5	820.0	819.8	819.8	820.0	820.5	821.1
165.8	157.6	151.9	148.5	147.4	148.5	151.9	157.6	165.8
814.7	813.8	813.1	812.7	812.4	812.4	812.7	813.1	813.8

图 5.6-7 程序计算结果（kN）

简化分析时没有考虑周边环梁等支座变形，实际上会有进一步的影响。

5.6.5 国家速滑馆

北京建筑设计研究院有限公司设计的国家速滑馆是 2022 年北京冬奥会的标志性场馆，是目前跨度最大的双曲率单层索网体系。国家速滑馆地上钢结构体系由马鞍形索网、巨型环桁架、斜拉索、幕墙网壳等体系组成，索网如图 5.6-8 所示。索总重量约 968t，索自重约为 0.49kN/m²。

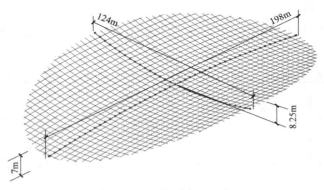

图 5.6-8 马鞍形索网示意

承重索和稳定索均采用双索设计（表 5.6-2），索的具体情况为：
承重索：东西跨度 124m，垂度 8.25m，垂跨比 1/15.0（规范 1/20~1/10）；
跨度 44~124m、索 2φ64、49 对索，间距 4m；
稳定索：南北跨度 198m，拱度 7m，拱跨比 1/28.3（规范 1/30~1/15）；

跨度 52～198m、索 $2\phi74$、30 对索，间距 4m；

幕墙索为直径 48mm、56mm 的高钒封闭索，共 120 根。

表 5.6-2

索网构件基本信息

名称	截面	初始态索力（kN）	初始索力近似平均（kN）	等效荷载（kN/m²）	破断力（kN）	数量
承重索（下凹形）	$2\phi64$	1817～2351	2084	-2.24	8860	49
稳定索（上凸形）	$2\phi74$	2847～3040	2943	1.05	11000	30

对应屋面恒载约 $1.19\mathrm{kN/m^2}$，与索自重 $0.49\mathrm{kN/m^2}$ 及张拉时吊挂的配重 $0.69\mathrm{kN/m^2}$ 的和 $1.18\mathrm{kN/m^2}$ 比较接近。根据初始的外形及索力，可以对选型和设计作初步判断。

5.6.6 苏州体育中心游泳馆

上海市建筑设计研究院有限公司设计的苏州体育中心游泳馆屋盖[5]，马鞍形索网跨度 $L=106\mathrm{m}$，平面为圆形，马鞍形高差 10m。

承重索沿 x 方向布置，稳定索沿 y 方向布置，采用双索设计，各 31 对，中央承重索的跨中垂度 $f_c=7.2\mathrm{m}$，垂跨比为 $f_c/L=1/15$；中央稳定索的跨中矢高 $f_w=2.8\mathrm{m}$，矢跨比为 $f_w/L=1/38$；承重索与稳定索相交处均布置有索夹，网格尺寸 3.3m。所有拉索均采用 $\phi40$ 的 1670 级全封闭高钒索，弹性模量为 160GPa。外侧受压环梁为外径 1050mm 的圆钢管。

对于圆形，当仅考虑拉索预应力时，初始态下圆平面双曲抛物面索网内的张力满足下列条件：

$$\frac{H_c}{H_w}=\frac{f_w}{f_c}$$

式中：H_c——承重索的水平张力（折算到单位宽度内索的水平张力）；

H_w——稳定索的水平张力（折算到单位宽度内索的水平张力）。

则可以根据简化分析初步判断，在预应力初始平衡条件下，稳定索索力 600kN 时，对应承重索索力 233kN，可以做一个初步判断；在软件输入初始状态的时候也可据此等比例输入进行分析。

5.6.7 单层索网体育场

单层轮辐式索网结构是一种新型的自平衡柔性张拉结构体系，为使结构体系具有一定的竖向刚度，单层轮辐式索网结构的空间形态通常呈马鞍形。结构中的平面刚度则主要是由该结构的双曲率的构造方式提供，即该结构的构造在一个方向上具有正曲率，另一方向上具有负曲率。结构中的拉索呈放射状布置，沿两个长轴方向的径向索分别为稳定索和承重索，其他径向索随着马鞍形面的曲率逐渐减小，与之相对应的径向索的稳定能力和承重能力随之减弱。也可根据需要采取单层交叉斜索网，如图 5.6-9 所示。

上海建筑设计研究院有限公司设计的苏州奥体中心体育场，45000 座，体育场的屋盖结构采用马鞍形轮辐式单层索网结构。屋盖外边缘环梁几何尺寸为 260m×230m，马鞍形

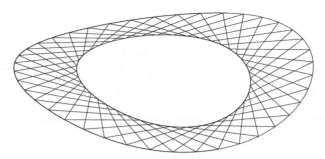

图 5.6-9　单层交叉斜索网

的高差为 25m，文献［6］对双层索网和单层索网进行了对比分析，马鞍形高差大于 15m 后，单层索网结构效率优于双层索网。索网采用放射状索网，径向索为单根索，直径有 100mm、110mm、120mm 三种规格，内环索为 8 根索，直径均为 100mm；40m 高 V 形柱截面 1100mm×35mm，环梁采用 Q345C 圆钢管，直径 1500mm，壁厚 45～60mm。

5.7　轮辐式体系结构

双层索系宜采用轻型屋面。承重索与稳定索可采用不同的组合方式，两索之间应分别以受压撑杆或拉索相联系。当平面为圆形或椭圆形时，承重索、稳定索宜按辐射状布置，中心宜设置受拉环索或受拉刚性环，如图 5.7-1 所示。

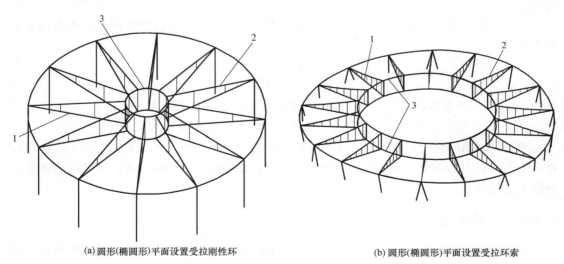

(a) 圆形(椭圆形)平面设置受拉刚性环　　　　　　　(b) 圆形(椭圆形)平面设置受拉环索

图 5.7-1　索网双层索系结构
1—承重索；2—稳定索；3—受拉环索/刚性环

双层轮辐式张拉结构中，由外向内向下倾斜的径向索是承重索，由外向内向上倾斜的径向索是稳定索。因此，与单层轮辐式张拉结构不同，双层轮辐式张拉结构的空间造型不一定要做成马鞍形曲面。当然，由于这种结构多用于体育场馆的屋盖，为满足体育建筑功能上的要求，一般会将其做成马鞍形曲面，但并不是受力原理上的要求。

根据索桁架的布置形式，可以将双层轮辐式张拉结构分为内凹和外凸两类。内凹形索桁架，上下弦索之间由悬挂索联系起来，在双层内环或外环之间有刚性压杆（在双层内环间的刚性压杆称为飞柱）。外凸形索桁架上下弦索之间为撑杆。这两者的区别是，外凸的索桁架有侧向失稳的可能，而内凹的索桁架没有这个问题。

5.7.1 环形索力桁架结构

环形索力桁架结构（图 5.7-2）是一种在大跨度建筑中应用的新型索杆索力结构，该结构的基本构成单元为径向索桁架。索桁架由上下径向索以及竖腹杆（压杆）构成，上下径向索一端固定在周边支承构件上（如受压环梁或桁架），另一端与内部环索连接，该结构可以认为是轮辐式悬索结构的衍生。

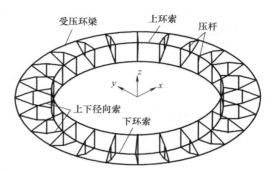

图 5.7-2　环形索力桁架结构

5.7.2 简化计算方法

探讨两索之间为拉索相联系的情况，如图 5.7-3 所示，均布荷载作用下轮辐式结构承重索水平索力 H_c、上环索索力 T_{th} 和下环索索力 T_{bh} 简化计算方法如下：

$$H_c = \left(R_B + H_w \times \frac{f_w}{L} \right) \frac{L}{f_c}$$

内环接近圆形的情况下：

$$T_{th} = \frac{nH_c}{2\pi}$$

$$T_{bh} = \frac{nH_w}{2\pi}$$

式中：n——承重索或稳定索的根数；

R_B——根据简支梁换算的内环支座反力；

H_w——稳定索水平索力（kN）。

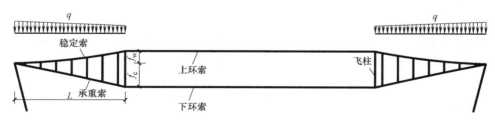

图 5.7-3　轮辐式体系分析示意图

轮辐式悬索结构由外环、内环及上下索组成，在荷载作用下，内力产生竖向、水平及转动位移，上下索内力也随之发生变化，从而抵抗外荷载的作用。实际上，上下索是固定于内外环间的一根根单索。内环位置一经确定，每根单索的形状也就确定了。轮辐式悬索结构的分析，就是内环位置的确定过程。

对于轮辐式体系结构，一般稳定索作为屋面，传递屋面荷载到外环及内环，首先确定稳定索水平索力 H_w；如果稳定索为接近完全直线，则传递竖向荷载的时候水平索力会非常大。

稳定索可以结合建筑外形和排水确定一个初步形状，可按照单索幕墙的允许变形值 1/45 考虑，这种情况下的弧度对建筑及结构影响较小，索桁架设计及分析的时候可以引入相应的变量作为预完成面，如图 5.7-4 所示为近似 1/45 抛物线形状示意，通过稳定索和承重索之间的拉索形成初始稳定态。后期在恒载和活载作用下控制变形，按照 1/200 变形考虑，整体形状按照 1/45 和 1/250 控制。

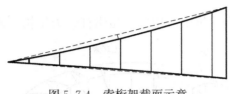

图 5.7-4　索桁架截面示意

稳定索的初始索力在估算截面及判断的时候可以作简化考虑。根据跨中简支梁等效弯矩，估算稳定索水平索力：

$$H_w = \frac{M}{L\left(\dfrac{1}{45} + \dfrac{1}{250}\right)}$$

也可根据已有建筑形状，近似取：

$$H_w = \frac{M}{f}$$

式中：f——索跨中矢高。

稳定索和张拉索之间用拉索连接，为保证拉索不松弛，计算时可考虑拉索最后在荷载作用下不松弛，取竖向荷载的 10%～20% 作为不松弛的条件估算，如图 5.7-5 所示。

5.7.3　轮辐式体系体育馆

轮辐式悬索屋盖由于有稳定索预加应力，使屋面刚度大为提高，因而可用轻屋盖

图 5.7-5　索桁架上拉索示意

体系，屋盖重量不受风吸力的影响。这种屋盖的排水问题较容易解决。体育馆与体育场相比，屋面是封闭的，中部设内拉环。

轮辐式悬索屋盖是对碟形体系的一个改进，碟形体系为悬挂结构，通过压力环沿周边支承，而压力环本身支承在一系列柱子上，但凹形却带来排水问题，必须精心设计避免超载。

轮辐式悬索屋盖钢索布置时为了不使外环锚固孔过密而削弱环截面，上下索可错开布置，上下索数量相等或呈倍数，以使外环受力均匀；为加强上下索联系，增强屋盖整体性，宜设置腹杆或吊索。计算方法与体育场类似，也采用比较简化的方法，如图 5.7-6 所示。

在初始态时，将索的重量折算到内外环节点处。上下索的平衡曲线为直线。首先建立内环在初始态的竖向平衡方程式：

$$n_w V_w - n_c V_c + P = 0$$

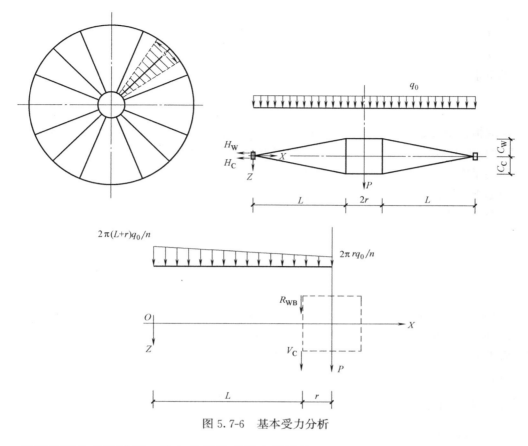

图 5.7-6　基本受力分析

根据前面单索的计算，稳定索等效成简支梁计算：

$$V_B = \frac{\pi q_0 L^2}{3 n_w}\left(1 + 3\frac{r}{L}\right)$$

$$V_A = \frac{\pi q_0 L^2}{3 n_w}\left(2 + 3\frac{r}{L}\right)$$

V_A 和 V_B 是将索看作简支梁时在支点 A 和 B 处的反力。

稳定索索力有两种简化计算方法，一种是前文近似考虑变形方法，估算稳定索索力，另外一种是假设 $R_{wA} = 0$，稳定索的支座反力基本都传递到内环，让承重索承担全部屋盖荷载，作为一个结构简化分析的假定。

$$R_{wA} = V_A - \frac{HC}{L}$$

$$R_{wB} = V_B + \frac{HC}{L}$$

式中：n_w——稳定索根数；

　　　n_c——承重索根数；

　　　R_{wA}——稳定索左侧支座反力；

　　　R_{wB}——稳定索右侧支座反力；

r——内环半径；

L——外环与内环距离；

P——内环自重。

承重索水平分量可根据内环的平衡条件求得：

$$H_c = \frac{L}{n_c f_c}(n_w R_{wB} + P)$$

可取恒荷载和加满布活荷载时的状态作为初始态，以此确定钢索截面积，为了使下索（承重索）内力不至过大，并使屋盖具有较大的刚度，一般取 f_c 比 f_w 大 $10\% \sim 20\%$。根据几何关系有 $f_c + f_w = h$（h 为内环高）。因此由以上关系 f_c 和 f_w 值就可确定。

根据上下索的水平力，可确定内外环的内力。由于索的布置一般较密，可将集中力作为均布荷载考虑，内环一般为圆形，上下内环内的近似轴拉力分别为：

$$N_w = \frac{n_w H_w}{2\pi}$$

$$N_c = \frac{n_c H_c}{2\pi}$$

在均布恒荷载和活荷载作用下，所有上下索的内力均相等，这时的外环，可作为均匀受压圆环进行分析，由局部集中荷载产生的弯矩一般可忽略。当屋面活荷载不均匀时，索内力就不完全相同，对外环而言，不再是受均匀荷载，即使忽略集中荷载的局部效应，外环仍有较大的弯矩产生。

5.7.4 简化计算举例

以成都城北体育馆为原型，采用轮辐式悬索结构。屋盖外径 $D = 61\text{m}$，内环直径 $d = 8\text{m}$。已知荷载标准值 1.0kN/m^2，内环重 30kN。考虑檩条施工等因素，初步估算索网间距约 4m，上下索位置相同，采用相同根数。

中心受拉环与结构外环直径之比宜取 $1/17 \sim 1/8$，本工程近似取 $d = 8\text{m}$，索的垂度宜取跨度的 $1/20 \sim 1/10$，本工程近似取 $h = 6\text{m}$，其中 $f_c = 3.2\text{m}$，$f_w = 2.8\text{m}$。

索水平距离 $L = (61-8)/2 = 26.5\text{m}$。

初步估算索数量，上下索相同：

$$n_c = n_w = 3.14 \times 61/4 \approx 48 \text{ 根}$$

$$V_A = \left(\frac{2}{3} + \frac{r}{L}\right)\frac{\pi q_0 L^2}{n_w} = \left(\frac{2}{3} + \frac{4}{26.5}\right)\frac{\pi \times 1.0 \times 26.5^2}{48} = 37.6\text{kN}$$

$$V_B = \frac{\pi q_0 L^2}{3 n_w}\left(1 + 3\frac{r}{L}\right) = \left(1 + \frac{3 \times 4}{26.5}\right)\frac{\pi \times 1.0 \times 26.5^2}{3 \times 48} = 22.2\text{kN}$$

近似计算取 $R_{wA} = 0$

$$H_w = V_A \times \frac{L}{f_w} = 37.6 \times \frac{26.5}{2.8} = 355.7\text{kN}$$

$$R_{wB} = 22.2 + 37.6 = 59.8\text{kN}$$

$$H_c = \frac{L}{n_c f_c}(n_w R_{wB} + P) = \frac{26.5}{3.2 \times 48}(48 \times 59.8 + 300) = 547.3\text{kN}$$

还有一种更为简化的假定计算方式，将整个屋盖荷载重量传递给承重索，近似得承重索水平力，结果是一致的。

$$H_c = \frac{L}{n_c f_c} W = \frac{26.5}{3.2 \times 48} [0.25 \times (61^2 - 8^2) + 300] = 547.3 \text{kN}$$

如果按照稳定索初始变形 1/45 进行估算，则

$$H_w = 336.6 \text{kN}, \quad H_c = 530.6 \text{kN}$$

如果按照稳定索初始变形 1/45+1/250 进行估算，则

$$H_w = 285 \text{kN}, \quad H_c = 485.7 \text{kN}$$

不同假定条件下，计算会有差异，但对于初步判断估算索截面等影响不大，也可以根据实际受力选择合适的初始变形，初步判断计算结果是否正确。

5.7.5　宝安体育场

由华南理工大学建筑设计研究院和施莱希工程设计咨询有限公司（SBP）设计的深圳市宝安体育场，总建筑面积约 9.77 万 m²。屋盖采用宽大的膜结构，整个屋盖看上去犹如一朵巨大的浮云升腾于竹林之上。体育场屋盖主结构平面投影略显椭圆，长轴为 237m，短轴 230m，膜面的覆盖进深为 54m。

该体育场整体结构设计新颖，为当时国内最大的轮辐式索桁架结构。屋盖结构由上下环索、飞柱、36 榀索桁架和外环钢梁组成。每一榀索桁架包括 1 根上径向索、1 根下径向索和 7 根悬挂索，屋盖结构的轴侧图如图 5.7-7 所示。

体育场屋面呈马鞍形，外环最高点和最低点的高差为 9.65m，内环最高点和最低点的高差为 2.16m。结构平面投影近似成圆形，外环水平投影

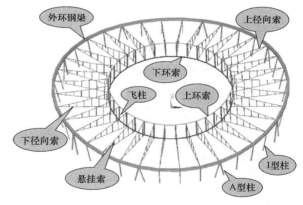

图 5.7-7　屋盖结构轴侧图

尺寸为 237m×230m，内环水平投影尺寸为 129m×122m，索桁架连接内拉环与外压环，跨度 54m，内环撑杆连接上下内环，高 18m，构件截面尺寸见表 5.7-1。

钢索详细信息　　　　　　　　　　　　　　　　　　　　　　表 5.7-1

名称	索径(mm)	最小破断力(kN)	数量
上环索	70	4890	12
下环索	90	8090	12
上径向索	75	5620	36
下径向索	95	9110	36
悬挂索	20	365	252

内环高 18m，承重索和稳定索矢高是变化的，承重索矢高 11.8～4.3m，平均 8.05m，按照悬挑跨度的 2 倍计算，矢跨比约为 1/13.4；稳定索矢高 6.2～13.7m，平均 9.95m，

矢跨比约为 $1/10.9$。计算时膜材及其配件的等效恒载按 $0.15\mathrm{kN/m^2}$ 计算，活荷载按 $0.3\mathrm{kN/m^2}$ 计算，深圳地区 100 年一遇的基本风压 $0.9\mathrm{kN/m^2}$。扣除钢索自重外，考虑竖向荷载标准值：$q=0.15+0.3=0.45\mathrm{kN/m^2}$。

在此荷载作用下等效跨中弯矩为 $2519.2\mathrm{kN \cdot m}$，对应索力：

$$H_w = \frac{2519.2}{54 \times \left(\dfrac{1}{45}+\dfrac{1}{250}\right)} = 1779\mathrm{kN}$$

承重索水平索力 H_c 为：

$$H_c = \left(204.7 + 1779 \times \frac{9.95}{54}\right) \times \frac{54}{8.05} = 3571\mathrm{kN}$$

考虑索不松弛，荷载标准值增加，对应索力 $H_w=1957\mathrm{kN}$，$H_c=3903\mathrm{kN}$。

上环索索力：

$$T_{th} = \frac{36 \times 1957}{2\pi} = 11213\mathrm{kN}$$

下环索索力：

$$T_{bh} = \frac{36 \times 3903}{2\pi} = 22362\mathrm{kN}$$

文献 [7] 给出的计算结果如表 5.7-2 所示，估算结果比较接近，可以作为简化考虑。实际上轮辐式体系结构与索的初始位置和初始状态有关，即张拉初始索力密切相关。本例仅为初步确定方案或者估算截面采用，最终以有限元分析为准。

<table>
<tr><td colspan="5" align="center">结构受力信息</td><td align="right">表 5.7-2</td></tr>
<tr><td>极值</td><td>PTFE 膜(kN/m)</td><td>上径向索(kN)</td><td>下径向索(kN)</td><td colspan="2">上环索(kN)</td></tr>
<tr><td>最大值</td><td>5</td><td>2071</td><td>4073</td><td colspan="2">10976</td></tr>
<tr><td>最小值</td><td>3.5</td><td>1788</td><td>3765</td><td colspan="2">10958</td></tr>
<tr><td>极值</td><td>下环索(kN)</td><td>外环(kN)</td><td>悬挂索(kN)</td><td colspan="2">飞柱(kN)</td></tr>
<tr><td>最大值</td><td>22232</td><td>−32932</td><td>30</td><td colspan="2">−609</td></tr>
<tr><td>最小值</td><td>22178</td><td>−32647</td><td>30</td><td colspan="2">−540</td></tr>
</table>

5.7.6 北京工人体育馆

北京建筑设计研究院有限公司设计的北京工人体育馆位于朝阳区东二环外，始建于 1959 年，为钢筋混凝土框架结构，建筑平面为圆形，底层直径为 117m，顶层直径为 110m，檐高 27m，最高点为 36.05m。工人体育馆屋盖采用轮辐式双层悬索结构，主要由双层悬索、内环和外环三部分组成。内环为圆柱形钢结构，直径 16m，高 11m；外环为钢筋混凝土环梁，截面 2000mm×2000mm，直径 97m，支承于 48 根框架柱。屋顶剖面示意图如图 5.7-8 所示。

悬索分上下两层，各 144 根。上层索为稳定索（每根由 40 根 ϕ5 组成），下层索为承重索，分别由 72 根 ϕ5 的钢丝束组成。屋顶初始静荷载为 $1.0\mathrm{kN/m^2}$，活荷载为 $0.5\mathrm{kN/m^2}$，内环梁吊重折算线荷载为 60kN/m，稳定索初始张拉力 350kN。拉索抗拉强度标准值为 $1400\mathrm{N/mm^2}$，抗拉强度设计值为 $570\mathrm{N/mm^2}$[8]。

近似按照 $f_c=6\mathrm{m}$，$f_w=5\mathrm{m}$ 进行估算。采用与轮辐式体系同样的计算方法，在荷载

图 5.7-8 屋顶剖面示意图

标准值 1.5kN/m^2 作用下，每根索对应跨中弯矩为 325kN·m，则稳定索水平索力为：

$$H_\text{w}=\frac{325}{37.75\times\left(\dfrac{1}{45}+\dfrac{1}{250}\right)}=328\text{kN}$$

与文献建议的稳定索初始张拉力 350kN 比较接近，设计时可根据需要放松变形程度。承重索水平索力 H_c 为：

$$H_\text{c}=\left(26.66+328\times\frac{5}{37.75}+\frac{60\times3.14\times18}{144}\right)\times\frac{37.75}{6}=589.6\text{kN}$$

另外一种简化计算方式，内环区域重量已考虑在内环内，可考虑承重索完全承担屋面荷载：

$$H_\text{c}=\left(\frac{1.5\times0.25\times3.14\times(93.5^2-18^2)}{144}+\frac{60\times3.14\times18}{144}\right)\times\frac{37.75}{6}=581.6\text{kN}$$

与上述简化计算比较接近，实际承重索承担索力与稳定索索力相关。

标准值：稳定索水平索力为 328kN，承重索水平索力 589.6kN。

设计值（按照标准值 1.3 倍近似）：稳定索力为 430kN，承重索力 775.8kN。按设计值计算得到上索最大应力为 533MPa，下索最大应力为 538MPa，满足设计要求。与文献［8］中有限元计算的结果上索最大应力 459MPa，下索最大应力 441MPa，比较接近。文献中未给出承重索及稳定索垂度，并且计算边界条件不同，结果会有差异，仅用于初步估算。

5.8 斜拉结构

斜拉结构是在立柱（塔、桅）上挂斜拉索到主要承重构件而组成的结构体系（图 5.8-1）。

斜拉结构宜采用轻型屋面，设置的立柱（桅杆）应高出屋面；斜拉索可平行布置，也可按辐射状布置。一般斜拉索与网架或桁架间的夹角取 $20°\sim$ $35°$为宜。为抵抗风的上吸作用，必要时宜设置斜拉结构的下拉防风索。均布荷载作用下斜拉结构前索索力 F_QS 和背索索力 F_BS 简化计算方法如下：

$$F_\text{QS}=\frac{P_1}{\sin\beta}$$

$$F_\text{BS}=\frac{P_1}{\cos\alpha\tan\beta}$$

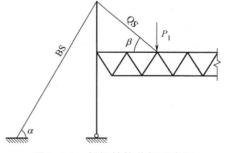

图 5.8-1 斜拉结构分析示意图

式中：P_1——由均布荷载分配到吊挂点的集中力（kN），可根据吊挂点分配面积确定；

α——背索与水平面的夹角；

β——前索与水平面的夹角。

　　长吉高速收费大棚为斜拉式悬索结构，整体横跨188m，如图5.8-2所示。

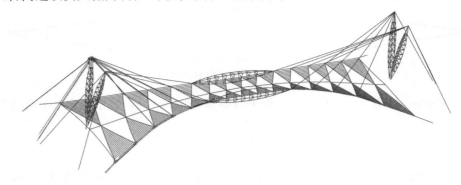

图5.8-2　长吉高速收费大棚

5.9　张弦结构

5.9.1　平面张弦结构

　　张弦结构由上弦构件（实腹式或格构式构件，承受压力与弯矩）、下弦索（承受拉力）与竖向腹杆（撑杆或拉杆，承受压力或拉力）组成，属于一种杂交结构，是用撑杆连接受弯受压构件和抗拉构件形成的自平衡体系。竖向腹杆与上弦构件、下弦索的连接采用铰接，为下弦索水平拉力与上弦构件压力自平衡的结构体系。张弦结构在保证充分发挥索的抗拉性能的同时，由于引进了具有抗压和抗弯能力的桁架或梁而使体系的刚度和稳定性大为增强。

　　与传统的拱、单索或索桁架需要下部支承结构提供水平约束不同，张弦结构最大的优势是结构体系自平衡。在竖向荷载作用下，张弦拱结构的上弦拱水平推力与下弦索水平拉力互相平衡，张弦结构主要传递竖向力给下部支承结构，便于简化下部支承结构体系的受力与工程设计。张弦结构下弦高强度拉索的张拉给撑杆向上分力，与上弦所受外荷载相反，降低内力减小变形，撑杆给上弦弹性支撑。拉索代替支座承受梁端水平力达到自平衡，故通常一端为固定铰支，一端为滑动支座或者弹性支座。

　　平面张弦结构按上弦构件（梁或桁架、拱或拱架）与下弦索的几何形状布置不同主要有三种形式：张弦梁（图5.9-1）、张弦拱（图5.9-2）与拱形张弦拱（图5.9-3）。拱形张弦拱是张弦结构的一种创新形式，是对普通张弦拱结构形式的进一步发展，其下弦拉索向上凹，将张弦拱的竖向受压腹杆变为竖向拉杆，结构更为简捷、轻巧，室内视觉与跨中的使用空间大为改善。不同的平面张弦结构特点如表5.9-1所示，可根据建筑形式确定合适的张弦体系。

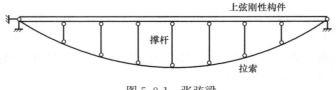

图5.9-1　张弦梁

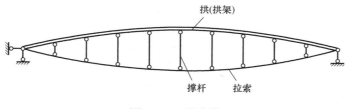

图 5.9-2　张弦拱

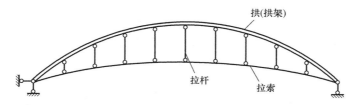

图 5.9-3　拱形张弦拱

不同的平面张弦结构特点　　　　　　　　　　　　表 5.9-1

类型	张弦梁	张弦拱	拱形张弦拱
受力形式	通过拉索和撑杆提供弹性支撑	通过拉索和撑杆提供弹性支撑	用下弦拉索抵消拱两端推力
特点	上弦为梁或桁架,下弦为下垂的拉索,竖向腹杆为压杆	利用拱和拉索共同受力	竖向腹杆为拉杆
优缺点	撑杆的支撑可以减小梁上的弯矩	拉索索力抵消拱推力,发挥拱的受力优势,拉索抗拉强度高	竖向受压腹杆变为竖向拉杆,结构更为简捷、轻巧,室内视觉与跨中的使用空间大为改善,起拱较高
适用范围	大跨度屋盖结构	大跨度屋盖结构	跨度较小的屋盖结构

中铁青岛世界博览城采用拱形张弦拱,展现出比较轻盈的结构(图 5.9-4)。

5.9.2　空间张弦结构

空间张弦结构宜采用轻型屋面,可按单向、双向或空间布置成形以适应不同形状的平面,并应符合下列规定:

(1)单向张弦结构的平面形状可为方形或矩形,按照上弦不同的构造方式宜采用张弦梁、张弦桁架、张弦拱或张弦拱架等形式;

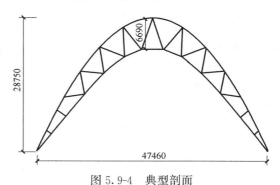

图 5.9-4　典型剖面

(2)双向张弦结构的平面形状可为方形或矩形,宜采用单向张弦结构的各种上弦构造方式呈正交布置成形;

(3)空间张弦结构的平面形状可为圆形、椭圆形或多边形,宜采用辐射式张弦结构或张弦网壳（弦支穹顶）。

空间张弦结构主要类型：

（1）单向张弦结构。在平行布置的单榀平面张弦结构之间设置纵向支承索，如图 5.9-5 所示。纵向支承索可以提高整体结构的纵向稳定性，保证每榀平面张弦梁的平面外稳定，同时通过对纵向支承索进行张拉，为平面张弦梁提供弹性支承，该弦梁结构属于空间受力体系，结构形式适用于矩形平面的屋盖。

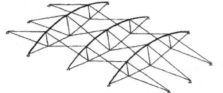

图 5.9-5　单向张弦结构

（2）双向张弦结构：张弦结构沿横纵向交叉布置，如图 5.9-6 所示，主要适用于长度和宽度比较接近的矩形、圆形和椭圆形平面。2008 年建成的国家体育馆采用 114m×144m 双向正交的张弦桁架结构。因为张拉及受力复杂，双向张弦结构总体使用较少。

（3）空间张弦结构：从某一中点辐射状放置拱，撑杆在拱下同环索或斜索连接（图 5.9-7）。

以单层网壳作为抗弯受压构件，单层网壳和环索用竖向撑杆和对角斜索连接而成，主要用于正方形、圆形平面等。

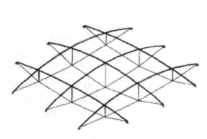

图 5.9-6　双向张弦结构

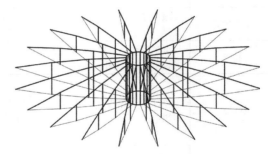

图 5.9-7　空间张弦结构

5.9.3　张弦结构特殊措施

张弦结构用钢量少、结构轻盈，但在风荷载较大地区，结构自重轻则会产生不利影响；风吸力大于结构自重，会使结构的整体刚度明显减小，结构的变形增大，甚至发生破坏。在风荷载较大的地区，需要对张弦结构进行抗风处理。张弦结构的抗风措施主要有两种：增加张弦结构的自重，适用于结构自重略小于风吸力的工程；设置抗风钢索，适用于风吸力远大于结构自重的工程。

5.9.4　张弦结构应用案例

上海浦东国际机场 T1 航站楼是国内典型的张弦结构工程，最大水平投影跨度达 82.6m，每榀张弦结构纵向间距为 9m。张弦结构上弦构件为三根主跨为 400mm× 600mm×18mm 的箱形钢梁，两侧副跨为 300mm×300mm×6mm 的箱形钢梁，下弦索采用国产 241φ5 高强钢丝成品索。办票大厅、安检大厅以及进厅均存在风吸力大于自重的问题。为解决此问题，在办票大厅及安检大厅的张弦结构上弦箱形钢梁中灌注水泥砂浆；进厅在每榀屋架设置两根抗风钢索，钢索两端分别锚固在上弦梁和道路分隔带的短柱上[9]。

上海浦东国际机场 T2 航站楼在结构布置上进行了改进，钢结构由边跨、中跨及高架跨三个连续跨组成，长 414m，纵向间距为 9m。张弦拱上部杆件为变截面箱形梁，撑杆为 $\phi159\times10$ 钢管，下弦采用 $\phi100\sim\phi180$ 钢拉杆[10]。

广州国际会议展览大厅采用预应力张弦桁架，跨度 126.6m，纵向间距为 15m。上弦采用三角形格构式拱架，拱架采用 $2\phi457\times14$ 和 $\phi480\times(19\sim25)$ 的钢管；腹杆采用和 $\phi273\times9$ 钢管；上下弦间的竖腹杆采用 $\phi325\times7.5$ 的钢管；下弦索采用国产 $337\phi7$ 高强冷拔镀锌钢丝，两端通过特殊的冷铸锚固件与拱架的铸钢节点连接[11]。

厦门国际会展中心二期采用张弦梁结构，跨度 81m。上弦采用截面为 $\square1200\times600\times20\times35$ 箱形梁；撑杆采用 $\phi245\times16$ 钢管；下弦索选用 $151\phi7$。张弦梁与混凝土柱支座连接，一端为固定铰支座，一端为滑动支座。由于此工程为海边大型公建，风吸力较大，为保证屋面自重能平衡风吸力，在箱形梁中灌注卵石填砂混凝土来满足配重[12]。

哈尔滨国际会展中心主馆长 510m，由 35 榀跨度为 128m 的张弦拱架构成，纵向间距为 15m。上弦杆件为 $\phi480\times24$，下弦杆件为 $\phi480\times(12\sim24)$；下弦拉索采用 $439\phi7$ 拉索，两端为冷铸锚[13]。

5.9.5 平面张弦结构简化计算

均布荷载作用下张弦梁，如图 5.9-8 所示，跨中水平索力简化计算方法如下：

$$H=\frac{qL^2}{8(f_a+f_c)}$$

式中：L——结构跨度（m）；

f_c——钢索矢高（m）；

f_a——上弦梁矢高（m）；

q——上弦梁上的线荷载（kN/m）。

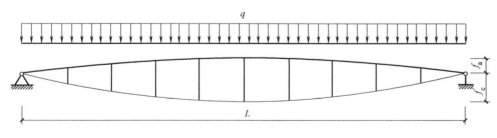

图 5.9-8 张弦梁体系分析示意图

5.9.6 某体育馆张弦梁

某体育馆张弦梁，跨度 72m，为倾斜屋面，如图 5.9-9 所示。屋面恒荷载 $1.0kN/m^2$，活荷载 $0.5kN/m^2$，钢梁及檩条自重约 $0.57kN/m^2$，主梁截面 $\square600\times400\times24\times24$，索截面 $\phi85$，抗拉强度 1770MPa。考虑建筑造型需要，索布置为立面垂直，中间最大高度为 6m，约为跨度的 1/12。

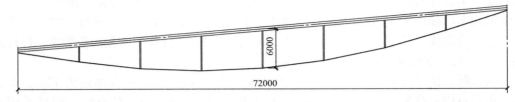

图 5.9-9 某体育馆张弦梁

恒荷载及活荷载组合下设计值为 $2.79kN/m^2$，计算的水平索力为 2711.9kN：

$$F_h = \frac{qL^2}{8(f_a+f_c)} = \frac{2.79 \times 9 \times 72^2}{8 \times 6} = 2711.9kN$$

Midas 计算结果如图 5.9-10 所示，计算结果与 Midas 有限元计算值接近；选用 ϕ85 的索，破断力 6630kN，满足要求。

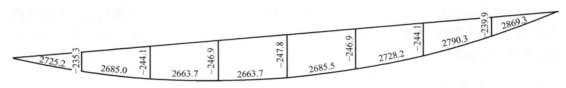

图 5.9-10 张弦梁 Midas 计算结果 （kN）

张弦梁设计时，一般是一端铰接，一端滑动。图 5.9-11 给出了两端铰接的计算结果，会在支座中产生比较大的水平力，张弦梁自身不平衡，对主体结构受力不利，设计时要避免出现这种情况。

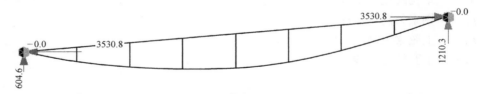

图 5.9-11 两端铰接计算结果 （kN）

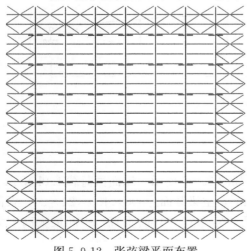

图 5.9-12 张弦梁平面布置

图 5.9-12 给出了张弦梁平面布置，必要的时候可以增加图中所示的张弦梁面外撑杆，保证张弦梁面外稳定性。

5.9.7 厦门新体育中心游泳馆张弦梁

厦门新体育中心游泳馆，由中国建筑设计研究院有限公司和东南大学建筑设计研究院有限公司合作设计。沿结构短跨方向张弦梁共 7 榀，其中跨度最大 91.450m，如图 5.9-13 所示。游泳池上方屋面采用露明区域，不吊顶，结构外露。受建筑造型控制，张弦梁无法从根部开始，边上采用斜杆支撑的杂交张弦梁结

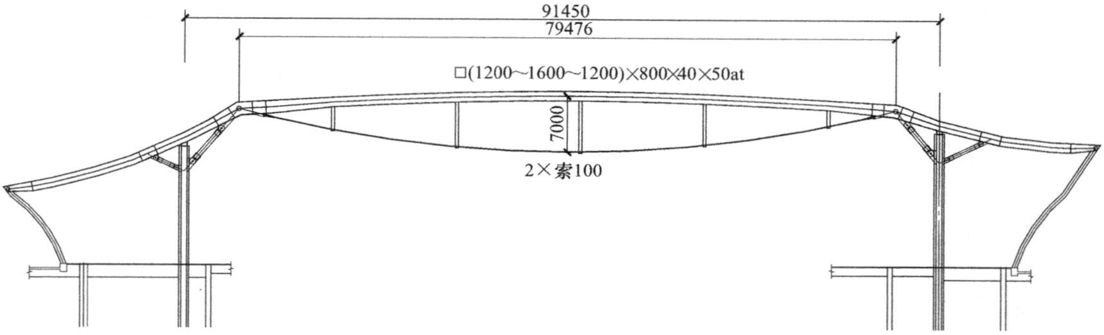

图 5.9-13　游泳馆 15 轴位置张弦梁

构，张弦梁区域为 79.476m。

上弦钢梁为箱形截面，下弦拉索直径为 128mm，撑杆为圆钢管，直径为 245mm。中间撑杆高度为 7.0m，拉索端部拉在钢梁转折处。支承屋盖的混凝土柱两侧设置斜撑，该斜撑减小了屋面钢梁的跨度。钢梁外挑后，支承于外围的斜钢柱上。

本工程为杂交张弦梁结构，受力比较复杂，需要通过合理的分析确定。通过预张拉下弦拉索，可以减小屋盖的竖向挠度，并改善上弦钢梁的受力状态。需要确定适当的预张拉力大小，过小的初始张拉力无法达到预期的效果，过大的初始张拉力又会对周边结构造成负担，在研究初始张拉力大小的过程中，以如下两个指标作为主要的考量标准：钢屋盖最大的竖向变形值（1.0 恒荷载＋1.0 活荷载）和周边主要构件的内力。按表 5.9-2 中预张拉力来施加预应力，表中给出的拉索预张拉力仅为初始索力，未叠加恒荷载和其他荷载产生的索力，构件内力均为 1.0 恒荷载＋1.0 活荷载＋1.0 预张拉力下的内力。

15 轴张弦梁索力、构件变形和内力列表　　　　　　　　　　表 5.9-2

拉索预张拉力 （kN）	预应力反拱 （mm）	拉索轴力 （kN）	上弦钢梁轴力 （kN）	上弦钢梁弯矩 （kN·m）	支承屋盖混凝土柱两斜撑根部弯矩（kN·m）
530	75	2840	4000	支座 6266 跨中 3145	3948
1050	150	3370	4300	支座 4180 跨中 2215	2740
1590	224	3900	4600	支座 2091 跨中 1285	3020
2120	300	4430	4900	支座 1195 跨中 1062	2556

由以上计算结果可见，随着拉索预张拉力的增大，结构向上的反拱值增大，能较大地减小结构的竖向变形，上弦钢梁轴力增大不多，弯矩减小明显，施加预张拉力会显著改善上弦钢梁的受力状态，减小支承钢屋盖混凝土柱的柱顶弯矩。但预张拉力的增大也会加大斜撑杆和周边混凝土结构的附加内力，因此需要施加合适大小的预张拉力。

恒荷载作用下竖向变形约为 290mm，活荷载作用下竖向变形约为 60mm，若需要满足 1/400 的挠度限值要求，该挠度限值为 230mm，结构向上反拱 120mm 即可满足，为同时减小上弦钢梁的弯矩，并保证各种工况组合下拉索均为受拉状态，通过反复试算，最终确定的 15 轴张弦梁预张拉力为 1500kN，其他各榀张弦梁预张拉力也按该方法确定。图 5.9-14 给出了单榀简化模型普通梁弯矩，图 5.9-15 给出了张弦梁弯矩，可以看出效果比较明显，有效地减少了弯矩，结构受力也更合理。

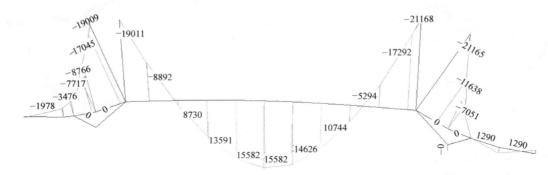

图 5.9-14　游泳馆 15 轴位置普通梁弯矩（kN·m）

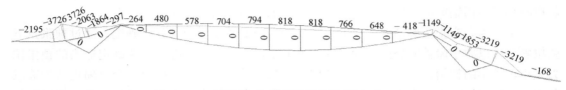

图 5.9-15　游泳馆 15 轴位置张弦梁弯矩（kN·m）

5.9.8　鄂托克旗体育中心体育馆

鄂托克旗体育中心体育馆总建筑面积 1.6 万 m²，体育馆建筑平面呈不规则四边形，两个方向的平面最大尺度分别约为 143m 和 124m，屋盖最高点约 23m，体育馆比赛大厅剖面图如图 5.9-16 所示。

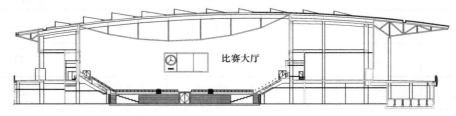

图 5.9-16　体育馆比赛大厅剖面图

体育馆屋盖形状是个较为扁平的双曲面，屋面曲率最小位置位于比赛大厅，沿着建筑向南北向延伸，屋面的曲率逐渐增大。因此，在满足建筑曲面造型的前提下，在屋盖跨度最大的区域，即比赛大厅区域，均匀布置 6 榀单向受力的张弦梁结构。张弦梁的最大高度 5.3m，跨度 53m，张弦梁的矢跨比 1/10，其中曲梁的矢跨比仅为 1/45，是一个扁平的张弦梁结构。张弦梁一端支座为固定铰支座，另一端采用单向滑动支座，很好地实现预应力的张拉以及简化屋盖结构的受力；张弦梁上弦杆截面为□800×400×24×38，下弦索体均采用 φ5×187 热挤聚乙烯拉索（钢丝直径 75mm），撑杆截面 φ180×10。

张弦梁结构和悬挑桁架均属于平面受力体系，结构的平面外刚度很弱，需要设置足够的水平支撑来保证整个屋盖结构的稳定和水平力传递的可靠性。因此在比赛大厅区域的纵横向分别设置两道水平支撑，使得张弦梁的上弦平面形成封闭的水平桁架支撑体系，从而保证上弦的侧向稳定性；同样，在悬挑桁架的支座处设置次桁架和横向水平支撑，确保屋盖具有较大的水平刚度。屋盖结构三维透视图如图 5.9-17 所示。

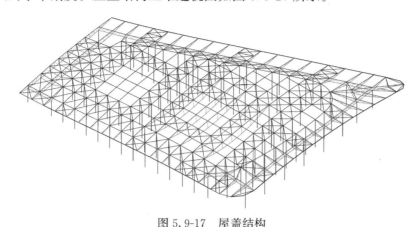

图 5.9-17　屋盖结构

5.10　弦支穹顶

基于张拉整体思想提出的弦支穹顶结构由上部单层网壳和下部索撑体系组成。相比单层网壳可减小支座反力，提高结构的稳定性；相比索穹顶，上部网壳具有初始刚度，降低了施工难度。

弦支穹顶结构的平面形状可为圆形（图 5.10-1）、椭圆形或多边形，网格形式按现行《空间网格结构技术规程》JGJ 7 选用，弦支穹顶矢高不宜小于跨度的 1/10。

弦支穹顶索杆体系按肋环型布置时，索力可按自平衡逐圈确定法估算。竖向均布荷载作用下，由内向外径向索索力 F_{JS1}、F_{JS2}、F_{JS3} 和环向索索力 F_{HS1}、F_{HS2}、F_{HS3} 简化算法如下（图 5.10-2）：

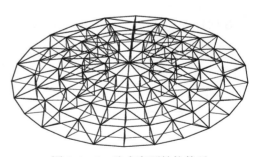

图 5.10-1　弦支穹顶结构体系

$$F_{JS1}=\frac{P_1}{\cos\alpha_1}$$

$$F_{JS2}=\frac{P_1+P_2}{\cos\alpha_2}$$

$$F_{JS3}=\frac{P_1+P_2+P_3}{\cos\alpha_3}$$

$$F_{HS1}=\frac{nP_1\tan\alpha_1}{2\pi}$$

$$F_{HS2} = \frac{n(P_1 + P_2)\tan\alpha_2}{2\pi}$$

$$F_{HS3} = \frac{n(P_1 + P_2 + P_3)\tan\alpha_3}{2\pi}$$

式中： n——径向索的根数；

P_1、P_2、P_3——分别为由均布荷载分配到内环、中环和外环撑杆上的集中力（kN），因为上弦网壳刚度较大，与初始索力张拉值也有关，此值为变值，需根据分摊面积荷载进行折减，可根据近似刚度之比进行折减；

α_1、α_2、α_3——分别为内环、中环和外环撑杆与径向索的夹角。

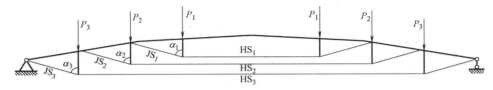

图 5.10-2 弦支穹顶体系分析示意图

单层网壳和弦支体系相结合形成弦支穹顶，弦支体系中索的预应力通过撑杆使单层网壳产生与使用荷载作用时相反的位移，从而抵消了部分外荷载的作用；索与梁之间的撑杆对于单层网壳起到了弹性支撑的作用，从而可以减小单层网壳杆件的内力；下部斜索负担了外荷载对单层网壳产生的部分外推力，减小了边缘构件产生的水平推力。

5.10.1 某展示馆屋顶

某展示馆屋顶跨度为 34m，单层网壳矢高 1.5m，考虑吊挂等需要，采用弦支穹顶，上弦径向杆件 200mm×200mm×12mm，如图 5.10-3 和图 5.10-4 所示。

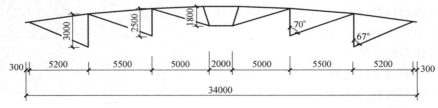

图 5.10-3 剖面

考虑荷载标准值 $1.0 kN/m^2$，计算最外圈索拉力，外圈竖杆分摊荷载：

$$P = 0.25 \times 3.14 \times 28.2^2 = 624 kN$$

根据荷载分配计算的外圈索拉力为：

$$T = \frac{624}{16 \times \cos 67^\circ} = 99.9 kN$$

程序计算值为 77.9kN（扣除初始预应力为 68.1kN），因为球壳本身传递的力比较多，约为估算值的 0.68 倍；对于中间环，估算索力为 43.9kN，计算索力为 23.3kN（扣除初始预应力为 10.6kN），约为估算值的 0.24 倍。

对于弦支网壳，由于球壳自身刚度比较大，索本身承担的荷载仅为荷载的一部分，根

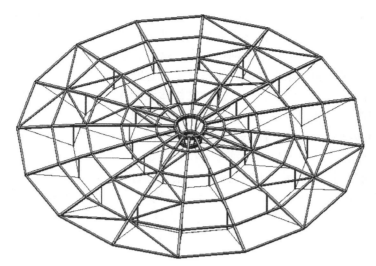

图 5.10-4　计算模型

据球壳与索高度的不同，具有一定的差异。

5.10.2　济南奥林匹克体育中心

济南奥林匹克体育中心体育馆弦支穹顶跨度 122m，观众规模 1.3 万人，是世界上最大跨度的弦支穹顶结构[14]，屋面最高标高约为 45m，三维模型如图 5.10-5 所示，网壳矢高约为 12.2m，索的最大垂度约为 7.5m。

上部单层网壳屋盖杆件主要采用 $\phi377\times14$，设置下部索杆后稳定性得到改善，考虑初始缺陷的屈曲系数达到 5.88，满足要求；在屋盖边缘处由于下部结构对壳体的约束作用致使杆件内力较大，该处杆件采用 $\phi377\times16$。预应力分布和水平的确定除考虑提高整体结构的稳定性要求外，还考虑改善上部单层网壳的内力分布和水平，降低支座水平推力，三圈环索的初始拉力比例约为 8∶3.2∶1，考虑结构自重后的初状态下索杆内力变化不大。提高外环环索的预拉力水平或加大其倾角都可以显著提高弦支穹顶的效率。

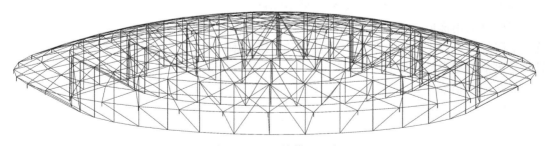

图 5.10-5　三维模型示意

5.11　索穹顶

索穹顶结构是美国工程师 D. H. Geiger 在美国工程师 R. B. Fuller 于 20 世纪四五十年

代首先提出的"张拉整体体系"概念的基础上，发展构造出的一种新型空间结构体系。索穹顶内部结构符合一般的张拉整体体系的特点，即由一组不连续的受压杆件与一组连续的受拉单元组成的自支承自应力的空间网格体系。这种结构的刚度由受拉和受压单元之间的平衡预张力提供，在施加预张力之前，体系几乎没有刚度，并且初始预张力的大小对体系的外形和结构的刚度起着决定性作用。这种结构体系的优势在于，最大限度地利用了材料的受力特性，因此可以利用少量的材料建造超大跨度建筑。

索穹顶主要包括两种类型：Levy 型索穹顶和 Geiger 型索穹顶（图 5.11-1）。索穹顶结构主要构件为钢索，该结构大量采用预应力拉索及短小的压杆群，能充分利用钢材的抗拉强度，并使用薄膜材料作屋面，所以结构自重很轻，且结构单位面积的平均重量和平均造价不会随结构跨度的增加而明显增大，因此该结构形式非常适合超大跨度建筑的屋盖设计。目前世界上建成最具有代表性的有圣彼得堡的太阳海岸，穹顶直径 210m；亚特兰大的奥运会体育馆，穹顶为 240m×193m 椭圆形平面。

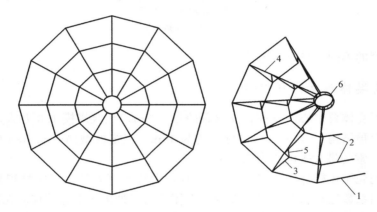

图 5.11-1 Geiger 型索穹顶结构

1—外压环；2—环索；3—下斜索；4—上脊索；5—撑杆；6—内拉环

索穹顶是由脊索、谷索、环索、撑杆及斜索组成并支承在圆、椭圆形或多边形刚性边缘构件上的结构体系。索穹顶的屋面宜采用膜材。当屋盖平面为圆形或拟椭圆形时，索穹顶的网格宜采用梯形、联方形或其他适宜的形式。索穹顶的上弦可设脊索及谷索，下弦应设若干层的环索，上下弦之间以斜索及撑杆连接。索穹顶的高度与跨度之比不宜小于 1/8，斜索与水平面相交的角度宜大于 15°。

竖向均布荷载作用下 Geiger 型索穹顶结构（图 5.11-2），由内向外上径向索索力 F_{SS2}、F_{SS3}，下径向索索力 F_{JS1}、F_{JS2}、F_{JS3} 和环向索索力 F_{HS1}、F_{HS2}、F_{HS3} 简化算法如下：

$$F_{JS1} = \frac{F_{SS1}\cos\beta_1 + P_1}{\cos\alpha_1}$$

$$F_{JS2} = \frac{F_{SS2}\cos\beta_2 + P_1 + P_2}{\cos\alpha_2}$$

$$F_{JS3} = \frac{F_{SS3}\cos\beta_3 + P_1 + P_2 + P_3}{\cos\alpha_3}$$

$$F_{HS1} = \frac{n(F_{SS1}\cos\beta_1 + P_1)\tan\alpha_1}{2\pi}$$

$$F_{HS2} = \frac{n(F_{SS2}\cos\beta_2 + P_1 + P_2)\tan\alpha_2}{2\pi}$$

$$F_{HS3} = \frac{n(F_{SS3}\cos\beta_3 + P_1 + P_2 + P_3)\tan\alpha_3}{2\pi}$$

$$F_{SS2} = \frac{F_{SS1}\sin\beta_1 + F_{JS1}\sin\alpha_1}{\sin\beta_2}$$

$$F_{SS3} = \frac{F_{SS2}\sin\beta_2 + F_{JS2}\sin\alpha_2}{\sin\beta_3}$$

式中：　　　n——径向索的根数；

P_1、P_2、P_3——分别为由均布荷载分配到内环、中环和外环撑杆上的集中力（kN）；

α_1、α_2、α_3——分别为内环、中环和外环撑杆与下径向索的夹角；

β_1、β_2、β_3——分别为内环、中环和外环撑杆与上径向索的夹角；

F_{SS1}——内环上径向索索力（kN）。

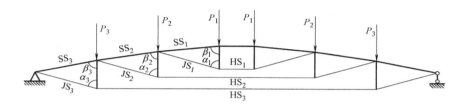

图 5.11-2　索穹顶体系分析示意图

鄂尔多斯伊金霍洛旗全民健身体育中心直径 71.2m，矢高 6.8m，于 2011 年建成，是国内第一个索穹顶结构。

5.12　劲性钢结构索

劲性钢结构索并非真实的柔性索结构，实际为具备一定抗弯刚度，在竖向荷载作用下模拟索结构受拉受力模式的结构，主要受力特点如下：

（1）恒载＋活载、风压力作用，劲性索利用下垂矢高，模拟索结构受拉模式，由于实际不可能完全理想找形，为拉弯受力模式。

（2）风吸力控制工况下，荷载反向，劲性索利用下垂矢高，在反向荷载作用下模拟拱结构的受压模式，由于实际不可能完全找形，为压弯受力模式。

（3）风吸力控制工况下，如果压弯验算困难，可以补充抗风索提供中部支点，减小验算跨度。

（4）由于正向竖向荷载的拉力作用和反向竖向荷载的压力作用，劲性索两侧竖向支撑构件需要能够承受水平力。

北京南站屋盖就是典型的劲性钢结构索。

5.12.1　福建德化霞田文体园体育馆

福建德化霞田文体园体育馆主要受力特点如下：主方向采用悬垂桁架，利用桁架下垂矢高，模拟索结构受拉受力模式，实际为拉弯受力模式；桁架两侧设置三角 A 柱承担水平力；桁架与两侧三角 A 柱刚接，承担左右两侧屋面的不对称恒荷载、最不利活荷载布置及不对称风荷载（注：桁架在竖向荷载平面外为弧形桁架，承担不对称水平力引起的扭矩）；经与建筑专业协商，山墙位置补充摇摆柱，减小主桁架跨度，整体计算模型见图 5.12-1，主方向劲性索见图 5.12-2，次方向劲性索见图 5.12-3。

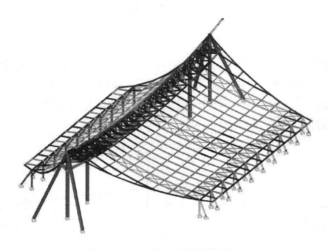

图 5.12-1　霞田文体园体育馆

图 5.12-2　主方向劲性索

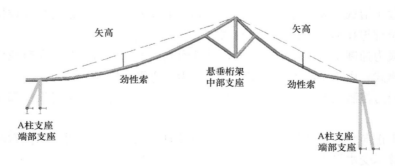

图 5.12-3　次方向劲性索

5.12.2 悬带桥

SBP 设计的位于深圳光明的悬带桥[13]，跨径布置为主跨 63.8m＋边跨 24.2m，全长 90m，桥面总宽 2.7m。该桥采用 2 条 Q690D 预拉力高强钢板带作为主要承重构件，钢板带长 88m、宽 0.75m、厚 40mm。钢板带之上为厚度为 120mm 的预制混凝土板作为行人行走的桥面。主跨矢高 1.395m，边跨矢高 0.14m，主跨矢跨比约为 1/45.7。主、边跨支点采用钢斜柱支承，钢斜柱位置钢板带采用机械弯曲成型，弯曲半径为 17m。由于矢跨比非常小，桥端水平拉力比较大。

根据已知资料，估算等效恒荷载 4.8kN/m²，活荷载 3.5kN/m²。

主跨支座水平拉力设计值为：

$$H=\frac{qL^2}{8f_c}=\frac{2.7\times(1.3\times4.8+1.5\times3.5)\times63.8^2}{8\times1.395}=11315\text{kN}$$

主跨支座水平拉力标准值为：

$$H=\frac{qL^2}{8f_c}=\frac{2.7\times(4.8+3.5)\times63.8^2}{8\times1.395}=8173\text{kN}$$

由于矢高比很小，悬带桥对基础等支座条件的要求会非常高，两端基础各采用 12 根直径 1.2m、长 15m 的人工挖孔灌注桩抵抗水平拉力。

5.13 索幕墙

索幕墙常见的结构形式有全玻式、钢构式、拉索式、索网式和钢-拉索组合式等，如图 5.13-1 所示。钢-拉索组合式类似张弦梁，在另外一个方向风荷载过来时容易松弛。

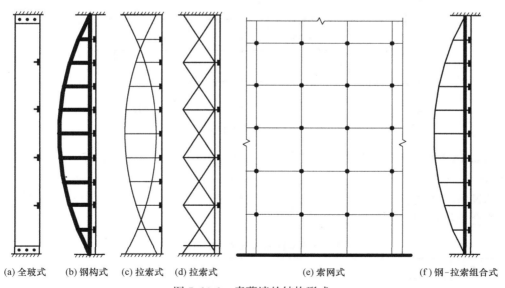

| (a) 全玻式 | (b) 钢构式 | (c) 拉索式 | (d) 拉索式 | (e) 索网式 | (f) 钢-拉索组合式 |

图 5.13-1　索幕墙的结构形式

当索结构用于支承玻璃幕墙时，可采用单层索系或双层索系。单层索系宜采用单索、平面索网或曲面索网；双层索系宜采用索桁架。双层索结构是指将平面索体在受荷载节点位置通过二力杆件连接起来共同工作的结构类型，在我国应用范围最广。索桁架拉索索力小，对主体结构负担少，建筑效果轻盈通透，整体索桁架占的宽度较小，对建筑影响相对较小。

当索结构用于支承玻璃采光顶时，可采用单层索系、双层索系或张弦结构。单层索系宜采用曲面索网，双层索系宜采用平行布置或辐射布置索桁架，张弦结构宜采用张弦拱。

5.13.1 单索幕墙

5.13.1.1 简化计算

单层索网受力方式类似于羽毛球拍，完全采用柔性构件无压杆，构件断面细小，建筑表现力强。单层平面索网（图 5.13-2）只能依靠索力建立平面外的结构刚度，在满足一定刚度要求的前提下，如果只考虑单向受力，其承重索索力 H 简化计算方法如下：

$$H = \frac{qdL}{8K}$$

式中：q——面外荷载的标准值（kN/m^2）；

d——承重索间距（m）；

L——承重索索长（m）；

K——最大挠度与跨度之比的限值（对于玻璃幕墙体系为 1/45）。

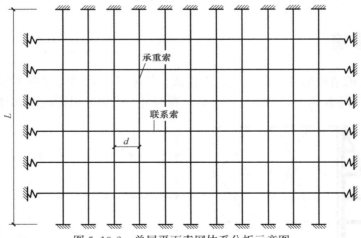

图 5.13-2 单层平面索网体系分析示意图

表 5.13-1 给出了每延米单索幕墙对应索力值，对 20m 高的单索幕墙，面外荷载 1kN/m^2 时，对应索轴力标准值 112.5kN/m；面外荷载 2kN/m^2 时，对应索轴力标准值 225.0kN/m。索力值随着高度和荷载增加线性增加，单索幕墙对主体结构的要求很高，主体结构会承担比较大的索力。

每延米单索幕墙对应索力值（kN/m） 表 5.13-1

面外荷载（kN/m^2）	高度（m）									
	5	10	15	20	25	30	35	40	45	50
0.5	14.1	28.1	42.2	56.3	70.3	84.4	98.4	112.5	126.6	140.6
1	28.1	56.3	84.4	112.5	140.6	168.8	196.9	225.0	253.1	281.3
1.5	42.2	84.4	126.6	168.8	210.9	253.1	295.3	337.5	379.7	421.9

面外荷载 (kN/m²)	高度(m)									
	5	10	15	20	25	30	35	40	45	50
2	56.3	112.5	168.8	225.0	281.3	337.5	393.8	450.0	506.3	562.5
2.5	70.3	140.6	210.9	281.3	351.6	421.9	492.2	562.5	632.8	703.1
3	84.4	168.8	253.1	337.5	421.9	506.3	590.6	675.0	759.4	843.8
3.5	98.4	196.9	295.3	393.8	492.2	590.6	689.1	787.5	885.9	984.4
4	112.5	225.0	337.5	450.0	562.5	675.0	787.5	900.0	1012.5	1125.0

当幕墙竖向跨度不大时，可在单层索网的基础上简化成单向单索结构。通常将钢索沿竖向玻璃缝布置，由竖向布置的钢索独立承受全部荷载，使玻璃建筑显得通透、轻盈。单向单索结构必须考虑水平方向玻璃面板自身平面内刚度，以满足体系抗侧要求。

隐式单索支承体系是在单向单索结构的基础上采用了特殊构造措施，即利用了玻璃面板的厚度，将钢索隐藏在玻璃竖向胶缝的中间，不论从室内还是室外，都看不见任何结构构件，从而达到视觉上无结构的目的，这种幕墙形式是目前最能表现建筑效果的幕墙形式之一。

5.13.1.2 双向平面索网简化计算

在实际工程受力中，大部分都为双向平面索网，受力为竖向索和水平索共同作用，设计时可以调整竖向索和水平索的初张力以调整幕墙的受力模态。简化计算采用的矩形索网模型，考虑周边边界为铰接，不考虑周边框架的变形，规范允许的最大变形为 $1/45$。

水平向长度为 L_x，间距为 d_x；高度为 L_y，间距为 d_y；水平索抗拉刚度为 EA_x，竖直索抗拉刚度为 EA_y。

假定水平索为短向，跨中允许最大变形 f 为：

$$f = \frac{L_x}{45}$$

水平索和竖直索在跨中位置变形均为抛物线，平均变形根据抛物线及初步判断取为 $\frac{3}{4}f$，此条为近似假设，相应的索力和变形等比例变化。

跨中变形为 f，索长 S 的近似值等于：

$$S \approx L\left(1 + \frac{8}{3}\frac{f^2}{L^2} - \frac{32}{5}\frac{f^4}{L^4}\right) \approx L\left(1 + \frac{8}{3}\frac{f^2}{L^2}\right)$$

根据索长变化求出索应变：

$$\varepsilon = \frac{S-L}{L} = \frac{8}{3}\frac{f^2}{L^2}$$

根据变形求出索力 H：

$$H = EA\varepsilon$$

根据索力换算成等效荷载，根据换算的等效荷载乘以系数 0.75（考虑中间部分索贡献更大及平均变形），并与目标荷载对比，得到不足荷载部分，换算得到预张索力要求，初步判断索截面等是否合适。

表 5.13-2 给出了 27m×30.8m、21m×30.8m、30m×40m 等不同尺寸，风荷载标准

值 1.2kN/m²、2.0kN/m²，索间距 1.4m、1.5m、2m 等不同情况的计算结果对比，可以看出计算结果与有限元结果基本吻合，误差在 −3.8%～6.5% 之间。

简化计算方法与有限元对比结果 表 5.13-2

风荷载标准值 (kN/m²)	索位置	长度 (m)	索规格	间距 (m)	面积 (mm²)	变形反算索力 H (kN)	变形反算等效荷载 (kN/m²)	需求等效荷载 (kN/m²)	预张索力需求 (kN)	估算最大索力 (kN)	程序计算索力 (kN)	误差	程序最大位移 (mm)
1.2	水平	27	24	1.4	341	74.2	0.26	0.62	78.77	152.9	153.5	0.4%	0.574
	竖直	30.8	36	1.5	755	126.6	0.32		134.47	261.1	257.2	−1.5%	
2.0	水平	27	24	1.4	341	74.2	0.26	1.42	180.72	254.9	251.9	−1.2%	0.562
	竖直	30.8	36	1.5	755	126.6	0.32		308.54	435.2	425.9	−2.1%	
1.2	水平	21	24	1.4	341	74.2	0.34	0.71	108.56	182.7	175.8	−3.8%	0.438
	竖直	30.8	36	1.5	755	76.6	0.15		112.11	188.7	193.6	2.6%	
1.2	水平	27	30	1.4	560	118.0	0.42	0.46	74.25	192.2	189.9	−1.2%	0.578
	竖直	30.8	36	1.5	755	126.6	0.32		79.68	206.3	210.9	2.2%	
2.0	水平	30	30	2	560	164.8	0.37	0.75	275.48	440.2	414.4	−5.9%	0.608
	竖直	40	36	2	755	66.4	0.08		110.97	177.3	188.9	6.5%	
2.0	水平	30	30	2	560	206.1	0.46	1.43	512.21	718.5	683.8	−4.8%	0.604
	竖直	40	36	2	755	92.7	0.12		230.38	323.1	333.5	3.2%	

在实际设计过程中，可根据需要调整水平索力或者竖直索力，同时另外一个方向对应调整；也可以根据需要加大索力，提高索刚度，减少变形。

5.13.1.3 某双塔连体玻璃幕墙

以某双塔连体玻璃幕墙为例，幕墙采用平面索网，因为双塔有变形差，无法直接拉

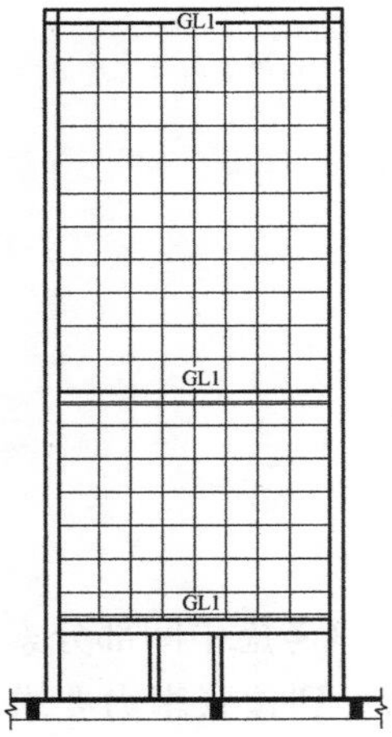

图 5.13-3 索网幕墙示意

索，采用加竖框和横框的方式自平衡，由于竖向高度较高，结合建筑立面及经济性要求，中间设置横撑，如图 5.13-3 所示。幕墙一侧采用铰接节点，如图 5.13-4 所示；一侧采用滑动节点，如图 5.13-5 所示，该节点可以满足变形两个方向滑动要求。索网由 $\phi24$ 的竖索和 $\phi28$ 的横索组成。横索为主受力索，按 1500mm 间距布置；竖索按 1400mm 间距布置，竖向索吊住玻璃等重量。

横撑之间的竖向距离为 17.5m，水平距离为 12.5m，风荷载标准值 $q_{wk}=1.226$kPa。不考虑稳定索贡献，在风荷载作用下水平索力标准值最少需要：

$$H_0 = \frac{qL^2}{8f_c} = 1.5 \times 1.226 \times \frac{12.5}{8 \times 1/45} = 129.3 \text{kN}$$

设计值在此基础上考虑 1.5 系数，初步判断索截面是否满足要求。

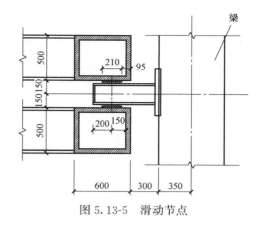

图 5.13-4 铰接节点   图 5.13-5 滑动节点

5.13.1.4　某连体玻璃幕墙

某项目玻璃幕墙尺寸为 27m×30.6m，索网由 φ36 的竖索和 φ24 的横索组成。水平索按 1400mm 间距布置，竖向索按 1500mm 间距布置，如图 5.13-6 所示，现场建成照片如图 5.13-7 所示。

风荷载标准值 1.2kPa。施工时考虑门、雨篷等，加强了竖向索预张力，实际竖向索预张力为 180kN，水平索预张力为 80kN。实际张拉结果与表 5.13-2 中竖直索 134.47kN 和水平索 78.77kN 比较一致（表 5.13-2 进行了简化分析，考虑均匀布置，且尺寸稍有不同）。

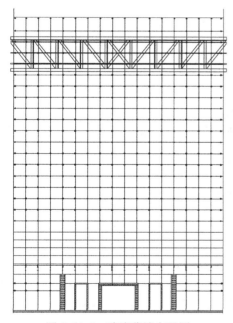

图 5.13-6 玻璃幕墙布置图

图 5.13-7 自平衡索幕墙照片

5.13.2　自平衡式索幕墙

拉索产生的索力全部由立柱承担，结构体系自平衡，对主体结构影响小，适合与加固改造或者边界条件偏弱的结构。自平衡索幕墙照片如图 5.13-8 所示。

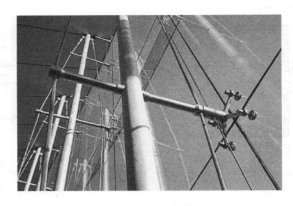

图 5.13-8　自平衡索幕墙照片

　　某工程整体立面索幕墙模型如图 5.13-9 所示,幕墙最高高度 23.45m,自平衡索幕墙间距 3.7m,鱼腹式索桁架最大高度 4m,本工程修正后的风压为 2.05kPa。鱼腹式索桁架采用 $\phi35$ 的不锈钢索,破断力为 1170kN。

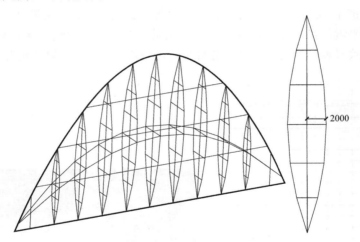

图 5.13-9　索幕墙计算模型

　　在荷载标准值下,索桁架索力变化为:

$$\Delta H_x = \frac{qL^2}{8f_c} = \frac{2.05 \times 3.7 \times 23.45^2}{8 \times 4} = 130.3\text{kN}$$

　　图 5.13-10 给出了自重作用下典型榀钢索索力,索力对称,图 5.13-11 给出了风荷载作用下的索力变化,简化计算结果中间位置对应索力为 363.4kN,与程序计算结果 360.8kN 比较接近。简化计算时为等效水平荷载值,没有考虑索自重及索角度。

　　在最不利工况组合下,拉索设计索力最大值为 431.7kN,拉索设计索力最小值为 36.5kN(图 5.13-12),拉索未松弛。稳定索采用 $\phi12$ 的不锈钢索,在最不利工况组合下,拉索最大设计索力为 39.1kN,最小设计索力为 16.0kN,满足《索结构技术规程》JGJ 257—2012 的要求。

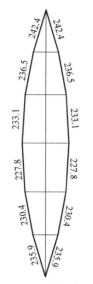

图 5.13-10　自重作用下
典型榀钢索索力（kN）

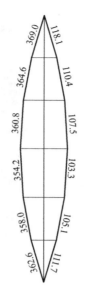

图 5.13-11　风荷载作用下
典型榀钢索索力（kN）

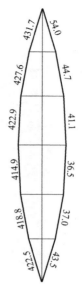

图 5.13-12　最不利工况下
典型榀钢索索力（kN）

5.13.3　东南国际航运中心总部大厦

东南国际航运中心总部大厦 B 座位于厦门市海沧区，建筑功能为办公及商业。地下 2 层，地上 20 层，建筑物总高度为 87.9m，主体选用框架-剪力墙结构体系。中庭外立面幕墙位于北侧 1～17 层（标高 0.000m～71.100m），立面尺寸约为 25.0m×71.1m。幕墙立面以 7 层为分界，7 层楼板标高以下垂直于地面，7 层楼板标高以上向外倾斜，每层向室外偏移 760mm。北立面中庭幕墙尺寸示意图和现场照片如图 5.13-13 和图 5.13-14 所示。

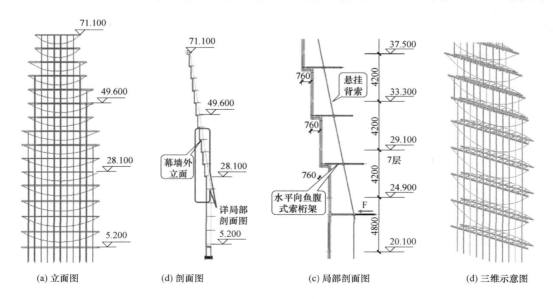

(a) 立面图　　(d) 剖面图　　(c) 局部剖面图　　(d) 三维示意图

图 5.13-13　幕墙尺寸示意图

(a) 室外　　　　　　　　　　　　　　　(b) 室内

图 5.13-14　现场照片

为实现更好的建筑效果，减轻幕墙对主体结构的负担，本项目采用张弦梁与鱼腹式索桁架组合的支撑体系，竖向承重体系为张弦梁结构，水平抗侧结构为自平衡鱼腹式索桁架，张弦梁与鱼腹式索桁架通过竖向龙骨连为一体，以限制竖向承重结构和水平向抗侧结构绕自身中心轴旋转。

典型张弦梁跨度为 25m，矢高为 2.6m，矢跨比为 1/9.6。自平衡鱼腹式索桁架跨度为 22.9m，矢高为 3.4m，矢跨比为 1/7。为减小鱼腹式索桁架主梁在其平面外的计算长度，在鱼腹式索桁架主梁上沿幕墙剖面吊挂背索（图 5.13-13）。背索将鱼腹式索桁架串联在一起，并吊挂在主体结构屋顶钢梁上。张弦梁与鱼腹式索桁架组成的典型结构单元如图 5.13-15 所示。

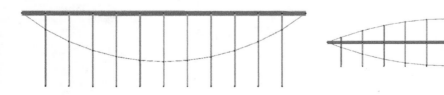

竖向张弦梁结构　　　　　　　　　　　　　　　水平向鱼腹式索桁架

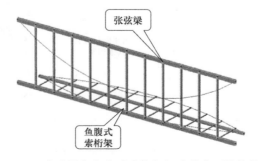

张弦梁

鱼腹式
索桁架

图 5.13-15　张弦梁与鱼腹式索桁架组成的典型结构单元

5.13.4 青岛如意湖商业综合体

青岛如意湖商业综合体项目位于青岛市胶州上合示范区核心区，综合馆建筑总高度为45m，建筑面积约3.45万m²，地下1层，地上2层，局部存在夹层。南侧主入口设通高弧形幕墙，幕墙高26.5~35m不等，长110m。幕墙在平面投影方向呈弧线形布置，弧线矢高11m。综合馆南立面效果和幕墙尺寸示意如图5.13-16和图5.13-17所示。

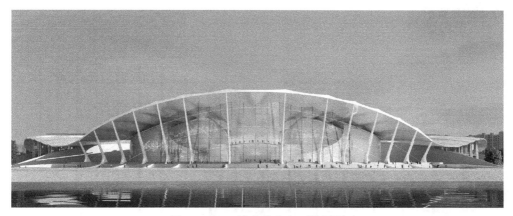

图 5.13-16　综合馆南立面效果图

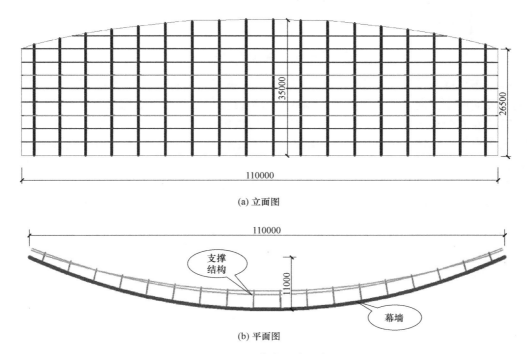

(a) 立面图

(b) 平面图

图 5.13-17　幕墙尺寸示意图

幕墙支撑结构采用马鞍形索网结构，竖向承重索用以承担风压荷载，横向防风索用以抵抗风吸荷载。承重索矢高与跨度的比值按1:9控制，间距6m设置一根，不同位置矢高不尽相同。防风索利用幕墙自身的弧线姿态贴合幕墙内侧设置，矢高与跨度的比值为

1∶10，间距 3m 左右设置一根。利用幕墙自身形态设置的双曲率马鞍形索网幕墙施加到主体结构上的拉力较平面索网幕墙小得多，但随着方案的深化以及主入口建筑造型的调整，南立面跨中区域可支撑屋顶的柱子进一步减少，钢屋盖无法继续承担马鞍形索幕墙竖向承重索的拉力。为减少屋盖主体结构的负担，在竖向承重索对应的位置设置直径为250mm 的钢立柱，并释放钢立柱与屋盖结构之间的竖向约束，用以平衡竖向索的拉力。为防止承重索绕钢立柱转动，分别在 10m 和 20m 高度处设置两道稳定索。幕墙支撑结构如图 5.13-18 所示。

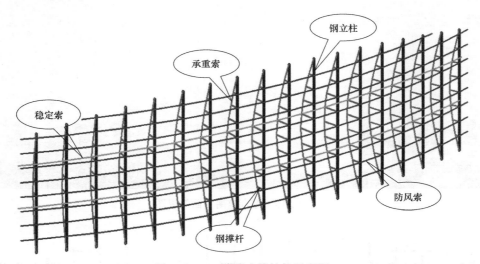

图 5.13-18　幕墙支撑结构示意图

综合馆下部主体结构采用钢框架-支撑体系，屋盖为双向立体桁架结构，桁架分别沿径向和环向两个方向布置，将其中一榀环向桁架设置在幕墙骨架结构正上方与幕墙结构对应。幕墙左右两端头在与水平向防风索对应位置设置钢支撑和水平联系杆，水平索锚固在相应的节点上。幕墙支撑结构与主体结构的关系如图 5.13-19 所示。水平向防风索向内挤压两侧的支撑结构，这与屋顶对应位置拱桁架形成的向外推力正好相反。水平索索力可有效增大对应位置拱桁架刚度，调整屋盖结构的内力分布。将幕墙骨架与主体结构进行合模计算，分析结果表明：考虑水平向索力作用后，屋盖结构受力得到了较为明显的改善。本

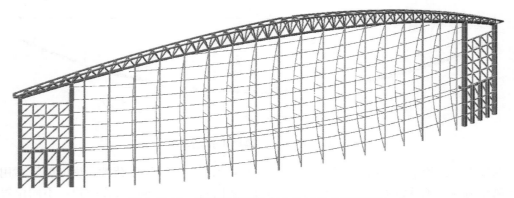

图 5.13-19　幕墙支撑结构与主体结构关系示意图

项目中索幕墙结构未对屋盖结构产生不利影响，反而通过水平向防风索施加索力，改善了屋盖主结构的受力分布，是主体结构与幕墙结构一体化设计的一次成功实践。

施工完成后的现场照片如图 5.13-20 所示，现场效果基本实现设计意图，达到了比较完美的通透效果。

图 5.13-20　现场照片

5.14　索结构的工程实践

5.14.1　中铁青岛世界博览城十字展廊

中铁青岛世界博览城展廊平面呈十字形布置，东西向长 507m，南北向长 287m，最高点标高为 35m。下部主体结构为混凝土框架体系，地上 1 层，局部设置 1 层地下室。十字展廊屋盖结构体系为预应力索拱结构，索拱平面外顺柱面网壳沿纵向利用高强钢拉杆通长设置交叉支撑，以保障索拱面外的稳定。主拱方向跨度为 47.46m，矢高为 28.75m，矢跨比为 1：1.6。次拱方向跨度为 31.56m，矢高为 19.15m，矢跨比为 1：1.6，均属高矢跨比拱形。十字展廊屋顶拱形矢高过大，致使其抗侧刚度明显不足。为改善结构的力学性能，将纯拱、拉索与撑杆合理组合，从而形成索拱结构体系。利用钢索或撑杆提供的支承作用以调整结构内力分布并限制其变形的发展，进而有效地提高屋盖结构的刚度和稳定性。项目整体实景图、十字展廊内部实景图和索拱结构组成示意图分别如图 5.14-1、图 5.14-2 和图 5.14-3 所示。在后面案例分析中，会有专门分析。

5.14.2　上海临港新城日月桥

本工程坐落于上海南汇区临港二环城市公园带内，桥面由两个相连的主副桥互相倚靠相切而成，二者在顶部交汇贯通。主桥桥型在平面上呈弧线形布置，桥长 120m，弧线矢高接近 12.0m，桥宽为 6m。主桥桥体结构采用单边支撑的索承桥体系，桥体主要依靠弧形桥面外侧的若干斜柱支撑。桥面内侧每隔 4m 左右设置一根撑杆，撑杆底部设置环索贯穿整个桥体。副桥为拱桥，矢高为 6.7m，跨度为 59m，桥宽为 3.2m。项目实景如图 5.14-4、图 5.14-5 所示。

图 5.14-1　整体实景图

图 5.14-2　展廊内部实景图

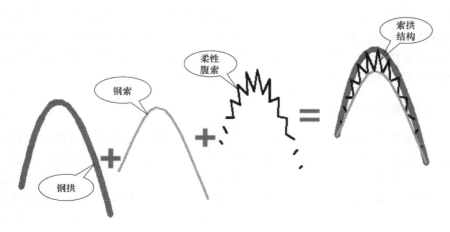

图 5.14-3　索拱结构组成示意图

图 5.14-4　日月桥实景图一

图 5.14-5　日月桥
实景图二

　　直线形板带需要两端各有一排铰支座或一排固定支座才能保持稳定，但弧线形板带只需要沿着一条边有一排铰接支座，就不会倾覆（图 5.14-6），本项目便是运用了此原理得以实现。在圆弧形桥面板外侧设置一排铰支座，均布荷载 p 在支座位置产生的端弯矩可分解为桥面板上边缘沿径向指向圆心方向的均布拉力和桥面板下边缘沿径向指向圆心反方向的均布压力，上下边缘的内力作用在圆弧形的桥面板上便转换为上边缘的压力环和下边缘的拉力环，因此上下反号的压力环和拉力环是形成单边支撑结构抗倾覆力矩的关键所在。日月桥桥面结构采用异形截面的箱形钢梁，上下边缘（翼缘）的压力环和拉力环可通过箱形梁的腹板得以平衡。桥面内侧的环向索杆体系通过环索张拉使得径向索产生指向圆心方向的拉力，此作用力施加在箱形主梁底部，使得桥面结构产生绕铰支支撑点向上转动的趋势，对抵抗桥面倾覆调节桥面的转动也起到了一定的作用（图 5.14-7）。人行荷载工况作用下桥面主体结构位移如图 5.14-8 所示。

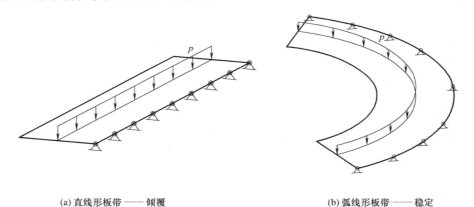

(a) 直线形板带 —— 倾覆　　　　　　　　(b) 弧线形板带 —— 稳定

图 5.14-6　板带稳定性分析图

5.14.3　乌兹别克斯坦某会议中心

　　项目位于乌兹别克斯坦撒马尔罕市，紧邻撒马尔罕古城。会议中心建筑面积 2.8 万 m^2，结构高度 30m。其造型采用"蒙古包"造型，由菱形网格环向组成。剖面轮廓近似

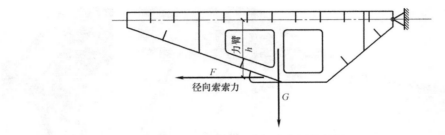

图 5.14-7　钢索作用分析图

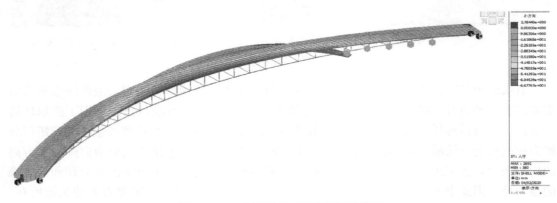

图 5.14-8　人行荷载工况作用下位移图

双曲抛物面。屋盖采用单层索网结构，屋面采用 ETFE 气枕膜，下部结构采用钢框架，基础采用桩基。外圈采用 44 榀径向人字形钢柱，柱高 12m。正常使用状态下柱顶环梁以轴向受力为主，采用圆钢管混凝土构件，直径约 1.2m。

附加恒荷载 $0.5kN/m^2$（考虑建筑可能吊挂荷载等），自重系数 1.1；活荷载 $0.5kN/m^2$，雪荷载 $0.6kN/m^2$，风吸力 $1.5kN/m^2$；不均匀积雪系数参考《建筑结构荷载规范》GB 50009—2012 表 7.2.1。

屋面几何构成步骤如下：

（1）内环、外环同心圆布置；

（2）内外环 48 等分；

（3）各内环等分点顺时针错开三格与外环等分点连接；

（4）各内环等份点逆时针错开三格与外环等分点连接；

（5）由以上两步径向线形成菱形网格；

（6）设置环向索以增加结构竖向刚度。

图 5.14-9 为三维效果图，图 5.14-10 为典型东西向剖面图。

为满足建筑菱形元素表达需要，采用顺时针与逆时针网格交叉布置，以直线形索（零状态）构成曲面网格。内外环高差 18m，结构单层壳体可利用此高差形成较大竖向刚度；建筑形体为正圆形，且内外环为同心圆，可利用环形构件轴向刚度较大的特点为索网提供刚性边界；44 榀径向人字形钢柱为结构提供较大的抗侧刚度，可有效抵抗高烈度区的地震作用和风荷载。四个主入口拔掉四榀人字形钢柱，环形构件竖向刚度不均匀，不利于结构均匀变形。顺时针与逆时针径向索互为支撑，增加索网竖向刚度，有利于竖向变形控制。

图 5.14-9　三维效果图

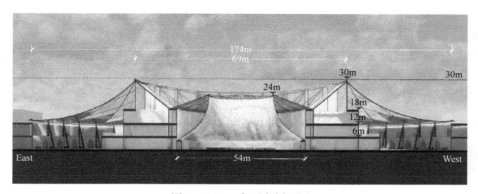

图 5.14-10　东西向剖面图

5.14.3.1　找形分析

采用非线性有限元法进行初始找形，并根据变形控制准则调整环向索的轴力以控制竖向风吸力作用下的变形。

图 5.14-11 为菱形网格，图 5.14-12 为菱形网格＋环向索，在不加环向索的时候均为平面索系，这种形状的索变形很大，并且不满足建筑要求。

设置环向稳定索不仅为了抵抗风吸力的作用，通过对体系施加预应力，使承重索和稳定索始终保持足够大的张紧力，保证整个体系的稳定性，增强整个体系的刚度。

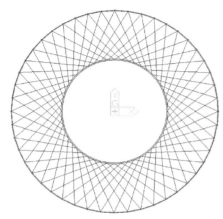

图 5.14-11　菱形网格

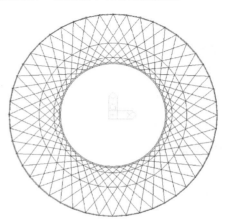

图 5.14-12　菱形网格＋环向索

环索由外到内轴力比值为 2∶1.5∶1。径向索初始内力为 1600～3000kN，环向索初始内力为 4000～8000kN。

找形步骤如下：

（1）基于初始态，计算自重下径向索、环向索拉力；

（2）以径向索为主动索，对初始态模型进行非线性张拉分析，如第（1）步变形满足则采用第（1）步求得索力，否则增加索力，寻找满足变形要求的最小索力；

（3）将整体结构张拉分析变形反向加到初始态模型，得到模型 A；

（4）对模型 A 进行非线性张拉分析，得到变形后的几何形态；

（5）将变形后的几何形态与初始态各节点坐标差值，反向加到模型 A，得到模型 B；

（6）重复（4）、（5）；

（7）模型张拉后几何形态与初始态差值小于限值时，终止迭代。

5.14.3.2 结构变形

结构整体形态为下凹形，屋面活荷载作用下索拉力增加，索网几何刚度增加；风吸力作用下索拉力减小，索网几何刚度减小。风吸为索网几何刚度的控制工况。如图 5.14-13～图 5.14-16 所示，通过合理调整索内力，可满足《索结构技术规程》JGJ 257—2012 中 1/250 的变形限制要求。

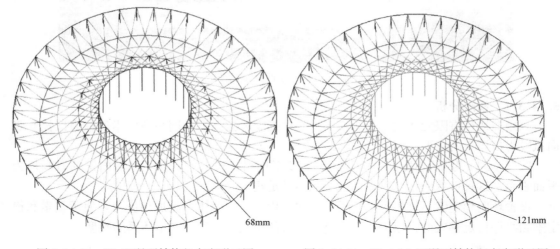

68mm

121mm

图 5.14-13　DL 工况下结构竖向变形云图　　图 5.14-14　DL＋LL 工况下结构竖向变形云图

根据计算得出，1.3DL＋1.5LL 工况下径向索拉力 2800kN，对应外环梁压力约 38000kN，内环梁拉力约 8500kN，外环梁采用直径 1.2m 圆钢管混凝土截面，钢材 Q390C 材质，壁厚 80mm，内灌 C50 混凝土。计算长度 22m 对应轴压承载力约 95000kN，可满足承载力要求。

本项目采用"蒙古包"造型，外轮廓尺寸 174m，内部开口尺寸 89m，屋面高差 18m。采用单层索网结构，外环梁采用受压圆钢管混凝土构件，内环梁采用受拉圆钢管，形成水平向自平衡体系。创新性地采用直线形索构成曲面网格，48 根顺时针径向索与 48 根逆时针径向索形编织成菱形网格，网格间采用气枕膜，以结构形态、网格表现地域特色建筑元素。对索网结构关键问题进行分析，通过合理的结构方案构造出了形态优美的地标性建筑。

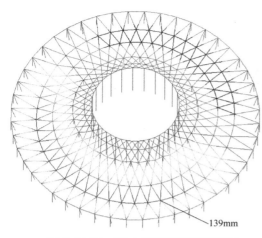

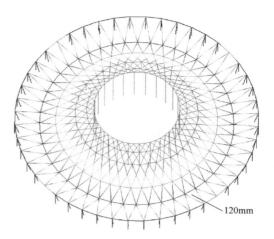

图 5.14-15　DL＋半跨活荷载工况下结构竖向变形云图

图 5.14-16　DL＋风吸工况下结构竖向变形云图

参 考 文 献

[1] 李森，丁伟伦，任庆英，等. 玉环图书馆与博物馆结构设计 [J]. 建筑结构，2021，51（20）：12-19.

[2] TAVARES A，VIEIRA R. EXPO'98 Portuguese national pavilion a large use of light weight structural concrete ［R/OL］．［2022-12-13］http：//sta-eng. com/DOCUMENTOS/ARTIGOS/99. 05％20USE％20LWC％20EXPO98 _ ERMCO. pdf.

[3] 沈世钊，徐崇宝. 吉林滑冰馆预应力双层悬索屋盖 [J]. 建筑结构学报，1986（06）：1-12.

[4] 肖炽. 空间结构设计与施工 [M]. 南京：东南大学出版社，1993.

[5] 张士昌，徐晓明，高峰. 苏州奥体中心游泳馆钢屋盖结构设计 [J]. 建筑结构，2019，49（23）：15-20.

[6] 徐晓明，张士昌，高峰，等. 苏州奥体中心体育场钢屋盖结构设计 [J]. 建筑结构，2019，49（23）：1-6.

[7] 孙文波，陈伟，陈汉翔，等. 深圳宝安体育场屋盖轮辐式索膜结构设计 [J]. 建筑结构，2011，41（10）：47-49＋75.

[8] 盛平，柯长华，徐福江，等. 北京工人体育馆抗震加固 [J]. 建筑结构，2008（01）：50-53＋62.

[9] 汪大绥，张富林，高承勇，等. 上海浦东国际机场（一期工程）航站楼钢结构研究与设计 [J]. 建筑结构学报，1999（02）：2-8.

[10] 高振锋，卞耀洪，吴轶. 上海浦东国际机场二期主楼钢结构内应力和变形施工控制方法 [J]. 施工技术编辑部，2008，37：213-216.

[11] 陈荣毅，董石麟. 广州国际会议展览中心展览大厅钢屋盖设计 [J]. 空间结构，2002（03）：29-34.

[12] 庄学臻. 厦门国际会展中心二期张弦梁结构应用与实践 [J]. 福建建设科技，2014（01）：28-30.

[13] 梅洪元. 哈尔滨国际会展体育中心设计 [J]. 建筑创作，2009（04）：122-131.

[14] 张志宏，傅学怡，董石麟，等. 济南奥体中心体育馆弦支穹顶结构设计 [J]. 空间结构，2008，14（04）：8-13.

[15] 董华，张义，曹鸿猷. 高强钢板带人行桥结构分析与施工技术 [J]. 世界桥梁，2022，50（04）：68-74.

6 多高层钢结构设计

《钢结构设计标准》GB 50017—2017 中多高层钢结构体系分类如表 6-1 所示。

多高层钢结构常用体系 表 6-1

结构体系		支撑、墙体和筒形式
框架		
支撑结构	中心支撑	普通钢支撑、屈曲约束支撑
框架-支撑	中心支撑	普通钢支撑、屈曲约束支撑
	偏心支撑	普通钢支撑
框架-剪力墙板		钢板墙、延性墙板
筒体结构	筒体	普通桁架筒 密柱深梁筒 斜交网格筒 剪力墙板筒
	框架-筒体	
	筒中筒	
	束筒	
巨型结构	巨型框架	
	巨型框架-支撑	

结构布置应符合下列原则：

（1）建筑平面宜简单、规则，结构平面布置宜对称，水平荷载的合力作用线宜接近抗侧力结构的刚度中心；高层钢结构两个主轴方向动力特性宜相近。

（2）结构竖向体型宜规则、均匀，结构竖向布置宜使侧向刚度和受剪承载力沿竖向均匀变化。

（3）高层建筑不应采用单跨框架结构，多层建筑不宜采用单跨框架结构。

（4）高层钢结构宜选用风压和横风向振动效应较小的建筑体型，并应考虑相邻高层建筑对风荷载的影响。

（5）支撑布置在平面上宜均匀、分散，沿竖向宜连续布置，设置地下室时，支撑应延伸至基础或在地下室相应位置设置剪力墙。支撑无法连续时应适当增加错开支撑并加强错开支撑之间的上下楼层水平刚度。

在满足建筑及工艺需求的前提下，应综合考虑结构合理性、环境条件、节约投资和资源、材料供应、制作安装便利性等因素，钢结构的布置应符合下列规定：

1）应具备竖向和水平荷载传递途径；

2）应满足刚度、承载力、结构整体稳定性和构件稳定性的要求；

3）应具有冗余度，避免因部分结构或构件破坏导致整个结构体系丧失承载能力；

4）隔墙、外围护等宜采用轻质材料。

施工过程对主体结构的受力和变形有较大影响时，应进行施工阶段验算。

6.1　钢框架结构

6.1.1　概述

钢框架结构位移角限值和位移比限值容易满足，但由于其整体抗扭刚度较小，当体型较为规则时周期比反而较难满足0.9的限值。可通过适当加高或加宽边框梁的方式，增大结构的整体抗扭刚度，从而减小周期比。

受到建筑功能影响，首二层层高通常较大。由于结构往往在正负零进行嵌固，首层钢柱长细比通常不会出现问题，但二层钢柱长细比容易不满足要求。此时在满足承载力及构造要求的前提下，可采用适当减薄钢柱壁厚（增大截面回转半径）、增加二层钢柱柱顶和柱底位置钢梁截面（增大梁柱线刚度比值）的方式进行调节。如仍无法满足，可考虑最直接的方式——增大钢柱截面或采用直接分析法。

在常规柱网以外，楼梯间四角设置钢柱时，由于其受荷面积较小，通常采用比正常框架柱偏小的截面即可满足承载力要求。此时，常规柱网框架柱和楼梯四角柱间距离通常小于柱跨，其间框架梁截面如果选取与正常柱跨框架梁一致，往往会出现无法满足强柱弱梁的情况［《建筑抗震设计规范》GB 50011—2010（2016年版）第8.2.5条］，可适当减小框架钢梁截面高度，来调节梁柱受弯承载力的相对关系。如因减小钢梁截面高度，承载力无法满足要求，可适当加宽钢梁翼缘。

当在钢梁上起钢柱时，应在钢柱对应位置，垂直于钢梁方向设置次梁，并与主钢梁进行刚性连接，条件具备时应在钢柱两侧对称布置，用以抵抗钢柱柱底的面外弯矩，防止主钢梁受扭。

6.1.2　隅撑

钢梁上翼缘有楼板时，不会发生侧向弯扭失稳，但可能发生受压下翼缘的侧向失稳，这是一种畸变屈曲。

为了解决框架梁下翼缘受压稳定问题，我们通常会在框架梁根部设置隅撑或横向加劲肋。当悬挑梁跨度较大时（大于2.5m），在悬挑梁根部也应设置隅撑或横向加劲肋。

支座承担负弯矩且梁顶有混凝土楼板时，框架梁下翼缘的稳定性计算应符合下列规定：

（1）当 $\lambda_{n,b} \leqslant 0.45$ 时，可不计算框架梁下翼缘的稳定性；

（2）当不满足第（1）款时，应对框架梁下翼缘的稳定性进行复核；

（3）当不满足第（1）款且按第（2）款复核不满足要求时，在侧向未受约束的受压翼缘区段内，应设置隅撑（图6.1-1）或沿梁长设间距不大于2倍梁高并与梁等宽的横向加劲肋（图6.1-2）。

157

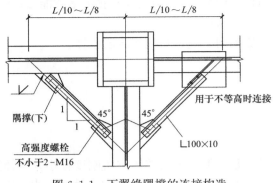

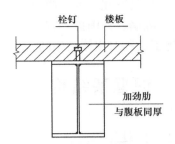

图 6.1-1 下翼缘隔撑的连接构造　　　　图 6.1-2 下翼缘加劲肋的连接构造

6.1.3　钢框架柱下插

箱形柱下插，一般采用十字形柱与箱形柱过渡（图 6.1-3），十字形柱的腹板应伸入箱形柱内，其伸入长度不应小于钢柱截面高度加 200mm。与上部钢结构相连的钢骨混凝土柱，沿其全高应设栓钉，栓钉间距和列距在过渡段内宜采用 150mm，最大不得超过 200mm；在过渡段外不应大于 300mm。

《组合结构设计规范》JGJ 138—2016 第 6.1.4 条规定：型钢混凝土框架柱和转换柱最外层纵向受力钢筋的混凝土保护层最小厚度应符合现行国家标准《混凝土结构设计规范》GB 50010 的规定。型钢的混凝土保护层最小厚度不宜小于 200mm，如图 6.1-4 所示。设计也有采用 150mm 的情况，考虑钢骨及梁柱钢筋施工难度，一般建议不宜小于 200mm。

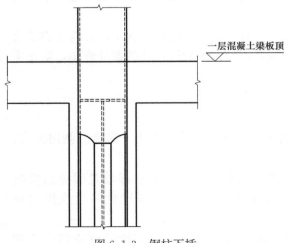

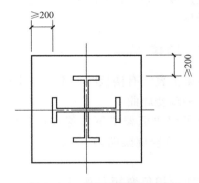

图 6.1-3　钢柱下插　　　　　　　　图 6.1-4　型钢梁混凝土厚度

地下室钢柱外包混凝土后，柱截面增大，通常对车位设置有影响。按照钢柱外包 200mm 厚混凝土计算，如地上钢柱宽度 600mm，则地下柱截面宽度将变为 1000mm。采用 8400mm 柱网时，柱网间净尺寸 7400mm，可以布置 3 排停车位（2400mm×3＝7200mm），已经比较紧张，一般车位尺寸 2500mm 更合适。

采用相同柱截面尺寸时，若采用 8100mm 柱网，则无法布置 3 排车位（净尺寸

7100mm）。此类问题可结合地上建筑功能及地下车位方向，采用矩形截面钢柱进行解决，如采用 500mm×700mm 钢柱代替 600mm×600mm，外包后钢柱宽度 900mm，此时柱网净尺寸仍可保证 7200mm。但通常 7200mm 已到三排车停放极限，建议在可能情况下多预留。

电梯井道宜尽量在跨中布置，如需贴近框架柱布置，应注意避让一定尺寸，即避让出钢柱地下外包混凝土厚度。通常应该预留 200mm，以保证电梯井道地上、地下对应。部分工程没有考虑预留，也有电梯周边钢柱下插到地下室的情况，但这种情况会带来防腐及连接等问题，一般不建议采用。

在多层地下室设计中，一般 B1 层是商业或者其他用房，不停车，此时可考虑 B1 层型钢混凝土柱截面大一些，然后到 B2 再减小，如图 6.1-5 所示。如果 B1 层停车，工程中也有考虑在 B1 层做变截面柱形式，如图 6.1-6 所示，在停车要求的高度以上（如 2200mm）进行变截面处理。

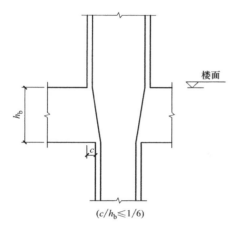

图 6.1-5　B1 层楼面柱上大下小示意

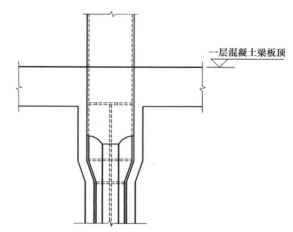

图 6.1-6　型钢混凝土柱同层变截面

6.1.4　首层钢筋连接

《组合结构设计规范》JGJ 138—2016 第 5.1.3 条规定：型钢混凝土框架梁和转换梁最外层钢筋的混凝土保护层最小厚度应符合现行国家标准《混凝土结构设计规范》GB 50010 的规定。型钢的混凝土保护层最小厚度不宜小于 100mm，如图 6.1-7 所示，且梁内型钢翼缘离两侧边距离 b_1、b_2 之和不宜小于截面宽度的 1/3。

钢结构柱往下延伸后，带来一个最主要的问题：首层混凝土梁和型钢混凝土柱的连接问题。混凝土梁的钢筋与型钢混凝土柱的连接方式主要有两种：（1）采用变截面钢梁，与钢筋一二排焊接，如图 6.1-8 所示；（2）采用钢板或者钢筋连接器与钢筋连接，如图 6.1-9 所示。

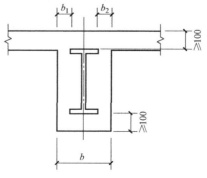

图 6.1-7　型钢梁混凝土厚度

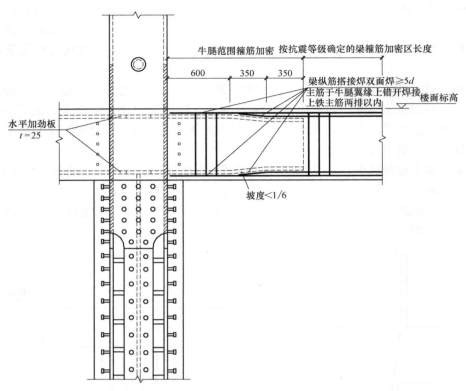

图 6.1-8　混凝土梁钢筋与型钢混凝土柱的连接方式（一）

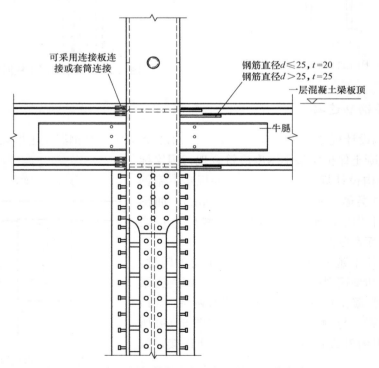

图 6.1-9　混凝土梁钢筋与型钢混凝土柱的连接方式（二）

6.2 钢框架-中心支撑

6.2.1 钢框架-中心支撑

支撑应满足面内面外两方向长细比及整体稳定的要求，一般采用 H 形钢梁截面。当 H 形截面弱轴方向无法满足要求时，也采用箱形截面，但箱形截面与柱连接等比较麻烦。在满足面外长细比及整体稳定的情况下，支撑宜尽量做窄，以较好地满足建筑功能要求。

当强度满足要求，但长细比或稳定应力无法满足时，可考虑适当减小支撑壁厚（增加回转半径）或采用较低牌号的钢材，如将 Q355 替换为 Q235。当软件中定义结构体系为钢框架-支撑结构时，应注意对默认的 $0.2V_0$ 调整参数进行修改。对于钢框架-支撑结构，此参数应为 min（$0.25V_0$，$1.8V_{fmax}$）。

当主体结构有性能化设计要求时，中、大震条件下普通支撑稳定应力通常无法满足设计要求，此时建议采用屈曲约束支撑（BRB）替换普通支撑。BRB 在小震下通常不屈服，提供刚度；在中、大震条件下屈服耗能。

6.2.2 支撑和砌体填充墙的关系

填充墙与支撑在同一平面内，填充墙砌筑于支撑和梁柱间形成的三角形区域。如不采取任何措施，填充墙在梁柱和支撑间充满，将影响支撑的变形能力。尤其对于屈曲约束支撑（BRB），不应采用填充墙将其和梁柱空隙填满，不应将梯梁梯柱、圈梁构造柱与之相连，应尽量使填充墙位于 BRB 侧面。如果发生共面（图 6.2-2b），就要采取措施，避免直接连接，如图 6.2-1 所示。

填充墙布置于支撑侧面，此类布置方式做法简单，填充墙和支撑相互独立，受力明确，但会损失一定的建筑使用面积，如图 6.2-2（a）所示。

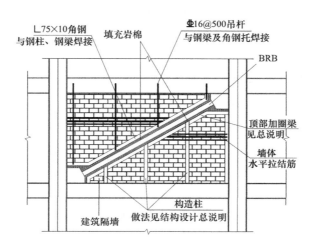

(a) BRB 与建筑隔墙连接示意图一

图 6.2-1　BRB 与建筑隔墙连接（一）

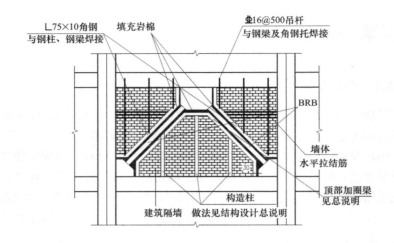

(b) BRB与建筑隔墙连接示意图二

图 6.2-1　BRB与建筑隔墙连接（二）

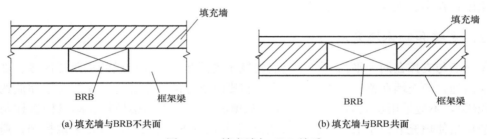

(a) 填充墙与BRB不共面 　　　　　　　　　　(b) 填充墙与BRB共面

图 6.2-2　填充墙与 BRB 关系

　　支撑沿建筑周边布置效率最高，但通常受限于建筑立面要求，只能沿着交通核进行布置，即楼电梯间周边。但在楼电梯间周边布置也会存在相应问题，例如无论是楼梯间的梯梁、梯柱，还是电梯间的圈梁构造柱，都有可能和支撑发生冲突，如发生则需要采取吊柱等措施。

6.3　钢框架-偏心支撑

6.3.1　偏心支撑立面布置

　　钢框架-偏心支撑体系在弹性阶段的抗侧刚度比中心支撑框架小，经合理设计的偏心支撑框架可实现大震作用下塑性变形控制在消能梁段内，支撑不屈曲，非消能梁段和除底层柱根以外的柱截面不屈服，具有较好的延性和耗能能力。常用的偏心支撑形式如图 6.3-1 所示，设计时可综合建筑门窗洞口布局、底层嵌固部位之下的约束条件确定支撑布置形式。

　　为确保支撑体系的抗侧力效率，便于节点连接构造，支撑与梁轴线的夹角宜控制在30°~60°之间。支撑与梁轴线的交点，应位于消能梁段的端部或在消能梁段内；当交点位于消能梁段以外时，将对支撑和消能梁段产生附加弯矩，对抗震性能不利，不应采用。与

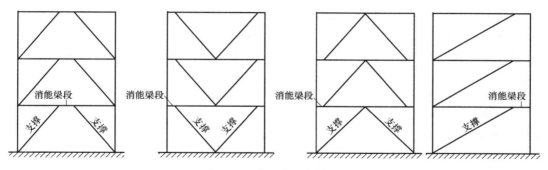

图 6.3-1　常用偏心支撑形式

中心支撑体系类似，为确保支撑承担的地震剪力可靠传递，当建筑设有地下室时，支撑构件应延伸至基础。对于一般项目，地上的钢框架柱延伸至地下时转换为钢骨混凝土柱，此时可在支撑跨内设置钢筋混凝土剪力墙，剪力墙需按框架-剪力墙体系确定抗震等级。

6.3.2　消能梁段设计要点

钢框架-偏心支撑体系中，消能梁段在设防及罕遇地震作用下是最主要的耗能构件。已有的研究显示消能梁段的塑性耗能及变形能力与梁段长度及相关抗震构造密切相关。当消能梁段较短时，其塑性变形为腹板剪切屈服后产生的剪切变形，此屈服模式的滞回曲线饱满，耗能能力较强。当消能梁段较长时，其塑性变形主要为翼缘板件达到拉压屈服后产生的弯曲变形，弯曲屈服模式的滞回曲线不及剪切屈服饱满，耗能能力相对较弱。为保证偏心支撑框架具有良好的滞回耗能能力，建议消能梁段设计为剪切屈服型。

《建筑抗震设计规范》GB 50011—2010（2016 年版）和《高层民用建筑钢结构技术规程》JGJ 99—2015 中均以净长 a 是否小于 $1.6M_{lp}/V_l$ 来判定消能梁段剪切屈服模式，其中 M_{lp} 和 V_l 分别为消能梁段全塑性受弯和受剪承载力。在常规的设计条件下，腹板通常选用 Q355 或 Q235 等级的板材，为实现腹板剪切屈服机制，可采用高强度厚翼缘和低强度薄腹板的焊接组合截面形式。在具备条件时，也可选用《建筑用低屈服强度钢板》GB/T 28905—2022 中的 LY225 钢材作为腹板材料，该牌号的钢材屈服强度实测值离散性较常规的低合金结构钢或建筑结构钢小，可确保腹板实际受剪承载力不至于过高，剪切屈服机制易于实现，并且其断后伸长率可达 40% 左右，具有优异的塑性变形能力。

实现腹板剪切屈服机制的另一种途径是适当减小消能梁段净长 a。需注意的是，如消能梁段净长 a 过短，容易因大震作用下梁段塑性转角过大而导致破坏，设计时有必要根据弹塑性分析结果加以验证。进行结构弹塑性分析时，由于常规的有限元程序中多采用纤维梁单元或集中塑性铰单元模拟钢梁，无法准确体现梁腹板剪切屈服的非线性行为，因此剪切屈服型消能梁段不应简单采用程序自带的梁单元模拟。根据钢材剪切屈服的滞回特征，可将消能梁段简化为两节点连接单元，腹板平面内的剪切自由度可按 Bouc-Wen 模型或典型的双折线模型模拟，其余自由度可按弹性考虑。依据文献 [1] 中汇总的不同屈服类型消能梁段塑性转角统计情况，长度 $a \leqslant 1.6M_{lp}/V_l$ 的剪切屈服型消能梁段极限塑性转角可取为 0.08rad，并以此作为大震弹塑性分析中消能梁段的破坏准则。

长度 $a > 1.6M_{lp}/V_l$ 的弯曲屈服型消能梁段若用于与柱的连接，在往复荷载作用下，翼缘板件与柱的焊缝易率先断裂，无法充分发挥消能梁段的塑性耗能能力，故仅适用于框架的跨中。

消能梁段在地震作用时产生较大的塑性变形，为保证良好的变形能力和滞回性能，设计时应注重加劲肋等抗震构造设计措施，确保消能梁段实现预期的屈服耗能机制。图 6.3-2 所示为典型的消能梁段加劲肋构造设计，具体包括：

（1）消能梁段与支撑斜杆连接部位设置与消能梁段腹板等高的双侧加劲肋，以增加截面的抗扭刚度并防止梁腹板局部屈曲，一侧加劲肋宽度不小于（$b_f/2-t_w$），厚度不小于 $0.75t_w$ 和 10mm 的较大值。

（2）消能梁段腹板的中间加劲肋根据消能梁段长度确定，长度较短的剪切屈服型消能梁段加劲肋间距应小一些，避免腹板过早发生局部屈曲；长度较长的弯曲屈服型消能梁段加劲肋间距可以大一些，具体而言：当 $a\leqslant1.6M_{lp}/V_l$ 时，间距不大于（$30t_w-h/5$）；当 $2.6M_{lp}/V_l<a\leqslant5M_{lp}/V_l$ 时，在距消能梁段端部 $1.5b_f$ 处设置中间加劲肋，且间距不大于（$52t_w-h/5$）；当 $1.6M_{lp}/V_l<a\leqslant2.6M_{lp}/V_l$ 时，间距按前述两者线性插值；$a>5M_{lp}/V_l$ 时，可不设置中间加劲肋。中间加劲肋与消能梁段腹板等高，当消能梁段腹板高度≤640mm 时，可设置单侧加劲肋；消能梁段腹板高度>640mm 时，设置双侧加劲肋，一侧加劲肋宽度不小于（$b_f/2-t_w$），厚度不小于 t_w 和 10mm 的较大值。

（3）加劲肋与消能梁段的腹板和翼缘之间可采用角焊缝连接；腹板的角焊缝受拉承载力不应小于 fA_{st}，连接翼缘的角焊缝受拉承载力不应小于 $fA_{st}/4$，其中 A_{st} 为加劲肋的横截面面积。应注意的是，角焊缝的焊脚尺寸满足适宜的承载力储备即可，不宜过大，以避免焊脚热效应导致板件塑性变形能力急剧降低；还应特别注意加劲肋过焊孔构造，避免因板件间的三向焊缝交汇导致大变形时焊缝过早撕裂。

（4）为避免消能梁段在塑性变形时发生失稳，应根据梁侧的实际支撑条件，采取增设翼缘隅撑的构造措施；消能梁段两端与支撑连接处上下翼缘应设置侧向支撑，支撑的轴力设计值不小于消能梁段翼缘轴向承载力设计值的 6%，即 $0.06f_yb_ft_f$。

（5）消能梁段腹板不应开孔、贴板补强。

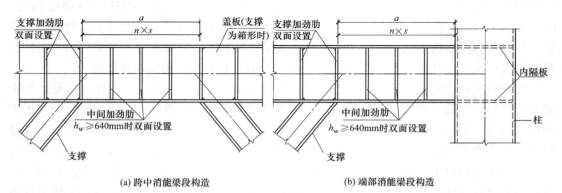

(a) 跨中消能梁段构造　　　　　　　(b) 端部消能梁段构造

图 6.3-2　消能梁段加劲肋构造示意图

6.3.3　支撑、非消能梁段设计要点

偏心支撑框架的抗震设防目标是强柱、强支撑、强梁（非消能梁段）、弱消能梁段，

柱、支撑、梁的承载力应在消能梁段达到受剪承载力时对应内力的基础上考虑相应的增大系数 η_c、η_{br}、η_b，各系数取值由规范要求的抗震等级确定。偏心支撑的轴向承载力受稳定控制，其稳定系数 φ 由支撑的长细比按轴心受压构件确定，且支撑的长细比不应超过 $120\varepsilon_k$，支撑板件的宽厚比不应大于现行《钢结构设计标准》GB 50017—2017 对轴压构件在弹性设计时的宽厚比限值要求。

与偏心支撑消能梁段处于同一跨内的非消能梁段，同时承受较大的轴力和弯矩，不满足压弯稳定性要求的非消能梁段上下翼缘应设置侧向支撑，支撑的轴力设计值不小于梁翼缘轴向承载力设计值的 2%，即 $0.02fb_ft_f$。实际工程中可通过合理调节次梁的布置，利用次梁作为有效的侧向支撑，并选用如图 6.3-3 所示的两种侧向支撑构造。当次梁截面高度小于非消能梁段截面高度一半时，仅考虑其对非消能梁段上翼缘的侧向约束作用，并另设角钢隔撑约束下翼缘，隔撑轴力设计值应不小于 $0.02fb_ft_f/\sin\alpha$。

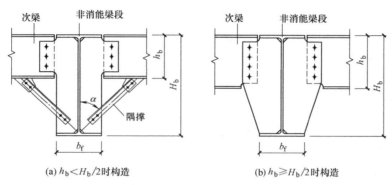

(a) $h_b < H_b/2$ 时构造　　　　　　(b) $h_b \geqslant H_b/2$ 时构造

图 6.3-3　非消能梁段侧向支撑常用构造

6.4　钢与混凝土组合梁

6.4.1　简介

钢与混凝土组合梁在建筑上的使用越来越广泛，组合梁是把钢梁与现浇钢筋混凝土板通过抗剪连接件结合成一个整体并共同工作的整体受力梁（图 6.4-1）。抗剪键阻止接触面处的相对滑移，提高了结构承载力。

组合梁与非组合梁最大的区别就是混凝土板是否作为梁翼缘的一部分（图 6.4-2）。组合梁的优点主要是钢梁受拉，混凝土板受压，充分发挥了这两种材料的特性。

组合梁结构中翼缘板较宽，能够有效抵抗梁的侧向失稳，提高了梁的稳定性，改善了钢梁受压区的受力状态。组合梁的受力特点如下：

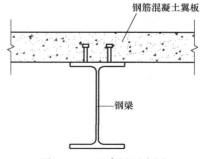

图 6.4-1　组合梁示意图

（1）组合梁充分利用混凝土的受压性能和钢材的受拉性能，与不考虑组合作用相比用

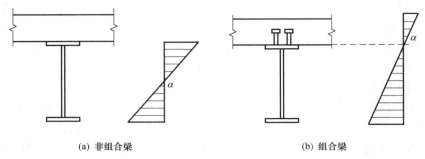

(a) 非组合梁   (b) 组合梁

图 6.4-2 非组合梁与组合梁截面应力分析

钢量减少明显。

（2）混凝土板与钢梁共同承受荷载，梁刚度变大，可减小梁截面高度，从而减小结构高度。

（3）截面刚度增大，梁挠度减小，梁自振频率提高。

（4）施工过程中钢梁可作为混凝土板的支撑，节约支模，加快施工进度。

组合梁主要用在次梁，次梁承受楼面荷载，是非抗侧力构件，但在钢结构中次梁用钢量占总用钢量比例可达 20％～30％，优化钢结构次梁对提高钢结构经济性效果明显。

6.4.2 计算对比

以最常见的 9m×9m 柱网为例，柱网布置两道次梁，次梁间距 3m，楼板混凝土强度等级为 C30，楼板厚度 120mm、150mm，选择工程中常用热轧及焊接钢梁截面，如表 6.4-1 所示，按照《钢结构设计标准》GB 50017—2017，计算组合梁的抗弯承载力 M 与弯曲刚度 B，计算结果如表 6.4-2 所示。

组合梁计算参数表（钢梁材质：Q355）　　　　　　　　　表 6.4-1

钢梁截面	尺寸*（mm） $H×B×t_1×t_2$	重量 （kg/m）	板混凝土 强度等级	板厚度 （mm）
HM300×200	294×200×8×12	57.3	C30	120 150
HN400×200	400×200×8×13	66.0		
HN450×200	450×200×9×14	76.5		
HN500×200	500×200×10×16	89.6		
HM488×300	488×300×11×18	115		
HN600×200	600×200×11×17	106		
HM588×300	588×300×12×20	151		
HN692×300	692×300×13×20	166		
HN700×300	700×300×13×24	185		
HN792×300	792×300×14×22	191		

* 计算对比时采用表格尺寸对比分析，与热轧钢数据稍有区别。

抗弯承载力和弯曲刚度计算结果 [M：kN·m, B（准永久）：$\times 10^{14}$ N·mm^2]　　表 6.4-2

钢梁截面	H 形钢梁		120mm 厚 组合梁				150mm 厚 组合梁			
	M	B	M	倍数	B	倍数	M	倍数	B	倍数
HM300×200	237	0.22	514	2.17	0.72	3.27	577	2.43	0.86	3.91
HN400×200	368	0.47	727	1.98	1.29	2.74	802	2.18	1.48	3.15
HN450×200	459	0.66	893	1.95	1.72	2.61	979	2.13	1.94	2.94
HN500×200	590	0.95	1117	1.89	2.30	2.42	1218	2.06	2.57	2.71
HM488×300	865	1.40	1449	1.68	2.96	2.11	1589	1.84	3.30	2.36
HN600×200	768	1.53	1442	1.88	3.49	2.28	1557	2.03	3.86	2.52
HM588×300	1194	2.33	1930	1.62	4.57	1.96	2094	1.75	5.02	2.15
HN692×300	1482	3.41	2407	1.62	6.44	1.89	2584	1.74	7.01	2.06
HN700×300	1722	4.01	2675	1.55	7.20	1.80	2861	1.66	7.82	1.95
HN792×300	1913	5.04	3076	1.61	9.03	1.79	3263	1.71	9.76	1.94

注：H 形钢梁计算弯矩时考虑塑性发展系数 1.05。

从计算结果可以看出，板厚 120mm 时，组合梁抗弯承载力是普通 H 形钢梁的 1.55～2.17 倍，弯曲刚度是 1.79～3.27 倍；板厚 150mm 时，组合梁抗弯承载力是普通 H 形钢梁的 1.66～2.43 倍，刚度是 1.95～3.91 倍。钢梁截面越小，组合作用对抗弯承载力和弯曲刚度的提升越大。在相同的截面下，组合梁可有效提高抗弯承载力及弯曲刚度，设计时应尽可能采用组合梁。

以 HN400×200 钢梁研究不同楼板厚度对抗弯承载力和弯曲刚度的影响（表 6.4-3）。可以看出，100mm 厚楼板抗弯承载力为 120mm 厚楼板的 0.93 倍，150mm 厚楼板为 120mm 厚楼板的 1.10 倍。板厚主要增加了组合梁高度，但同时也增加了比较大的自重，相对效率较低。

抗弯承载力和弯曲刚度计算结果 [M：kN·m；B（准永久）：$\times 10^{14}$ N·mm^2]　　表 6.4-3

钢梁截面	楼板厚度(mm)	组合梁对比			
		M	倍数	B	倍数
HN400×200	100	677	0.93	1.18	0.91
HN400×200	120	727	1.00	1.29	1.00
HN400×200	150	802	1.10	1.48	1.15
HN400×200	180	877	1.21	1.70	1.32
HN400×200	200	927	1.28	1.87	1.45

表 6.4-4 给出了 HN400×200 钢梁 120mm 厚楼板不同混凝土强度等级对抗弯承载力和弯曲刚度的影响，以混凝土强度等级 C30 为基准，可以发现混凝土强度等级变化对抗弯承载力和弯曲刚度影响很小，设计时可根据需要选择合适的混凝土强度等级。

组合梁按照全截面塑性发展模式进行强度计算，钢梁上翼缘对抗弯承载力贡献较小，为了减少用钢量，可以采用变截面形式，如图 6.4-3 所示。通常组合梁承载力及弯曲刚度已够，可以减少上翼缘宽度到 150～200mm。以上翼缘宽度 200mm、板厚 12mm 为例，

抗弯承载力和弯曲刚度计算结果 $[M：kN·m；B（准永久）：×10^{14}N·mm^2]$　　表 6.4-4

钢梁截面	混凝土强度等级	120mm 厚组合梁（倍数为与等截面比较）			
		M	倍数	B	倍数
HN400×200	C30	727	1.00	1.29	1.00
HN400×200	C35	737	1.01	1.30	1.01
HN400×200	C40	745	1.02	1.31	1.02
HN400×200	C45	750	1.03	1.32	1.02
HN400×200	C50	754	1.04	1.32	1.02

表 6.4-5 给出了不同截面的对比结果，可以发现减少上翼缘用钢量对抗弯承载力及弯曲刚度影响较小，节约用钢量较多，除了较小的截面高度 400mm 和 450mm 之外，节约用钢量在 17.9%～38.1% 之间，可以有效减少碳排放。

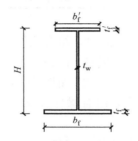

图 6.4-3　梁翼缘不对称形式

抗弯承载力和弯曲刚度计算结果 $[M：kN·m；B（准永久）：×10^{14}N·mm^2]$　　表 6.4-5

$H×b_f×t_w×t_f×b'_f×t'_f$ (mm)	重量 (kg/m)	节约用钢量	120mm 厚组合梁（倍数为与等截面比较）			
			M	倍数	B	倍数
400×200×8×13×200×12	62.8	4.8%	722	0.993	1.29	1.000
450×200×9×14×200×12	67.4	11.8%	883	0.989	1.71	0.994
500×200×10×16×200×12	73.6	17.9%	1103	0.987	2.30	1.000
488×300×11×18×200×12	90.0	21.7%	1412	0.974	2.91	0.983
600×200×11×17×200×12	81.4	23.2%	1428	0.990	3.48	0.997
588×300×12×20×200×12	100.9	33.2%	1901	0.985	4.47	0.978
692×300×13×20×200×12	107.4	35.3%	2385	0.991	6.24	0.969
700×300×13×24×200×12	117.1	36.7%	2650	0.991	6.90	0.958
792×300×14×22×200×12	118.3	38.1%	3056	0.993	8.66	0.959

　　仍以本工程典型布置为例，对钢梁、等截面组合梁及变截面组合梁进行经济性对比，如表 6.4-6 所示，从表中可以看出，钢梁 HN692×300 比考虑组合作用的 HN600×200 抗

弯承载力稍大，在实际工程中承载力满足时可以替换，这种情况下可节约用钢量36.1%，其他情况下，等截面组合梁节约用钢量18.4%～33.5%；如果采用变截面组合梁设计，从表6.4-6中可以看出节约用钢量29.9%～47.2%；如果上翼缘采用150mm×10mm截面，则节省更多用钢量。

钢梁与组合梁用钢量对比　　　　　　　　　　　　表6.4-6

钢梁截面	等截面组合梁的钢梁截面	节约用钢量	变截面组合梁钢梁截面	节约用钢量
HN450×200	HM300×200	25.1%		
HN500×200	HN400×200	26.3%	400×200×8×13×200×12	29.9%
HM488×300	HN450×200	33.5%	450×200×9×14×200×12	41.4%
HN600×200	HN450×200	27.8%	450×200×9×14×200×12	36.4%
HM588×300	HN600×200	23.8%	600×200×11×17×200×12	40.4%
HN692×300	HM588×300/HN600×200	9.0%/36.1%	588×300×12×20×200×12	39.2%
HN700×300	HM588×300	18.4%	588×300×12×20×200×12	45.5%
HN792×300	HM588×300	20.9%	588×300×12×20×200×12	47.2%

组合作用对梁的抗弯承载力与弯曲刚度提高幅度取决于钢梁与板厚的关系，钢梁截面越小，提高幅度越大。将翼缘调整为"上小下大"的不对称变截面形式，组合作用有提升。此形式截面需要注意的是施工期间的梁整体稳定问题。采用焊接截面，梁截面选择更灵活，用钢量可以进一步减少。

6.4.3　组合梁板件宽厚比控制

对于直接承受动力荷载的组合梁，按规范要求需进行疲劳计算，其承载能力应按弹性方法进行计算；对于不直接承受动力荷载的组合梁，则可按塑性分析方法计算。根据《钢结构设计标准》GB 50017—2017的规定，采用塑性方法设计的组合梁受压区板件宽厚比需满足如下要求：

（1）简支组合梁跨中达到全截面塑性时即可认为达到承载能力极限，此时不应再有进一步的塑性转动，故其受压区板件宽厚比应满足S2级要求。

（2）连续组合梁支座截面率先达到全截面塑性，随着荷载的进一步增加，支座截面可发生一定程度的塑性转动，最终跨中截面达到全截面塑性，连续梁达到承载能力极限状态，故支座截面受压区板件宽厚比应满足S1级的要求，而跨中截面受压区应满足S2级的要求。

实际工程设计中多采用简支组合梁形式，此时采用上窄下宽的非对称工字形截面，较容易满足受压区的宽厚比限值要求，经济性较好。当遇到特定的设计条件，组合梁受压上翼缘不符合前述板件宽厚比限值的要求时，若连接件的设置足以约束受压区板件，使之在达到塑性极限之前不发生局部屈曲，则仍可采用塑性方法进行承载力设计，具体的构造要求如下：

（1）当混凝土板沿全长与组合梁接触（如现浇楼板）时，连接件最大间距不大于

$22t_f\varepsilon_k$；当混凝土板和组合梁部分接触（如压型钢板横肋垂直于钢梁）时，连接件最大间距不大于 $15t_f\varepsilon_k$；t_f 为钢梁受压上翼缘厚度。

（2）连接件的外侧边缘与钢梁翼缘边缘之间的距离不大于 $9t_f\varepsilon_k$。

6.4.4　组合梁补充计算

组合梁施工时，混凝土硬结前的材料重量和施工荷载应由钢梁承受，钢梁应根据实际临时支撑的情况验算强度、稳定性和变形。

计算组合梁挠度和负弯矩区裂缝宽度时应考虑施工方法及工序的影响。计算组合梁挠度时，应将施工阶段的挠度和使用阶段续加荷载产生的挠度相叠加，当钢梁下有临时支撑时，应考虑拆除临时支撑时引起的附加变形。计算组合梁负弯矩区裂缝宽度时，可仅考虑形成组合截面后引入的支座负弯矩值。

组合梁的挠度应分别按荷载的标准组合和准永久组合进行计算，以其中的较大值作为依据。挠度可按结构力学方法进行计算，仅受正弯矩作用的组合梁，其弯曲刚度应取考虑滑移效应的折减刚度，连续组合梁宜按变截面刚度梁进行计算。按荷载的标准组合和准永久组合进行计算时，组合梁应各取其相应的折减刚度。

6.5　钢梁截面净毛面积比

梁柱连接节点可采用栓焊混合连接、螺栓连接、焊接连接、端板连接等构造。

翼缘焊接腹板栓接的梁柱栓焊混合刚性节点是钢框架梁柱现场连接的主要形式之一，该节点需满足"强节点"的设计原则。传统的栓焊混合节点计算仅考虑翼缘抗弯和腹板抗剪，《高层民用建筑钢结构设计规程》JGJ 99—2015 借鉴日本规范，给出了钢梁腹板承担梁端弯矩的计算方法。

规程 8.1.2 条规定钢框架抗侧力构件的梁与柱连接应符合下列规定：

（1）梁与 H 形柱（绕强轴）刚性连接以及梁与箱形柱或圆管柱刚性连接时，弯矩由梁翼缘和腹板受弯区的连接承受，剪力由腹板受剪区的连接承受。

（2）梁与柱的连接宜采用翼缘焊接和腹板高强度螺栓连接的形式，也可采用全焊接连接。一、二级时梁与柱宜采用加强型连接或骨式连接。

（3）梁腹板用高强度螺栓连接时，应先确定腹板受弯区的高度，并应对设置于连接板上的螺栓进行合理布置，再分别计算腹板连接的受弯承载力和受剪承载力。

在进行钢结构设计时，钢构件截面净毛面积比是一个必填参数，软件中一般默认值为 0.85，但在实际设计过程中，甲方或优化单位经常要求调整为 0.9、0.95 甚至是 1.0。钢构件截面净毛面积比在软件中的取值究竟取多少合理，下面以 H 形截面钢梁为例，通过考察不同节点连接形式下钢梁的受弯设计承载力，进行对比分析。

软件中钢梁进行受弯计算时，按照全截面整体受弯考虑。也就是采用《钢结构设计标准》GB 50017—2017 第 6.1.1 条公式进行计算：

$$\sigma = \frac{M_x}{\gamma_x W_{nx}} + \frac{M_x}{\gamma_y W_{ny}}$$

W_{nx} 和 W_{ny} 分别为对 x 轴和 y 轴的净截面模量，在未考虑钢构件截面净毛面积比参数时，W_{nx} 和 W_{ny} 就是截面对 x 轴和 y 轴的截面模量。

γ_x 和 γ_y 取值执行《钢结构设计标准》GB 50017—2017 第 6.1.2 条规定。

软件中，钢构件截面净毛面积比是直接对公式中 W_{nx} 和 W_{ny} 进行折减。

6.5.1 全焊接节点连接形式

当 H 形钢梁与钢柱采用全焊接节点连接时，翼缘和腹板均按照等强连接进行焊缝设计，采用全焊接节点连接时，对截面是基本没有削弱的，此时钢构件截面净毛面积比可取 1.0。

6.5.2 栓焊连接形式

全焊接节点连接会造成大量的现场焊接作业，一方面会拉长施工工期，另一方面在高空或在冬期焊接作业时，腹板焊接不容易保证焊接质量。

通常采用梁柱栓焊连接形式。即翼缘焊接，腹板采用摩擦型高强螺栓连接。栓焊连接主要有两种方式：钢梁与钢柱直接连接或钢梁与悬臂牛腿连接，如图 6.5-1 所示。

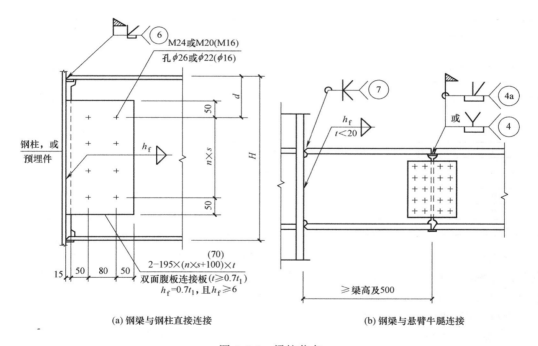

(a) 钢梁与钢柱直接连接　　　　　　　　(b) 钢梁与悬臂牛腿连接

图 6.5-1 梁柱节点

除梁柱连接节点外，当通过次梁进行悬挑时，主次梁节点也会采用刚性连接节点，如图 6.5-2 所示。腹板螺栓根据不同的梁高排布，参见表 6.5-1。

按照《高层民用建筑钢结构技术规程》JGJ 99—2015 建议，栓焊连接形式钢梁弯矩由钢梁翼缘和腹板螺栓群共同承担。通常情况下，梁柱刚性连接节点中腹板螺栓采用双板双排连接。而在主次梁刚性连接节点中，受限于主梁翼缘宽度，通常采用双板单排连接形式；也有的采用单板单排螺栓连接形式，但这种承载力容易不满足。

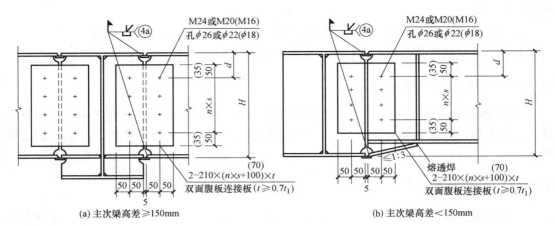

(a) 主次梁高差≥150mm
(b) 主次梁高差<150mm

图 6.5-2 主次梁节点

腹板摩擦型高强螺栓刚性连接选用表   表 6.5-1

梁高 H（mm）	腹板厚 t_1（mm）	翼缘厚 t_2（mm）	D（mm）	$n \times s$（mm）	螺栓规格
200	6～8	≥9	70	1×60	M16
250	6～9	≥9	85	1×80	M24
300	6.5～15	≥9	85	2×65	M20
350	7～12	≥11	95	2×80	M24
400	8～13	≥13	80	3×80	M24
450	9～11	≥14	105	3×80	M24
500	10～12	≥16	90	4×80	M24
550	12	≥20	95	4×90	M24
600	12～16	≥20	100	5×80	M24
650	14～16	≥24	85	6×80	M24
700	13～16	≥24	110	6×80	M24
800	14～16	≥26	120	7×80	M24
900	16～18	≥28	130	8×80	M24
1000	19～21	≥36	100	10×80	M24

按照双板双排螺栓、双板单排螺栓、单板单排螺栓三种进行常用热轧 H 型钢截面的受弯设计承载力验算，假定腹板边上高强螺栓达到最大承载力，其余高强螺栓根据离中性轴的距离线性折减。

钢材选用 Q355B，螺栓排布方式按照表 6.5-1 选用，高强度螺栓摩擦面抗滑移系数：Q235、Q355、Q420 钢材为 0.45；连接处构件接触面处理方法应喷硬质石英砂或铸钢棱角砂。表 6.5-2 给出了双板双排螺栓、双板单排螺栓、单板单排螺栓三种连接形式与 H 型钢截面的受弯设计承载力比值。从表中可以看出，如果只考虑翼缘贡献，部分窄翼缘的或者腹板比较厚的，受弯承载力比值较低，比如 HN600×200 为 0.78，HN500×200 为 0.81，H1000×300×30×40 为 0.74 等，这种情况下很多不满足 0.85 的要求。当采用双板双排螺栓进行栓焊连接时，除了腹板比较厚的 H1000×300×30×40 和窄翼缘的 HN450×200 外，翼缘和螺栓群可共同承担的弯矩设计值与钢梁全截面可承担的弯矩设计值的比值均大于等于 0.90。

当采用焊接 H 形截面，尤其当钢梁腹板厚度与翼缘厚度相当时，全截面计算时腹板承担的弯矩比例增加，而相应栓焊连接时，螺栓群所能承担的弯矩部分有限，导致翼缘和螺栓群可共同承担的弯矩设计值与钢梁全截面可承担弯矩设计值之比很有可能小于 0.90。腹板与翼缘厚度相近的构件应该单独计算复核。在采用双夹板单排螺栓、单板单排螺栓时需要单独计算复核。

当采用双夹板单排螺栓进行栓焊连接时，除了腹板比较厚的 H1000×300×30×40，其余截面翼缘和螺栓群可共同承担的弯矩设计值与钢梁全截面可承担弯矩设计值的比值≥0.85，计算软件采用 0.85 是相对合理的。腹板与翼缘厚度相近的构件应该单独计算复核，满足设计要求。

当采用单板单排螺栓进行栓焊连接时，翼缘和螺栓群可共同承担的弯矩设计值与钢梁全截面可承担弯矩设计值的比值在 0.77～0.92 之间，采用次梁进行悬挑的时候要注意计算软件采用 0.85 是否合理，尤其是腹板与翼缘厚度相近的构件应该单独计算复核。

受弯设计承载力比值
表 6.5-2

编号	截面名称	t_w	t_f	$M_{翼缘}/M_{全截面}$	$(M_{翼缘}+M_{螺栓})/M_{全截面}$		
					双板双排螺栓	双板单排螺栓	单板单排螺栓
1	HW200×200	8	12	0.92	0.92	0.92	0.92
2	HW250×250	9	14	0.92	0.92	0.92	0.92
3	HW300×300	10	15	0.92	0.96	0.94	0.93
4	HM294×200	8	12	0.88	0.95	0.92	0.90
5	HN300×150	6.5	9	0.82	0.94	0.88	0.85
6	HN400×200	8	13	0.85	0.93	0.89	0.87
7	HN450×200	9	14	0.83	0.89	0.86	0.84
8	HM488×300	11	18	0.88	0.96	0.92	0.90
9	HN500×200	10	16	0.81	0.94	0.88	0.85
10	HM588×300	12	20	0.85	0.98	0.92	0.89
11	HN600×200	11	17	0.78	0.95	0.88	0.83
12	HN700×300	13	24	0.85	0.97	0.91	0.88
13	HN800×300	14	26	0.83	0.96	0.89	0.86
14	HN900×300	16	28	0.80	0.93	0.87	0.83
15	HN1000×300	19	36	0.80	0.95	0.88	0.84
16	H1000×300×30×40	30	40	0.74	0.87	0.80	0.77

钢梁与钢柱栓焊连接方式主要有钢梁与钢柱直接连接和悬臂牛腿与钢梁连接两种形式。框架梁最大弯矩值通常出现在梁端（负弯矩），从梁端至反弯点，负弯矩绝对值快速下降，因此如果选用带悬臂牛腿的梁柱栓焊连接形式，可以有效地避免由于螺栓引起的钢梁整体抗弯承载力削弱出现在钢梁弯矩值最大的梁端位置。

在实际工程中，钢结构深化单位为了运输方便通常会选用钢梁与钢柱直接连接的形式。而此时腹板螺栓连接应至少选用双板双排连接方式并进行复核，连接处构件接触面的处理方式应优先选用喷硬质石英砂或铸钢棱角砂的方式，以提高钢材摩擦面的抗滑移系数。对于焊接 H 形钢截面，当翼缘厚度和腹板厚度相当时，对于截面净毛面积比的选用，应单独计算复核。

对于主次梁刚接节点而言，由于主梁翼缘宽度受限，只能采用单排螺栓连接，建议采用双夹板连接方式。计算软件中，钢构件截面净毛截面比不宜大于 0.85，对于腹板较厚的热轧 H 型钢及翼缘腹板厚度相近的 H 形钢梁应单独复核。由于单板单排螺栓连接方式，当梁高较高、腹板较厚时翼缘和腹板螺栓群共同承担的弯矩设计值与钢梁全截面承担的弯矩设计值之比会小于 0.85，此时钢构件截面净毛面积比应单独计算复核选用。

6.6 结构分析关键参数

钢结构计算分析时，部分参数的选取与混凝土结构有所不同，设计过程中应加以区分。

6.6.1 二阶效应

结构稳定性设计应在结构分析或构件设计中考虑二阶效应。结构内力分析可采用一阶弹性分析、二阶 P-Δ 弹性分析或直接分析，应根据最大二阶效应系数 $\theta_{i,\max}^{\mathrm{II}}$ 选用适当的结构分析方法。当 $\theta_{i,\max}^{\mathrm{II}} \leqslant 0.1$ 时，可采用一阶弹性分析；当 $0.1 < \theta_{i,\max}^{\mathrm{II}} \leqslant 0.25$ 时，宜采用二阶 P-Δ 弹性分析或采用直接分析；当 $\theta_{i,\max}^{\mathrm{II}} > 0.25$ 时，应增大结构的侧移刚度或采用直接分析。

规则框架结构的二阶效应系数可按下式计算：

$$\theta_i^{\mathrm{II}} = \frac{\sum N_i \cdot \Delta u_i}{\sum H_{\mathrm{k}i} \cdot h_i}$$

一般结构的二阶效应系数可按下式计算：

$$\theta_i^{\mathrm{II}} = \frac{1}{\eta_{\mathrm{cr}}}$$

式中：η_{cr}——整体结构最低阶弹性临界荷载与荷载设计值的比值。

6.6.2 钢梁刚度放大

钢筋混凝土楼板与钢梁间有可靠连接时，可计入钢筋混凝土楼板对钢梁刚度的增大作用，两侧有楼板的钢梁其惯性矩可取为 $1.5I_{\mathrm{b}}$，仅一侧有楼板的钢梁其惯性矩可取为 $1.2I_{\mathrm{b}}$，I_{b} 为钢梁截面惯性矩。弹塑性计算时，不应考虑楼板对钢梁惯性矩的增大作用。

6.6.3 钢结构周期折减

计算各振型地震影响系数所采用的结构自振周期，应考虑非承重填充墙体的刚度影响予以折减。当非承重墙体为填充轻质砌块、填充轻质墙板或外挂墙板时，自振周期折减系数可取 0.9~1.0。

6.6.4 钢结构阻尼比

风振效应计算时需要用到结构阻尼比，当计算结构顶点顺风向和横风向振动最大加速度时，对房屋高度小于 100m 的钢结构阻尼比取 0.015，对房屋高度大于 100m 的钢结构阻尼比取 0.01，高层混合结构可取 0.02~0.04。

钢结构在地震作用计算时阻尼比宜符合以下要求，如表 6.6-1 所示。多遇地震下，高度不大于 50m 可取 0.04；高度大于 50m 且小于 200m 可取 0.03；高度不小于 200m 时宜取 0.02；当偏心支撑框架部分承担的地震倾覆力矩大于结构总地震倾覆力矩的 50% 时，多遇地震下的阻尼比可相应增加 0.005。在罕遇地震作用下的弹塑性分析，阻尼比可取 0.05。

钢结构在地震作用下的阻尼比取值   表 6.6-1

情况		房屋高度 H		
		$H < 50m$	$50m < H < 200m$	$H \geqslant 200m$
多遇地震	钢结构	0.04	0.03	0.02
	当偏心支撑框架部分承担的地震倾覆力矩大于结构总地震倾覆力矩的 50% 时	0.045	0.035	0.025
	高层混合结构	0.04		
	单层厂房	0.045～0.05		
	多层钢结构厂房	0.03～0.04		
设防烈度地震		0.045		
罕遇地震		0.05		

《空间网格结构技术规程》JGJ 7—2010 第 4.4.10 条规定：在进行结构地震效应分析时，对于周边落地的空间网格结构，阻尼比值可取 0.02；对设有混凝土结构支承体系的空间网格结构，阻尼比值可取 0.03。《建筑抗震设计规范》GB 50011—2010（2016 年版）第 10.2.8 条规定：屋盖钢结构和下部支承结构协同分析时，阻尼比应符合下列规定，当下部支承结构为钢结构或屋盖直接支承在地面时，阻尼比可取 0.02；当下部支承结构为混凝土结构时，阻尼比可取 0.025～0.035。

6.6.5　楼盖舒适度

钢结构的楼盖竖向刚度相对于混凝土结构偏小，楼盖舒适度成为设计中需重点控制的内容，在跨度较大的楼盖结构中尤其需要引起重视。对于钢梁-混凝土板类型的楼盖结构，一般宜控制竖向自振频率不低于 3Hz，当竖向频率低于 3Hz 时，应补充竖向振动加速度验算，计算可依据《高层建筑混凝土结构技术规程》JGJ 3—2010 附录 A 的有关方法。楼盖竖向振动的加速度不应超过表 6.6-2 中限值要求。

楼盖竖向振动加速度限值   表 6.6-2

人员活动环境	峰值加速度限值(m/s^2)	
	竖向自振频率 < 2Hz	竖向自振频率 ≥ 4Hz
住宅、办公	0.07	0.05
商场、室内连廊	0.22	0.15

注：竖向自振频率为 2～4Hz 时，峰值加速度限值可按表中线性插值选取。

6.7　薄弱部位的设计措施

6.7.1　楼板薄弱部位的设计措施

在平面不规则的结构中，由于楼板开大洞或平面凹凸导致局部楼板有效宽度较小、楼板平面内刚度弱，无法可靠传递水平地震作用。对于混凝土大跨连桥、连体或者开洞等薄弱部位，通常会采用增加连体及相邻一跨楼板厚度、加强该区域楼板配筋等措施。

对于钢结构大跨连桥或连体部位，钢梁和楼板之间通过栓钉连接并进行受力协调，但在大震作用下，往往楼板已经发生一定的破坏，楼板与钢梁之间的协同作用减弱，很可能无法依靠楼板解决连体两侧塔楼错动对连体区域的剪切作用。此时应在连体区域钢梁之间楼板之下设置交叉水平支撑，并向塔楼延伸一跨。以钢梁为弦杆，水平支撑为腹杆，整体形成平面桁架，用以承担连体两侧塔楼发生错动时连体区域的剪切作用。

水平支撑的设置应注意以下几点：

（1）水平支撑最终应将力传递至两侧塔楼竖向构件。

（2）水平支撑与楼板之间预留一定空隙，保证其在竖向荷载下不受力，只在水平荷载作用下工作。

（3）水平支撑应按受压构件设计，当采用交叉支撑时可按受拉构件设计。

（4）如节点构造无法保证水平支撑全截面受力，其实际受力部分应满足承载力要求。例如水平支撑采用 H 型钢，而实际节点构造只连接腹板，则腹板面积应能满足其拉压受力要求，而翼缘仅用于保证构件整体稳定。

图 6.7-1 所示为具有代表性的水平支撑加强楼板案例，水平支撑可以选用张紧圆钢或圆钢管截面，由于水平地震作用具有往复性，需按交叉支撑设置，并需结合平面布局设置次梁作为受压腹杆。当遇到图 6.7-1（b）所示的局部楼板外凸较多的情况时，水平支撑宜向主体内延，确保水平力有效传递。圆钢支撑按拉杆设计，圆钢管支撑根据杆件长细比大小区分拉杆或压杆，支撑的水平力可在整体结构中按"零厚板"模型进行计算分析。

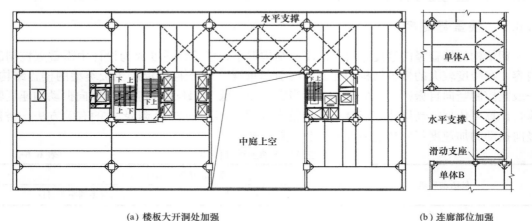

(a) 楼板大开洞处加强　　　　　　　　　　　　　　(b) 连廊部位加强

图 6.7-1　水平支撑加强楼板案例

6.7.2　H 形截面钢梁面外受力问题

当建筑外围设置楼电梯间或开设较大的楼板洞口，或入口门厅等通高空间，边榀钢梁缺少楼板的约束作用，在竖向荷载及风荷载的组合作用下梁为双向受弯状态，地震作用下梁为压弯或拉弯状态，上述受力状态较为不利，设计时应重点复核。对于地震作用时轴力的计算，需注意整体模型中楼板不应采用"刚性板"假定，否则会低估梁的轴力；对于梁面外风荷载的计算，需注意将计算软件中对风荷载的计算方式设定为"精细方式"，否则风荷载仅导算至楼层节点，计算结果无法体现风荷载产生的主轴平面外弯矩。

图 6.7-2 所示为具有代表性的钢梁缺少面外约束案例，该案例为依据国务院《建设工程抗震管理条例》进行设计的学校类建筑，钢框架按中震不屈服的性能目标控制，地震作用较以往的常规项目偏大较多。图 6.7-2（a）中所示的楼梯间位于建筑角部，且楼梯间内侧的楼板开设了较大的洞口，楼梯外侧两个方向的框架梁均缺少了楼板约束；图 6.7-2（b）所示为入口两层通高的门厅部位，无楼板。初步结构方案按 H 形钢截面计算，经中震性能设计验算，H 形钢梁承受较大的压弯荷载，稳定性无法满足，仅靠加宽 H 形钢的翼缘宽度效果不显著，最终采取箱形梁截面，很好地解决了压弯稳定问题。

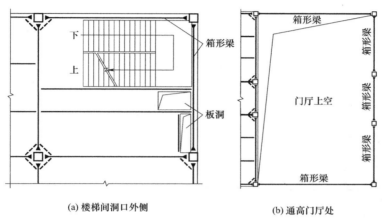

（a）楼梯间洞口外侧　　　　　　　　　（b）通高门厅处

图 6.7-2　钢梁缺少面外约束案例

6.7.3　H 形截面钢梁受扭问题

H 形截面为开口截面，其抗扭刚度低，现行设计规范中也未给出 H 形截面的抗扭设计方法，因此设计中应避免 H 形截面抵抗扭矩。

在实际工程中，次梁悬挑引起的不平衡弯矩和幕墙荷载偏心的附加弯矩是导致主梁受扭的两种常见情况，图 6.7-3 所示为解决 H 形主梁受扭问题的典型案例。图 6.7-3（a）所示的外侧结构悬挑长度较小，此时次梁按不出挑设计，挑出的板块短跨不超过钢筋桁架楼承板免支撑跨度要求；当外侧结构悬挑较长，超出楼承板免支撑跨度要求时，可按图 6.7-3（b）方式增设小次梁，解决楼板铺设问题。图 6.7-3（a）、（b）的方案有效解决了因次梁悬挑引发的主梁受扭问题，当结构悬挑尺寸过长、确需增设次梁悬挑时，建议主梁采用箱形截面或者对钢梁加强，并按剪力理论复核梁的受扭。图 6.7-3（c）所示案例中，楼、电梯导致楼板开洞，而幕墙距主梁轴线距离较远，如幕墙直接通过转接件吊钩至主梁上，势必导致主梁承受较大扭矩，方案不合理，此时将横向的次梁外伸，并在结构外圈设置吊挂幕墙的封边钢梁，可很好地解决 H 形主梁受扭的问题。

建筑常因造型要求采用弧形结构。当悬挑尺寸较大时，需要设置挑梁及边梁，如图 6.7-4 所示。当边梁为曲梁时，曲梁受扭，从钢结构设计角度讲是不建议采用的。

如果确需使用，例如有中庭或者开洞等需要，不得不采用弧形梁时，应注意曲梁两端

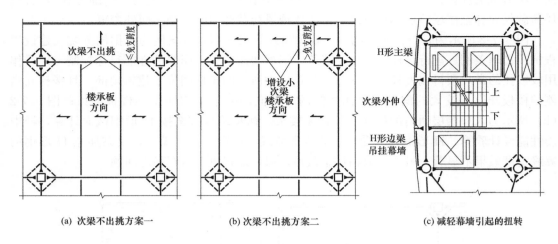

(a) 次梁不出挑方案一	(b) 次梁不出挑方案二	(c) 减轻幕墙引起的扭转

图 6.7-3　避免 H 形截面钢梁受扭案例

应与主梁进行刚接，并建议采用箱梁，如图 6.7-5 所示。

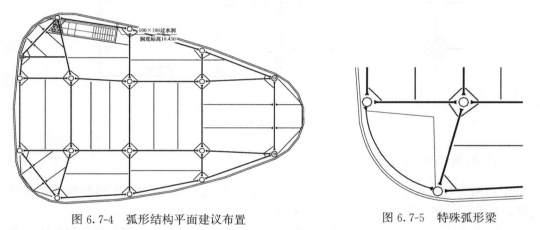

图 6.7-4　弧形结构平面建议布置　　　　图 6.7-5　特殊弧形梁

6.8　钢筋桁架楼承板规格

　　钢筋桁架楼承板是将楼板受力钢筋在工厂加工成钢筋桁架，并将钢筋桁架与压型钢板底模焊接形成一体式的组合模板，如图 6.8-1 所示。在施工阶段，钢筋桁架楼承板直接铺设到钢梁上，通过焊接栓钉固定，绑扎完部分附加受力筋及分布钢筋便可浇筑混凝土。楼承板可承受混凝土自重及施工荷载，可完全替代模板功能，避免了支模和拆模工程，施工效率高，因此在钢结构工程中得到广泛应用。

　　设计阶段主要根据楼板厚度、次梁间距确定合理的施工阶段免支撑跨度，进而选取相应的规格型号，依据现行的行业标准《钢筋桁架楼承板》JG/T 368—2012，列举常用的钢筋桁架楼承板钢筋组合及主要技术参数如表 6.8-1 和表 6.8-2 所示，方便设计人员选用。

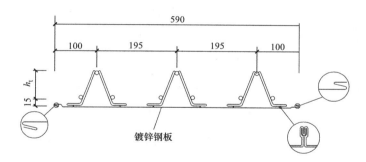

镀锌钢板

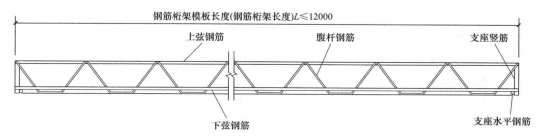

钢筋桁架模板长度(钢筋桁架长度)L≤12000

上弦钢筋　　　　　腹杆钢筋　　　　　支座竖筋

下弦钢筋　　　　　支座水平钢筋

图 6.8-1　钢筋桁架楼承板剖面图

钢筋桁架楼承板常用钢筋规格组合 　　　　　　　　表 6.8-1

钢筋规格 组合编号	钢筋直径(mm)		
	上弦	腹杆	下弦
1	8	4.5	8
2	10	5	10
3	10	5.5	10
4	12	5.5	10
5	12	6	10
6	12	6	12
7	12	7	12
8	12	8	12

钢筋桁架楼承板常用型号及技术参数 　　　　　　　　表 6.8-2

钢筋桁架楼承板			楼板厚度 (mm)	施工阶段允许跨度(m)	
型号	钢筋规格 组合编号	桁架高度 (mm)		简支板	连续板
HB1-70		70	100	1.9	2.6
HB1-80	1	80	110	2.0	2.6
HB1-90		90	120	2.1	2.8
HB2-100		100	130	3.3	3.8
HB2-110	2	110	140	3.4	3.8
HB2-120		120	150	3.6	4.0
HB2-130		130	160	3.7	4.0
HB3-140		140	170	3.8	4.0
HB3-150	3	150	180	3.8	4.2
HB3-160		160	190	3.9	4.2
HB4-120	4	120	150	3.8	4.8
HB4-130		130	160	4.0	4.8

钢筋桁架楼承板			楼板厚度 （mm）	施工阶段允许跨度（m）	
型号	钢筋规格 组合编号	桁架高度 （mm）		简支板	连续板
HB4-140	4	140	170	4.1	5.0
HB5-150	5	150	180	4.2	5.0
HB5-160		160	190	4.3	5.2
HB5-170		170	200	4.4	5.2
HB6-150	6	150	180	4.4	5.0
HB6-160		160	190	4.4	5.2
HB6-170		170	200	4.6	5.2

注：1. 上下弦钢筋采用 HRB400，腹杆钢筋采用性能等同 CRB550 的冷轧钢筋；
　　2. 施工阶段荷载包括标准值为 $1.5kN/m^2$ 的施工活荷载与湿混凝土楼板重量。

民用钢结构楼板厚度通常在 110～150mm 之间。当采用钢筋桁架楼承板时，简支板施工阶段最大无支撑跨度基本在 3～4m 之间，因此次梁间距也控制在 3～4m 之间为宜。当然，也可通过调整钢筋桁架楼承板上下弦钢筋直径的方式，在一定范围内调整其施工阶段无支撑跨度。

以 8400mm 柱跨、120mm 楼板为例，次梁宜按框架梁三等分布置，板跨 2800mm，此时常规荷载下，楼板通常无需其他附加钢筋。当悬挑长度超过 3m 时，除框架梁悬挑外，宜增加次梁悬挑。一方面可以减小框架梁的受荷面积，控制其截面尺寸；另一方面还可以避免因板跨过大而需要设置临时支撑。

6.9 钢结构楼梯

钢结构建筑中楼梯形式灵活多变，结构设计时应预先确定楼梯形式，具体应根据梯段特征、应用场景以及建筑效果要求等因素综合确定。根据梯段板的材质，可分为混凝土梯段-钢梯梁形式楼梯、钢折板-钢梯梁形式楼梯、钢格栅板-钢梯梁形式楼梯等。根据梯段的受力特征，可分为板式楼梯和梁式楼梯，对于非混凝土梯段板的楼梯，一般以梁式受力为主。

6.9.1 混凝土梯段-钢梯梁形式楼梯

此类楼梯形式较为常规，主要由普通混凝土结构楼梯演化而来，梯段采用混凝土板，只是把梯梁、梯柱替换为钢梁、钢柱，较典型的楼梯平、剖面形式如图 6.9-1 所示。相较于钢折板梯段形式，混凝土梯段的刚度大，人行时不易产生震颤，舒适度较好，当应用于室外环境时，防腐和防水做法容易实施，具有更优的耐久性。需注意混凝土梯段板自重较大，对主体结构有不利影响，此外由于斜梯段需支设架体和模板，当项目对装配率要求较高或施工周期紧张时不宜采用。

当梯段属常规跨度时，可采用图 6.9-1（a）所示的板式楼梯，一般宜控制跨度不超过 5m，梯段板厚不超过 160mm；当梯段跨度较大时，若采用板式楼梯方案，板厚过大导致自重大，对主体结构不利且梯段挠度和裂缝不易控制，此时建议采用图 6.9-1（b）所示的梁式楼梯方案或后文介绍的钢折板梯段形式。

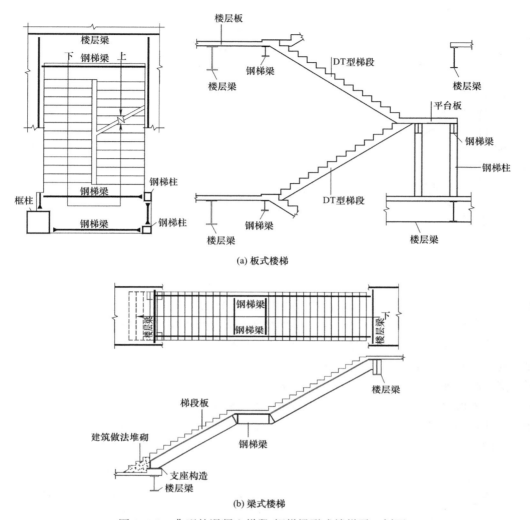

(a) 板式楼梯

(b) 梁式楼梯

图 6.9-1　典型的混凝土梯段-钢梯梁形式楼梯平、剖面

　　混凝土梯段-钢梯梁形式楼梯受力模式清晰明了，但若简单沿袭传统混凝土结构的思路进行设计，会出现部分构造形式与钢结构特征不匹配，导致受力不合理或施工不便的情况。

　　图 6.9-2 为一部典型的三跑楼梯，标准层高 5.4m。支撑第二个休息平台的梯柱若采用图 6.9-2（a）所示的立柱方案，则柱高约 3.6m，柱计算长度较长，压弯稳定承载力低，且平面外刚度也较弱；如改进为图 6.9-2（b）所示的吊柱方案，则避免了压弯稳定问题，且柱长较短，平面外刚度也有所增强，受力性能显著改进，同时也可节省钢材。钢吊柱的方案还可以解决位于钢支撑结构体系中的楼梯柱与支撑杆件冲突，楼梯间墙体上预留的暖通加压送风洞口与梯梁、梯柱冲突等问题，由此扩展开来，由于钢构件加工安装具有较高的自由度，设计人员遇到类似情况可以打开思路，灵活处理相似问题。

　　图 6.9-3 为混凝土梯段与楼层连接处的三种构造案例，部分设计人员对钢结构中钢筋桁架楼承板的构造要求不熟悉，简单依据建筑专业图纸进行楼梯详图的绘制，往往会出现

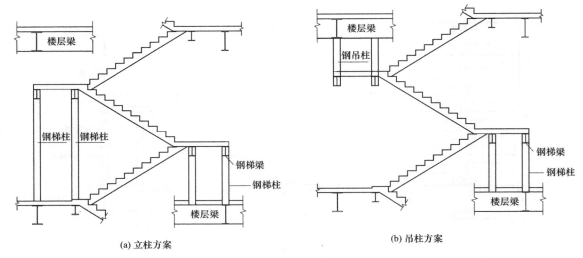

图 6.9-2　三跑楼梯梯柱设置案例

图 6.9-3（a）、图 6.9-3（b）所示构造。图 6.9-3（a）为按建筑图纸要求，楼梯间内的建筑地面采用与梯段相同的做法厚度，参考传统混凝土结构的楼梯进行升板构造，并将该板块按平台板注写，导致楼梯间外的楼承板不能通铺至楼梯间内，局部需支模施工，给施工带来较多不便；图 6.9-3（b）为计算要求的梯段板较厚时，为保证梯段板的水平段有足够厚度，将梯梁降标高处理，同样不利于楼梯间铺设楼承板；图 6.9-3（c）为改进后的构造，按此方式楼梯间内外可通铺楼承板，梯段板的钢筋通过搭接锚固与楼板形成整体，施工便捷，建议采用。需注意的是图中的三种构造仅适用于非滑动支座连接的楼梯，当采用滑动支座时，构造有所不同。

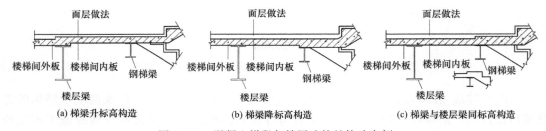

图 6.9-3　混凝土梯段与楼层连接处构造案例

　　钢框架结构中的楼梯，可通过设置滑动支座构造，降低梯段斜撑效应的不利影响，图 6.9-4 所示为具有代表性的滑动支座连接节点构造，可供设计参考。

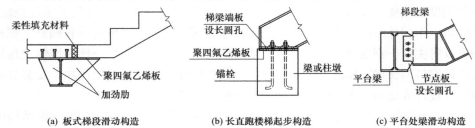

图 6.9-4　典型滑动支座连接节点构造

6.9.2 钢折板-钢梯梁形式楼梯

当设计对楼梯自重、装配率或预留后期改造条件等有要求时，可优先考虑钢折板-钢梯梁形式，该类钢梯均为梁式受力，主要的梯段形式如图 6.9-5 所示。梯段梁和平台梁可采用槽钢、热轧 H 型钢或冷弯矩形钢管，应根据具体情况合理选取。梯段梁的截面高跨比可按 1/25～1/20 控制，并应进行挠度和舒适度的验算，确保梯段具有合适的承载力及刚度。当梯段较窄、跨度较小时，梯段梁选用槽钢截面具有较好的经济性，此时梯段设计为槽口朝外的形式，便于梯段梁与平台梁连接以及踏步板与梯段梁腹板的焊接；当梯段较宽、跨度较大时，梯段梁可选用 H 型钢，若建筑专业对结构构件的外观有要求，也可采用冷弯矩形钢管。平台梁可选用 H 型钢或冷弯矩形钢管，H 型钢的梁柱连接节点构造相对简单，但平台花纹钢板下设的加劲肋与钢梁腹板焊接构造稍复杂。

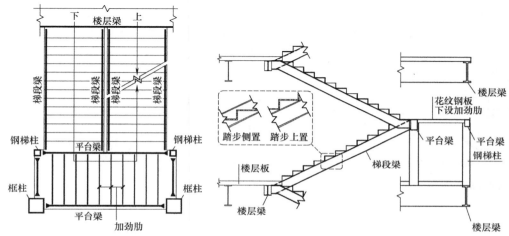

图 6.9-5　典型的钢折板-钢梯梁形式楼梯示意

钢踏步板与梯段钢梁主要有两种连接方式：

（1）钢踏步板置于梯段梁内侧，与钢梁腹板直接连接，此方案梯段净高较好控制，但因梯梁在钢折板两侧，会占据梯段净宽；而靠近梯井一侧的梯段梁延伸至平台梁处会占据休息平台净宽，对楼梯疏散宽度极为不利。设计时应与建筑专业充分沟通，确保梯段和休息平台满足疏散宽度要求。

（2）钢折板焊接于梯段梁顶面，此方案楼梯宽度容易保证，且踏步板对钢梁上翼缘起到较强约束作用，对整体稳定十分有利。但由于梯段钢梁置于钢折板下方，会影响到梯段净高，设计时需重点关注。

针对前述踏步侧置式梯段梁影响休息平台净宽的案例如图 6.9-6 所示，实际工程中多数楼梯间建筑面积较为紧张，需设法提高面积利用率。图 6.9-6（b）为与建筑专业沟通后采取错一级踏步的措施，此方案虽解决了平台净宽问题，但实质上也导致楼梯建筑进深方向空间利用率依旧不高，设计阶段需经由建筑专业配合核对。图 6.9-6（c）所示的折梁做法为实际工程较常见的构造方式，此方案在不调整原有建筑排布的前提下解决了平台净宽问题，但折梁的构造过于复杂，折角处应力集中对构件受力较为不利，故设计时应谨慎选用，必要时应补充折角处的应力分析。

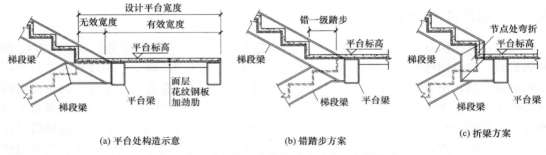

(a) 平台处构造示意　　　　　　(b) 错踏步方案　　　　　　(c) 折梁方案

图 6.9-6　踏步侧置式梯段梁对平台宽度的影响

　　钢折板楼梯的梯段和平台板顶一般采用不小于 50mm 厚的建筑面层做法，宜设有配置双向钢筋网片的细石混凝土垫层，以避免因钢板局部变形导致面层空鼓开裂。图 6.9-7 所示为不同类型的踏步板构造示意，设计用可综合梯段宽度及建筑功能、外观效果的要求灵活选用。其中，镀锌钢格板作为踏步板一般为厂家定制产品，适用的梯段宽度不宜大于 1.20m，由于镀锌钢材不适宜焊接，当采用镀锌钢格板时，建议优先采用螺栓与钢梁的腹板连接。

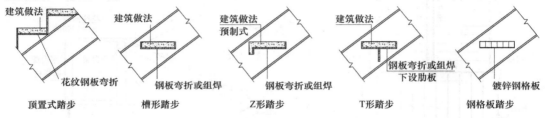

图 6.9-7　多种类型踏步板构造

6.9.3　改造项目中的钢梯应用

　　既有建筑改造项目中，通常存在较多增设楼梯的情况，由于钢结构楼梯自重约为混凝土板式楼梯的 1/5～1/4，可大幅减少既有建筑荷载的增量，设计时应优先考虑采用。

　　图 6.9-8 所示为一混凝土框架结构上增设室外楼梯案例，建筑效果要求不增设梯柱，

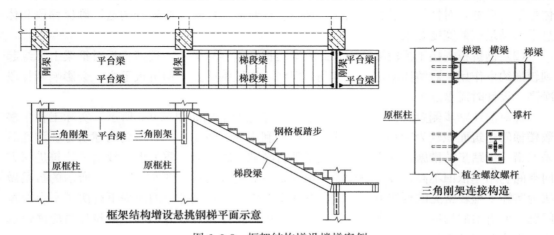

图 6.9-8　框架结构增设楼梯案例

故采用三角刚架外挑的受力体系。刚架与既有结构的连接节点依靠植入框架柱的全螺纹螺杆传力，撑杆与柱连接部位为压剪状态，螺杆受力较有利，但需复核原框架柱上附加的水平集中力；横梁与柱连接部位为拉剪受力状态，螺杆受力不利，应重点计算复核，拉力较大时也可增设环形箍板约束锚板。

图 6.9-9 所示为一砌体结构筒仓上增设悬挑楼梯案例，建筑功能改造需在筒仓内增设通往仓顶建筑的楼梯，利用砌体结构内增设的混凝土加固内壁作为承重结构，设置悬挑 T 形踏步形式的螺旋楼梯，工厂批量加工的 T 形扇面踏步与预埋件焊接，施工便捷并且很好地实现了建筑方案设计要求的轻盈效果。

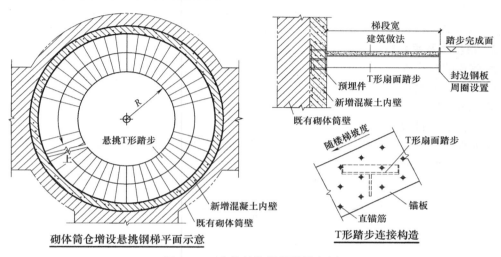

图 6.9-9　砌体结构增设楼梯案例

6.9.4　钢楼梯计算要点

1. 钢梯柱

钢梯柱为双向压弯构件，设计常采用钢梯柱与楼层梁上翼缘直接焊接的方式，不设置主梁平面外的平衡钢梁，宜按柱底铰接假定复核压弯承载力。为了梁柱节点构造简单，梯柱设计时常选用 H 形钢截面，且将梯柱腹板置于楼层梁的轴线平行方向，导致梯柱弱轴与楼梯平台梁相接，应重点计算复核弱轴方向的压弯稳定承载力。如梯柱较高，H 形钢截面弱轴稳定承载力可能无法满足，此时可调整为强轴与平台梁相接重新复核，或采用冷弯矩形钢管截面。

2. 梯段梁

梯段梁一般选用相对较小的截面，以节省材料并减少对梯段净高的占用。除一般的强度验算外，应重点复核梯段梁的挠度，要求荷载标准组合产生的挠度 $v_T \leqslant l/250$，可变荷载标准值产生的挠度 $v_Q \leqslant l/300$。当梯段跨度较大时，还需补充结构舒适度验算，宜参照楼盖结构的要求控制梯段竖向振动频率不小于 3Hz，两端铰接的梯段梁竖向振动频率 f 可按下式简化计算：

$$f = \frac{\pi}{2l^2}\sqrt{\frac{EI}{m}}$$

$$\overline{m} = \frac{B \cdot (G_k + Q_q)}{g}$$

式中：l——梯段钢梁计算跨度；

$\quad B$——钢梁受荷面宽度；

$\quad G_k$——永久荷载标准值；

$\quad Q_q$——有效均布活荷载标准值，参考《建筑楼盖结构振动舒适度技术标准》JGJ/T 441—2019，Q_q 可取 $0.35kN/m^2$。

当采用连续满铺的钢折板踏步时，可认为踏步板对梯段钢梁受压翼缘形成有效的约束，无需考虑钢梁整体稳定问题；当采用离散式的踏步板时，钢梁平面外约束较弱，应验算钢梁整体稳定，并偏于安全地取梁两端支点距离作为梁整稳计算长度 l_1。

3. 踏步板及平台板

离散式的踏步板受力具有特殊性，人行荷载集中作用于单块踏步板上，因此除按规范规定的均布活荷载计算以外，尚应按 1.5kN 的集中荷载验算，集中荷载在梯段宽度方向按 0.6m 间距分布。

踏步板及平台板的板件壁厚通常较小，某些情况下板件宽厚比不满足 S4 等级，也即板件在弹性受力阶段会发生局部屈曲，故计算时应采用有效计算截面，如图 6.9-10 所示，截面的有效翼缘应取腹板两侧各 $15t\varepsilon_k$ 范围。

图 6.9-10 有效计算截面示意

6.10 钢材指标

6.10.1 宽厚比

板件宽厚比指截面板件平直段的宽度和厚度之比，受弯或压弯构件腹板平直段的高度与腹板厚度之比也称为板件高厚比。绝大多数钢构件由板件构成，而板件宽厚比大小直接决定了钢构件的承载力和受弯及压弯构件的塑性转动变形能力。钢构件截面的分类，是钢结构设计技术的基础，尤其是钢结构抗震设计方法的基础。

我国将截面根据其板件宽厚比分为 5 个等级：

（1）S1 级：可达全截面塑性，保证塑性铰具有塑性设计要求的转动能力，且在转动过程中承载力不降低，φ_{p2} 一般要求达到塑性弯矩 M_p 除以弹性初始刚度得到的曲率 φ_p 的 8～15 倍，弯矩-曲率关系如图 6.10-1 曲线 1 所示。

（2）S2 级截面：可达全截面塑性，但由于局部屈曲，塑性铰转动能力有限，称为二级塑性截面，弯矩-曲率关系如图 6.10-1 曲线 2 所示，φ_{p1} 大约是 φ_p 的 2～3 倍。

（3）S3 级截面：翼缘全部屈服，腹板可发展不超过 1/4 截面高度的塑性，为弹塑性截面；作为梁时，其弯矩-曲率关系如图 6.10-1 的曲线 3 所示。

（4）S4 级截面：边缘纤维可达屈服强度，但由于局部屈曲而不能发展塑性，称为弹性截面；作为梁时，其弯矩-曲率关系如图 6.10-1 的曲线 4 所示。

（5）S5 级截面：在边缘纤维达屈服应力前，腹板可能发生局部屈曲，称为薄壁截面；作为梁时，其弯矩-曲率关系如图 6.10-1 的曲线 5 所示。

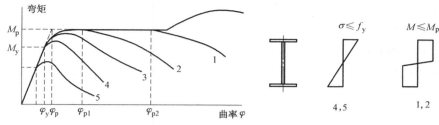

图 6.10-1　截面的分类及其转动能力

6.10.2　钢材质量等级的选用

《钢结构设计标准》GB 50017—2017 除了对疲劳有冲击韧性的要求，对低温条件和钢板厚度也作出了更详细的规定，如表 6.10-1 所示。

钢板质量等级选用　　　　　　　　　　表 6.10-1

		工作温度 T（℃）			
		$T>0$	$-20<T\leqslant0$	$-40<T\leqslant-20$	
不需验算疲劳	非焊接结构	B（允许用 A）	B	B	受拉构件及承重结构的受拉板件： 1. 板厚或直径小于40mm：C 2. 板厚或直径不小于40mm：D 3. 重要承重结构的受拉板材宜选用建筑结构用钢板
	焊接结构	B （允许用 Q355A～Q420A）			
需验算疲劳	非焊接结构	B	Q235B Q390C Q355GJC Q420C Q355B Q460C	Q235C Q390D Q355GJC Q420D Q355C Q460D	
	焊接结构	B	Q235C Q390D Q355GJC Q420D Q355C Q460D	Q235D Q390E Q355GJD Q420E Q355D Q460E	

工作温度不高于—20℃的受拉构件及承重构件的受拉板材应符合下列规定：

（1）所用钢材厚度或直径不宜大于 40mm，质量等级不宜低于 C 级；

（2）当钢材厚度或直径不小于 40mm 时，其质量等级不宜低于 D 级；

（3）重要承重结构的受拉板材宜满足现行国家标准《建筑结构用钢板》GB/T 19879 的要求。

由于钢板厚度增大，硫、磷含量过高会对钢材的冲击韧性和抗脆断性能造成不利影响，对于承重结构在低于—20℃环境下工作时，钢材的硫、磷含量不宜大于 0.030%；焊接构件宜采用较薄的板件；重要承重结构的受拉厚板宜选用细化晶粒的钢板。

6.10.3　钢材关键指标

结构钢材的选用应遵循技术可靠、经济合理的原则，综合考虑结构的重要性、荷载特征、结构形式、应力状态、连接方法、工作环境、钢材厚度和价格等因素，选用合适的钢材牌号和材性保证项目。承重结构所用的钢材应具有屈服强度、抗拉强度、断后伸长率和硫、磷含量的合格保证，对焊接结构尚应具有碳当量的合格保证。焊接承重结构以及重要的非焊接承重结构采用的钢材应具有冷弯试验的合格保证；对直接承受动力荷载或需验算疲劳的构件所用钢材尚应具有冲击韧性的合格保证。

承重结构的钢材应具有力学性能和化学成分等合格保证的项目，主要有以下几点：

（1）抗拉强度：钢材的抗拉强度是衡量钢材抵抗拉断的性能指标，直接反映钢材内部组织的优劣，并与疲劳强度有着密切的关系。

（2）断后伸长率：钢材的伸长率是衡量钢材塑性性能的指标。钢材的塑性是在外力作用下产生永久变形时抵抗断裂的能力。承重结构用的钢材，不论在静力荷载或动力荷载作用下，还是在加工制作过程中，除了应具有较高的强度外，均要求具有足够的伸长率。

（3）屈服强度（或屈服点）：钢材的屈服强度（或屈服点）是衡量结构的承载能力和确定强度设计值的重要指标。碳素结构钢和低合金结构钢在受力到达屈服强度以后，应变急剧增长，从而使结构的变形迅速增加以致不能继续使用。钢结构的强度设计值一般都是以钢材屈服强度为依据而确定的。对于一般非承重或由构造决定的构件，只要保证钢材的抗拉强度和断后伸长率即能满足要求；对于承重的结构则必须具有钢材的抗拉强度、伸长率、屈服强度三项合格的保证。

（4）冷弯试验：钢材的冷弯试验是衡量其塑性指标之一，同时也是衡量其质量的一个综合性指标。通过冷弯试验，可以检查钢材颗粒组织、结晶情况和非金属夹杂物分布等缺陷，在一定程度上也是鉴定焊接性能的一个指标。结构在制作、安装过程中要进行冷加工，尤其是焊接结构焊后变形的调直等工序，都需要钢材有较好的冷弯性能。而非焊接的重要结构（如吊车梁、吊车桁架、有振动设备或有大吨位吊车厂房的屋架、托架，大跨度重型桁架等）以及需要弯曲成型的构件等，亦都要求具有冷弯试验合格的保证。

（5）硫、磷含量：硫、磷都是建筑钢材中的主要杂质，对钢材的力学性能和焊接接头的裂纹敏感性都有较大影响。硫能生成易于熔化的硫化铁，当热加工或焊接的温度达到 $800\sim1200℃$ 时，可能出现裂纹，称为热脆；硫化铁会形成夹杂物，使钢材起层，引起应力集中，降低钢材的塑性和冲击韧性。硫是钢中偏析最严重的杂质之一，偏析程度越大越不利。磷是以固溶体的形式溶解于铁素体中，这种固溶体很脆，加以磷的偏析比硫更严重，形成的富磷区促使钢变脆（冷脆），降低钢的塑性、韧性及可焊性。所有承重结构对硫、磷的含量均应有合格保证。

（6）碳当量：建筑钢的焊接性能主要取决于碳当量，碳当量宜控制在 0.45% 以下，超出该范围的幅度越大，焊接性能越差。《钢结构焊接规范》GB 50661—2011 根据碳当量的高低等指标确定了焊接难度等级。对焊接承重结构尚应具有碳当量的合格保证。

（7）冲击韧性（或冲击吸收能量）：表示材料在冲击荷载作用下抵抗变形和断裂的能力。材料的冲击韧性值随温度的降低而减小，且在某一温度范围内发生急剧降低，这种现象称为冷脆，此温度范围称为"韧脆转变温度"。因此，对直接承受动力荷载或需验算疲劳的构件，以及处于低温工作环境的钢材尚应具有冲击韧性合格保证。

6.10.4 Z向性能要求

结构使用或建造过程中，由于焊接或其他因素作用，使材料承受沿板厚方向的应力，导致产生平行于轧制方向的阶梯状裂纹，称为层状撕裂。

焊接结构中的T形接头和十字接头，由于在板厚方向承受拉伸荷载，因此对材料的抗层状撕裂能力要相当重视。

1966年英国焊接研究所在美国海军等单位的支持下，调查了过去6年间大约110件发生层状撕裂事故的结构，测试了钢板在板厚方向的拉伸断面收缩率，结果表明，出现事故的钢材，其厚度方向断面收缩率一般均低于15%。大量焊接结构试验也证明，通过断面收缩率可以大体判定钢板的层状撕裂敏感性。提高钢板厚度方向（Z向）拉伸断面收缩率，可以通过降低硫含量、降低非金属夹杂物综合含量及控制其形态等措施来实现。

当焊接熔融面平行于材料表面时，层状撕裂较易发生，因此T形、十字形、角形焊接节点宜满足下列要求：当翼缘板厚度等于或大于40mm且连接焊缝熔透高度等于或大于25mm或连接角焊缝单面高度大于35mm时，设计宜采用对厚度方向性能有要求的抗层状撕裂钢板，其Z向承载性能等级不宜低于Z15（限制钢板的含硫量不大于0.01%）；当翼缘板厚度等于或大于40mm且连接焊缝熔透高度大于40mm或连接角焊缝单面高度大于60mm时，Z向承载性能等级宜为Z25（限制钢板的含硫量不大于0.007%）；翼缘板厚度大于或等于25mm，且连接焊缝熔透高度等于或大于16mm时，宜限制钢板的含硫量不大于0.01%。

《厚度方向性能钢板》GB/T 5313—2010规定了钢板的厚度方向性能级别、试验方法及检验规则，适用于厚度为15~400mm的镇静钢钢板。厚度方向性能级别是对钢板的抗层状撕裂能力提供的一种量度，厚度方向性能采用厚度方向拉伸试验的断面收缩率来评定。不同厚度方向性能级别所对应的钢的硫含量（熔炼分析）应符合表6.10-2的规定。钢板厚度方向性能级别及所对应的断面收缩率的平均值和单个试样最小值应符合表6.10-3的规定。

硫含量（熔炼分析） 表6.10-2

厚度方向性能级别	硫含量（质量分数）（%）
Z15	0.01
Z25	0.007
Z35	0.005

厚度方向性能级别及断面收缩率值 表6.10-3

厚度方向性能级别	断面收缩率（%）	
	三个试样的最小平均值	单个试样最小值
Z15	15	10
Z25	25	15
Z35	35	25

Z向钢板是在某一等级结构钢的基础上，经过特殊处理（如钙处理、真空脱气、氩气搅拌等）和适当热处理的钢材。钢板和型钢是经过滚轧成型的，一般多高层钢结构所用钢

材为热轧成型，热轧可以破坏钢锭的铸造组织，细化钢材的晶粒。钢锭浇筑时形成的气泡和裂纹，可在高温和压力作用下焊合，从而使钢材的力学性能得到改善。然而这种改善主要体现在沿轧制方向上，因钢材内部的非金属夹杂物（主要为硫化物、氧化物、硅酸盐等）经过轧压后被压成薄片，仍残留在钢板中（一般与钢板表面平行），而使钢板出现分层（夹层）现象。这种非金属夹层现象，使钢材沿厚度方向受拉的性能恶化。因此钢板在三个方向的机械性能是有差别的：沿轧制方向最好；垂直于轧制方向的性能稍差；沿厚度方向性能又次之。

处于外露环境，且对耐腐蚀有特殊要求或处于侵蚀性介质环境中的承重结构，可采用 Q235NH、Q355NH 和 Q415NH 牌号的耐候结构钢，其质量应符合现行国家标准《耐候结构钢》GB/T 4171 的规定。

6.11　钢结构施工详图

在钢结构工程中，设计单位完成的设计文件中通常包含结构布置、构件尺寸、材质、连接、防腐防火、典型连接构造大样以及特殊工艺技术要求等内容，施工单位尚需依据设计文件进行二次深化设计，绘制用于直接指导钢构件制作和安装的施工详图。施工详图设计需严格按照相关钢结构设计及施工验收等规范的规定进行，并需满足焊接工艺、构件成型、构件运输、安装工艺等要求。

钢结构施工详图应包含图纸目录、设计总说明、构件布置图、构件详图、零件详图、安装详图等内容，施工详图经设计单位审核签认后用于构件制作及安装。施工详图设计的责任主体在钢结构施工单位，但从确保工程建设质量的角度，结构设计人员有必要在施工阶段做好设计交底，与深化单位充分沟通设计意图，全面熟悉深化设计图纸，重点把握关键节点及关键构件的实现情况。施工详图的深化设计配合过程中，结构设计人员需重点关注以下几方面事项。

6.11.1　专项设计深化配合

在实际项目的施工图设计阶段，诸如幕墙、电梯等具体厂家工艺密切相关的配合工作往往缺少必要的设计输入资料，结构设计时按工程经验预判，并采取预留荷载条件的方式进行设计。在施工过程中，设计人员可根据相关专业单位提供的荷载、尺寸、连接构造要求等资料，复核是否满足原设计预留条件，经核实无误后再由钢结构施工单位进行该部分的详图深化和制作加工，避免因设计条件不全导致返工或现场焊接构件。

常规幕墙多通过竖向主龙骨吊挂至楼层顶部的主体结构上，竖龙骨设计为拉弯构件，避免龙骨受压失稳问题。连接节点反力包括竖向力、水平力及因连接偏心产生的附加扭矩，当幕墙自重较大或偏心距较大时，附加扭矩对结构的不利影响不容忽视。幕墙主龙骨与主体的连接节点构造主要有图 6.11-1 所示的三种方案。方案（a）中，龙骨通过转接件直接连接至钢梁侧面的节点板上，此方案竖向力传递直接，但由于 H 形钢截面的弱轴承载力偏低且无法承担扭矩，水平力及附加扭矩需要梁顶的混凝土楼板平衡，设计时需复核钢梁与楼板间的栓钉抗剪承载力，必要时应增加栓钉数量。方案（b）中，转接件通过预埋件与楼板边缘设置的混凝土翻边直接连接，水平力及附加扭矩的传递均较为直接，适用于板边悬挑尺寸较短且混凝土翻边厚度不影响楼面建筑做法构造的情况。方案（c）中，幕墙偏心距较大，附加扭矩的不利影响十分显著，此时需在钢梁外侧设置刚性连接的悬挑牛腿，同时在对侧设置尺寸基本相当的平衡牛腿，将附加扭矩扩散为有效楼板宽度范围内的楼板弯矩，从而解决钢梁受扭问题。

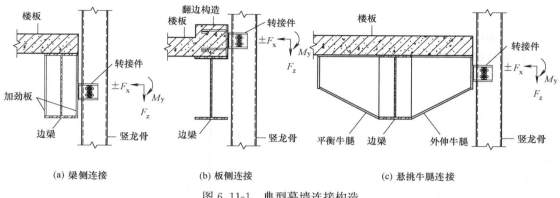

(a) 梁侧连接　　　　　　　　(b) 板侧连接　　　　　　　　(c) 悬挑牛腿连接

图 6.11-1　典型幕墙连接构造

电梯的深化设计配合内容，主要包含：井道结构做法的确定，井道尺寸和冲顶高度的复核，有机房电梯机房层结构布置，无机房电梯曳引机安装梁的布置，吊钩梁的布置，底坑及曳引机、吊钩梁的荷载复核。

6.11.2 深化设计的审核

目前钢结构深化设计多采用国际通用的 Tekla 软件，通过参数化的建模方式输入构件截面、材质、节点类型、焊缝和螺栓构造等，结构中的复杂节点也可通过空间建模手段得以精确呈现。施工单位报送的构件、零件详图以及材料报表通常由软件自动生成，施工详图与三维模型可保持高度一致。设计人员在具备软件使用条件时，通过直接查看三维模型的方式，更便捷地核查结构布置、构件材质、节点构造等是否符合设计意图，模型审核完毕后再审查深化设计详图，可大幅提高审核工作的效率。在模型审核时，常用到的软件操作如下：

（1）直接选中构件，查看构件属性即可快速核对构件截面尺寸、长度和材质等信息。

（2）通过直接观察钢梁翼缘是否开坡口、是否设置衬板、是否设置腹板过焊孔，可快速判定是否满足设计要求的梁端刚接构造。

（3）通过选中螺栓节点，可快速核对螺栓直径、孔径、中心距、边距等是否满足设计要求。

（4）通过设置视图透明的功能，可快速查看箱形、圆形柱与梁或支撑刚接节点处是否按设计要求设置内隔板，管桁架等截面是否按设计要求设置内部加劲肋等。

（5）通过批量选中结构构件，可快速查询模型中各类构件重量，通过软件自动统计出的材料重量，可以总体把握项目的用钢量情况，作为后续项目经济性控制的重要参考依据。

在深化设计详图审核时，应重点关注以下几方面的内容：

（1）焊接、加工等工艺相关的说明与设计要求一致，设计图纸中未明确的工艺要求应符合相关规范规定，结构布置平面图应与原设计结构体系一致，构件的截面规格、平面尺寸、材质与原设计图纸一致。

（2）构件图、零件各类主要连接节点与设计图纸吻合，关键节点的深化与设计意图保持一致，对原图纸未明确的做法进行的深化设计，应符合现行标准、规范或规程的相关规定。

（3）构件分段拼接位置原则上位于结构受力较小部位，并宜减少现场焊接的工作量，应确保拼接部位为等强连接，必要时补充拼接节点的承载力验算。

（4）签署深化图纸审核意见时应着重强调钢结构单位对深化设计所负有的责任。

值得设计人员注意的是，前述的各专项深化设计均会导致主体结构实际用钢量较钢结构施工图工程量有一定幅度的提高，深化设计配合时在确保安全适用的前提下，应注意合理控制深化设计方案的经济性。此外，还应注重与建设单位的沟通协商，深化设计导致的相关变更、洽商文件需经过建设单位的签认，必要时应通过会商的方式确认一致。

6.12　中关村东升科技园二期

6.12.1　工程概况

本工程建设地点位于北京市海淀区东升镇西小口村规划建设的 1813-L24 地块，使用性质为办公、商业及配套综合楼，建设用地面积为 77240m²，建筑面积约 43 万 m²，其中地上部分建筑面积约 27 万 m²，地下部分建筑面积约 16 万 m²。地下为大底盘，共 3 层（局部 4 层），地下 1 层为商业及配套用房。地上分为南区（1～4 号楼）和北区（5 号楼）两部分。北区塔楼楼座间、塔楼和裙房间，在不同的楼层上存在多处室内空间的连通，因此建筑统一划分为 5 号楼。共包含 3 栋塔楼，2 栋裙房。5 号楼中塔楼地上为 14 层双塔平面，建筑平面呈长方形，平面长度约为 168m，宽度 38.5m，屋面檐口高度约为 58.8m。塔楼 1、2 层为商业及配套用房，层高 5.4m，3 层及以上为办公用房，层高 4.0m。中塔楼为超限结构，与西塔楼、东塔楼间通过两侧连廊连通。连廊均与中塔楼刚性连接，分别与西塔楼、东塔楼之间设置结构抗震缝（双柱）脱开。5 号楼塔楼施工过程见图 6.12-1。

图 6.12-1　5 号楼塔楼施工过程

6.12.2 结构选型

6.12.2.1 结构形式比选

考虑到本项目外立面变化较为复杂，竖向不规则较为严重，且在两塔楼间存在高位连接体，在端部存在大跨度连廊，综合考虑建筑绿建三星等要求，故对外框架及连接体部位采用纯钢结构，即可以实现较好的结构抗震水平及连接性能，也有助于实现绿色建筑的要求。

本项目对钢框架-混凝土核心筒方案和钢框架-支撑方案进行比选。两种结构方案的主要技术指标见表 6.12-1。

结构形式技术指标比较 表 6.12-1

指标	钢框架-混凝土核心筒	钢框架-支撑
层间位移角限值	1/800	1/250（1/300）
主要竖向构件截面	外框：钢管混凝土柱 800mm 核心筒：700mm 厚，加大量钢骨	外框：箱形柱 800mm×800mm 核心筒：钢管混凝土柱 700mm×900mm
基底剪力	63155kN	52039kN
框架剪力分担率	＜20%，Y 向部分楼层＜10%，难以满足规范要求	满足基底总地震剪力 25%
二道防线	相对于混凝土核心筒，外框刚度及承载力较弱	损伤机制明确
防火性能	较好	防火涂料
建筑功能影响	较大	较小
施工难易程度	较难	较易
抗震性能评价	一般	较好

从表中可以看出，相较于钢框架-混凝土核心筒方案，钢框架-支撑方案在建筑结构合理性、抗震性能、建筑功能与建筑空间的有效利用等方面均具有明显的优势。尤其对于办公类建筑而言，钢结构所带来的构件尺寸的减小可以有效拓展建筑使用空间、提升舒适度体验。

6.12.2.2 钢结构抗侧力体系比选

对多种钢结构抗侧力体系进行了比选，见表 6.12-2 和图 6.12-2。拟采用钢框架-屈曲约束支撑结构，结合建筑的楼梯间、电梯井道以及设备管井隔墙设置屈曲约束支撑，形成主要抗侧力体系，屈曲约束支撑耗能能力强，可有效限制结构在大震下的位移，能有效降低与周围建筑间的不利影响。

不同钢结构抗侧力体系技术指标对比 表 6.12-2

项目	阻尼墙	带肋钢板墙（防屈曲）	中心耗能支撑（摩擦型）	偏心支撑	屈曲约束支撑
宏观抗震性能	优	良	优	良	优
边缘构件刚度要求	高	低	低	低	低
墙厚尺寸	中	小	较小	较小	较小

续表

项目	阻尼墙	带肋钢板墙（防屈曲）	中心耗能支撑（摩擦型）	偏心支撑	屈曲约束支撑
参数可控性	较差	较差	较差	较好	较好
耐久性	较差	较差	较差	较好	较好
造价	较高	较低	较高	较低	较低
现场施工要求	较高	较高	高	一般	一般
体系成熟度	一般	较差	较差	较高	较高

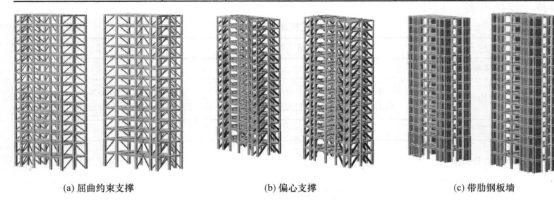

(a) 屈曲约束支撑 (b) 偏心支撑 (c) 带肋钢板墙

图 6.12-2　抗侧力体系

6.12.3　连接体专项分析

本项目在 8～11 层存在较高位置连接体，且要承托上部 12 层、13 层一跨框架。连体与楼层等宽，通过单体模型可以发现，连接体对塔楼的连接作用较强，对结构的整体动力特性影响较大，需要对连接体的形式进行专项研究，更好地协同两侧受力与变形，降低薄弱部位集中对结构的不利影响。此外，在该结构的东、西两侧还存在两个跨度 24m 的连廊，其中西侧 2 层，东侧 3 层，立面较不规则，为结构设计增加较大难度，但经过合理布置，既满足了结构的计算指标，又达到了对东西连廊的有效"帮扶"，实现了结构按此分缝的初衷。

6.12.3.1　连接体形式比选

在连接体结构方案比选过程中尤为关注以下问题：

（1）扭转效应。连体结构将协调两边塔楼的变形，当连体两边的塔楼不对称时，该扭转效应会愈加显著。本项目通过结构的合理布置，满足扭转要求。

（2）竖向地震作用的影响。《高层建筑混凝土结构技术规程》JGJ 3—2010（简称《高规》）第 10.5 节要求，8 度抗震设计时，应考虑竖向地震的影响。本项目连接体部位跨度为 25.2m，其中中间连接体在 8～11 层，支承位置较高，连体部分较重，且相对塔楼结构又比较柔，故其对竖向震动效应的放大比较敏感，因此连接体结构的竖向刚度应满足计算要求。

（3）连接方式。工程中常见的连接方式有：刚性连接、固定铰连接和滑动连接。连体结构连接体部位受力复杂，连接跨度也较大，采用刚性连接，在结构分析与构造上更容易把握。震害表明，当采用滑动连接时，连接体往往由于滑移量较大，致使支座发生破坏，故应采用有效的防坠落措施，并应满足罕遇地震下的位移要求。综上所述，参考《高规》第10.5节规定，中间（8~11层）连接体及西侧（3~4层）、东侧（3~6层）均采用与塔楼刚性连接的方式。

（4）对整体抗震性能的影响。考虑连接体结构对整体结构抗侧刚度的影响，采取合理的连接体结构形式，降低刚度和质量突变的程度，对薄弱部位进行针对性的验算。

为选择合理的连接体结构方案，对几种结构连体方案进行比选，具体见表6.12-3和图6.12-3。

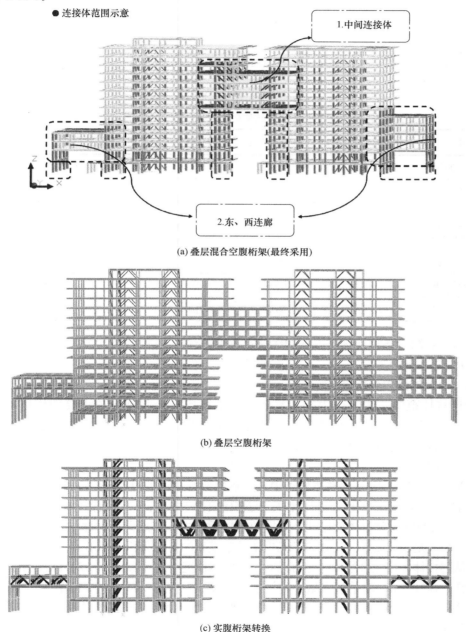

（a）叠层混合空腹桁架(最终采用)

（b）叠层空腹桁架

（c）实腹桁架转换

图6.12-3 连接体结构形式对比（一）

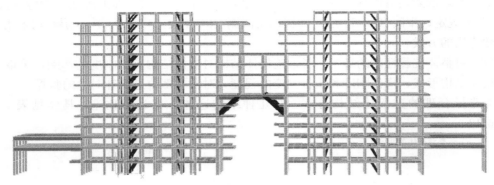

(d) 托梁式及吊梁式转换

图 6.12-3　连接体结构形式对比（二）

连接体结构形式对比　　　　　　　　　　　　　　　　　表 6.12-3

项目	托梁式转换	吊梁式转换	实腹桁架转换	叠层空腹桁架	叠层混合空腹桁架
整体抗震性能影响	良	良	差	优	优
层刚度比影响	局部突变	局部突变	突变	略有增大	略有增大
层竖向质量比	大	大	大	较小	较小
连接体竖向挠度	中	中	小	较小	小
应力集中现象	明显	明显	一般	一般	较小
安全冗余度	低	低	高	一般	高
建筑功能影响	明显	明显	明显	小	小

综上所述，结合各种连接体方案的优缺点及本工程的实际情况，采用叠层混合空腹桁架的结构形式。

6.12.3.2　连接体受力分析

对于连接体范围，因其受力较为复杂，对于结构安全起到至关重要的作用，为降低结构空间作用，垂直于桁架弦杆方向的连系梁在整体计算时按铰接和刚接复核，施工按刚接构造，提高设计冗余度。选取典型一榀范围内，分两部分进行对比，工况取 1.3DL＋1.5LL：

（1）YJK 与 ETABS 软件整体模型中典型榀桁架弯矩、轴力对比；

（2）取典型榀桁架单独模型进行计算，与整体模型中相同部位弯矩轴力结果进行对比。

YJK 和 ETABS 软件整体模型计算结果较为接近，主要节点受力对比均在 5% 以内，计算结果准确性满足设计要求。通过典型榀桁架单独模型的对比分析可以看出，受力规律较为接近：①从连接体底层弦杆端部弯矩可以看出，整体模型中左侧弯矩为 3751.9kN·m，右侧弯矩为 3215.4kN·m，而单独模型中左、右侧弯矩分别为 4088.4kN·m 和 3393.5kN·m，受力分别增大 9.0% 和 5.5%；②通过下弦跨中最大轴力对比可以看出，ETABS 整体模型最大轴力为 2209kN，单榀模型最大轴力为 2005kN。表明了整体模型的空间作用对结构受力存在一定的帮助，但程度较低，符合预期，设计时可适当留出冗余度。

6.12.4 减震子结构

本项目采用钢框架-屈曲约束支撑结构，为一种新型的消能减震结构，在地震发生时，屈曲约束支撑（BRB）犹如保险丝一般，能够有效地通过"熔断"自己，耗散地震能量，以达到保护主体结构安全的目的。减震子结构见图 6.12-4 所示。

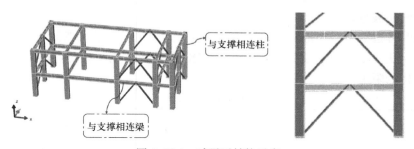

图 6.12-4　减震子结构示意

6.12.4.1　计算原理

《建筑消能减震技术规程》JGJ 297—2013 第 4.1.2 条规定了消能减震结构的地震作用计算方法："消能减震结构的地震作用效应计算，应采用下列方法：①当消能减震结构主体结构处于弹性工作状态，且消能器处于线性工作状态时，可采用振型分解反应谱法、弹性时程分析法。②当消能减震结构主体结构处于弹性工作状态，且消能器处于非线性工作状态时，可将消能器进行等效线性化，采用附加有效阻尼比和有效刚度的振型分解反应谱法、弹性时程分析法；也可采用弹塑性时程分析法。③当消能减震结构主体结构进入弹塑性状态时，应采用静力弹塑性分析方法或弹塑性时程分析方法。"本项目在设防地震作用下的计算，近似地考虑上述规范第 2 款，仅考虑消能器处于非线性工作状态，而主体结构则近似认为是弹性状态。

本次计算分别采用：

方法一：考虑对 BRB 进行等效线性化的 CQC 法。综合考虑各项影响因素，利用直接积分法对结构进行时程分析，然后针对每个减震器构件的位移时程曲线、速度时程曲线、内力时程曲线和滞回曲线等结果，自动对每根构件在每个地震方向下计算其有效刚度和有效阻尼，并回代给原结构，进行振型分解反应谱分析，验算结构抗震性能。

方法二：考虑 BRB 弹塑性的动力时程方法。对消能部件 BRB 赋予非线性属性，通过合理选择多条地震波，分别进行地震输入 X 向为主和 Y 向为主的三向地震时程分析，验算中震下采用方法一（中震等效线性化计算）的准确性，并为采用方法一进行关键构件验算提供可靠依据。

6.12.4.2　CQC 等效线性化分析

减震计算的主要问题在于如何在反应谱分析时能正确考虑减震器的特性，这就要求我们能够给出较为精确的有效刚度和有效阻尼值。由于生产厂家一般只给出减震器的非线性参数，而减震器有效刚度和有效阻尼与地震波、地震方向、地震波峰值加速度、安装位置以及局部方向（U1、U2、U3）等因素有关，如何计算有效刚度和有效阻尼一直以来是一个难点，《建筑抗震设计规范》GB 50011—2010（2016 年版）第 12.3.4 条给出了消能部件有效刚度和附加阻尼比的计算方法。

CQC 等效线性化方法计算的主要步骤为：①选取多条与规范谱贴合较好的地震波，利用非线性连接单元模拟 BRB 减震器，进行直接积分法时程分析；②利用消能器的滞回曲线，求解各个 BRB 的有效刚度和有效阻尼；③采用强制解耦方法或能量法，得到整体结构计算的振型阻尼和构件的有效刚度，进行 CQC 等效线性化计算，验算结构抗震性能。

6.12.4.3　地震波选取

地震波时程选取满足规范要求的 7 条地震波，其中包括 5 条天然波和 2 条人工波，见表 6.12-4。为更真实地反映在后续步骤进行 CQC 等效线性化计算时，BRB 的刚度退化以及附加给结构的阻尼，相应计算结果取平均值。

地震波时程记录　　　　　　　　　　　　　　　　　表 6.12-4

简称	地震波名称	计算区间（s）	峰值加速度（PGA）（gal）		
			主方向	次方向	竖方向
TR-1 波	Chi-Chi_Taiwan-06_NO_3495	0～30	200	—	—
TR-2 波	HectorMine_NO_1809	10～40			
TR-3 波	Iwate_Japan_NO_5542	10～40			
TR-4 波	Niigata_Japan_NO_6509	0～30			
TR-5 波	ElMayor-Cucapah_Mexico_NO_5834	20～50			
RG-1 波	ArtWave-RH4TG045	0～30			
RG-2 波	ArtWave-RH3TG065	0～30			

6.12.4.4　有效刚度和阻尼的计算

利用非线性连接单元模拟 BRB 减震器，进行直接积分法时程分析。程序会自动将所选波的主波分别加到结构的 X、Y 方向各计算一次，根据每个非线性构件的滞回曲线计算该方向下的有效刚度和有效阻尼，结果如图 6.12-5 和图 6.12-6 所示。计算完毕后，对每个非线性构件软件取耗能大的方向为控制方向，并将该方向下的结果作为最终的有效刚度和有效阻尼结果。软件分别对每条波做上述处理之后，再对所有波的结果做平均，得到最终结果，此方向偏于保守，用以验算其他构件的抗震性能。

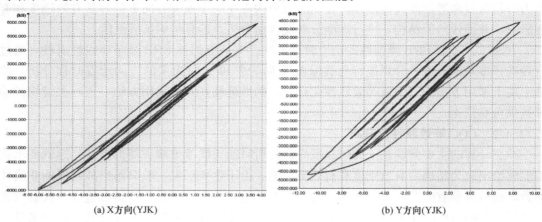

(a) X方向(YJK)　　　　　　　　　　　(b) Y方向(YJK)

图 6.12-5　时程计算 7 层典型 BRB 滞回曲线（一）

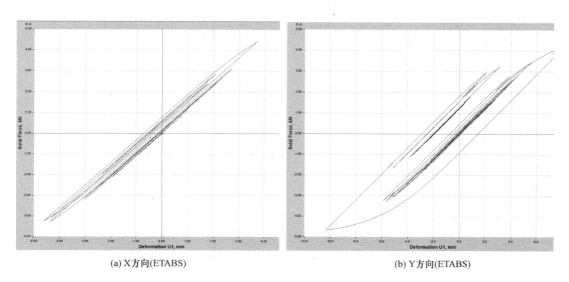

(a) X方向(ETABS)　　　　　　　　　(b) Y方向(ETABS)

图 6.12-5　时程计算 7 层典型 BRB 滞回曲线（二）

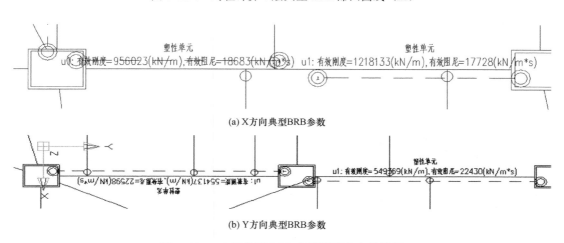

(a) X方向典型BRB参数

(b) Y方向典型BRB参数

图 6.12-6　7 层典型 BRB 有效刚度和有效阻尼

6.12.4.5　CQC 等效线性化振型阻尼计算

在进行中震 CQC 性能化验算时，连接单元使用直接积分法时程中计算得到的有效刚度和有效阻尼，通过强制解耦方法或能量法进行整体结构计算。前 6 阶振型阻尼见表 6.12-5。各时程工况层间位移角与 CQC 结果如图 6.12-7 和图 6.12-8 所示，可以看出，结果基本一致，且满足结构整体变形的性能目标，可以进行后续构件性能目标验算。

前 6 阶振型阻尼　　　　　　　　　　　　表 6.12-5

振型	阻尼	振型	阻尼
1	0.044	4	0.068
2	0.040	5	0.063
3	0.045	6	0.054

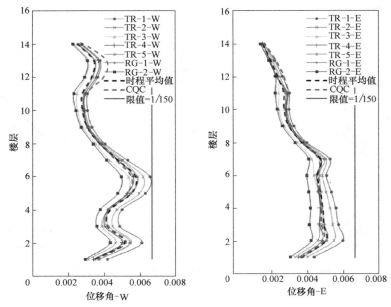

图 6.12-7　时程与反应谱位移角比较——X 方向

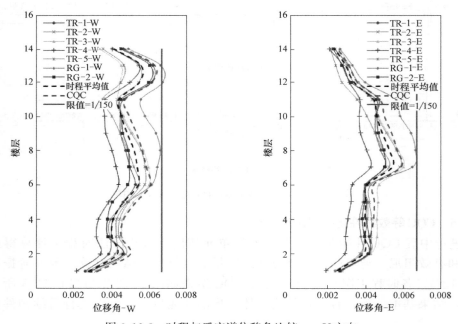

图 6.12-8　时程与反应谱位移角比较——Y 方向

参 考 文 献

［1］　JI X D，WANG Y D，MA Q F，et al. Cyclic behavior of very short steel shear links ［J］. Journal of Structural Engineering（ASCE），2016，142（2）：04015114-1-04015114-1010.

第二篇

复杂钢结构设计案例

本篇部分彩图

7 中铁青岛世界博览城

7.1 工程概况

中铁青岛世界博览城位于青岛市区西南部，距离市中心 35km，距离黄岛区中心 20km，距离西海岸核心区约 3km，是集西海岸新区会展功能、滨海生态商旅度假综合社区功能于一体的综合新区。项目总建筑面积约 26.17 万 m²，其中地上建筑面积 24.77 万 m²，地下建筑面积 1.4 万 m²。建成后现场照片如图 7.1-1 和图 7.1-2 所示。

图 7.1-1 中铁青岛世界博览城外部照片

图 7.1-2 中铁青岛世界博览城内部照片

建筑通过中央十字展廊，将 12 个独立展厅联系起来，同时展廊空间向周边道路、环境打开，形成开放式布局，让博览建筑成为独具魅力的新型城市景观。

建筑内在的空间结构形成了外部形态的美学韵律和视觉冲击力，使建筑形象真实而动人。包括展廊与展厅两部分，以中央十字展廊为功能组织核心，南北各布置 6 个、共 12 个独立展厅单元（尺寸 74.4m×136.4m，采用变标高的空间桁架钢结构），建筑高度为 23.85m。展廊平面呈十字形布置，东西向长 507m，南北向长 287m，主拱和次拱方向分别设置两道温度缝，最高点标高为 35.0m。

下部主体结构为混凝土框架体系，地上一层，局部设置一层地下室。十字展廊屋盖结构体系为预应力索拱结构，索拱平面外顺柱面网壳沿纵向利用高强钢拉杆通长设置交叉支撑，以保障索拱面外的稳定。

结构设计使用年限为 50 年，抗震设防烈度为 7 度（0.1g），Ⅱ类场地土。50 年重现期基本风压 0.6kN/m²（用于变形计算），100 年重现期基本风压 0.7kN/m²（用于承载力计算），地面粗糙度类别 A 类。

东西向主展廊跨度为 47.46m，矢高为 28.75m，矢跨比为 1∶1.6。南北向次展廊跨度为 31.56m，矢高为 19.15m，矢跨比为 1∶1.6，均属高矢跨比拱形。对于拱而言，随着其矢高的逐步增大，水平向抗侧刚度明显减弱，风荷载引起的跨中弯矩剧增，横向风荷载逐渐成为其主要控制荷载工况。

高矢跨比拱形可营造出开阔的内部空间，更加充分地满足内部使用功能的需求。但由于其矢高过大，致使其抗侧刚度明显减弱。加之建筑师期望结构本身可营造出通透美观的室内效果，工程造价也应控制在合理范围以内，因此需寻求新颖合理的结构方案以满足各方的需求。

主次拱沿其纵向，每隔 4.5m 布置一榀，典型榀主拱剖面如图 7.1-3 和图 7.1-4 所示。

标准展厅

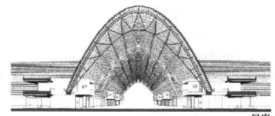

展廊

图 7.1-3　典型剖面一

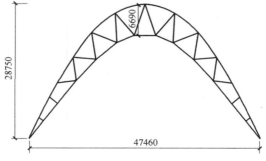

图 7.1-4　典型剖面二

7.2 十字展廊结构方案选取分析

7.2.1 高矢跨比纯拱结构力学性能分析

在竖向均布恒荷载作用下，拱梁的弯矩分布规律和大小仅与拱形偏离合理拱轴线的程度相关，与矢高并无必然联系。拱脚推力与矢高直接相关，接近成线性比例关系，矢跨比越大，水平推力越小。中铁青岛世界博览城十字展廊工程典型榀主拱矢跨比为 1：1.6，属于高矢跨比拱形。针对这一拱形，研究了竖向恒荷载作用下，拱脚边界水平向支撑刚度对其力学性能的影响（分析模型见图 7.2-1），并绘制了支座水平向刚度与水平向反力曲线，如图 7.2-2 所示。

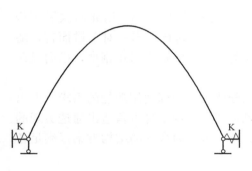

图 7.2-1　分析模型

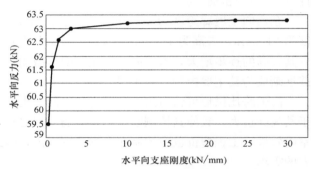

图 7.2-2　支座水平向刚度与水平向反力曲线

由图 7.2-2 可知，当水平向支座刚度大于 10kN/mm 时，拱脚水平向反力趋于稳定。47.5m 跨的拱梁，间隔 4.5m 布置时，均布恒载作用下其水平向反力最大值为 63.3kN。10kN/mm 线刚度相当于 6m 高截面为 0.8m×0.8m 悬臂混凝土柱柱顶抗侧刚度。即使水平向线刚度退化到 0.2kN/mm，拱脚水平推力依然有 59.5kN，支座刚度的减弱对结构力学性能影响不大。因此高矢跨比拱梁对其边界水平向刚度的要求较低，有效的拱脚约束易于满足。

高矢跨比拱梁随着其矢高的逐步增大，水平向抗侧刚度明显减弱，横向风荷载逐渐成为其主要控制荷载工况。在基本风压不变的情况下，不同矢跨比拱梁水平向最大位移和跨中最大弯矩如表 7.2-1 所示。

不同矢跨比拱梁力学性能对比表　　　　　　　　　　　　　　表 7.2-1

矢跨比	水平向最大位移(mm)	跨中最大弯矩(kN·m)
1：6	29.3	286.5
1：3	115.6	417.1
1：1.6	391.5	718.2

7.2.2 索拱结构体系性能优势

纯拱结构空间杆件较少，能表现建筑轻盈的视觉效果。但纯拱是一种整体稳定敏感的结构，尤其是高矢跨比拱形，随着其矢高的逐步增大，水平向抗侧刚度明显减弱，风荷载引起的跨中弯矩剧增。为改善高矢跨比拱形力学性能，将纯拱、拉索与撑杆合理组合，从而形成索拱结构体系。利用索的拉力或撑杆提供的支承作用以调整结构内力分布并限制其变形的发展，进而有效提高结构的刚度和稳定性。拉索与撑杆相比于传统的桁架杆件，截面更为纤细轻盈，从而营造出通透美观的室内观感，展现结构的自身美。

针对中铁青岛世界博览城十字展廊工程典型榀主拱，对比了纯拱、拱桁架（图 7.2-3）和索拱结构（图 7.2-4）的力学性能和经济性。索拱结构和拱桁架矢高相同，索拱结构采用刚性撑杆。整体稳定分析采用了弧长法，假定材料为线弹性，考虑几何非线性影响和 $L/300$（L 为拱梁跨度）的初始缺陷，对比分析结果如表 7.2-2 所示。

图 7.2-3　拱桁架　　　　　　　　　　　　　图 7.2-4　索拱结构

3 种结构形式的比较　　　　　　　　　　　　表 7.2-2

性能	纯拱	拱桁架	索拱
恒载下水平支座反力（kN）	63.3	63.3	6.1
风荷载水平位移（m）	0.165	0.060	0.061
非线性稳定系数 K	4.8	—	5.3
用钢量（kg/m²）	105.1	43.2	49.8

当用钢量均为 49.8kg/m^2 时，纯拱截面与索拱结构基本相同，风荷载水平位移及非线性稳定系数见表 7.2-3。

3 种结构形式的比较　　　　　　　　　　　　表 7.2-3

性能	纯拱	拱桁架	索拱
风荷载水平位移（m）	1.425	0.058	0.061
非线性稳定系数 K	2.1	—	5.3

由以上分析可知：纯拱结构在稳定性安全系数能达到与索拱结构相当时，用钢量约为后者的 2.1 倍，风荷载作用下的水平位移为后者的 2.7 倍。恒载作用下水平向支座反力为后者的 10 倍（索拱结构的支座反力与施加的预应力大小相关）。当纯拱结构与索拱结构具有相同的用钢量时，索拱结构的整体稳定安全系数相当于纯拱结构的 2.5 倍，风荷载作用下的水平位移纯拱结构相当于索拱结构的 20 倍。由此可见，索拱结构在高矢跨比拱形时依然具有明显的力学优势，尤其是风荷载作用下水平向抗侧刚度得以显著地提高。

7.2.3　索拱结构典型形式力学性能对比

索拱结构体系轻巧美观，具有很好的建筑效果。典型的索拱体系有弦张式索拱结构、弦撑式索拱结构和车辐式索拱结构。弦撑式索拱结构根据撑杆形式的不同又可以分为三角形刚性撑杆、三角形柔性撑杆和竖向刚（柔）性撑杆。对于矢跨比为 1∶1.6 的高矢跨比拱形，索拱结构可按如图 7.2-5 所示的几种典型形式布置。

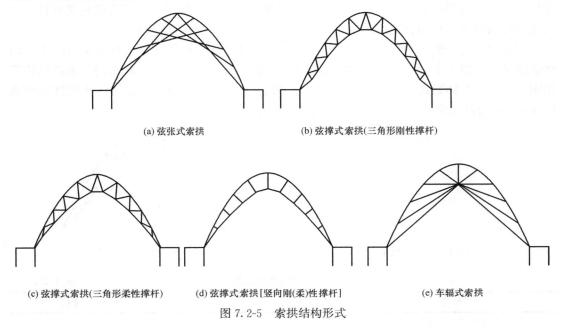

(a) 弦张式索拱   (b) 弦撑式索拱(三角形刚性撑杆)

(c) 弦撑式索拱(三角形柔性撑杆)   (d) 弦撑式索拱[竖向刚(柔)性撑杆]   (e) 车辐式索拱

图 7.2-5   索拱结构形式

表 7.2-4 列出了上述典型形式及纯拱结构在外部荷载、上弦主梁截面及支撑边界相同的条件下，恒载作用下的水平支座反力、风荷载作用下水平位移和上弦梁跨中最大弯矩，以及非线性稳定系数。恒载作用下水平支座反力主要与拉索施加的预拉力相关。为保证风荷载作用下钢索的索力不出现松弛，车辐式索拱结构和弦撑式索拱结构采用三角形柔性撑杆时，拉索需施加较大的预拉力，因此支座位置出现了较大的反向支座反力。通过对上弦梁构件应力比组成分析，弯矩引起的应力比占绝大部分比例。由此可知风荷载引起的跨中弯矩最小的索拱结构形式，是力学性能最好的形式。

典型索拱结构力学性能对比   表 7.2-4

性能		恒载水平支座反力(kN)	风荷载水平位移(m)	风荷载跨中最大弯矩(kN·m)	非线性稳定系数 K
弦张式索拱		−21	0.201	470	4.2
弦撑式索拱	三角形刚性撑杆	12.5	0.052	151	6.9
	三角形柔性撑杆	−96.8	0.12	238	5.2
	竖向刚(柔)性撑杆	−23	0.957	1023	2.9
车辐式索拱		−71	0.214	420	5.1
纯拱结构		68.3	1.232	1395	2.6

由表 7.2-4 可知, 采用三角形刚性撑杆的索拱结构力学性能改善最为显著, 其次是采用三角形柔性撑杆的索拱结构。采用竖向撑杆的弦撑式索拱结构, 风荷载引起的水平向位移和跨中弯矩较纯拱结构并无明显的改善。这主要是因为风荷载更接近反对称荷载, 撑杆和拉索发挥的作用有限。弦撑式索拱结构采用三角形刚性撑杆形式时, 需在索夹内设置一定的构造措施, 以保证拉索张拉的过程中, 索体可在索夹内自由滑动。该构造措施较为复杂, 且必然存在一定的预应力损失。设置在索夹内部的四氟乙烯板施工完毕后, 难以取出。要确保张拉完毕, 索夹能卡住索体, 便需更大的索夹尺寸。考虑到刚性撑杆尚需满足最小长细比的需要, 撑杆尺寸建筑师无法接受, 中铁青岛世界博览城十字展廊工程采用了三角形柔性撑杆的弦撑式索拱结构。进一步的分析结果表明, 拱脚根部的斜腹索对索拱结构力学性能改善微弱, 且在风荷载作用下, 索力易松弛。这是由于为保证腹索均承受拉力, 索拱结构越靠近拱脚部位桁架高度越低, 接近拱脚根部区域时, 桁架高度已过低。因此本项目索拱结构取消了靠近拱脚的区域的斜腹索并替换成刚性撑杆。根部刚性撑杆采用较小的截面尺寸即可满足长细比的要求, 且可有效地改善索拱结构在风荷载作用下的整体稳定性能。

7.3 若干关键影响因素分析

7.3.1 索桁架顶部厚度

采用柔性撑杆的弦撑式索拱结构, 索桁架顶部结构高度最厚, 拱脚位置桁架逐步退化成实腹钢梁。索桁架顶部结构高度（图 7.3-1 中 h）的变化不仅对结构力学性能产生影响, 建筑视觉效果也将随之改变。表 7.3-1 为索桁架顶部结构高度 h 从 4.5m 至 8.5m 变化时索拱结构力学性能的分析结果。

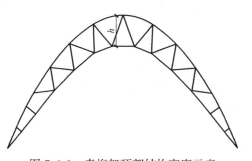

图 7.3-1 索桁架顶部结构高度示意

	索桁架顶部结构高度对力学性能的影响			表 7.3-1
索桁架顶部结构高度(m)	恒载下竖向位移(m)	风荷载下水平向位移(m)	杆件最大应力比	非线性稳定系数 K
4.5	0.012	0.131	0.87	4.8
5.5	0.008	0.125	0.81	5.1
6.5	0.005	0.123	0.8	5.2
7.5	0.003	0.128	0.84	4.9
8.5	0.001	0.135	0.89	4.7

由表 7.3-1 可知, 增加索桁架顶部结构高度虽然可增大竖向荷载作用下结构的刚度, 但风荷载作用下索拱结构跨中水平向位移和杆件最大应力比与索桁架顶部结构高度却无必然联系。这主要是由于风荷载作用下水平向位移最大部位和上弦杆件应力比最大区域均位

于索拱结构一侧跨中偏下位置。限于形式的需要，该位置桁架结构高度变化有限，且顶部桁架结构高度变化对腹索索力的分布也将产生一定的影响。由前面对高矢跨比纯拱结构力学性能的分析可知，随着其矢高的逐步增大，纯拱结构水平向抗侧刚度明显减弱，横向风荷载逐渐成为其主要控制荷载工况。因此采用柔性撑杆的高矢跨比索拱结构，索桁架顶部结构高度在一定区间变化时，起控制作用的性能目标并无显著影响。

7.3.2 分格数量和尺寸

上弦梁分格大小与建筑效果、结构力学性能和经济性密切相关。以本项目所采用的弦撑式索拱结构为例，对 5 种不同的模型（图 7.3-2）进行分析。5 种分析模型的索拱跨度、矢高、索桁架的厚度均相同，上弦梁截面及上弦梁拱脚根部区域杆件布置也完全相同。仅拱脚根部以上区域分格的数量和尺寸不同，n 表示拱脚根部以上的区域上弦梁分格数量，分析结果如图 7.3-3 所示。

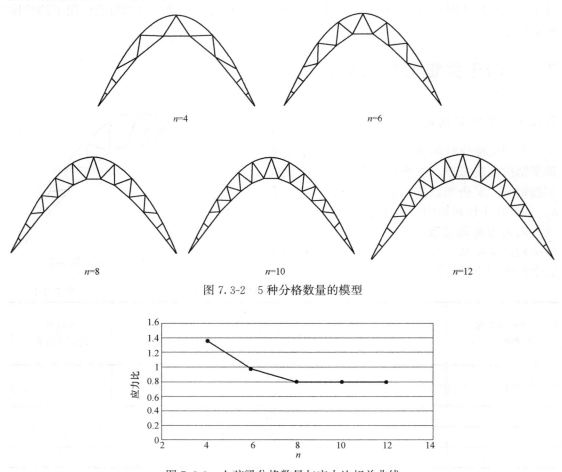

图 7.3-2 5 种分格数量的模型

图 7.3-3 上弦梁分格数量与应力比相关曲线

由以上分析可知，结构的力学性能与上弦梁分格数量密切相关，随着网格数量不断增加，上弦梁构件应力比逐渐降低。当上弦梁拱脚根部以上区域分格数量超过 8 时，构件应力比趋于稳定，维持在 0.8 附近。

7.3.3 下部支撑结构刚度影响

索拱结构往往支承于下部柱子、墙体或者框架结构之上，而下部支撑结构的刚度对上部索拱结构的力学性能势必会造成一定的影响。下部支撑结构的竖向刚度通常很大，对上部索拱结构的影响较小，本文仅考虑下部支撑结构水平刚度的影响。以中铁青岛世界博览城十字展廊工程典型榀主拱为例，恒载作用下支座水平向反力随支座刚度变化的曲线如图7.3-4所示，风荷载作用下上弦梁跨中弯矩随支座刚度变化的曲线如图7.3-5所示。

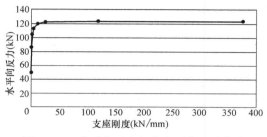

图7.3-4 水平向反力与支座刚度相关曲线

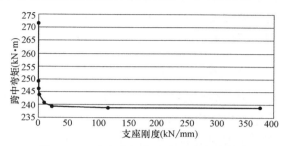

图7.3-5 跨中弯矩与支座刚度相关曲线

由图7.3-4、图7.3-5可知，支座刚度的变化对索拱结构的力学性能存在一定的影响。随着支座刚度的增加，恒载作用下的支座水平向反力逐渐增大，风荷载作用下的上弦梁跨中弯矩逐渐减少。当支座刚度大于25kN/mm时，恒载作用下拱脚水平向反力和风荷载作用下上弦梁跨中弯矩均趋于稳定。支座刚度的减弱对结构力学性能影响微弱。由此可知，当支座的水平向线刚度大于1.5kN/mm时，下部支撑刚度的变化对索拱结构力学性能的影响可忽略。1.5kN/mm线刚度相当于6m高截面为0.5m×0.5m悬臂混凝土柱柱顶抗侧刚度，实际工程中该前提极易满足。高矢跨比索拱对其边界水平向刚度的要求较低，虽然支座水平向刚度的变化理论上对索拱结构的力学性能存在一定的影响，但实际工程中多数情况下该影响可以忽略。

7.3.4 拱脚支座是否滑动

索拱结构与张弦结构形式接近，力学性能相似。张弦结构通常允许一侧支座自由滑动，进而形成自平衡体系。索拱结构按支座是否允许滑动和滑动时机可分为四种情况：①不可滑动，②一侧支座始终可滑动，③自重工况一侧支座可滑动、拉索张拉完成后屋面板安装前滑动支座固定，④自重和屋面板安装状态下可滑动、拉索张拉完毕后固定。作者对以上四种情况进行了施工过程分析并对成型后索拱结构的力学性能进行对比，分析结果如表7.3-2所示。

不同支座形式力学性能对比　　　　　　　　　　　　　　　表7.3-2

| | 水平支座反力(kN) | | 水平支座位移(m) | | 载态下弦索力(kN) | 风载最小腹索索力(kN) | 杆件最大应力比 |
	自重	恒载	自重	风荷载			
①不可滑动	−122.9	−56.5	0	0	658.5	29.2	0.8
②一侧支座始终可滑动	0	0	−0.673	0.316	416.5	0	1.1
③仅自重态可滑	0	66.4	−0.673	−0.673	161.7	0	0.93
④仅自重及屋面板安装态可滑	0	0	−0.673	−0.295	416.5	0	0.98

由以上分析可知：索拱结构支座滑动可有效降低上部屋顶结构传至下部支撑体系的水平推（拉）力，但施工阶段和成型后，外部荷载作用下支座滑动幅度较大，导致支座节点难以处理。显然支座滑动幅度大与本项目索拱结构高矢跨比拱形和下弦索上反幅度大有直接的联系。矢跨比较大也导致了一侧支座滑动时，下弦索可施加的索力有限，无法满足风荷载作用下，腹索索力不松弛的性能目标。允许一侧支座滑动时，上弦梁杆件最大应力比相对于支座不可滑动状态下也有一定程度的增大。考虑到支座不滑动时，永久荷载工况下施加到支撑结构的水平推（拉）力较小，只有 56.5kN，本项目索拱结构两侧均采用不可滑动的铰接支座。值得注意的是，传至下部支撑结构的水平推（拉）力在自重状态下比成型状态更大，因此下部支撑结构需进行施工阶段承载力验算。

7.3.5 索预应力取值确定

理论分析及工程实践表明，拉索预拉力取值对预应力钢结构的力学性能有很大影响。确定索拱结构拉索预张力应综合考虑以下几个因素：①结构自重作用时，拉索预张力不应产生过大的变形。②竖向荷载作用时，索拱结构对混凝土支座产生较小的水平推力。③最不利荷载工况组合下，上弦梁杆件应力比较低。④风荷载作用时，拉索索力应满足最小拉力控制值的要求。表 7.3-3 列出了下弦钢索不同预张力时，上弦梁由预张力引起的竖向变形、竖向荷载作用下的水平向支座反力、上弦梁在最不利荷载组合下杆件最大应力比及风荷载作用下拉索最小索力。

钢索预张力对索拱结构的影响 表 7.3-3

预张力 （kN）	上弦梁最大 竖向变形（m）	支座反力 （kN）	杆件最大 应力比	拉索最小索力 （kN）
300	0.004	23.5	0.95	0
400	0.006	3.7	0.89	0
500	0.008	−16.3	0.85	0
600	0.01	−36.4	0.82	12
700	0.012	−56.5	0.8	29
800	0.014	−76.6	0.82	45

由表 7.3-3 可知，恒载作用下的水平向支座反力随着下弦索预张力的增大而减小，当预张力超过 400kN 时，支座反力变号，并随着预张力的增加而逐渐增大。当下弦索预张力超过 600kN 时，可保证风荷载作用下全部拉索均不出现松弛。下弦索预张力为 700kN 时，上弦梁杆件应力比最低。综合以上分析，本项目典型榀主拱下弦索预张力取 700kN。

7.4 十字展廊结构布置

本项目展廊屋顶拱形矢高过大，致使其抗侧刚度明显不足。为改善结构的力学性能，将纯拱、拉索与撑杆合理组合，从而形成索拱结构体系（图 7.4-1）。利用钢索或撑杆提供的支承作用以调整结构内力分布并限制其变形的发展，进而有效提高结构的刚度和稳定性。传统采用三角形刚性撑杆的索拱结构张拉构造措施较为复杂，且存在预应力损失，于是本项目创新性地提出了柔性撑杆的弦撑式索拱结构。利用柔性的钢索代替传统的刚性撑杆，便于施工张拉的同时，杆件截面更为纤细轻盈，从而营造出通透美观的室内观感，充分展现结构的自身之美。

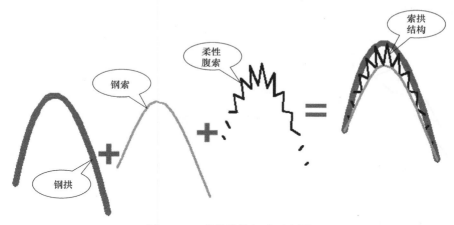

图 7.4-1　索拱结构组成示意图

中央十字形展廊东西向长 507m，南北向长 287m，属于超长建筑。为减少温度荷载的不利影响，结合建筑功能及通风带布置设置 4 道结构缝，将展廊屋顶连同下部混凝土主体支撑结构分成 5 个独立的单体，结构缝布置如图 7.4-2 所示。

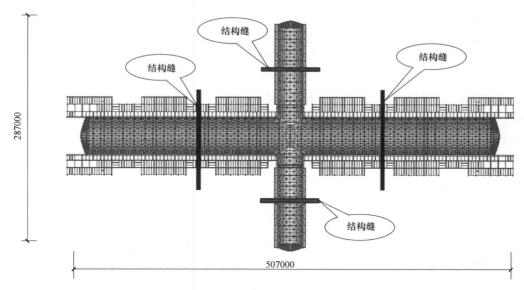

图 7.4-2　展廊结构分缝示意图

主次展廊沿其纵向，每隔 4.5m 布置一榀索拱桁架。主展廊索拱桁架上弦梁截面为□500×300×20×25，次展廊索拱桁架上弦截面为□400×250×20×25。主次展廊方向索拱桁架下弦均采用高钒索，直径分别为 68mm 和 56mm。上弦梁与下弦索之间的腹索根据受力需求采用 ϕ30～ϕ50 不锈钢高强钢拉杆。进一步的分析结果表明，拱脚根部的斜腹索对索拱结构力学性能改善微弱，且风荷载作用下，索力易松弛。因此本项目索拱结构取消了靠

211

近拱脚区域的斜腹索并替换成刚性撑杆（图7.4-3、图7.4-4）。根部刚性撑杆采用较小的截面尺寸即可满足长细比的要求，且可有效地改善索拱结构在风荷载作用下的整体稳定性能。索拱平面外顺柱面网壳沿纵向利用高强钢拉杆通长设置交叉支撑，以保障索拱面外的稳定。典型榀主拱、典型榀次拱和整体结构侧视图分别如图7.4-3、图7.4-4和图7.4-5所示。

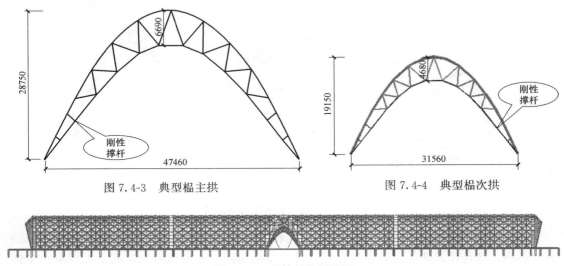

图7.4-3　典型榀主拱　　　　　　　　　　　图7.4-4　典型榀次拱

图7.4-5　整体结构侧视图

　　主次展廊重合位置两个方向的柱面筒体相贯交汇在一起，利用柱面筒体形成的相贯线设置截面为$\phi700\times25$的曲面斜拱作为该区域的主要承重构件。为进一步减小交汇区域构件跨度，顺中庭对角线方向设置一对相互交叉的索拱桁架，桁架上弦截面为$\phi700\times25$。曲面斜拱和索拱桁架组成该区域的主骨架支撑系统，其余次要构件支撑在主骨架之上。

　　曲面斜拱与索拱桁架在柱脚位置相互交汇，为便于柱脚节点施工安装，将索拱桁架落地拱脚向外适当偏移。同时支撑两组拱脚的混凝土柱内对应设置两根$\phi700\times25$钢骨，拱脚与下部主体结构刚接连接。十字展廊交汇区域设计巧妙，完成效果简洁优雅，结构在视觉上呈现出良好的一致性，是整个项目最为出彩的部位。展廊交汇区域结构示意图及建成后实景照片分别如图7.4-6、图7.4-7所示。

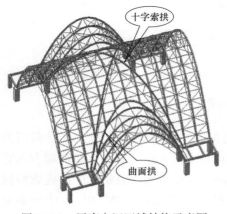

图7.4-6　展廊交汇区域结构示意图　　　　　图7.4-7　展廊交汇区域实景照片

展廊端部帽檐利用两根拱梁组合而成，其中外侧拱梁向外倾斜 12°。拱梁之间通过呈放射状的圆管联系在一起，并通过设置在帽檐内侧的格栅圆管与主体屋盖拉接成整体，利用主体屋盖约束外侧拱梁向外倾斜转动。出于造型的考虑，格栅圆管间距 1.2m 左右布置一根，布置较为密集，且帽檐范围不设围护屋面板，因此格栅圆管按长细比 150 控制其截面。为实现更好的建筑效果，格栅圆管统一采用 $\phi180 \times 8$ 截面。两根拱梁均采用□（800～500）×400×30×30 变截面箱形梁，拱脚埋入混凝土柱内形成刚接。端部帽檐结构示意图及建成后实景照片分别如图 7.4-8、图 7.4-9 所示。

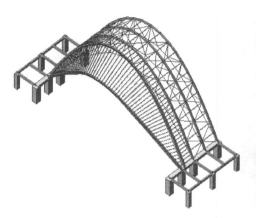

图 7.4-8　端部帽檐结构示意图　　　　图 7.4-9　端部帽檐实景照片

7.5　荷载作用

7.5.1　屋顶恒、活荷载

屋盖钢结构自重由程序自动计算生成，为了考虑节点、加劲肋等引起自重的增加，钢材重度放大 1.1 倍。

屋面建筑恒荷载（PC 板或金属板）：$1.0\mathrm{kN/m^2}$

屋面活荷载：$0.5\mathrm{kN/m^2}$

屋面吊挂活荷载：$0.5\mathrm{kN/m^2}$

7.5.2　风荷载

十字展廊属于半开敞式建筑，展廊端头和中部某些位置结合消防的要求，处于开敞状态。按现行的《建筑荷载荷载规范》GB 50009—2012 无法准确确定风荷载体型系数。加之本工程属于对风荷载敏感的大跨结构，风荷载为结构设计的主要控制指标，因此进行了风场下的风洞试验研究，为结构的安全设计和使用提供依据。典型风向角下风压系数分布如图 7.5-1～图 7.5-3 所示。

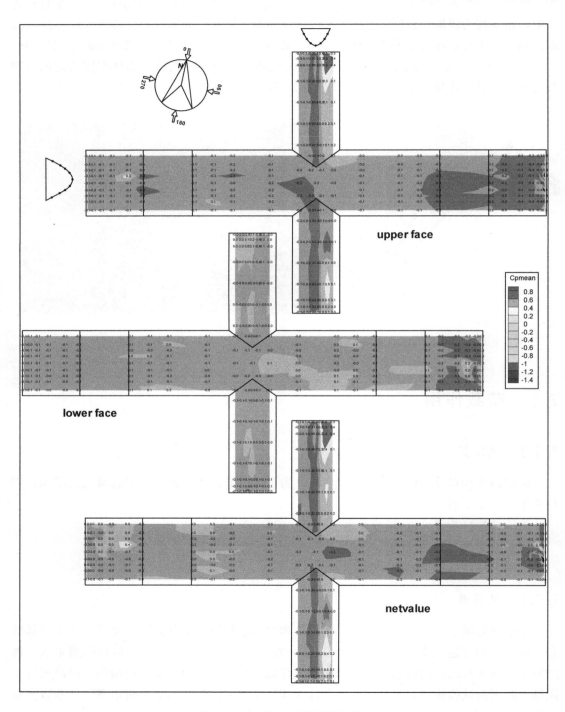

图 7.5-1　90°风向角风压系数分布

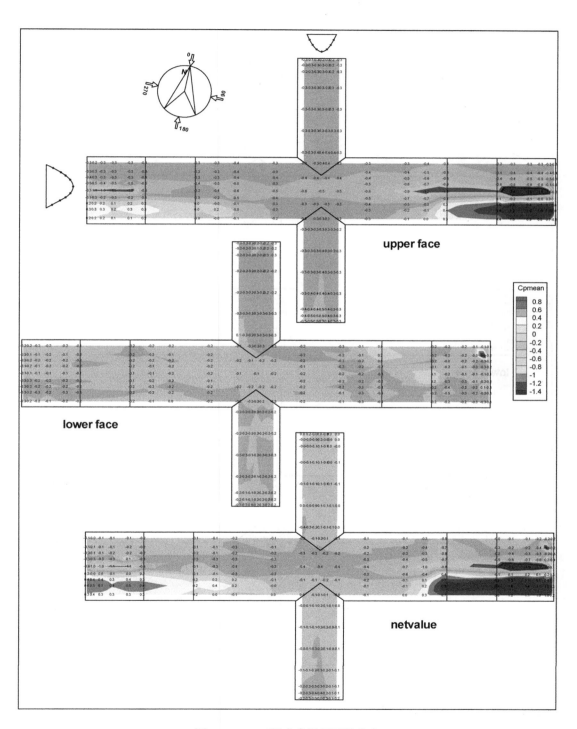

图 7.5-2　150°风向角风压系数分布

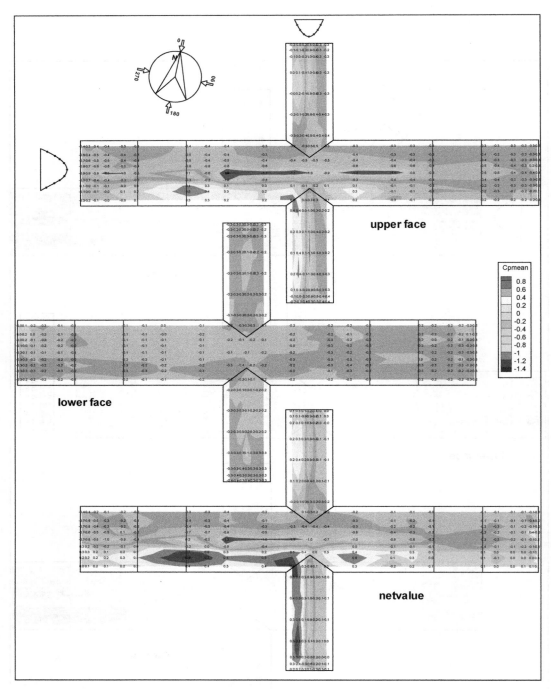

图 7.5-3　180°风向角风压系数分布

7.5.3　雪荷载

基本雪压：0.20 kN/m² （50 年重现期），0.25kN/m²（100 年重现期）
屋面积雪分布系数按荷载规范（图 7.5-4）：

a. 主拱：均匀分布 μ_r＝0.21，不均匀分布 $\mu_{r,m}$＝6.24，取值2.0

b. 次拱：均匀分布 μ_r＝0.21，不均匀分布 $\mu_{r,m}$＝6.24，取值2.0

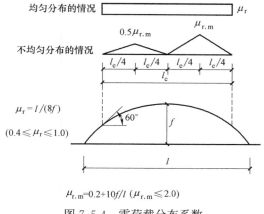

图 7.5-4　雪荷载分布系数

7.5.4　温度荷载

十字展廊暴露在外面，计算按升温 40℃，降温－40℃考虑；展馆按升温 30℃，降温－30℃考虑。

7.6　计算分析

7.6.1　计算模型

设计分析采用有限元程序 Midas8.0，并采用通用有限元程序 ANSYS19.2 进行稳定性分析和索力校核，十字展廊计算分析模型如图 7.6-1 所示。

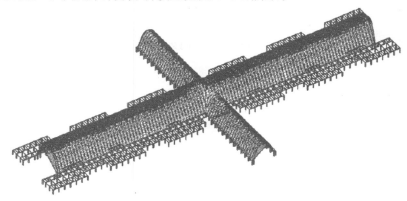

图 7.6-1　十字展廊计算分析模型

7.6.2　静力计算结果

7.6.2.1　位移计算结果

十字展廊屋盖采用预应力索拱结构，典型荷载工况下的位移如图 7.6-2～图 7.6-9 所示。

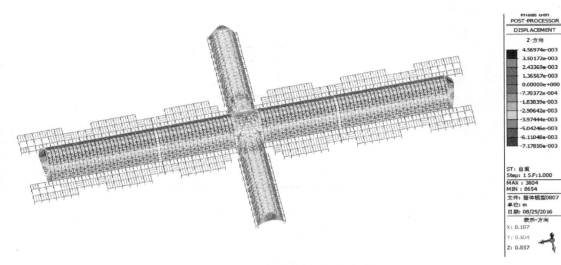

图 7.6-2　恒载作用下竖向位移

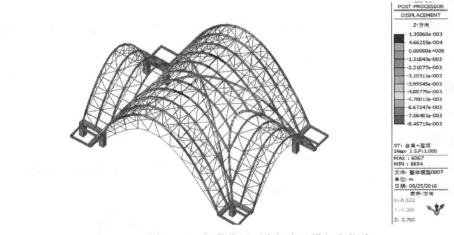

图 7.6-3　恒载作用下中间交叉拱竖向位移

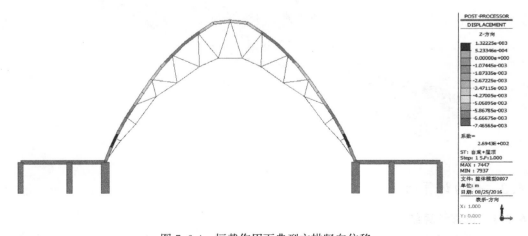

图 7.6-4　恒载作用下典型主拱竖向位移

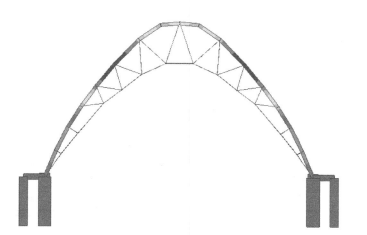
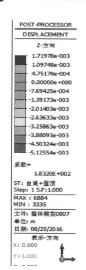

图 7.6-5 恒载作用下典型次拱竖向位移

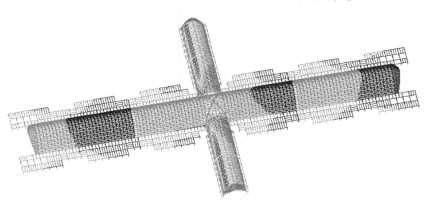
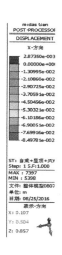

图 7.6-6 X向风载作用下水平位移

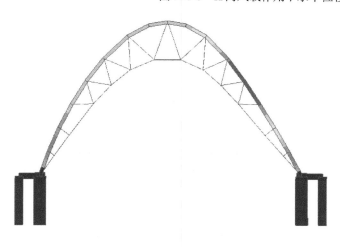
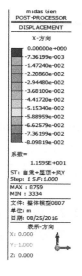

图 7.6-7 X向风载作用下典型次拱水平位移

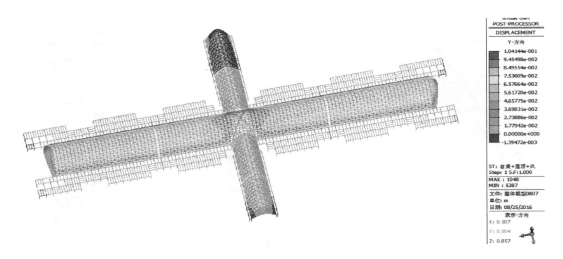

图 7.6-8　Y 向风载作用下水平位移

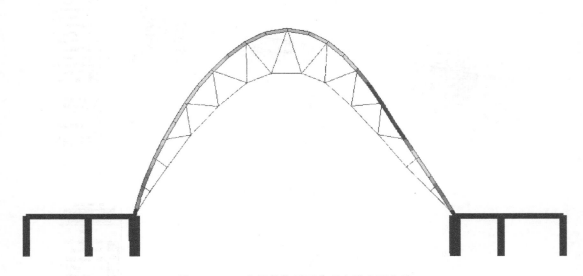

图 7.6-9　Y 向风载作用下典型主拱水平位移

由以上分析可知：在恒载作用下，屋顶最大竖向位移为 0.008m，挠度与跨度的比值为 1/3946；在风荷载作用下，主拱水平向最大位移为 0.104m，水平向位移与跨度的比值 1/466；次拱水平向最大位移为 0.084m，水平向位移与跨度的比值 1/376，均满足规范要求。

7.6.2.2　内力计算结果

展廊为单层建筑，平面呈十字形布置，典型荷载工况下的构件内力如图 7.6-10～图 7.6-21 所示。

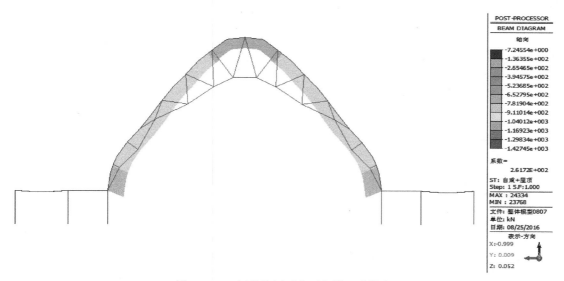

图 7.6-10 恒载作用下典型主拱上弦轴力

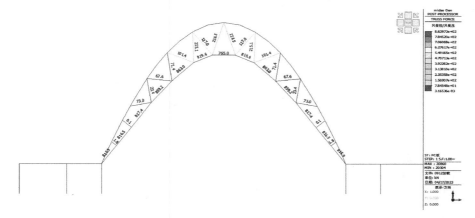

图 7.6-11 恒载作用下典型主拱拉索索力

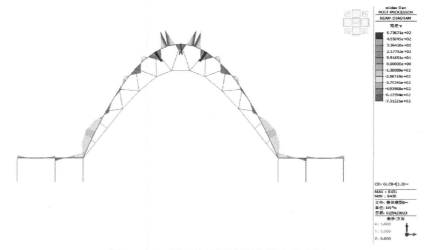

图 7.6-12 恒载作用下典型主拱上弦弯矩

221

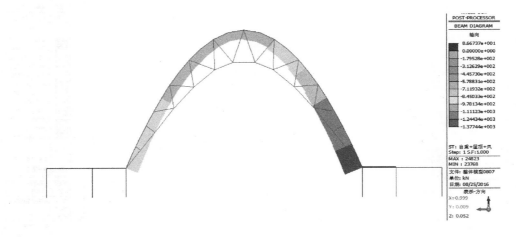

图 7.6-13　Y 向风载作用下典型主拱上弦轴力

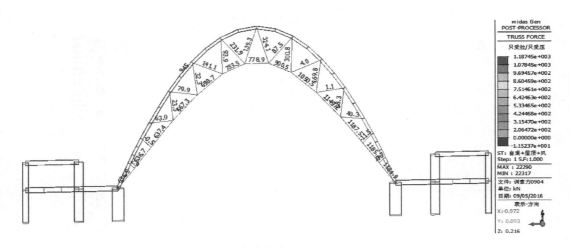

图 7.6-14　Y 向风载作用下典型主拱拉索索力

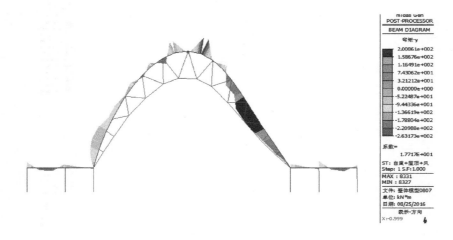

图 7.6-15　Y 向风载作用下典型主拱上弦弯矩

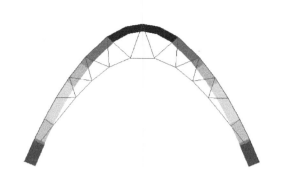

图 7.6-16　恒载作用下典型次拱上弦轴力

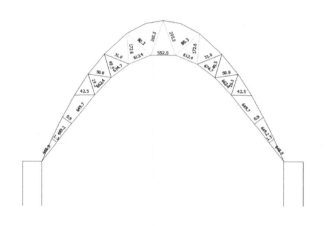

图 7.6-17　恒载作用下典型次拱拉索索力

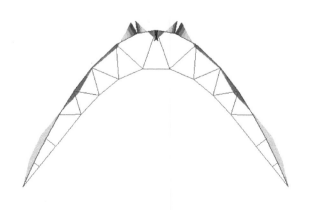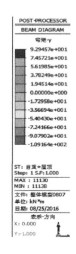

图 7.6-18　恒载作用下典型次拱上弦弯矩

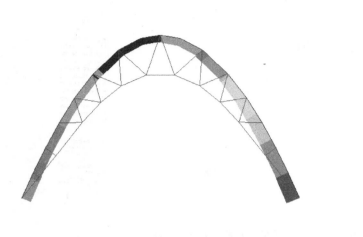

图 7.6-19　Y 向风载作用下典型次拱上弦轴力

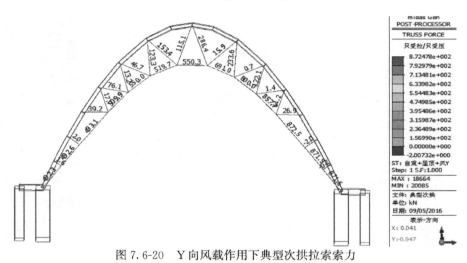

图 7.6-20　Y 向风载作用下典型次拱拉索索力

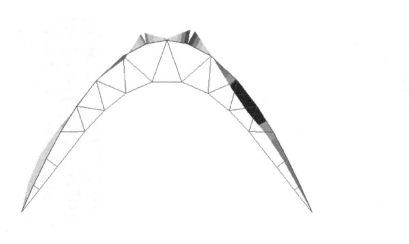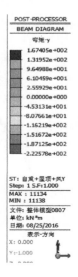

图 7.6-21　Y 向风载作用下典型次拱上弦弯矩

由以上分析可知：在最不利荷载组合下，主拱下弦索力设计值最大为 1639.2kN，主拱腹索索力设计值最大为 421.2kN，次拱下弦索力设计值最大为 1132.3kN，次拱腹索索力设计值最大为 371.1kN。主拱下弦索、次拱下弦索、主拱腹索和次拱腹索破断力分别为 3960kN、2700kN、1276kN 和 1033kN，均满足规范要求。

7.6.2.3　承载力验算结果

展廊主体结构采用钢筋混凝土框架体系，屋盖为预应力索拱结构，屋顶钢结构在最不利工况组合下，杆件应力比及其分布如图 7.6-22～图 7.6-28 所示。

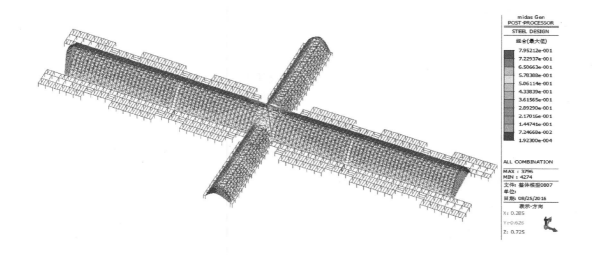

图 7.6-22　杆件应力比（整体）

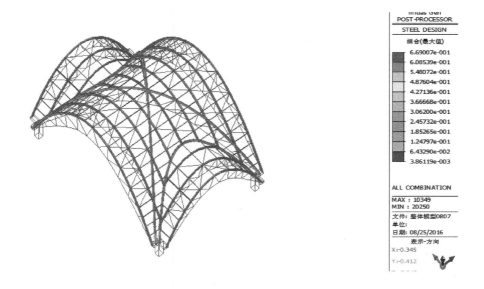

图 7.6-23　中部十字拱杆件应力比

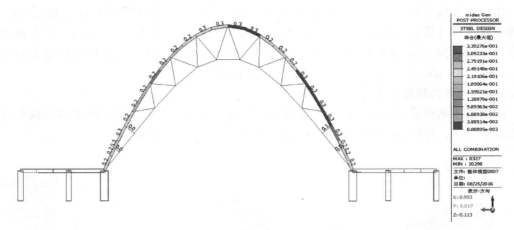

图 7.6-24　典型主拱杆件应力比

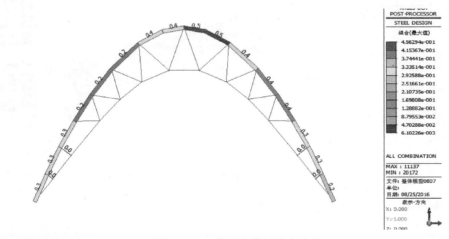

图 7.6-25　典型次拱杆件应力比

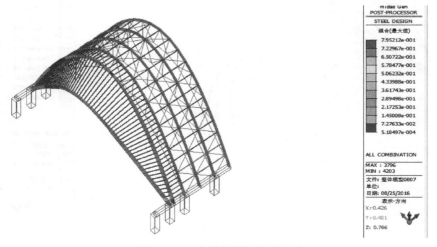

图 7.6-26　主拱帽檐构件应力比

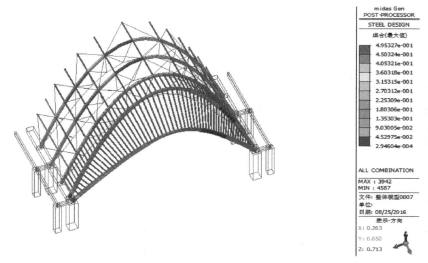

图 7.6-27 次拱帽檐构件应力比

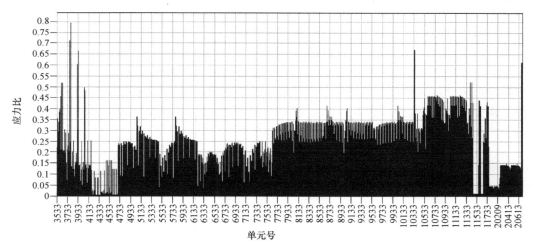

图 7.6-28 应力比分布图

由以上分析可知：在最不利工况组合下，典型主拱上弦梁杆件应力比最大为 0.64，典型次拱上弦梁杆件应力比最大为 0.58，主拱端部帽檐构件根部应力比最大，其值为 0.8，杆件应力比小于 1.0，承载力满足《钢结构设计标准》GB 50017—2017 要求。

7.6.3 展廊整体稳定验算结果

展廊为单层建筑，设置局部地下一层，地上二层。主体结构采用钢筋混凝土框架结构，屋盖自身采用预应力索拱结构。屋盖整体稳定性采用有限元程序 ANSYS19.2 验算，分别考虑活荷载满跨布置、活荷载半跨布置和风荷载三种工况。

整体稳定性验算首先需对该结构做特征值屈曲分析，得到该结构的特征屈曲值和屈曲模态，然后以第一阶屈曲模态为基础，根据《空间网格结构技术规程》JGJ 7—2010 的要求，将屋顶跨度的 1/300 作为初始缺陷施加到屋盖上，并考虑几何大变形、材料弹塑性双重非线性效应，以得到屋盖的极限承载力。整体稳定分析按全模型和局部模型两种情况分别考虑，其中局部模型分别取单榀主拱、单榀次拱、中部十字拱、主拱帽檐和次拱帽檐五个典型部位，分析结果如表 7.6-1 所示。

整体稳定安全系数表 表 7.6-1

荷载类型		全模型	单榀主拱模型	单榀次拱模型	中部十字拱模型	主拱帽檐模型	次拱帽檐模型
活荷载满跨布置	弹性稳定	21	21	26	38	46	46
	弹塑性稳定	9.6	9.6	14	20	32	32
活荷载半跨布置	弹性稳定	18	18	22	32	38	37
	弹塑性稳定	7.6	7.6	12	14	27	26
风荷载	弹性稳定	9	9	16	17	31	30
	弹塑性稳定	3.6	3.6	6	8	18	20

由以上分析可知：屋顶钢结构全模型及局部模型在活荷载满跨布置、半跨布置及风荷载工况下，整体稳定弹性安全系数均大于 4.2，弹塑性安全系数均大于 2，屋顶整体稳定性能可靠。

7.6.4 温度对结构力学性能影响分析

中央十字形展廊东西向长 507m，南北向长 287m，属于超长建筑。为减少温度作用的不利影响，结合建筑功能及通风带布置设置 4 道结构缝，将展廊屋顶连同下部混凝土主体支撑结构分成 5 个独立的单体。考虑 40℃ 的降温影响，展廊结构整体变形如图 7.6-29 所示。

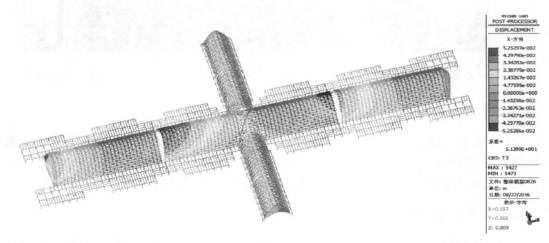

图 7.6-29 展廊结构整体变形

由展廊结构整体变形图可知：在 40℃ 的降温作用下，展廊以结构缝为分界，同一结构单元两个端头同时向内收缩。变形内收量接近 52mm，该变形值与自由变形量相当，下部支撑混凝土框架结构对上部屋盖结构变形约束能力有限，进而可定性地判断温度变化对展廊的结构安全不起控制作用。

7.6.5 拱脚两侧支撑结构变形不协调影响分析

十字展廊下部主体结构为混凝土框架体系，索拱结构屋盖两侧拱脚分别支撑在不同的混凝土单体之上，索拱屋盖结构与下部支撑框架之间的关系如图 7.6-30 所示。

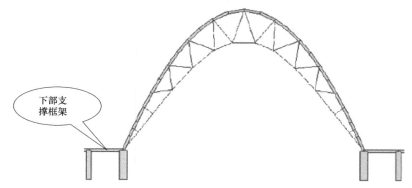

下部支撑框架

图 7.6-30 屋盖与下部支撑框架关系示意图

考虑两侧混凝土支撑框架在偶然情况下存在变形不同步的可能，强制两侧拱脚发生不同步的支座位移，对典型榀屋盖构件力学性能的影响如表 7.6-2 所示。

支座位移对屋盖构件力学性能的影响　　　　　　表 7.6-2

支座位移 （m）	恒载下弦索索力 （kN）	恒载上弦梁 最大轴力(kN)	恒载上弦梁 最大弯矩(kN·m)	应力比
0.0	706.2	1016.3	176.3	0.61
0.06	739.2	1043.8	179.8	0.61
0.1	772.9	1072.3	184.3	0.62
0.16	806.7	1101.3	188.8	0.63
0.20	840.6	1129.6	193.3	0.64

由以上分析可知，支座位移对屋盖构件力学性能影响有限，这主要是由于屋面拱形矢高偏大，屋面结构较小的变形便可协调支座出现的位移偏差。

7.6.6 拉索安装张拉分析

本项目索拱结构采用三角形柔性撑杆的弦撑式体系，与传统的弦撑式索拱结构不同，撑杆采用了柔性的不锈钢拉杆。传统的弦撑式索拱结构由于撑杆在索拱平面内形成稳定的三角形体系，下弦索张拉施工时，撑杆无法在索拱平面内自由摆动，因此索夹内需采取一定的构造措施，以保证拉索安装张拉的过程中索体可在索夹内自由滑动。施工过程繁琐，且存在一定的预应力损失。本项目创新性地使用了柔性钢拉杆代替传统的刚性撑杆。钢拉杆承受压力时将退出工作，因此索夹在拉索施工时，可根据需要在索拱平面内适当移动。此时腹索可根据上弦梁施工误差调整索长后一次性安装就位，仅主动张拉下弦索，腹索被动受力，便可保证全部拉索均达到设计索力。图 7.6-31 为下弦索张拉前索力的分布情况，腹索索力最大值为 43.5kN，腹索可轻松调整至设计索长。

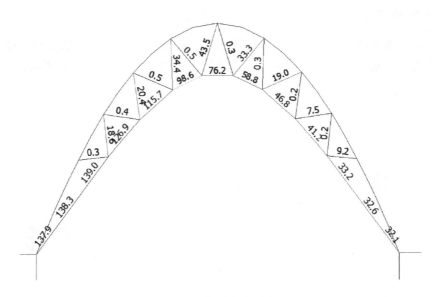

图 7.6-31　张拉前索力分布（kN）

本项目屋盖安装及拉索张拉施工顺序如下：①在胎架上安装上弦屋盖，张紧面外交叉斜索；②拆除胎架；③根据标记点位安装斜腹索和主索；④实测施工误差后调整斜腹索至相应索长；⑤一端张拉下弦主索至设计索力；⑥逐根微调腹索至设计索力；⑦安装屋面PC板。

为验证施工方案的可行性，在施工前选取三榀拱进行试张拉。腹索索力测试点如图 7.6-32 所示，测试结果分别如表 7.6-3、表 7.6-4 和表 7.6-5 所示。

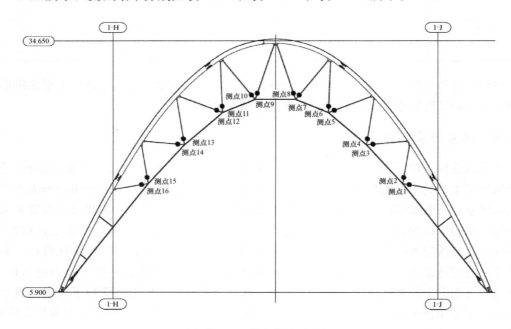

图 7.6-32　腹索索力测试点

第一榀索拱腹索索力测试表 表 7.6-3

测点号	初始值 （Hz）	测量值 （Hz）	应变 （με）	应力 （MPa）	换算拉力 （kN）	设计初张力 （kN）	误差 （%）
测点 1	719.9	780.5	369	76	73.1	79.5	−8.1
测点 2	742	793	317.8	65.5	63	69.3	−9.1
测点 3	808.9	917.7	762.8	157.1	151.1	138.6	9
测点 4	779.5	835.9	369.7	76.2	73.2	77.4	−5.4
测点 5	851.2	914.4	453.3	93.4	183.3	174.3	5.1
测点 6	747	868.5	797.1	164.2	322.2	328.5	−1.9
测点 7	769.6	854.1	557.4	114.8	225.3	222.7	1.2
测点 8	701.3	841.7	879.5	181.2	355.6	348.4	2.1
测点 9	767.1	897.4	880.6	181.4	356	348.4	2.2
测点 10	806.1	888.8	569.3	117.3	230.2	222.7	3.4
测点 11	841	943.5	742.6	153	300.2	328.5	−8.6
测点 12	1013.5	1060.5	395.7	81.5	160	174.3	−8.2
测点 13	846.7	906.8	427.9	88.1	84.8	77.4	9.5
测点 14	644.9	775.6	754	155.3	149.4	138.6	7.8
测点 15	788	835.9	316.1	65.1	62.6	69.3	−9.6
测点 16	688.4	752.5	375	77.2	74.3	79.5	−6.6

第二榀索拱腹索索力测试表 表 7.6-4

测点号	初始值 （Hz）	测量值 （Hz）	应变 （με）	应力 （MPa）	换算拉力 （kN）	设计初张力 （kN）	误差 （%）
测点 1	794.3	852.3	387.7	79.9	76.8	79.5	−3.4
测点 2	795.7	844.3	323.6	66.7	64.1	69.3	−7.5
测点 3	807.6	916	758.6	156.3	150.3	138.6	8.4
测点 4	865.2	917	374.8	77.2	74.2	77.4	−4.1
测点 5	846.5	909.6	449.9	92.7	181.9	174.3	4.3
测点 6	754.8	881.1	838.9	172.8	339.1	328.5	3.2
测点 7	779.2	866.5	583.3	120.2	235.8	222.7	5.9
测点 8	753	886.4	887.9	182.9	359	348.4	3
测点 9	798.3	925.5	890.2	183.4	359.9	348.4	3.3
测点 10	827.5	911.7	594.5	122.5	240.4	222.7	7.9
测点 11	829.8	941.2	801	165	323.8	328.5	−1.4
测点 12	814.5	872.5	397.3	81.8	160.6	174.3	−7.9
测点 13	825	877.9	365.7	75.3	72.5	77.4	−6.4
测点 14	765.6	873.6	718.8	148.1	142.4	138.6	2.7
测点 15	787.3	838.8	340	70	67.4	69.3	−2.8
测点 16	790.3	847.9	383.1	78.9	75.9	79.5	−4.5

第三榀索拱腹索索力测试表 **表 7.6-5**

测点号	初始值 （Hz）	测量值 （Hz）	应变 （με）	应力 （MPa）	换算拉力 （kN）	设计初张力 （kN）	误差 （%）
测点 1	751.3	809.7	370.1	76.2	73.3	79.5	−7.8
测点 2	774.7	832.1	374.5	77.1	74.2	69.3	7
测点 3	681.9	807.9	762.1	157	151	138.6	8.9
测点 4	813.9	867.2	363.5	74.9	72	77.4	−7
测点 5	679.9	751.4	415.7	85.6	168.1	174.3	−3.6
测点 6	747.8	881.5	884.4	182.2	357.5	328.5	8.8
测点 7	836.6	918.6	584.7	120.4	236.4	222.7	6.1
测点 8	681	825.4	883.1	181.9	357	348.4	2.5
测点 9	672.5	820.1	894.4	184.3	361.6	348.4	3.8
测点 10	789.8	873.3	563.5	116.1	227.8	222.7	2.3
测点 11	735.4	853.5	762.1	157	308.1	328.5	−6.2
测点 12	728.2	796	419.7	86.5	169.7	174.3	−2.7
测点 13	849.7	908.8	421.7	86.9	83.5	77.4	7.9
测点 14	677.5	804	760.7	156.7	150.7	138.6	8.7
测点 15	889	936	348.2	71.7	69	69.3	−0.5
测点 16	648.5	714.4	364.8	75.1	72.3	79.5	−9.1

7.6.7 拉索施工误差影响分析

下弦拉索按20%的索力偏差考虑，典型榀索拱结构在横向风荷载作用下，不考虑施工误差的理论状态和考虑张拉施工误差时结构的弯矩图分别如图7.6-33和图7.6-34所示。

图 7.6-33 理论结构弯矩图（kN·m）

图 7.6-34 考虑张拉误差时结构弯矩图（kN·m）

由以上分析可知：风荷载作用下，理论状态时上弦梁面内弯矩为238kN·m，考虑索力误差后，面内弯矩为274kN·m。对应于□500×300×20×25的钢梁，索力误差引起的应力比增大仅为0.03。与拉索施工单位沟通协商后，拉索施工误差的标准确定为：腹索控制在10%以内，主索控制在5%以内。

7.6.8 钢连桥舒适度分析

十字展廊内部二层混凝土平台之间在中央交汇区设有两座连桥，桥面宽3.1m，跨度均为 29.5m。出于连桥下部通行及展廊的需要，桥面钢梁仅允许做到 0.7m 高，桥面梁跨度与高度的比值接近 42∶1，为了满足舒适度要求，采用组合梁，并采用调谐质量阻尼器（TMD）控制舒适度。连桥建成照片如图 7.6-35 所示。

根据桥面结构振型分析结果可知：连桥第一阶自振频率为 1.55Hz，此频率与人的一般步行频率较为接近。密集人群在连桥上的运动可能会引起结构的共振，廊桥的竖向振动可能超出人能够接受的程

图 7.6-35　连桥照片

度。为改善连桥的舒适度，在连桥结构的跨中部位和四分位置设置 TMD 减振装置，具体布置位置如图 7.6-36 所示。

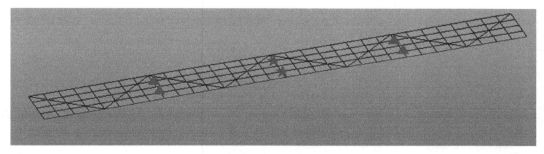

图 7.6-36　TMD 布置位置示意

参考 ISO 标准，考虑 1.0 人/m² 的人群密度施加均布荷载在桥面上，步行频率取连桥结构前两阶自振频率。最不利位置跨中节点处的加速度峰值在减振前后对比分析如表 7.6-6 所示。

各工况作用下减振前后跨中节点加速度峰值对比　　表 7.6-6

荷载工况	频率（Hz）	加速度峰值（mm/s²）		减振率（%）
		减振前	减振后	
1	1.56	717.8	470.2	34.5
2	2.0	494.8	325.9	34.1

由以上分析可知：对于所定义的人行荷载工况，原结构最不利位置跨中节点的加速度峰值为 717.8mm/s²，超出人体能承受的加速度限值 500mm/s²。连桥结构减振后，跨中节点的加速度峰值减至 470.2mm/s²，减振率为 34.5%，满足人体舒适性的要求。

7.7　关键节点设计

7.7.1　索拱柱脚节点

十字展廊拱脚采用铰接节点与下部主体结构连接。连接节点不仅需要满足力学的需

求，也是建筑效果的重要组成元素，是设计精细化程度的重要体现。柱脚节点创新性地采用结构工程师与建筑师共同探讨共同设计的模式。先由结构工程师提出节点的基本样式，建筑师在此基础上作进一步的优化。拱脚节点具体构造做法、应力云图和实景照片分别如图 7.7-1、图 7.7-2 和图 7.7-3 所示。

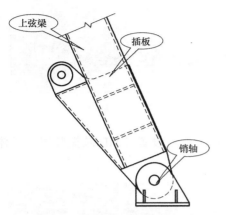

图 7.7-1　拱脚节点构造做法

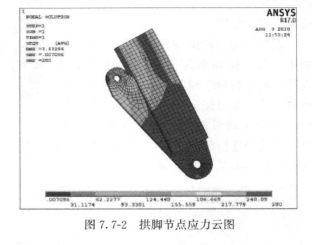

图 7.7-2　拱脚节点应力云图

图 7.7-3　拱脚节点实景照片

7.7.2　索夹节点

索夹是下弦索与斜腹索连接的关键节点，索夹节点的抗滑性能将直接影响结构承载能力。通过索夹抗滑移试验确定索夹能承受的最大不平衡力，以评测其是否能满足工程实际的需要，确保结构受力状态和结构形态与设计假定相吻合。索夹节点示意图和索夹节点现场照片分别如图 7.7-4、图 7.7-5 所示。图 7.7-6 为最不利组合下典型楒索拱结构钢索索力，图 7.7-7 为索夹抗滑移试验现场照片。

图 7.7-4　索夹节点示意图

图 7.7-5　索夹节点现场照片

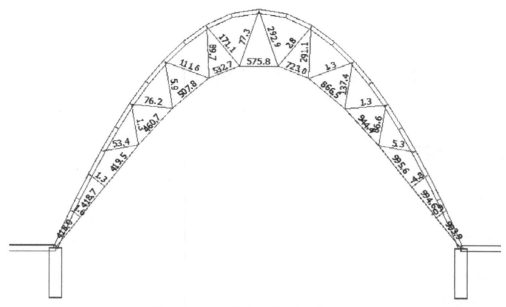

图 7.7-6　最不利组合下钢索索力（kN）

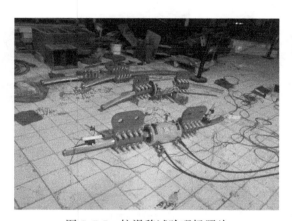

图 7.7-7　抗滑移试验现场照片

　　索拱结构在最不利组合下，顶部位置索夹节点两侧拉索的不平衡力较大，最大值为160kN。索夹抗滑移试验结果表明：索夹可承受 240kN 的不平衡力，索夹抗滑移能力满足要求。

8 贵阳某体育场结构设计

8.1 工程概况

该项目位于贵阳市，为专业足球场项目，可容纳 8 万人，总建筑面积为 28.262 万 m²（不含足球场罩棚面积），其中计容建筑面积 20 万 m²（商业约 11.6 万 m²，体育足球场及配套约 8.4 万 m²）。地上五层，地下一层为主，局部设地下两层。建筑高度 70.5m（罩棚最高点）。项目功能为集 8 万座 FIFA 专业足球场与 11.6 万 m² 商业为一体的大型体育商业综合性建筑。建筑效果图如图 8.1-1 和图 8.1-2 所示，剖面图如图 8.1-3 所示，平面图

图 8.1-1 体育场效果图

图 8.1-2 体育场内场效果图

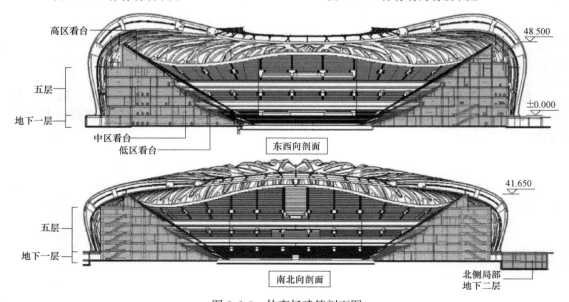
图 8.1-3 体育场建筑剖面图

如图 8.1-4～图 8.1-6 所示。建筑方案设计为德国 HPP 建筑事务所和中国建筑设计研究院，结构设计咨询为奥雅纳。

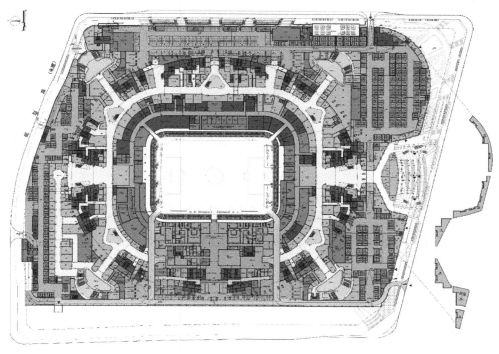

图 8.1-4　F1 平面图

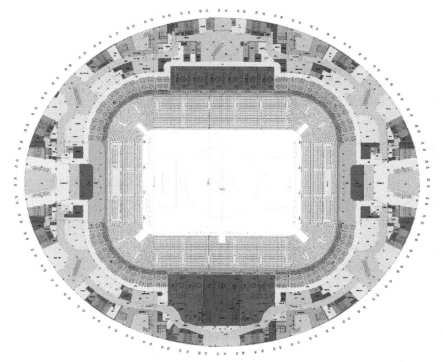

图 8.1-5　F2 平面图

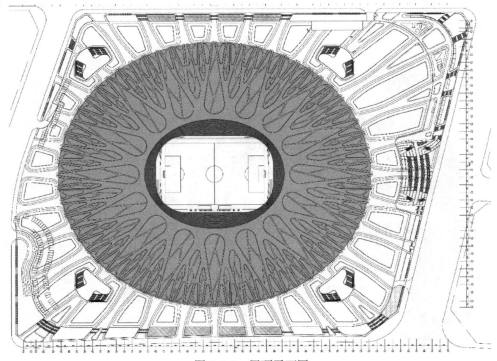

图 8.1-6　屋顶平面图

8.2　结构基本条件

8.2.1　地震

本工程抗震设防分类为乙类；抗震设防烈度为 6 度，设计基本地震加速度值 $0.05g$；多遇地震水平地震影响系数最大值 $\alpha_{max}=0.04$；设计地震分组为第一组；场地土类别为 II 类；特征周期为 $0.35\mathrm{s}$。

8.2.2　风荷载

基本风压：$0.30\mathrm{kN/m^2}$（50 年重现期）、$0.35\mathrm{kN/m^2}$（100 年重现期）。

为了得到准确的风荷载数据，进行了风洞试验，风洞试验照片如图 8.2-1 和图 8.2-2 所示。

风洞试验主要的试验结果如图 8.2-3～图 8.2-6 所示。

上表面等效静荷载最大压力 $0.01\sim0.18\mathrm{kPa}$，比当地基本风压小。吸力在 $-0.00\sim-1.16\mathrm{kPa}$ 之间。

从风洞试验结果看，工况一（含规划周边）负体型系数为 $-1.58\sim-1.21$，风振系数为 $1.6\sim1.72$；工况二（现状）负体型系数为 $-1.32\sim-1.00$，风振系数为 $1.61\sim1.76$。从立面荷载来看，正体型系数最大值约为 0.8，负体型系数最大值约为 -0.6，与常规体型项目规律相吻合。计算时按不同角度输入完整风荷载。

图 8.2-1　工况一

图 8.2-2　工况二

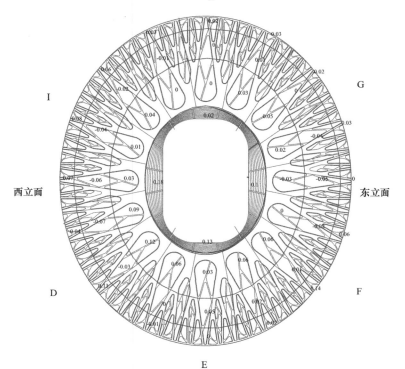

图 8.2-3　上表面最大压力

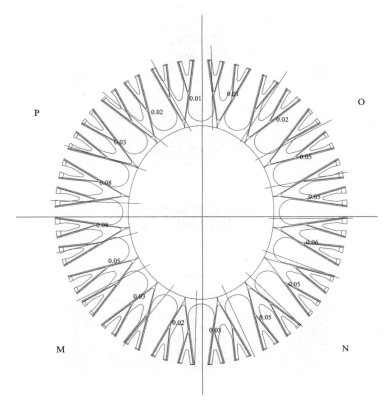

图 8.2-4　内吊顶最大压力

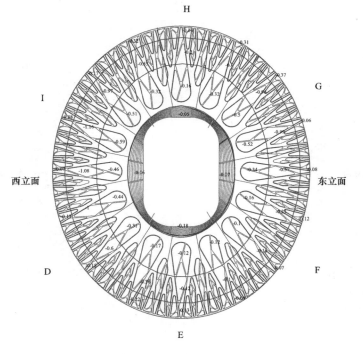

图 8.2-5　上表面最小压力

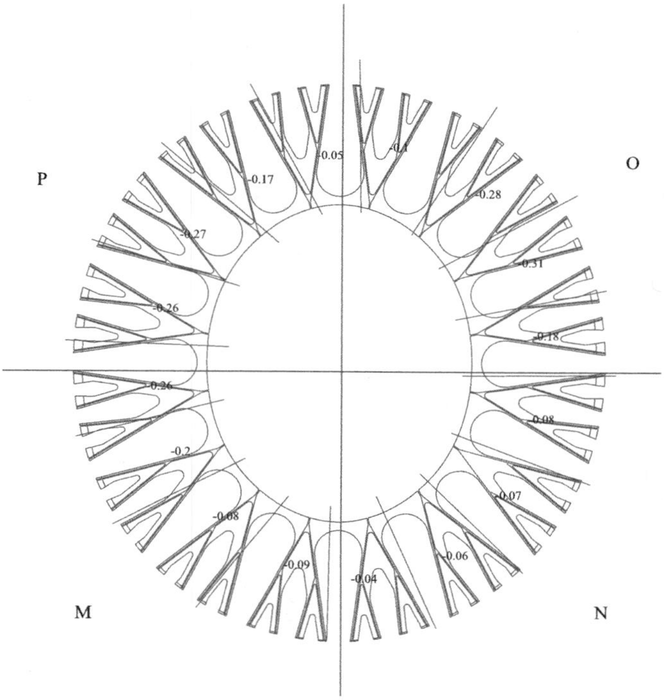

图 8.2-6 内吊顶最小压力

8.2.3 雪荷载

基本雪压：0.2kN/m² （50 年重现期）、0.25kN/m² （100 年重现期）。

积雪需要考虑均匀、不均匀分布的工况，按照《建筑结构荷载规范》GB 50009—2012[1] 表 7.2.1 对积雪分布系数进行取值。局部考虑堆积系数 2，100 年重现期最大 0.50kN/m²。

积雪荷载与活荷载不同时考虑，活荷载 0.5kN/m² 起控制作用。

8.2.4 温度荷载

贵阳日平均最高/最低气温为 29℃/2℃ （图 8.2-7），历史最高/最低气温为 32℃/−7℃ （图 8.2-8），根据《建筑结构荷载规范》GB 50009—2012，贵阳基本气温为：最高 32℃，最低−3℃。

1. 混凝土等效温差

混凝土结构合拢温度暂时按 5～15℃考虑。

超长结构混凝土收缩应变的当量温降取−12.6℃。

温差折减系数：

混凝土季节温差折减系数 k_c 取为 0.35，混凝土收缩当量温降折减系数 k_s 取为 0.3。

正温差：0.35×（32−5）=9.45℃

负温差：0.30×（−12.6）+0.35×（−3−15）=−10.08℃

根据上述公式，本工程计算负温差取−10.08℃，正温差取 9.45℃（已考虑折减系数）。

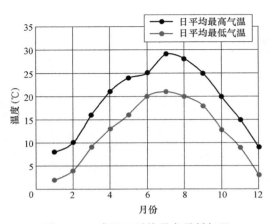

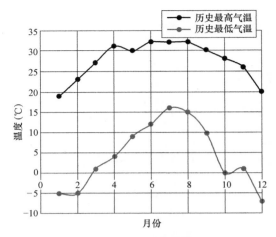

图 8.2-7 贵阳日平均最高最低气温　　　　　图 8.2-8 贵阳全年历史最高最低气温

2. 钢结构等效温差

钢结构合拢温度：10～20℃

钢结构正温差 ΔT_s^+ 包括季节温差和太阳辐射温升，由下式确定：

$$\Delta T_s^+ = T_{max} + T_r - T_{0,min}$$

式中：T_{max}——施工阶段极端最高气温；

$\quad\quad\quad T_r$——参考《工业建筑供暖通风与空调调节设计规范》GB 50019—2015 太阳辐射温升 15.8℃（在正常使用阶段有铝板吊顶，温度荷载适当优化）。

钢结构负温差 ΔT_s^- 仅考虑季节温差即可，由下式确定：

$$\Delta T_s^- = T_{min} - T_{0,max}$$

式中：T_{min}——极端最低气温。

钢结构施工阶段的温度作用为：

升温温差：32－10＋15.8＝37.8℃

降温温差：－7－20＝－27℃

8.2.5 覆冰荷载

根据文献《贵州省覆冰与地理环境因子的空间相关分析》[2] 给出的贵州省覆冰气候条件分区，结合收集到的贵州省 84 个气象站及周边省 9 个气象站的观测覆冰要素资料、电网运行线路覆冰数据以及输电线路设计调查覆冰分析成果等数据进行了大量的收资及调研，建立了贵州省 30 年一遇冰区分布图，贵阳基本处在 10～15mm 覆冰区范围。

根据《高耸结构设计标准》GB 50135—2019[3]，覆冰分为重覆冰区（20～50mm）、中覆冰区（15～20mm）、低覆冰区（5～10mm）。本工程按照基本覆冰厚度 b 取 30mm（重覆冰区），考虑高度递增系数（$\alpha_2 = 1.6$）。

$$q_a = 0.6 b \alpha_2 \gamma \times 10^{-3} = 0.6 \times 30 \times 1.6 \times 9 \times 10^{-3} \, kN/m^2 = 0.26 \, kN/m^2$$

不均匀覆冰工况如图 8.2-9 所示。

本工程取 $q_a = 0.26 kN/m^2$，能初步满足要求，覆冰荷载不与活荷载同时考虑，本工程设计能基本满足大面积覆冰及不均匀覆冰荷载要求。

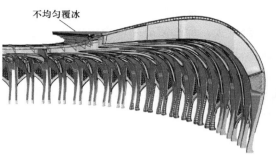

图 8.2-9　主要覆冰影响区域

8.2.6　罩棚恒荷载

罩棚恒荷载根据幕墙荷载确定，主要荷载如下：

金属板外包幕墙系统 $1.0kN/m^2$；

玻璃幕墙系统 $1.0kN/m^2$；

ETFE 气枕膜结构系统 $0.6kN/m^2$；

聚碳酸酯阳光板系统 $0.7kN/m^2$；

金属板包饰幕墙系统 $1.0kN/m^2$；

PTFE 单层膜结构系统 $0.4kN/m^2$；

内圈马道活载 3.5kN/m，外圈马道活载 2kN/m；

内圈排水沟活载 3kN/m，脉络排水沟 1.5kN/m。

8.2.7　安全等级

本工程结构设计使用年限与安全等级见表 8.2-1。

结构设计使用年限与安全等级　　　　表 8.2-1

结构设计基准期	50 年
设计使用年限	50 年(耐久性 100 年)
结构设计安全等级	一级(关键构件及重要构件)，其余二级
结构重要性系数	1.1(关键构件及重要构件)，其余 1.0
建筑抗震设防分类	重点设防类(乙类)
地基基础设计等级	甲级
地下室防水等级	一级
建筑耐火等级	一级
结构的环境类别	室内干燥环境：一 室内潮湿环境：二 a 与土壤接触环境：二 a 露天环境构件：二 a
抗震等级	出屋顶看台层框架：二级； 其余框架：三级；剪力墙：二级；钢结构：三级 支撑罩棚的转换梁柱：一级

本工程±0.000 相当于绝对标高 1293.000m。抗浮水位 1286.400m。

8.3　结构方案比较

本工程进行了多轮方案比较，并与业主进行沟通，选择合适的方案。

8.3.1　带压环的平面悬挑桁架

本工程比选的方案一如图 8.3-1 和图 8.3-2 所示，采用带压环的平面悬挑桁架方案。

主要优点：与建筑脉络最匹配，视线阻挡少，内场整洁。但主要受力构件均为平面桁架，悬挑跨度大，面外需要采取稳定措施，施工措施多，施工难度大，施工周期长；为满足建筑后期造型，需要增加二次结构较多。综合多次比选及内场效果考虑，未采用该方案。

典型的平面桁架悬挑工程——德国慕尼黑安联球场，采用悬臂桁架，于 2005 年建成，6.6 万座；2015 年扩建至 7.5 万座，如图 8.3-3 所示。

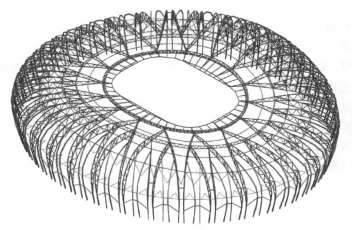

图 8.3-1　带压环的平面悬挑桁架

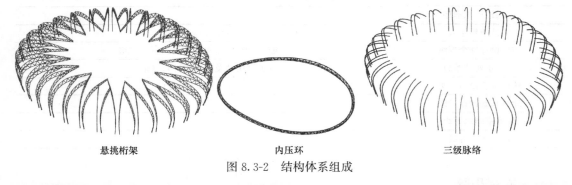

悬挑桁架　　　　　　　　　　　　内压环　　　　　　　　　　　　三级脉络

图 8.3-2　结构体系组成

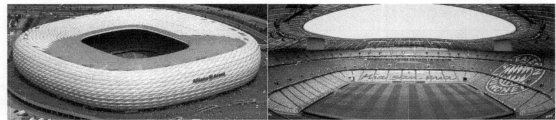

图 8.3-3　德国慕尼黑安联球场

8.3.2　带压环的悬臂梁

比选的方案二采用带压环的悬臂梁，如图 8.3-4 所示，与建筑脉络匹配，视线阻挡少，内场整洁。但采用实腹梁，材料用量高，悬挑跨度大，运输/焊接工作量大，施工难度大，结构施工周期长，不适合本项目。

244

8.3.3 单环索承悬臂梁

比选的方案三为方案二的进一步深化，采用单环索承悬臂梁（图 8.3-5 和图 8.3-6），结构效率高，为双重抗竖向力体系，与建筑脉络匹配，内场整洁。但屋盖中部设环索和支撑立柱/飞柱，有视线阻挡，焊接工作量稍大，不适合本项目。

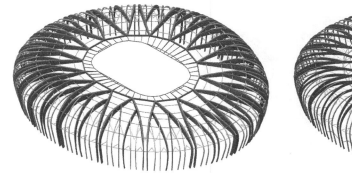

图 8.3-4 带压环的悬臂梁

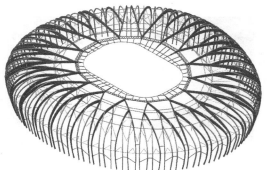

图 8.3-5 单环索承悬臂梁

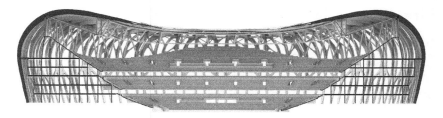

图 8.3-6 单环索承悬臂梁

8.3.4 双环索轮辐式弦支网壳

在单环索承悬臂梁基础上，进一步对比了单环索和双环索轮辐式弦支网壳方案（方案四），该方案对初始建筑造型有比较高的要求，如图 8.3-7 所示。

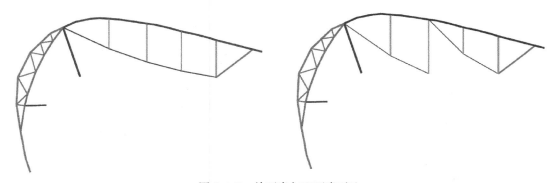

图 8.3-7 单环索与双环索对比

采用环索轮辐式弦支网壳比较经典的项目有中国建筑西南设计研究院有限公司做的徐州奥体中心体育场、武汉东西湖体育场、郑州奥体中心体育场等。徐州奥体中心体育场，

3.5万座，看台罩棚最大悬挑40m，环索呈空间椭圆曲线，径向索ϕ128，径向索力1200～3320kN，环向索6ϕ122，环向索力15300kN。武汉东西湖体育场，3万座，看台罩棚最大悬挑48.2m，径向索ϕ95，初始态索力721～1796kN，环向索6ϕ110，初始态环向索力10523～15223kN。郑州奥体中心体育场，6万座，看台罩棚最大悬挑54m，径向索2ϕ119，环向索8ϕ130，初始态环向索力15000kN，如图8.3-8所示[4]。

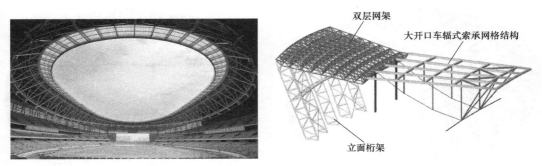

图8.3-8　郑州奥体中心体育场

径向索与水平面夹角增大：结构位移减小，径向及环向索轴力减小，上弦刚性网格轴力减小，索杆效率提高，如图8.3-9和图8.3-10所示。

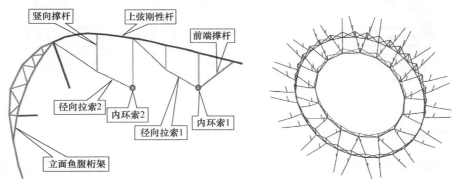

图8.3-9　结构体系布置

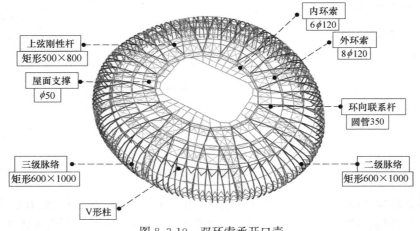

图8.3-10　双环索承开口壳

246

初步计算索内力如图 8.3-11 所示：内圈径向索力 600～1900kN，外圈径向索力 1500～3500kN，内圈环向索力 4900～6000kN，外圈环向索力 11000～14000kN。结构变形如图8.3-12 所示，满足要求。

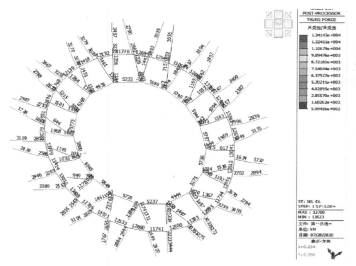

图 8.3-11　径向索及环向索初始态预张力

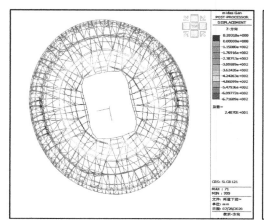 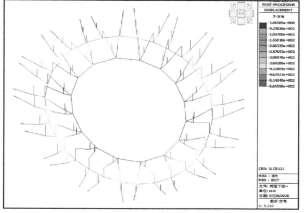

图 8.3-12　结构变形

双环索轮辐式弦支网壳方案具有结构重量轻，杆件截面小，效率高的优点；但由于本工程的空间造型及特殊的内场效果，该方案与建筑脉络匹配度稍差，视线有部分阻挡，最终未采用该方案。

8.3.5　带压环的悬臂立体桁架

本工程比选的方案五如图 8.3-13（三角形立体桁架）和图 8.3-14（四边形立体桁架）所示，在方案一平面悬挑桁架方案的基础上进行修改。主要优点：施工较便利，视线阻挡少，贴合建筑表皮，内场整洁；杆件加工受限小。主要缺点：悬挑跨度大，杆件数量多，需进一步协调和优化部分条件。综合多次比选及内场效果考虑，最终采用四边形立体桁架方案，与建筑贴合度更高。典型的立体桁架悬挑工程为悉地国际设计的杭州奥体博览城主体育场（2019 年，8 万座）。

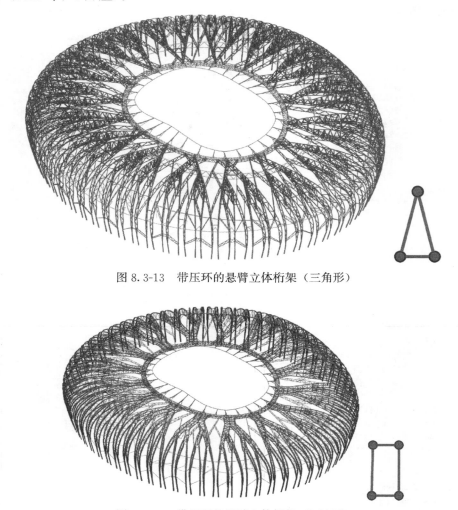

图 8.3-13　带压环的悬臂立体桁架（三角形）

图 8.3-14　带压环的悬臂立体桁架（四边形）

8.4　结构体系

8.4.1　分缝比较

混凝土看台顶部设置支撑钢屋盖柱，钢屋盖与混凝土看台结构连为整体。下部混凝土结构不设缝，连为整体，主要优点如下：

（1）若看台结构设缝，将下部混凝土结构分成独立结构单元，上部屋盖需要形成空间结构作用一般不分缝，从而形成连体结构，在地震作用下，结构整体受力复杂。下部混凝土结构不设缝则有利于减小分缝带来的各混凝土结构单元之间相对振动的振型对上部钢结构的不利影响。

（2）下部混凝土结构不设缝，有利于加强下部结构的抗侧刚度，形成"上柔下刚"的结构体系，避免下部混凝土结构单元的基本振型与上部钢结构该方向上的振型相近，上下结构振型耦合、密集丰满带来的不利影响。

（3）下部混凝土结构不设缝，上部屋盖的支座边界条件相对设缝的情况来说更简单，支座刚度相对均匀，可有利于减小上部钢屋盖结构用钢量。

（4）按照规范留缝，势必会给建筑、设备及其他专业带来一系列问题，影响建筑表现效果和设备布置。

体育场混凝土结构超长不设缝，远超规范规定的混凝土结构不设置温度缝的长度上限55m，则温度变化以及混凝土收缩会对混凝土结构产生较大的应力。不过体育场看台为环形结构，温度应力远小于同等长度的矩形结构，根据相关研究对比分析，环形结构降温工况下温度应力仅为矩形结构的38%左右[5]。

8.4.2 下部混凝土结构

本工程混凝土结构南北向437m，东西向314m，钢结构屋盖悬挑83.2m，属于平面投影尺度很大的空间结构，如图8.4-1和图8.4-2所示。下部结构采用现浇钢筋混凝土框架-

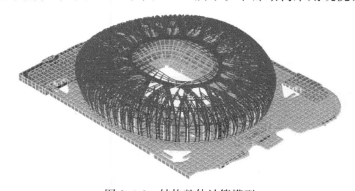

图 8.4-1　结构整体计算模型

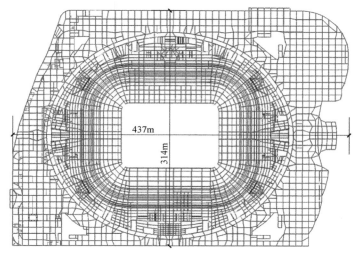

图 8.4-2　结构首层示意图

剪力墙结构，根据建筑布局，在不影响建筑功能的楼电梯间处设置剪力墙，剪力墙墙厚600mm，部分墙厚300mm。体育场下部结构超长不设缝，看台采用现浇混凝土看台板，看台板下采用现浇看台次梁，并施加预应力。

8.4.3 钢结构屋盖

钢结构屋盖由16组径向肢脉构成，贴合建筑金属屋面部分，布置悬挑桁架。最外侧桁架采用平面桁架，各级桁架由外而内汇聚成四边形立体桁架，桁架前端连接于内压环，阳光板区域桁架以内压环为支座，采用平面桁架向场中心内悬挑。利用建筑次脉络设置联系桁架，在悬挑桁架中部设置环向联系桁架，通过次脉络联系桁架＋环桁架加强结构整体性，增强桁架平面刚度与承载力。

钢罩棚与下部混凝土共设置了三道连接（如图 8.4-3、图 8.4-4 和图 8.4-5 所示）：

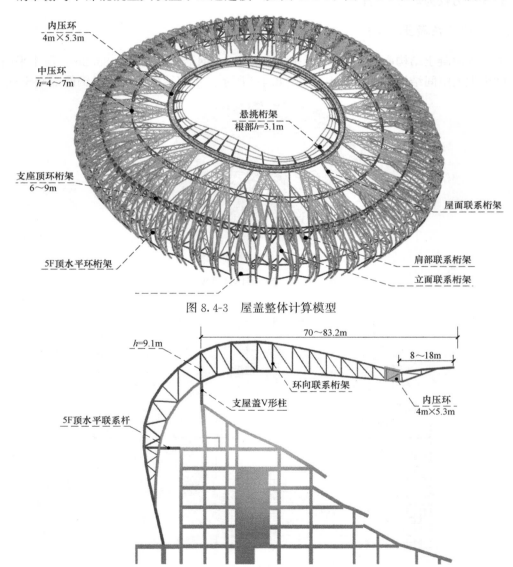

图 8.4-3　屋盖整体计算模型

图 8.4-4　屋盖典型剖面

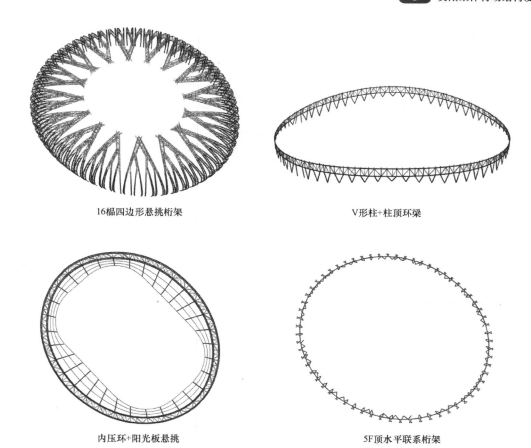

16榀四边形悬挑桁架　　　　　　　　V形柱+柱顶环梁

内压环+阳光板悬挑　　　　　　　　5F顶水平联系桁架

图 8.4-5　钢结构体系组成

（1）悬挑根部设置 V 形柱＋斜柱，柱顶环梁、柱底型钢混凝土梁与 V 形柱形成悬挑根部环桁架，可靠地传递悬挑根部的竖向及水平向作用。

（2）下部混凝土结构 5F 顶（33m 标高），设置水平 V 撑、环向钢梁，与 5F 顶混凝土结构弹性连接，可靠约束立面桁架的水平向位移。

（3）立面各榀桁架落地点处与下部混凝土柱刚接，可靠传递桁架的轴力、剪力、弯矩。

通过以上三道联系，将钢罩棚与下部混凝土结构连接为一个整体结构，共同抵抗外部荷载与作用。屋盖金属板区域前端设置刚度较大的内环桁架，各榀悬挑桁架前端与内环桁架连接，合理利用大悬挑结构"内压环"的空间作用，增加结构竖向刚度、抗倒塌能力。支座环桁架、内环桁架、支屋盖 V 形柱材质为 Q420B，其余为 Q355B。传力途径如图 8.4-6 所示。

8.4.4　主要钢屋盖构件尺寸

钢结构杆件采用箱形和圆形截面，箱形尺寸如表 8.4-1 所示，圆形尺寸如表 8.4-2 所示。

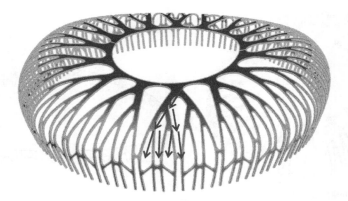

图 8.4-6　传力途径

主要钢屋盖尺寸（箱形）　　　　　　　表 8.4-1

截面编号	宽度 B （mm）	高度 H （mm）	腹板厚 t_w （mm）	翼缘厚 t_f （mm）
1	200	200	8	8
2	300	300	8	8
3	300	300	10	10
4	400	400	12	12
5	400	400	16	16
6	450	450	16	16
7	450	450	20	20
8	500	500	16	16
9	500	500	20	20
10	600	600	20	20
11	600	300	10	20
12	600	350	10	25
13	700	700	25	25
14	700	700	30	30
15	900	700	20	35
16	1200	700	20	35

主要钢屋盖尺寸（圆形）　　　　　　　表 8.4-2

外径（mm）	壁厚（mm）	备注	外径（mm）	壁厚（mm）	备注
159	6	热轧无缝钢管	402	12	热轧无缝钢管
180	10	热轧无缝钢管	400	20	焊接圆管
245	8	热轧无缝钢管	450	20	焊接圆管
273	12	热轧无缝钢管	500	20	焊接圆管
299	12	热轧无缝钢管	500	25	焊接圆管
325	10	热轧无缝钢管	600	25	焊接圆管
351	12	热轧无缝钢管	650	30	焊接圆管
377	12	热轧无缝钢管	700	25	焊接圆管

8.5　结构超限情况

本工程属于超限结构，主要超限情况如下：

（1）楼层位移比超过1.2，但均未超过1.4；

（2）局部转换柱，屋顶钢结构支撑柱斜柱转换等；

（3）局部存在凹进，局部有效宽度小于50％；

（4）首层局部穿层柱；

（5）大跨悬挑结构，最大悬挑长度83.2m，大于40m，屋盖整体长度超过300m。

综合考虑建筑的功能及规模，本工程的抗震性能目标按《高层建筑混凝土结构技术规程》JGJ 3—2010第3.11节给出的性能目标C的要求进行设计。主要构件的性能目标如表8.5-1所示。

主要构件性能目标　　　　　　　　　　　　　　　　表8.5-1

抗震设防水准	计算方法	关键构件								一般构件	一般构件	耗能构件	楼板
		支承钢屋盖柱	转换梁、转换柱	支撑罩棚转换斜柱	支撑屋盖剪力墙	看台短柱看台斜梁	钢结构罩棚上下弦杆件	5F顶环桁架	悬挑根部支座两个区格范围内腹杆、弦杆	普通竖向构件	框架梁	连梁	混凝土楼板
多遇地震	反应谱、时程分析法	弹性	弹性	弹性	弹性	弹性	弹性应力比限值0.85	弹性应力比限值0.85	弹性应力比限值0.75	弹性	弹性	弹性	弹性
设防地震	反应谱、时程分析法	抗剪弹性，抗弯弹性	抗剪弹性，抗弯弹性	抗剪弹性，抗弯不屈服	抗剪弹性，抗弯不屈服	抗剪弹性，抗弯不屈服	抗剪弹性，抗弯弹性，应力比限值0.95	抗剪弹性，抗弯弹性，应力比限值1.00	抗剪弹性，抗弯弹性，应力比限值0.90	抗剪弹性，抗弯不屈服	抗剪不屈服	允许部分屈服抗剪截面满足	不屈服
罕遇地震	反应谱、时程分析法	抗剪、抗弯不屈服	抗剪、抗弯不屈服	允许部分抗弯屈服，抗剪不屈服	允许部分抗弯屈服，抗剪不屈服	允许部分抗弯屈服，抗剪不屈服	抗剪、抗弯不屈服	抗剪、抗弯不屈服	抗剪、抗弯不屈服	允许部分竖向构件抗弯屈服；抗剪截面满足	允许部分屈服；抗剪截面满足	允许大部分构件进入屈服阶段；抗剪截面满足	允许部分屈服

8.6　基础设计

场区位于中低山溶蚀、剥蚀缓丘地带，该地带呈东西方向展布。场地大部分范围海拔在 1279.45～1290.78m 之间，高差约为 11.33m，地势起伏较平缓。地形呈北西高、南东低。

结合工程场地的地质条件（表 8.6-1）和贵州当地经验，根据上部结构荷载和建筑物特征，结合各钻孔柱位处基础所在位置地基持力层具体情况，根据场地岩土层性质及拟建物的结构、荷载特征、整平标高及建筑成本，经综合考虑，拟建建筑物以中风化泥质白云岩、中风化泥灰岩、中风化灰岩作为地基基础持力层，采用桩基础（遇临空面时基础加深，使其应力扩散线进入稳定地层内）。

场地岩土体物理力学参数统计推荐表　　　　　　　　　表 8.6-1

| 地层编号 | 地层名称 | 承载力特征值 f_a(kPa) | | E_0 (GPa) | E_s (MPa) | q_{pk} (kPa) | q_{sik} (kPa) |
		试验值	推荐值				
③₂	中风化泥质白云岩	2004.00	2000	—	—	8598	829
④₂	中风化泥灰岩	3255.20	3200	—	—	8329	734
⑤₂	中风化灰岩	6409.00	6400	—	—	12000	1200

采取单柱单桩，主要桩径 800、1000、1200、1600、2000、2400 和 2600mm 等，单桩承载力特征值 3800～45000kN。

8.7　主要计算结果

8.7.1　结构计算软件

结构主要计算软件为 SAP2000、Midas、Abaqus、YJK 等，如表 8.7-1 所示。本项目整体计算主要采用 YJK 和 Midas 进行对比分析，计算模型见图 8.7-1，验证了模型的准确性。

本工程应用的结构计算软件　　　　　　　　　表 8.7-1

序号	软件名称	开发单位	版本号
1	SAP2000	北京筑信达工程咨询有限公司	V22.0.0
2	Midas	北京迈达斯技术有限公司	V880
3	Abaqus	达索 SIMULIA 公司	V6.14.2
4	YJK	北京盈建科软件股份有限公司	V2.0.3

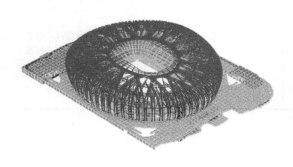
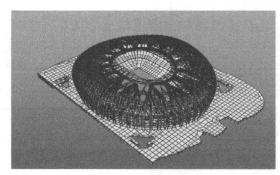

YJK模型　　　　　　　　　　　　　　　Midas模型

图 8.7-1　计算模型

8.7.2 周期与振型

两模型质量对比结果见表 8.7-2，重力荷载代表值差为 0.48%。

两模型质量对比表 表 8.7-2

工况	YJK 模型	Midas 模型	比值
恒载+0.5 活荷载(t)	831102.547	839593	98.99%

YJK 和 Midas 模型周期和振型对比如表 8.7-3 所示，周期基本吻合（南北向为 X 方向，东西向为 Y 方向）。Midas 模型计算的前 6 阶振型见图 8.7-2。

主要周期和振型 表 8.7-3

振型号	YJK 周期(s)	YJK 振动类型	Midas 周期(s)	Midas 振动类型	误差
1	1.0064	南北向屋盖双半波反对称	1.0058	南北向屋盖双半波反对称	0.59%
2	1.0038	东西向屋盖双半波反对称	0.9991	东西向屋盖双半波反对称	0.47%
3	0.9985	东西南北四半波正对称	0.9853	东西南北四半波正对称	1.32%
4	0.8902	Y 向平动	0.9246	四对角四半波反对称	—
5	0.8710	东西南北四半波反对称	0.8896	东西南北四半波反对称	2.13%
6	0.8627	四对角四半波反对称	0.8869	Y 向平动	0.37%
7	0.8328	X 向平动	0.8468	X 向平动	1.68%
8	0.7680	屋盖局部振动	0.7923	屋盖局部振动	—
9	0.7574	屋盖局部振动	0.7776	屋盖局部振动	—
10	0.7376	扭转	0.7498	扭转	1.65%

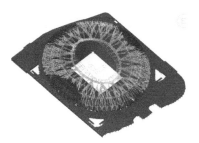

南北向屋盖双半波反对称

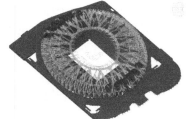

东西向屋盖双半波反对称

东西南北四半波正对称

四对角四半波反对称

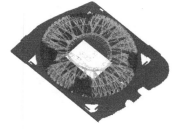

东西南北四半波反对称

Y 向平动

图 8.7-2 Midas 模型前 6 阶振型

8.7.3 屋盖竖向变形

DL＋LL 工况下变形见图 8.7-3，悬挑前端竖向位移为 675mm，为悬挑长度的 1/123；按照自重变形起拱，扣除起拱后变形 334mm，为悬挑长度的 1/196，满足《空间网格结构技术规程》JGJ 7—2010 不大于 1/125 的要求。

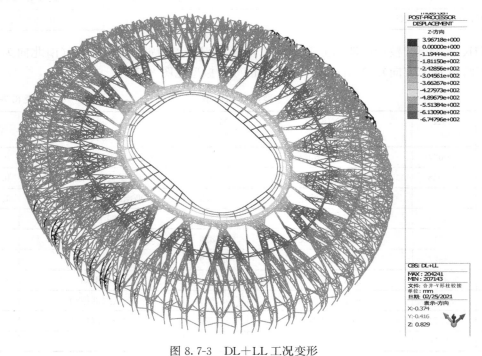

图 8.7-3　DL＋LL 工况变形

考察屋盖前端 16 榀立体桁架竖向变形，由于屋盖有四分之一对称性，考察左下角 4 榀，桁架编号如图 8.7-4 所示，变形如表 8.7-4 所示，起拱后恒＋活荷载作用下，各榀桁架变形满足要求。

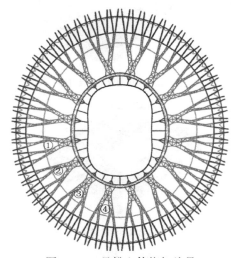

图 8.7-4　悬挑立体桁架编号

桁架竖向变形　　　　　　　表 8.7-4

位置	竖向变形（mm）	起拱值（mm）	起拱后变形（mm）	悬挑长度（m）	挠跨比 Δ/L	限值
①榀悬挑前端	663	310	353	82.8	1/234	
②榀悬挑前端	576	268	308	74.9	1/243	1/125
③榀悬挑前端	536	246	290	69.4	1/239	
④榀悬挑前端	611	278	333	71.6	1/215	

8.7.4　悬挑桁架简化分析

考虑空间作用的悬挑桁架受力分析见图 8.7-5。

DL＋LL 工况悬挑桁架支座处上弦杆件轴力为 5800kN 拉力，下弦轴力为 5400kN 压力。

DL＋LL 工况支屋盖 V 形柱轴力为 7700kN 压力。

T＋工况悬挑根部上弦轴力为 520kN 压力，桁架下端最大轴力为 2145kN 压力，支屋盖 V 形柱轴力为 1685kN 拉力。

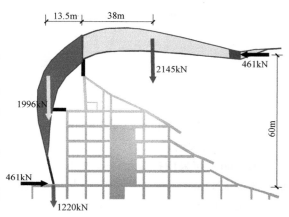

图 8.7-5　悬挑桁架受力分析

T－工况悬挑根部上弦轴力为 368kN 拉力，桁架下端最大轴力为 1522kN 拉力，支屋盖 V 形柱轴力为 1204kN 压力。

对单榀结构进行初步估算，判断空间环桁架等对结构的贡献。

总的倾覆力矩：81510kN·m

抗倾覆力矩：

① 后端压重：27081kN·m（33.2%）

② 抗拔力：16470kN·m（20.2%）

③ 支座剪力：27660kN·m（33.8%）

④ 空间作用：10299kN·m（12.8%）

不考虑空间作用后，单独计算，如图 8.7-6 所示，抗拔力由 1220kN 增大到 3223kN。

① 后端压重：27081kN·m（33.2%）

② 抗拔力：39443kN·m（48.4%）

③ 支座剪力：14982kN·m（18.4%）

考虑空间环桁架作用及其他空间作用，可以减小上下弦杆内力，相当于在内部加了弹性支座，减小了对应悬挑桁架受力。

8.7.5　支座反力

上部钢屋盖与下部混凝土通过三圈支座连接，分别为：

① V 形柱底；

257

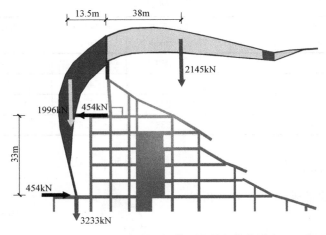

图 8.7-6　不考虑空间作用的单榀桁架分析

② 5F 顶水平向环桁架内侧;

③ 立面桁架落地点。

第①圈支座采用抗震型球铰支座;第②圈支座采用双向弹性支座,水平面内双向弹性刚度 8000kN/m;③立面桁架落地点处采用钢立柱下插至 B1 层,为刚接连接。

定义恒荷载、活荷载、半跨活荷载、温度作用、地震作用、风荷载等所有荷载组合工况的包络工况,V 形柱底内力如图 8.7-7 和图 8.7-8 所示,最大压力 22864kN,最大水平剪力 5200kN,最大水平剪力出现在单斜杆位置(局部因为布置问题,未形成 V 形柱)。

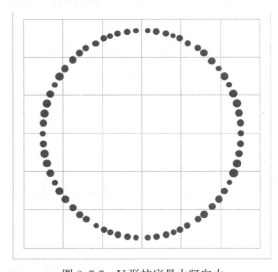

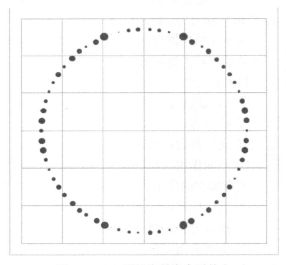

图 8.7-7　V 形柱底最大竖向力　　　　图 8.7-8　V 形柱底最大水平剪力

8.8　屋盖稳定性分析

空间结构的稳定性是结构分析设计中的一个关键问题,常见的失稳模态包括杆件失稳、节点失稳、条状失稳和整体失稳等。为了确保此结构的稳定承载力,按照《空间网格结构技术规程》JGJ 7—2010[7] 的规定，采用 Midas 对考虑整体缺陷的模型进行特征值屈曲分析，采用 Abaqus 对考虑整体缺陷的模型进行双非线性全过程加载分析。

8.8.1 线性屈曲分析

线性屈曲分析是假定构件均处于线弹性状态，当结构上荷载达到某一临界值时，结构构形将突然跳到另一个随遇的平衡状态。钢屋盖分析工况为 1.0 恒＋1.0 活，在荷载标准值作用下，钢屋盖线性屈曲因子见表 8.8-1，钢屋盖整体最小屈曲因子为 15.1，图 8.8-1 和图 8.8-2 给出了一阶屈曲模态和二阶屈曲模态。由于结构整体性较好，线性屈曲均表现为立面桁架的面外失稳。

钢屋盖线性屈曲因子　　　　　　　　　　　　表 8.8-1

阶数	线性屈曲因子	振型描述	阶数	线性屈曲因子	振型描述
1	15.1	立面桁架侧向失稳	4	26.1	立面桁架侧向失稳
2	18.3	立面桁架侧向失稳	5	26.3	立面桁架侧向失稳
3	25.8	立面桁架侧向失稳	6	26.8	立面桁架侧向失稳

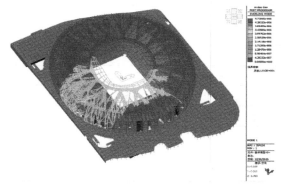 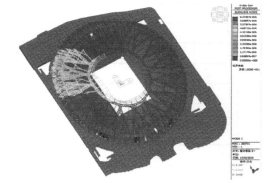

图 8.8-1　一阶屈曲模态　　　　　　　　图 8.8-2　二阶屈曲模态

8.8.2 立面桁架计算长度系数

屋盖造型建筑表现为前宽后窄，立面结构为平面桁架，侧向支点间距较大（局部位置超过 30m），为定量分析立面桁架面外计算长度，采用特征值屈曲反算计算长度系数的方法研究立面桁架的面外计算长度。由于屋盖立面桁架有四分之一对称性，如图 8.8-3 所示，研究其中 4 榀立体桁架，每榀桁架立面侧向支撑对称，如图 8.8-4 所示，共研究 16 榀平面桁架的面外支撑情况。特征值屈曲结果如图 8.8-5 和表 8.8-2 所示。

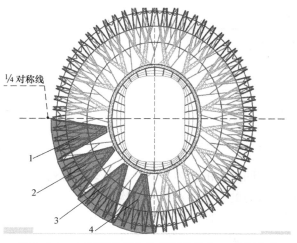

图 8.8-3　左下角四榀立体桁架四分之一对称示意

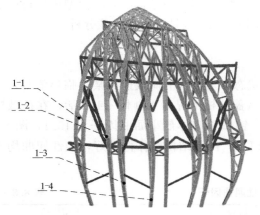

图 8.8-4　左下角四榀立体桁架四分之一对称示意

图 8.8-5　平面桁架侧向失稳模态示意

特征值屈曲结果　　　　　　　　　　　　　　　　表 8.8-2

平面桁架编号	弦杆轴力 （kN）	屈曲系数	屈曲荷载 P_{cr} （kN）	计算长度 （m）	几何长度 （m）	计算长度系数
1-1	10222	8.5	86887	19.97	23	0.87
1-2	9698	9.3	90191	19.60	23.7	0.83
1-3	9866	6.9	68075	22.56	25.7	0.88
1-4	11758	7.3	85833	20.09	25.7	0.78
2-1	10438	8.4	87679	19.88	24.5	0.81
2-2	8636	10.3	88951	19.74	24.5	0.81
2-3	10084	6.1	61512	23.73	24.1	0.98
2-4	10166	8.6	87428	19.91	24.2	0.82
3-1	7298	22.3	162745	14.59	23.3	0.63
3-2	8822	8	70576	22.16	23.5	0.94
3-3	8918	10.6	94531	19.14	23.3	0.82
3-4	8516	18.4	156694	14.87	23.6	0.63
4-1	7072	16.7	118102	17.13	23.8	0.72
4-2	6618	20.5	135669	15.98	24.1	0.66
4-3	6526	22.3	145530	15.43	24.2	0.64
4-4	6434	13.6	87502	19.90	24.6	0.81

8.8.3　非线性屈曲分析

空间结构的整体振动形态密集，为充分考虑实际加工制造、安装误差等缺陷对结构整体承载力的影响，对整体结构引入前 20 阶屈曲模态，初始缺陷幅值取悬挑长度的 1/150。钢材本构采用刚塑模型，杆件采用三维线性梁单元 B31，弹性支座采用三向弹簧 SPRING 单元，弹簧刚度、方向与弹性支座一致。考虑几何非线性、材料非线性对 DL＋LL 标准荷载工况进行等比例加载，控制每个加载步不超过 5％，输出每个加载步悬挑前端的竖向位移、荷载因子（LPF），每个加载步构件的塑性发展，以此考察屋盖的塑性发展顺序、薄弱环节、结构极限承载力。如图 8.8-6～图 8.8-9 所示，荷载因子大于 2.0，满足规范要求。

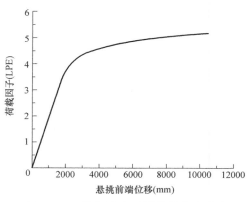

图 8.8-6　荷载因子-悬挑前端位移曲线

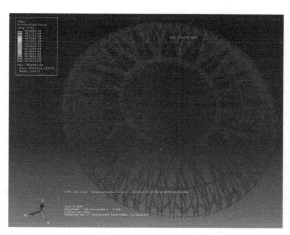

图 8.8-7　LPF＝2.0 时构件塑性发展

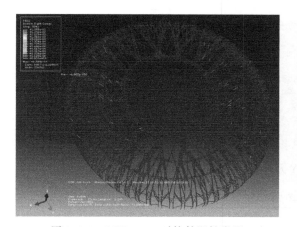

图 8.8-8　LPF＝3.0 时构件塑性发展

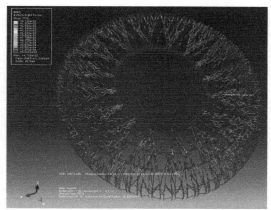

图 8.8-9　LPF＝4.0 时构件塑性发展

8.9　直接分析法

屋盖悬挑尺寸较大，在 DL＋LL 工况下竖向变形达到悬挑尺寸的约 1/133，变形较大，局部区域二阶效应明显，采用直接分析法对钢屋盖进行包络设计。结构计算考虑如下因素：考虑所有变形；考虑 P-Δ 和 P-δ 效应；考虑初始结构缺陷和杆件缺陷，结构缺陷引入前 20 阶屈曲模态，缺陷峰值按照悬挑尺寸的 1/150，构件缺陷按照《钢结构设计标准》GB 50017—2017[8] 表 5.2.2 的 b 类截面施加，为了考虑杆件缺陷与整体缺陷方向不利叠加，局部缺陷采用沿单元局部坐标轴±Y 和±Z 四方向施加的情况进行包络设计，如图 8.9-1 所示。图 8.9-2 为直接分析法（沿＋Y 方向偏移）钢构件应力比云图，图 8.9-3 给出了直接分析法（沿＋Y 方向偏移）钢构件应力比柱状图，应力比均满足要求。

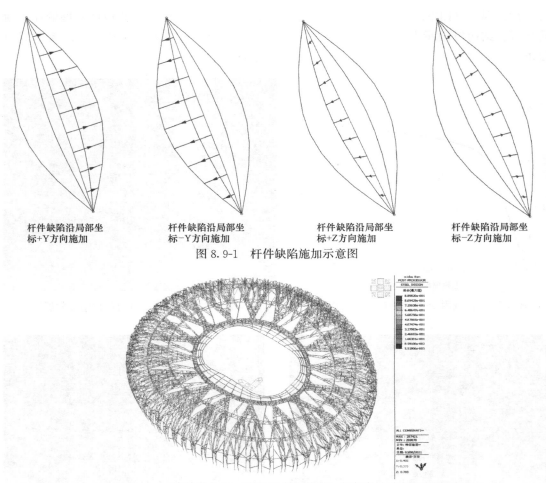

杆件缺陷沿局部坐标＋Y方向施加　　杆件缺陷沿局部坐标－Y方向施加　　杆件缺陷沿局部坐标＋Z方向施加　　杆件缺陷沿局部坐标－Z方向施加

图 8.9-1　杆件缺陷施加示意图

图 8.9-2　直接分析法（沿＋Y方向偏移）钢构件应力比云图

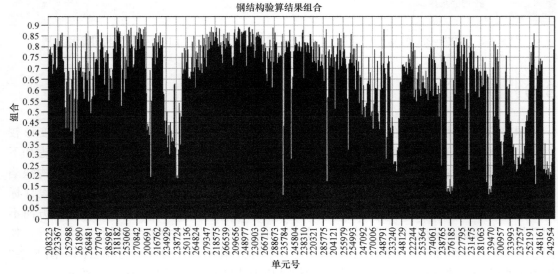

图 8.9-3　直接分析法（沿＋Y方向偏移）钢构件应力比柱状图

8.10　典型节点分析

屋盖弦杆及腹杆采用箱形及圆形截面，典型节点：支座顶环桁架与悬挑桁架根部弦杆连接节点、立体桁架弦杆与腹杆连接节点、中环桁架与主脉络桁架连接节点、次脉络与主脉络桁架连接节点。为满足结构有足够的抗震安全承载力，需满足"强节点、弱构件"的抗震原则。具体如下：

（1）控制工况下节点区满足屈服原则，节点区最大 Mises 应力不超过钢材设计强度；

（2）节点最大变形不超过杆件尺寸的 3%；

（3）节点极限承载力不小于 1.5 倍杆件内力；

（4）等比例加载达到极限强度时刻，节点塑性应变主要发生在杆件端部，节点区不发生较大范围的屈服。

本节采用 Midas、Abaqus 软件对传力关键的节点进行有限元分析，图 8.10-1 给出了典型节点位置。

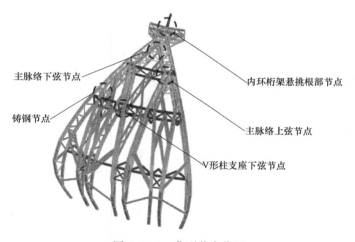

图 8.10-1　典型节点位置

以节点 1 悬挑根部桁架下弦节点为例，如图 8.10-2 所示，计算结果见图 8.10-3，受力满足要求。

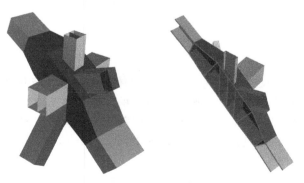

图 8.10-2　节点 1 几何模型

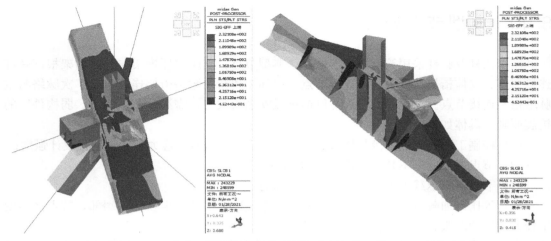

图 8.10-3　节点 1 网格嵌入整体内部加劲板包络工况 Mises 应力

8.11　抗连续倒塌分析

本结构为空间立体桁架，截面为四边形，立体桁架前端、支座上方设置了环向桁架，如其中一榀桁架杆件或节点发生偶然破坏，桁架承载力和刚度降低，可通过内力重分布将其负荷面内荷载经环桁架转移至相邻榀桁架，屋盖结构有备用传力途径。

8.11.1　研究目的与背景

连续倒塌，是指偶然荷载致使结构初始局部失效后，由于局部构件接连失效的连锁反应，导致破坏向结构其他部位扩展，最终引起结构的整体倒塌或者大范围的倒塌。造成连续倒塌的原因一般为偶然荷载作用。偶然状况指在结构使用过程中出现概率很小，且持续时间很短的状况，如结构遭受火灾、爆炸、撞击、罕遇地震等作用的状况；偶然作用指在设计基准期内不一定出现，而一旦出现其量值很大而且持续时间很短的作用。

《高层建筑混凝土结构技术规程》JGJ 3—2010 第 3.12.1 条规定：安全等级为一级的高层建筑结构应满足抗连续倒塌概念设计要求；有特殊要求时，可采用拆除构件方法进行抗连续倒塌设计。大跨空间结构的支承构件数量少，其冗余程度相对较低，抵抗连续倒塌的能力较为薄弱。钢结构跨度较大，单个柱破坏会导致跨度加倍，对相邻构件造成巨大的承载压力，研究其防止连续倒塌的性质是完全必要的。

8.11.2　分析方法

本工程为空间立体桁架，截面为四边形，立体桁架前端、支座上方设置了环向桁架，如其中一榀桁架杆件或节点发生偶然破坏，桁架承载力和刚度降低，可通过内力重分布将其负荷面内荷载经环桁架转移至相邻榀桁架，屋盖结构有备用传力途径。

根据《建筑结构抗倒塌设计规范》CECS 392：2014[9]，本项目屋盖适合采用拆除构件非线性静力法。

拆除构件法能较真实地模拟结构的倒塌过程，较好地评价结构的抗连续倒塌能力，而且设计过程不依赖于意外荷载，适用于任何意外事件下的结构破坏分析。

本工程采用拆除构件法进行防连续倒塌分析，主要分析步骤为：

（1）首先确定结构最不利受损部位的重要构件；

（2）逐个分别拆除重要构件；

（3）在 Abaqus 有限元计算软件中将所拆除杆件负荷面内荷载乘以 1.35 放大系数对剩余构件进行分析。

根据分析结果，确定结构在指定受损状态下的防止连续倒塌性能，并确定该构件是否为关键构件，如拆除该构件发生了连续倒塌，需进行结构方案调整，或者对该构件专门研究，进行抗连续倒塌设计。

8.11.3 拆除部位确定

屋盖荷载自上而下依次通过：次脉络桁架-主脉络桁架-支座环桁架-支屋盖 V 形柱（首层混凝土柱）进行荷载传递，依次对传力途径上关键构件进行分析。

考虑在偶然荷载作用下传力环节构件分别失效，除相邻构件应力增加，结构整体仍处于弹性状态。表明结构备用传力途径可承担由于局部构件失效、刚度重分布后结构内力的传递，结构整体抗倒塌能力满足设计目标，结构设计满足要求。图 8.11-1 给出了拆除的

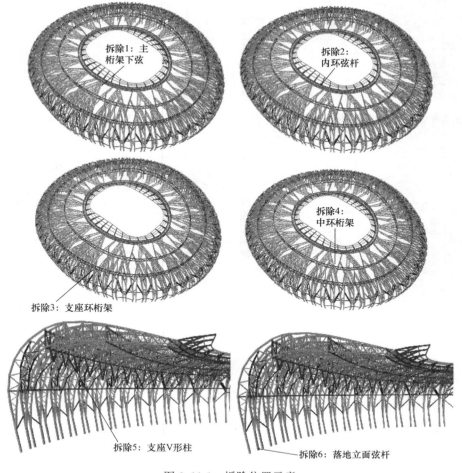

图 8.11-1 拆除位置示意

关键位置示意，图 8.11-2 给出了拆除后的计算应力，拆除后结构变形无明显增加，整体仍处于弹性状态，满足要求。

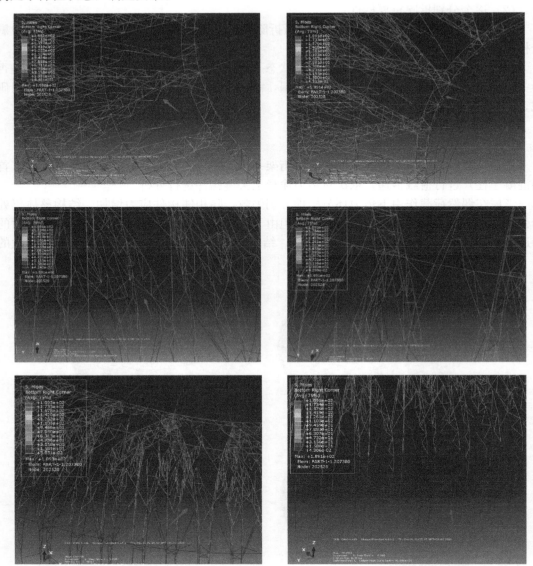

图 8.11-2　拆除后计算应力图

8.12　行波效应

　　《建筑抗震设计规范》GB 50011—2010（2016 年版）第 5.1.2 条规定，平面投影尺度很大的空间结构，应根据结构形式和支承条件，分别按单点一致、多点、多向单点或多向多点输入进行抗震计算。平面投影尺度很大的空间结构，指跨度大于 140m、或长度大于 400m、或悬臂大于 40m 的结构。对于 6 度和 7 度Ⅰ、Ⅱ类场地的支撑结构上部和基础抗震验算可采用简化方法，根据结构跨度、长度不同对构件乘以一定的附加地震作效应系数考虑多点输入的影响。

本项目场地类别为Ⅱ类，6 度（0.05g），但由于项目的重要性，本工程仍采用时程分析法进行多点地震输入分析，分析主要考虑行波效应的影响。

8.12.1 视波速

地震波从震源处发出，假设仅考虑地震波传向建筑地表部分的能量，不考虑地震波反射，则地震波传播路径如图 8.12-1 所示。

地震波由震源发出，以波速 v 沿图示箭头方向传播，经过多层地层，在每层地质交界处产生折射，改变地震波传播方向与波速，最终以波速 v_n 到达地表。设地表平面上有 A、B 两点，相距为 L，则地震波到达 A 点与 B 点有一时间差 Δt，视波速表征在地表观测到的地震波在 AB 段之间的传播速度。

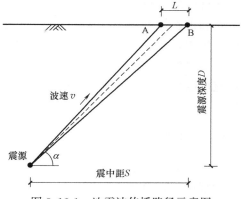

图 8.12-1 地震波传播路径示意图

8.12.2 视波速取值

场地覆盖层厚度一般为 9.07m，场地土等效剪切波速为 194.37m/s，依据《建筑抗震设计规范》GB 50011—2010（2016 年版）第 4.1.3~4.1.6 条，拟建场地的建筑场地类别为Ⅱ类。

视波速与震源深度、震中距、覆土层厚度、基岩波速等因素有关，多土层剪切波速代表值、等效均值土层视波速可采用如下公式计算：

$$\overline{v} = \sum_{i=1}^{n} \frac{D_i}{D} \cdot v_i \qquad \overline{v}_{\mathrm{app}} = \frac{\sqrt{D^2 + S^2}}{S} \overline{v}$$

计算视波速需确定震中距 S、震源深度 D、多土层剪切波速代表值 $\overline{v}$。部分工程采用的视波速取值如表 8.12-1 所示。

已有项目视波速取值　　　　　　　　　　　　　　　　　表 8.12-1

项目所在地	项目名称	视波速取值（m/s）
贵阳[10]	贵阳奥体中心体育场	200
成都[11]	成都东客站	1000、250
成都[12]	天府国际机场	600
成都[13]	成都双流国际机场	307
昆明[14]	昆明新机场	200、500
重庆[15]	中国摩商业综合体	150
雄安[16]	雄安高铁站	1200、240

通过收集场地周围实测地震资料（贵州省地震局、中国地震局网站），其震源深度平均值为 9.47km。参考《我国境内历史地震等震线的某些特征》[17]，西南地区震中距近似取 20km。基岩剪切波速取 1100m/s，多土层剪切波速约 1100m/s。同时取场地覆盖层剪切波速作为补充计算，影响系数结果取两种波速的包络值。

267

本工程视波速采用 200m/s（场地覆盖层剪切波速）、1100m/s（计算）两种波速；地震动采用分区域基底强制位移时程方式输入。

计算分析采用 Midas 软件，多点地震波输入方式为柱底强制位移，通过控制地震波到达不同柱底的时间差异进行多点输入时程分析，本项目选取 5 条天然波和 2 条人工波，选波方法和地震时程波曲线同弹性时程分析。考虑到地震波采集过程中会受到各种人为和自然因素影响，通过对其加速度时程记录两次积分得到位移时程曲线，并对其进行基线调整，以消除地震波基线的漂移，归零后加速度时程变化较小，其频谱特性与加速度峰值不因调整而改变。将地震波以位移输入形式对结构各支座处进行位移加载以获取结构的动力响应。

8.12.3 主要计算结果

下部混凝土采用柱剪力影响系数、上部钢结构采用弦杆构件轴力影响系数研究行波效应影响规律。以影响系数 95％分位值作为计算时地震作用效应放大值。

计算结果如表 8.12-2 所示，低视波速（200m/s）行波效应更显著；底层对行波效应更敏感；钢罩棚轴力影响系数离散性比混凝土结构大，行波效应更明显，设计时对相应地震力进行放大。

多点激励影响系数 表 8.12-2

	X 向		Y 向	
	1100m/s	200m/s	1100m/s	200m/s
首层	1.17	1.22	1.15	1.21
二层	1.02	1.09	1.00	1.09
三层及以上	1.03	1.04	0.98	1.03
环桁架	1.43	1.40	1.18	1.20
主脉络桁架	1.40	1.45	1.16	1.28

8.13 动力弹塑性分析

计算分析采用大型通用有限元分析软件 Sausage，考虑材料非线性、几何非线性，研究结构在大震时程下的最大层间位移角、塑性发展顺序及结构整体损伤情况；考察关键构件的地震响应以验证性能目标；寻找结构薄弱部位，有针对性地提出设计建议。

本工程采用的地震波如表 8.13-1 所示，大震弹性时程分析首层剪力与大震 CQC 比较见表 8.13-2。

地震波时程记录 表 8.13-1

简称	地震波名称	计算区间（s）	峰值加速度（PGA）(gal)		
			主方向	次方向	竖方向
TR-1 波	Chi-Chi_Taiwan-05_NO_3108	10～30			
TR-2 波	Chuetsu-oki_Japan_NO_5277	10～30	125	106	82
RG-1 波	ArtWave-RH4TG035	0～20			

大震弹性时程分析首层剪力与大震 CQC 比较　　　　表 8.13-2

时程	罕遇地震时程(地上首层)				CQC(地上首层)	
	X 方向为主 (kN)	时程/CQC	Y 方向为主 (kN)	时程/CQC	X 方向为主 (kN)	Y 方向为主 (kN)
TR-1	447464.2	97.7%	565172.9	97.4%		
TR-2	561128.5	122.5%	611487.5	105.3%	457971	580461
RG-1	427393.6	93.3%	744485.2	128.3%		
平均值	478662.1	104.5%	640381.9	110.3%		

大震弹塑性与小震弹性基底剪力之比见表 8.13-3，X 向在 4.6～6.1 之间，Y 向在 4.4～5.8 之间。大震弹塑性与大震弹性基底剪力之比见表 8.13-4，X 向在 66.4%～88.9% 之间，Y 向在 64.2%～84% 之间。

大震弹塑性时程基底剪力与小震弹性时程比较　　　　表 8.13-3

时程	X 方向为主 (kN)		大震弹塑性/ 小震弹性	Y 方向为主 (kN)		大震弹塑性/ 小震弹性
	大震弹塑性	小震弹性		大震弹塑性	小震弹性	
TR-1	758811	138554	5.5	845028	145944	5.8
TR-2	612276	133753	4.6	616830	139373	4.4
RG-1	653559	106641	6.1	637260	135505	4.7
平均值	674882	126316	5.3	699706	140274	5.0

大震弹塑性时程基底剪力与大震弹性时程比较　　　　表 8.13-4

时程	X 方向为主 (kN)		大震弹塑性/ 大震弹性	Y 方向为主 (kN)		大震弹塑性/ 大震弹性
	大震弹塑性	大震弹性		大震弹塑性	大震弹性	
TR-1	758811	954637.1	79.5%	845028	1005554	84.0%
TR-2	612276	921558.2	66.4%	616830	960280	64.2%
RG-1	653559	734756.5	88.9%	637260	933629.5	68.3%
平均值	674882	870317.2	77.5%	699706	966487.9	72.4%

钢屋盖损伤结果见图 8.13-1，钢屋盖应变最大值为 0.9，仍处于弹性。

从计算结果来看，弹塑性层间位移角小于 1/100，满足规范要求；局部位置连梁塑性发展严重，为主要耗能构件，剪力墙满足预期性能目标；顶层看台斜柱、斜梁、环梁轻度损伤，局部看台斜梁内置钢材屈服，但均小于 3 倍屈服应变，为轻度损伤；关键构件基本满足性能目标；五层顶楼板局部轻微损伤，其余层楼板无明显损伤；钢罩棚钢材应力比小于 1.0，满足大震不屈服性能目标要求。

采取的调整措施：

（1）顶层看台斜梁、环梁传递比较大荷载，在上层看台斜梁、环梁内设置型钢，构造加强配筋，提高抗震承载力；

（2）屋盖柱荷载大、重要性高，为提高承载力、延性，上部屋盖柱采用型钢混凝土柱；

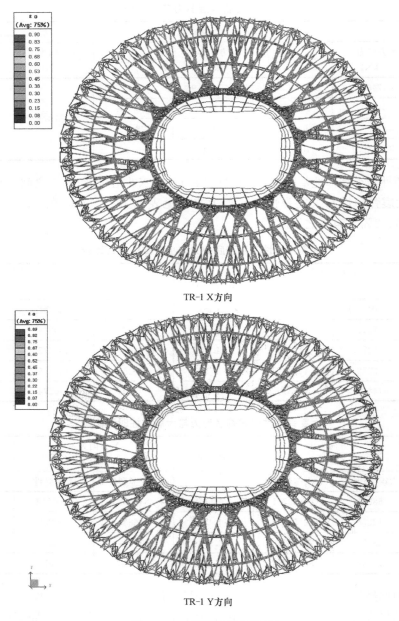

TR-1 X方向

TR-1 Y方向

图 8.13-1　钢屋盖损伤结果

（3）通过构造保证钢罩棚与下部混凝土节点的转动能力、相对位移量。

8.14　超长结构设计

对于楼板大开洞与弱连接部位，采用符合楼板平面内实际刚度的弹性楼板假定，分析楼板应力并采取构造加强措施，对楼板大开洞与弱连接部位采取楼板局部加厚、双层双向配筋、提高板配筋率等措施，确保楼板可以有效传递内力，并采取预应力及材料、施工措施等，满足使用要求。

对结构进行温度应力分析，降温工况下首层 X 方向楼板拉应力为 3.1MPa，Y 方向楼板拉应力为 3.0MPa；二层 X 方向楼板拉应力为 2.1MPa，Y 方向楼板拉应力为 1.8MPa；首层二层温度作用下产生的温度应力在很多位置超过混凝土开裂强度，在首层二层楼板中设置温度预应力筋，看台位置在看台梁中隔一拉一设置预应力，控制看台裂缝。

8.15 施工模拟

按照钢结构安装流程，由外至内，依次对称循环安装主体钢结构，并依次进行施工过程分析。图 8.15-1 为施工胎架布置图。

在主体结构安装完成后，进行支撑胎架的拆除工作。支撑胎架的拆除过程是结构支撑点位置逐步下降的过程，拆除应使结构逐步变形，避免位移突变，且支撑胎架所承受的荷载不产生大的变化。

卸载总体过程为：对称循环分区分级卸载，且先卸载悬挑远端（内环）胎架，再卸载悬挑近端（中环）胎架。其中内环以 50mm 为单级进行卸载，中环以 30mm 为单级进行卸载。

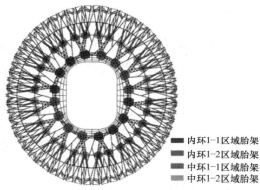

图 8.15-1 施工胎架布置图

采用 Midas 进行施工模拟计算分析。表 8.15-1 给出了施工模拟与一次成型态比较，施工完成态与一次成型态主体结构竖向位移仅相差 15mm，主体结构最大应力仅相差 7MPa，差异很小，表明施工方案可行。

施工模拟与一次成型态比较 表 8.15-1

对比指标		施工完成态	一次成型态	差异
位移 (mm)	悬挑檐口	−380.1	−365	15
	内环桁架处（隐藏悬挑檐口）	−266	−259.4	7
应力 (MPa)	最大拉应力	127	119.6	7
	最大压应力	116	114	2

8.16 结语

针对本工程不规则超限情况，采用空间三维模型进行整体分析，从结构概念设计、结构抗震性能化设计、构造加强措施等几方面着手，提高结构整体性和抗震能力、保证结构的安全性、控制施工过程质量。通过合理的抗震措施及详细的计算分析，同时对整体结构及关键构件采取一系列有效的计算和构造加强措施，使结构整体很好地满足承载力要求，实现了既定的抗震性能目标。主要结论：

（1）结合建筑造型，综合多次比选及内场效果考虑，采用带压环的四边形立体桁架，具有施工较便利，视线阻挡少，贴合建筑表皮，内场整洁等特点；并充分利用内压环作用降低了工程造价。

（2）通过不同软件对比分析，验证了结构整体承载能力及抗震性能满足抗震要求，受力性能良好。

（3）对罩棚进行了线性屈曲分析和非线性屈曲分析，确保结构体系的稳定性保证要求。

（4）通过连续倒塌分析，表明结构备用传力途径可承担由于局部构件失效、刚度重分布后结构内力的传递，结构整体抗倒塌能力满足设计目标。

（5）低视波速（200m/s）行波效应更显著，从各个楼层对比可以看出，底层对行波效应更敏感；罩棚相对下部结构而言，钢罩棚轴力影响系数离散性比混凝土结构大，行波效应更明显。

（6）大震计算结果表明，损伤主要发生在剪力墙连梁，剪力墙基本无损坏，顶层看台斜柱混凝土损伤为轻微损伤；钢罩棚仍处于弹性。

（7）分步施工与一次成型态主体结构竖向位移仅相差15mm，主体结构最大应力仅相差7MPa，差异很小，可采用分步施工方案进行施工。

参考文献

[1] 中华人民共和国住房和城乡建设部. 建筑结构荷载规范：GB 50009—2012 [S]. 北京：中国建筑工业出版社，2012.

[2] 李昊，犹珀玉，李梦姣，等. 贵州省覆冰与地理环境因子的空间相关分析 [C]. 2017智能电网发展研讨会论文集，2017：155-163＋600.

[3] 中华人民共和国住房和城乡建设部. 高耸结构设计标准：GB 50135—2019 [S]. 北京：中国计划出版社，2019.

[4] 冯远，向新岸，王立维，等. 郑州奥体中心体育场钢结构设计研究 [J]. 建筑结构学报，2020，41（05）：11-22.

[5] 张士昌，徐晓明，史炜洲，等. 苏州奥体中心体育场看台结构设计 [J]. 建筑结构，2019，49（23）：7-11.

[6] 中华人民共和国住房和城乡建设部. 高层建筑混凝土结构技术规程：JGJ 3—2010 [S]. 北京：中国建筑工业出版社，2010.

[7] 中华人民共和国住房和城乡建设部. 空间网格结构技术规程：JGJ 7—2010 [S]. 北京：中国建筑工业出版社，2010.

[8] 中华人民共和国住房和城乡建设部. 钢结构设计标准：GB 50017—2017 [S]. 北京：中国建筑工业出版社，2017.

[9] 中华人民共和国住房和城乡建设部. 建筑结构抗倒塌设计规范：CECS 392：2014 [S]. 北京：中国计划出版社，2014.

[10] 夏绍全，马克俭，肖建春，等. 大悬挑预应力空间结构对多点地震波输入的反应——以贵阳奥体中心体育场为例 [J]. 贵州大学学报（自然科学版），2011，28（02）：99-102.

[11] 石永久，赵博，陈志华，等. 成都东客站钢结构多点地震输入响应分析 [J]. 沈阳建筑大学学报（自然科学版），2014，30（01）：1-8.

[12] 谢俊乔，刘宜丰，夏循，等. 成都天府国际机场指廊钢结构设计 [J]. 建筑结构，2020，50

(19)：43-50.

[13] 周定松，肖克艰，陈志强. 成都双流国际机场 T2 航站楼大厅多点多维弹性地震反应分析［J］. 建筑结构，2010，40（09）：14-19.

[14] 束伟农，李华峰，卜龙瑰，等. 昆明新机场航站楼多维多点抗震性能研究［J］. 建筑结构，2009，39（12）：68-70.

[15] 闫晓京，秦凯，朱忠义，等. 中国摩商业综合体大跨屋盖结构体系分析［J］. 建筑结构，2019，49（18）：110-114.

[16] 范重，高嵩，朱丹，等. 雄安站站台雨棚结构行波效应影响研究［J］. 建筑结构，2019，49（07）：89-96.

[17] 王广军. 我国境内历史地震等震线的某些特征［J］. 地震工程动态，1982（04）：1-7.

9 霞田文体园体育场

9.1 工程概况

霞田文体园位于福建省泉州市德化县,包括一场两馆,即体育场、游泳馆、篮球馆,如图 9.1-1 所示。游泳馆、体育馆屋面结构体系采用单层 H 型钢劲性索,体育场屋面结构体系采用单层索网,建筑屋面做法均为膜结构屋面。

图 9.1-1 一场两馆效果图

体育场为丙级体育场,总建筑面积 14690m²,总坐席共 11018 座,包括混凝土框架结构看台、单层索网屋盖及配套辅助用房,其中看台最大标高 21m,屋盖最大标高 50m。体育场下部主体结构(看台)为混凝土框架体系,地上四层。

建筑屋面为膜材,结合建筑马鞍形曲面的形式,结构体系采用单层双向正交马鞍形索网。索网正面(靠近跑道一侧)采用柔性索作为边界;索网背面(看台后方一侧)采用刚性钢拱为边界,钢拱下方设置钢斜柱,钢拱拱脚直接落地;索网左侧面和右侧面均采用柔性拉索边界。横向布置承重索、纵向布置抗风索,索网正面边界的柔性环索支承于两端钢桅杆上,钢桅杆顶设置两组斜拉索用于平衡环索和边索对钢桅杆柱的拉力。

体育场屋盖结构采用一边刚性边界+三边柔性边界单层索网屋盖,跨度 210m×54m,屋盖整体由月牙形钢环梁、钢斜柱作为边界条件,下凹的承重索和上凸的稳定索正交布设形成单层索网屋盖,通过环索和封边索连接到桅杆上,并设置斜索平衡,结构三维图见图 9.1-2。

索体采用密封钢丝绳,由内层圆形钢丝和外层 Z 形钢丝捻制而成,内层圆形钢丝公称抗拉强度为 1770MPa,外层 Z 形钢丝公称抗拉强度为 1570MPa,外层不少于 3 层 Z 形钢丝;索体的钢丝表面采用 Galfan 镀层(锌-5%铝-混合稀土合金镀层)。超张拉检验后的成

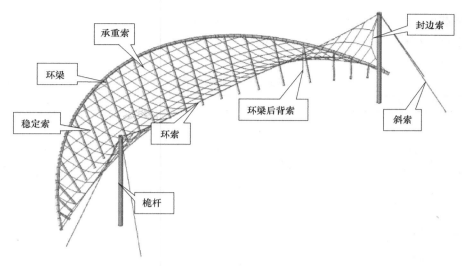

图 9.1-2 结构三维示意图

品拉索弹性模量为 $160\pm5\mathrm{kN/mm^2}$。

屋盖罩棚悬挑长度（屋盖横向尺度）54m，纵向跨度 170～210m，其中索网环索直线跨度 170m，抗风索和钢拱的跨度均为 210m（图 9.1-3）。

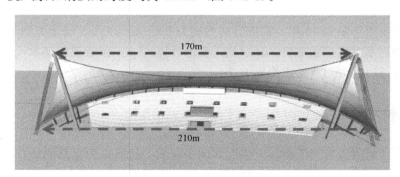

图 9.1-3 纵向跨度示意

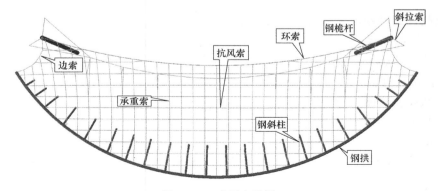

图 9.1-4 索网布置图

屋盖索网采用正交正方网格形单层索网（图 9.1-4），横向设置承重索，纵向设置抗风索，横向和纵向抗风索间距均以 7m×7m 网格为主。承重索和抗风索均采用高钒密封索，其特点是截面小、强度高、耐久性好，锁夹抗滑移性能良好。钢材采用 Q345GJB 钢材，主要用于钢桅杆柱、钢斜柱和钢拱；屋面拉索采用 1520MPa 级高钒涂层封闭索，各构件截面规格见表 9.1-1。

屋面构件截面规格表 表 9.1-1

构件名称	规格	材质
钢斜柱	$\phi1000\times40$	Q345GJB
	$\phi1000\times50$	Q345GJB
钢拱	$\phi1500\times40$	Q345GJB
钢桅杆	$\phi2200\times100$	Q345GJB
背索	$2\phi120$	高钒封闭索
承重索	$1\phi50$	高钒封闭索
抗风索	$2\phi100、2\phi80$	高钒封闭索
环索	$10\phi100$	高钒封闭索
斜拉索	$6\phi120$	高钒封闭索
吊索	$1\phi50$	高钒封闭索
下拉索	$2\phi110$	高钒封闭索
边索	$4\phi80$	高钒封闭索

9.2 结构基本条件

结构设计使用年限为 50 年，抗震设防烈度为 6 度（0.05g），场地类别为 Ⅱ 类。

50 年重现期基本风压 0.40kN/m²（用于变形计算），100 年重现期基本风压 0.50kN/m²（用于承载力计算），地面粗糙度类别 B 类。

9.3 技术难点

建筑形态，前檐口为下凹曲线，采用斜向受拉索；后檐口为上凸曲线，采用弧形受压拱。整体采用单层索网，马鞍曲面，横向下凹曲面为承重索，纵向上凸曲面为抗风索。本工程有如下特点：

1. 结构形式新颖，为开敞式柔性边界的单层索网

在常规的单层索网结构形式上，创新性地设计一边刚性边界＋三边柔性边界。开敞式的柔性边界采用桅杆＋后背索的形式，实现大跨度、大空间的特点。结构整体造型新颖，屋面轻盈飘逸，且富有力量感，属于新型结构体系，在国内外未见先例。

2. 结构受力传递路径复杂

整个索网、环梁和桅杆形成整体受力体系，结构内侧为受拉环索，环索的拉力由正交式单层索网传递到环梁，使外环梁形成受压梁。同时，环索两侧与桅杆连接，在桅杆后方设置后斜索以保证桅杆的受力平衡，单根拉索的施工误差过大会导致整个索系受力发生改变从而导致结构位形与设计不符。

3. 结构非线性强，桅杆平衡施工控制难度高

本工程为柔性索网结构，非线性强，桅杆考虑为二力压杆，下端为固定球形铰支座，上部连接环索、封边索和两道后背索，在索网施工过程中形状不断发生改变，体系内力不断发生重新分配，造成桅杆的位形和承受的内力在整个施工过程中不断发生变化，故该结构体系在施工过程中保持桅杆的受力平衡尤为关键。

屋面结构主要荷载包括竖向重力荷载和上吸风荷载，两种不同荷载作用下结构体系的传力路径有所不同：

（1）重力荷载/下压风荷载

重力荷载/下压风荷载→径向承重索→外侧环索→钢桅杆/斜拉索→基础（路径一）

重力荷载/下压风荷载→径向承重索→钢拱/边索→基础（路径二）

（2）上吸风荷载

上吸风荷载→环向抗风索→钢拱→钢桅杆→基础（路径一）

上吸风荷载→外侧环索→吊索索→下拉索→基础（路径二）

上吸风荷载→边索→钢桅杆→背索→基础（路径三）

9.4　索网找形

马鞍形单层双向索网为柔性预应力结构，在结构施加预应力之前结构刚度为零，不能承担任何外荷载。因此单层索网必须先进行找形分析确定索网受力形态，然后再进行荷载态的承载力计算和变形计算。单层索网的"形"和"态"是相互依存并相互影响的。一种"态"必然有唯一的"形"与之对应，但一种"形"则存在多种"态"与之对应。

索网找形分析的根本目的是：

（1）符合建筑外形；

（2）满足结构力学平衡；

（3）具有足够合理刚度的一种状态。

宏观概念层次：

（1）单层索网对体系形状比较敏感，建筑外形应充分考虑结构形状。

（2）单层索网找形应把握关键点，比如抗风索弧度等。关键点的处理是单层索网找形的核心。

（3）单层索网应从整体上考虑，打补丁的处理方式（如增加下拉索）并不能充分发挥索网的受力优势，反而使结构设计趋于复杂。单层索网宜采用正交网格，可有效降低索夹节点不平衡力，便于节点设计。

微观概念层次：

（1）索网的柔性边界宜采用定长索进行找形。

（2）单轴对称结构，非对称方向上的位移控制是迭代计算的关键。

（3）索网受力对边界条件比较敏感，在找形后期充分考虑支座刚度的影响。

（4）索网找形是个反复尝试、反复试算的过程，上述流程也不是一成不变的，应充分发挥力密度法和有限元各自的优点，合理利用成熟软件和自编程序。

单层索网边界根据支承条件不同可以分为全刚性边界、全柔性边界、刚性和柔性混合边界。大跨度体育场馆建筑因跨度较大通常采用全刚性边界，小型的雨棚等构筑物多采用全柔性边界。本工程中索网屋面采用刚性和柔性混合边界。单层索网找形主要采用力密度法、非线性力密度法、非线性有限元法、动力松弛法。其中力密度法只需求解一次平衡方程，具有较高的计算效率，但是力密度找形过程中需要人为输入力密度值，且不同的力密度值对应不同的索网形态，对经验要求高，且不能处理有附加约束条件的索网找形。在力密度法中引入一定的附加约束条件，通过非线性迭代获得索网形态，通常称为非线性力密度法。非线性有限元法是采用有限元思想，通过力学求解获取平衡态的索网形态，一般采用支座提升法和近似曲面逼近法，通常采用 ANSYS、Abaqus 等通用有限元软件实现。

1. 力密度法初步找形

根据力密度法找形原理编写基于 Grasshopper 的力密度找形插件 KunPeng，通过该插件可以实现线性力密度法和非线性力密度法找形，找形过程中可以考虑索网自重、索网节点附加恒载和索网附加面荷载。第 1 步，通过线性力密度自由找形获取索网初始形态（即为 S1），S1 满足形状符合建筑要求，边索平面弧度满足限制要求，不满足承重索与稳定索平面投影垂直的要求。第 2 步，保持控制点不变，采用非线性力密度法进行二次找形。为保证封边索形状维持在 S1 中的形状，将封边索设定为定长索，在找形过程中保证索长不变，其余索全部设定为定力索。通过迭代修正节点坐标，确保找形过程中索网始终保持正交状态，此时索网形态记为 S2。S2 满足建筑形状要求（含边界弧线），索网投影正交，已考虑附加荷载且满足平衡条件。

2. 考虑索网弹性变形的修正

将力密度找形结果 S2 导入 Midas 计算模型中，调整索网预应力水平并考虑索网弹性模量对索网形态的影响，修正索网形状，此时的索网形态记为 S3，后续计算均在 S3 基础上进行。

9.5　荷载作用

9.5.1　恒载

（1）结构受力构件（钢拱、钢斜柱、钢桅杆、索等）自重由计算软件自动考虑。

（2）屋面附加恒载：$0.2kN/m^2$，包括膜、膜连接件、膜中次索等，不包括主体结构锁夹节点自重。

（3）节点自重：

承重索与抗风索节点集中荷载：1.5kN；

环索与承重索集中荷载：50kN；

边索与抗风索集中荷载：30kN；

吊索与下拉索集中荷载：1kN；

钢桅杆柱顶集中荷载：300kN。

（4）索网屋面不设置马道、音响、灯光等附属设备。

9.5.2　活载

（1）屋面活荷载：$0.3kN/m^2$（《工程结构通用规范》GB 55001—2021 执行前项目）；

（2）屋顶不设置马道等检修设施，故无其他活载。

9.5.3　风荷载

体育场属于单侧开口的轻屋面结构体系，按现行的《建筑结构荷载规范》GB 50009—

2012 无法准确确定风荷载体型系数。加之本工程属于对风荷载敏感的大跨结构，因此进行了风场下的风洞试验研究，为结构的安全设计和使用提供依据。主要的风洞试验结果介绍如下：

（1）基本风压：$w_0 = 0.4 \text{kN/m}^2$ （$n=50$）；$w_0 = 0.5 \text{kN/m}^2$ （$n=100$）。

（2）体型系数 μ_s、风压高度变化系数 μ_z、风振系数 β_z，根据风洞试验结果取值。风洞试验按 $10°$ 一个风向角，共计 36 个风向角，图 9.5-1 是风向角示意图。

对于体育场单体，$0°$ 下对应最大风吸工况，$180°$ 下对应最大风压工况。由于篇幅所限，本节仅摘录 $0°$ 和 $180°$ 两个风向角下的风洞试验结果。图 9.5-2～图 9.5-4 分别是 $0°$ 风向角下 $\mu_s\mu_z$、β_z、$\mu_s\mu_z\beta_z$。图 9.5-5～图 9.5-7 分别是 $180°$ 风向角下 $\mu_s\mu_z$、β_z、$\mu_s\mu_z\beta_z$。

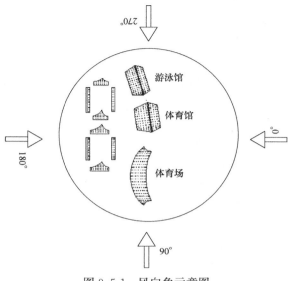

图 9.5-1　风向角示意图

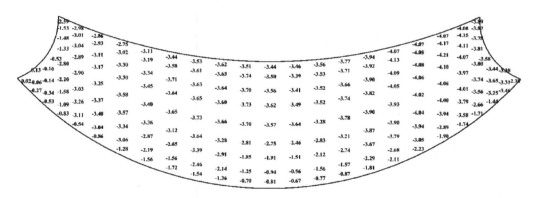

图 9.5-2　$0°$ 风向角下体型系数×风压高度系数（$\mu_s\mu_z$）

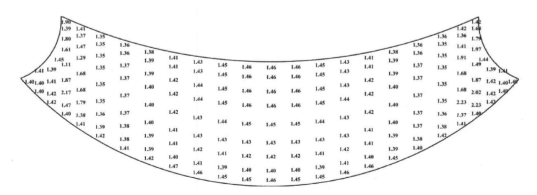

图 9.5-3　$0°$ 风向角下风振系数（β_z）

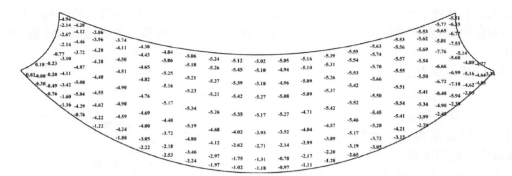

图 9.5-4 0°风向角下体型系数×风压高度系数×风振系数（$\mu_s\mu_z\beta_z$）

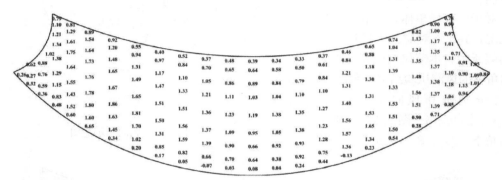

图 9.5-5 180°风向角下体型系数×风压高度系数（$\mu_s\mu_z$）

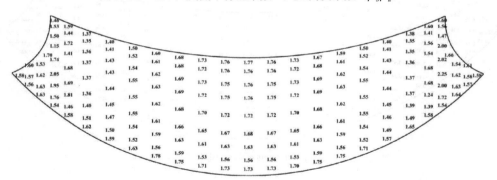

图 9.5-6 180°风向角下风振系数（β_z）

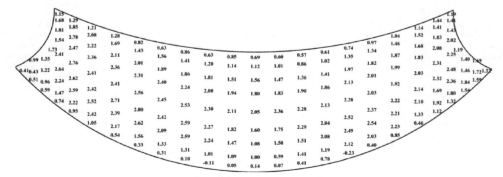

图 9.5-7 180°风向角下体型系数×风压高度系数×风振系数（$\mu_s\mu_z\beta_z$）

由以上风洞试验结果可以看出：①半开敞的屋盖结构形式具有风荷载敏感特性，正面受风（0°风向角）下由于屋面兜风效应，风荷载体型系数比背面受风（180°风向角）要大。②各个方向角下的风荷载系数普遍比荷载规范值大。

9.5.4 温度荷载

德化县近十年（2009—2018 年）温度记录数据如下：极端最高气温 36.1℃、低端最低气温−4.8℃；月平均最高气温 31.6℃、月平均最低气温 3.6℃。考虑 15℃的辐射温差，取钢结构合拢温度为 15±5℃可得：

最大升温：36.1＋15−10＝41.1℃；

最大降温：20−（−4.8）＝24.8℃。

9.6 结构超限

本工程中钢结构屋盖结构体系是单层双向马鞍形索网，纵向最大受力跨度 210m，属《超限高层建筑工程抗震设防专项审查技术要点》（建质〔2015〕67 号）所列的超限结构类型。

9.6.1 抗震性能目标与抗震性能水准

9.6.1.1 抗震性能目标

根据本工程的重要性和结构体系特点，抗震性能目标设定为 C。结合本工程的实际情况，依据各部分结构构件的重要性程度，综合考虑结构合理性及结构安全性的需求适当调整，达到重点加强、全面提升的设计目标。多遇地震、设防地震和罕遇地震下的性能水准分别是 1、3、4。

9.6.1.2 抗震性能水准

为实现性能目标 C，结构必须满足如下不同层次的性能水准：

（1）多遇地震作用下，结构满足弹性设计要求，全部构件的抗震承载力和位移满足现行规范要求；计算时应采用作用分项系数、材料分项系数和抗震承载力调整系数。

（2）设防地震作用下，关键构件的抗震承载力应满足不屈服要求，部分竖向构件以及大部分耗能构件进入屈服阶段，钢筋混凝土竖向构件的受剪截面满足剪压比限制要求。

（3）罕遇地震作用下，对结构进行动力弹塑性分析，允许少部分次要构件达到屈服阶段，但关键构件能够满足不屈服的要求。计算时，作用分项系数、材料分项系数和抗震承载力调整系数取为 1.0。

各具体构件的抗震性能水准见表 9.6-1。

抗震性能水准　　　　　　　　　　　　　　　　　　　表 9.6-1

设防水准		多遇地震	设防地震	罕遇地震
关键构件	钢桅杆	弹性、满足规范	承载力满足弹性	承载力满足不屈服
	斜拉索	弹性、满足规范	承载力满足弹性	承载力满足不屈服
	环索	弹性、满足规范	承载力满足弹性	承载力满足不屈服

设防水准		多遇地震	设防地震	罕遇地震
关键构件	边索	弹性、满足规范	承载力满足弹性	承载力满足不屈服
	背索	弹性、满足规范	承载力满足弹性	承载力满足不屈服
	钢拱	弹性、满足规范	承载力满足弹性	承载力满足不屈服
	钢斜柱	弹性、满足规范	承载力满足弹性	承载力满足不屈服
普通竖向构件	混凝土柱	弹性、满足规范	承载力满足不屈服	满足规范
普通构件	承重索	弹性、满足规范	承载力满足不屈服	满足规范
	稳定索	弹性、满足规范	个别构件承载力进入屈服	满足规范
	下拉索	弹性、满足规范	个别构件承载力进入屈服	满足规范
	吊索	弹性、满足规范	个别构件承载力进入屈服	满足规范
混凝土框架梁		弹性、满足规范	满足规范	满足规范

9.6.2 结构计算和加强措施

9.6.2.1 结构计算

1. 混凝土看台

（1）采用 YJK 进行小震反应谱计算。

（2）采用 Abaqus 进行大震弹塑性时程计算。

2. 索网屋盖

（1）采用力密度法进行索网初步找形，找形过程考虑构件自重、附加面恒载、节点恒载。

（2）采用 Midas 对力密度法找形后的索网形态进行弹性变形修正。

（3）采用 Midas 进行静力工况计算，包括恒载、活载、风荷载、温度作用等组合。

（4）采用 Abaqus 进行大震弹塑性时程计算，评估索网屋盖的抗震性能。

（5）采用 Abaqus 进行断索计算，评估索网屋盖的抗连续性倒塌性能。

3. 混凝土看台＋索网屋盖

采用 Abaqus 进行整体模型的大震弹塑性时程计算，评价整体结构的抗震性能，尤其是混凝土看台与索网屋盖相连接区域构件的抗震性能。

4. 其他计算

采用 ANSYS 对关键节点进行弹塑性有限元分析，评估节点的受力性能。

9.6.2.2 加强措施

关键构件严格控制应力比，通过控制应力比提高结构安全储备。关键构件主要包括钢桅杆、钢拱、钢斜柱、斜拉索、环索、边索和背索。

重要节点进行有限元分析，并在施工图设计阶段对重要节点进行模型试验，复核节点设计。

9.7 基础设计

9.7.1 基础选型

本工程看台两侧分别有一根钢桅杆柱和两组斜拉索，桅杆柱为轴向受力构件，无杆端弯矩，仅在重力作用下产生一定的附加弯矩，钢桅杆最大轴力设计值 70000kN，呈倾斜布置，与竖向夹角为 12°。由此可以得出，钢桅杆柱底竖向压力 $N=68500$kN，水平推力 $V=14600$kN。

每根钢桅杆后方设有两组斜拉索，每组斜拉索的轴向拉力设计值为 30000kN，斜拉索与竖向夹角 19°。由此可以得出，斜拉索竖直向上拉力 $T=28400$kN，水平向拉力 $V=9800$kN。钢桅杆和斜拉索的基础设计是本工程基础设计的难点。

根据场地施工条件，结合拟建物特点及场地地基岩土层分布情况，本工程桩基础方案可采用冲（钻）孔灌注桩，桩基承台厚度 3m，承台下方依次是 6-1 土状强风化凝灰岩、6-2 碎石状强风化凝灰岩和 7 中风化凝灰岩。

9.7.2　钢桅杆基础设计

钢桅杆基础中的基桩以受压和受水平力为主，基桩采用钢筋混凝土灌注桩，桩径 1200mm，桩长 15m，持力层为 7 中风化凝灰岩。基桩单桩抗压承载力 9000kN，抗水平承载力特征值 1000kN，考虑永久荷载控制折减后的抗水平承载力为 800kN，桅杆柱不存在受拉工况，不考虑抗拔承载力。

桩基承台采用 4×4＝16 桩的矩形桩基承台，桩间距取 3 倍桩径 3600mm，群桩中最大单桩承载力设计值 4600kN＜10800kN，单桩最大水平承载力设计值 730kN＜800kN，均满足承载力设计要求。此时承台底地基土水平抗力为 1542kN，承台侧土体抗水平力为 1818kN。

9.7.3　斜拉索基础设计

斜拉索基础中的基桩以受拉和受水平力为主，基桩采用钢筋混凝土灌注桩，桩径 1000mm，桩长 15m，持力层为 7 中风化凝灰岩。桩基承台采用 4×4＝16 桩的矩形桩基承台，桩间距取 3 倍桩径 3000mm。基桩单桩抗拔承载力 2186kN（非整体破坏）和 2134kN（整体破坏），抗水平承载力特征值 700kN，

群桩中最大单桩抗拔承载力设计值 1780kN＜2134kN，单桩最大水平承载力设计值 625kN＜700kN，均满足承载力设计要求。

9.8　计算分析

9.8.1　计算模型

混凝土看台部分采用 YJK 进行分析设计；索网的静力计算采用 Midas；整体模型的大震弹塑性分析、抗连续性倒塌分析、温度应力分析均采用 Abaqus。

Midas 计算模型见图 9.8-1，钢拱、钢斜撑、梭形柱采用梁单元，梭形柱根部为铰接，通过释放梭形柱根部节点的转动实现自由度。索采用只受拉索单元，在计算中只能承受轴向拉力，不能承受弯矩和轴向压力。膜采用平面应变单元，主要用于面荷载导算。

由于索膜屋面的自重很轻，地震影响非常小，地震引起的索力变化最大为 2MPa，地震引起的钢结构应力变化最大为 1MPa，地震组合不起控制作用。

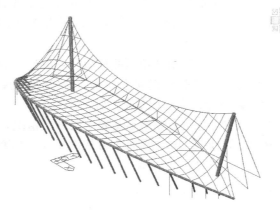

图 9.8-1 Midas 计算模型（三维视图）

9.8.2 屋盖变形

本工程荷载组合类型较多，本节仅给出 6 种典型组合的变形结果：预应力态、竖向荷载态、风吸荷载态、风压荷载态以及升温和降温状态。预应力态是指结构在施加完预应力和屋面附加恒载后的受力状态，预应力态是后续计算工况的起始工况。竖向荷载态主要指屋面受力以向下变形为主，包括一系列的恒载、活载、风荷载、温度作用等工况组合，其受力特点是向下荷载起主导作用。风吸荷载态则与竖向荷载态相反，是向上荷载起主导作用。

图 9.8-2～图 9.8-7 分别是预应力态、竖向荷载态、风吸荷载态、风压荷载态以及升温和降温状态下结构的变形。预应力态下结构最大竖向变形为 84mm，表明结构在施加预应力后可以较好地维持结构的目标形态，索网结构具有较好的形态稳定性。在竖向荷载态下，结构最大竖向变形－355mm，满足规范要求。在风吸作用下，结构最大竖向变形 1277mm，

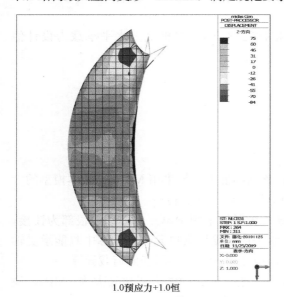

1.0预应力+1.0恒

图 9.8-2 预应力态结构变形

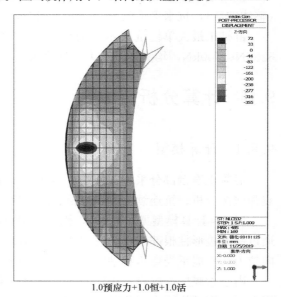

1.0预应力+1.0恒+1.0活

图 9.8-3 竖向荷载态结构变形

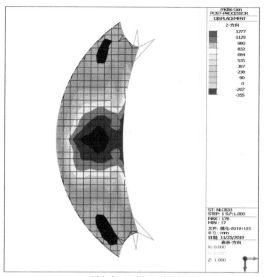

1.0预应力+0.9恒+1.0风吸

图 9.8-4　风吸荷载态结构变形

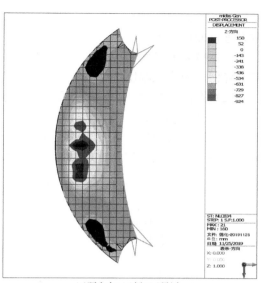

1.0预应力+1.0恒+1.0风压

图 9.8-5　风压荷载态结构变形

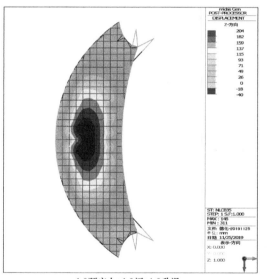

1.0预应力+1.0恒+1.0升温

图 9.8-6　升温状态结构变形

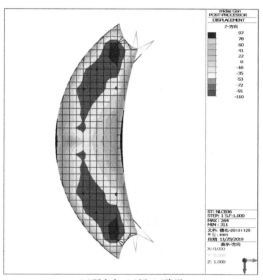

1.0预应力+1.0恒+1.0降温

图 9.8-7　降温状态结构变形

满足规范要求。在风压作用下，结构最大竖向变形−924mm，满足规范要求。在升温状态下，结构最大竖向变形 204mm，在降温状态下，结构最大竖向变形−110mm，变形很小，均满足规范要求。

9.8.3　内力计算结果

选取以下荷载工况：1.0 预应力＋1.0 恒、1.0 预应力＋1.3 恒＋1.5 活、1.0 预应力＋0.9 恒＋1.5 风吸、1.0 预应力＋1.3 恒＋1.5 风压、1.0 预应力＋1.3 恒＋0.7×1.5 活＋

1.5 升温、1.0 预应力+1.3 恒+0.7×1.5 活+1.5 降温以及最大包络工况，给出相应的索力进行分析（图 9.8-8~图 9.8-13）。

（1）拉索的最大张拉力在预应力状态为 20694kN，在风吸和升温状态下，拉索的索力有所降低，但降低幅度不大；

（2）在向下的活载、风压力和降温状态下索力都会有比较大的增加，张拉力的最大包络值达到 29054kN；

（3）钢拱受力主要表现为压弯受力，最大压力 18369kN，最大弯矩 10318kN·m，在风吸状态下在钢拱两端会出现拉力，最大拉力 17084kN；

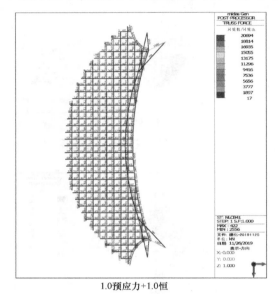

1.0预应力+1.0恒

图 9.8-8　预应力态内力图

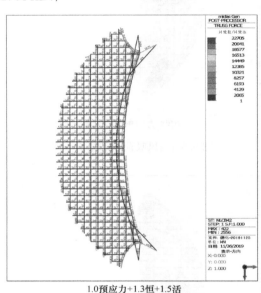

1.0预应力+1.3恒+1.5活

图 9.8-9　竖向荷载态内力图

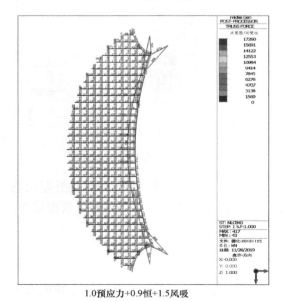

1.0预应力+0.9恒+1.5风吸

图 9.8-10　风吸荷载态内力图

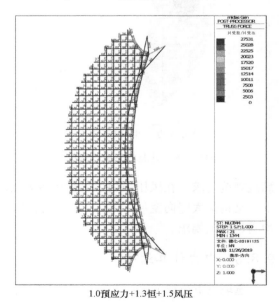

1.0预应力+1.3恒+1.5风压

图 9.8-11　风压荷载态内力图

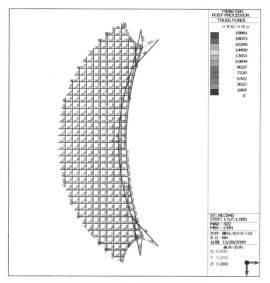

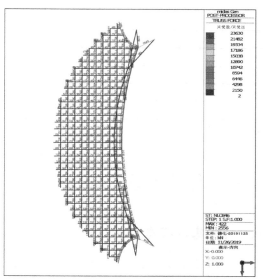

1.0预应力+1.3恒+0.7×1.5活+1.5升温

图9.8-12 升温状态内力图

1.0预应力+1.3恒+0.7×1.5活+1.5降温

图9.8-13 降温状态内力图

（4）斜钢柱受力主要表现为压弯受力，最大压力11670kN，最大弯矩9652kN·m，少量斜钢柱出现拉力，最大拉力1091kN；

（5）桅杆柱主要表现为轴心受压，最大压力64871kN，但是由于桅杆柱与地面不垂直，而是有一定斜度，在自重作用下，会产生一定的弯矩，最大弯矩6912kN·m。

9.8.4 拉索设计结果

表9.8-1给出了拉索计算数据，背索、环索、下拉索、斜拉索以及吊索的安全系数均大于2.5，承重索、抗风索、边索的安全系数均大于2.0，满足拉索的安全系数控制条件，拉索的承载力满足要求。

拉索计算数据   表 9.8-1

名称	名义直径(mm)	根数	最小破断力(kN)	设计内力(kN)	安全系数
背索	120	2	12190	9618	2.53
承重索	50	1	2220	1066	2.08
抗风索	100	2	8800	6577	2.68
	80	2	5530	3202	3.45
环索	100	10	8800	29023	3.03
斜拉索	120	6	12190	29054	2.52
吊索	50	1	2220	792	2.80
下拉索	110	2	10560	8051	2.62
边索	80	4	5451	9221	2.36

9.8.5 钢构件设计结果

表9.8-2给出钢构件设计汇总，可以看出钢构件的应力比均满足要求。

钢构件设计汇总 表 9.8-2

名称	规格(mm)	材质	应力比	备注
斜钢柱	圆钢管 1000×40	Q345GJB	0.63	
	圆钢管 1000×60	Q345GJB	0.89	共 2 根
钢拱	圆钢管 1500×40	Q345GJB	0.55	
钢桅杆	圆钢管 2200×100	Q345GJB	0.59	

9.9 大震弹塑性分析

9.9.1 基本模态分析

结构时程分析之前，先进行结构模态分析，用于确定模型的动力特性。前 6 阶模态分析结果如图 9.9-1 所示。由模态分析结果可以看出，由于结构屋面刚度相对比较大，前 6 阶振型基本都是整体振动。

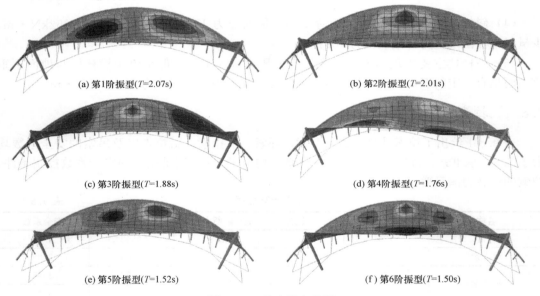

(a) 第1阶振型(*T*=2.07s) (b) 第2阶振型(*T*=2.01s)

(c) 第3阶振型(*T*=1.88s) (d) 第4阶振型(*T*=1.76s)

(e) 第5阶振型(*T*=1.52s) (f) 第6阶振型(*T*=1.50s)

图 9.9-1　基本模态分析

9.9.2 应力时程分析

本工程为单层索网体系，本身无结构刚度，属于预应力结构体系。对于预应力结构体系，结构成形过程中应首先施加预应力，使结构具有一定刚度。在此基础上施加重力荷载，按照抗震规范，罕遇地震弹塑性分析时结构所受重力应取为重力荷载代表值。在施加重力荷载代表值后的平衡状态下，输入地震波，进行时程计算。

图 9.9-2 是模型在不同主方向地震作用下钢桅杆轴力时程曲线，由图可以看出，在罕遇地震作用下，钢桅杆的轴力均在 45MN 以内，均小于静力工况下的轴力，钢桅杆可以满

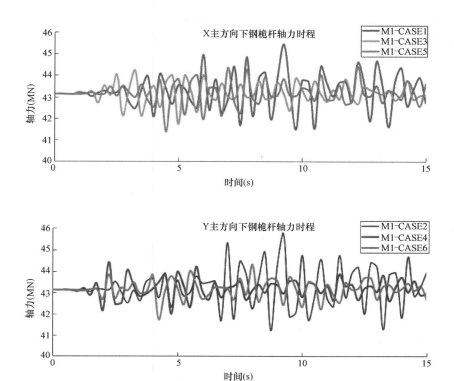

图 9.9-2 钢桅杆轴力时程

足大震弹性的要求。

图 9.9-3 是罕遇地震作用下环索的应力时程曲线，由图可以看出，罕遇地震作用下环索应力水平均较小，处于弹性范围。

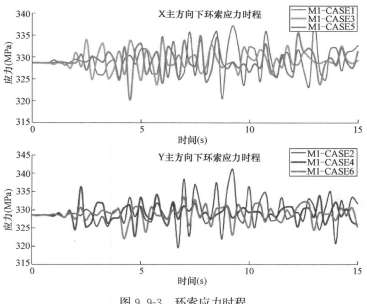

图 9.9-3 环索应力时程

图 9.9-4 是罕遇地震作用下斜拉索的应力时程曲线，由图可以看出，在罕遇地震作用下斜拉索应力同环索应力相似，均处于较低应力状态，即罕遇地震作用下处于弹性状态。

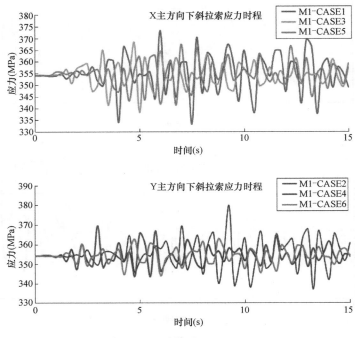

图 9.9-4 斜拉索应力时程

9.9.3 钢构件等效塑性应变

图 9.9-5 是钢构件的等效塑性应变，由图可以看出，钢构件在大震作用下等效塑性应变为 0，即钢构件完全处于弹性状态。

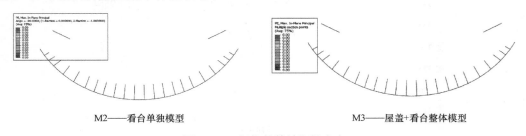

M2——看台单独模型　　　　　　　　　　M3——屋盖+看台整体模型

图 9.9-5 钢构件等效塑性应变

9.10 抗连续倒塌分析

本工程抗连续倒塌分析采用拆除构件法。拆除构件法能较真实地模拟结构的倒塌过程，较好评价结构的抗连续倒塌能力，而且设计过程不依赖于意外荷载，适用于任何意外事件下的结构破坏分析。

确定结构损伤部位必须以结构的受力分析及建筑布置特点为基础，针对本工程需明确如下几点：

（1）钢桅杆是结构安全必要前提，钢桅杆的破坏必然导致整体结构的坍塌，因此在抗连续性倒塌分析时不考虑钢桅杆的失效，而是通过严格控制钢桅杆的应力比（不大于0.6）提高钢桅杆的安全储备。

（2）环索和背索是本工程中的关键受力构件，进行环索和背索在断索情况下的抗连续性倒塌分析。

（3）承重索和稳定索是重要的受力构件，分别对承重索和稳定索进行断索下的抗连续性倒塌分析。

本工程的抗连续性倒塌分析工况见表9.10-1，对应整体模型中的位置详见图9.10-1。

抗连续性倒塌分析工况数据   表 9.10-1

工况号	主要特点	工况号	主要特点
CASE-1	$10\phi100$ 环索中出现 2 根断索	CASE-3	$1\phi50$ 承重索出现 1 根断索
CASE-2	$6\phi120$ 背索中出现 2 根断索		

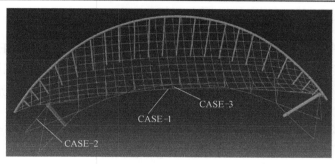

图 9.10-1　各工况对应位置

9.10.1　CASE-1

本工程上内环索为 $10\phi100$，CASE-1 计算工况中假定 10 根环索中有 2 根因意外情况断裂，仅其中 8 根环索起作用。图 9.10-2 为剩余 8 根环索在断索后的应力时程曲线。由曲线可以看出，在发生 2 根环索断裂后，剩余 8 根环索的应力有所增加，由 326MPa 增加到 407MPa，剩余环索应力增加 25%。增加后的环索对应安全系数 $K=1570/407=3.86$，结构仍满足承载力要求。

图 9.10-3 分别为断索前后结构的竖向变形云图，对比断索前后的变形云图可以看出，环索出现 2 根断索的情况下，整体结构因断索产生内力重分布后的结构变形很小，结构基

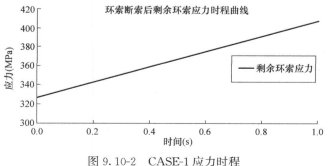

图 9.10-2　CASE-1 应力时程

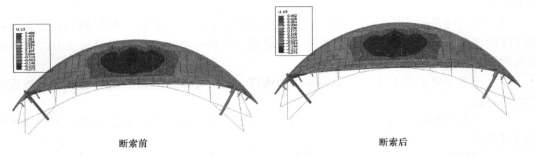

断索前   断索后

图 9.10-3   CASE-1 变形分析

本保持原来的平衡状态。

    根据断索后的位移变化和应力变化可以看出，在 10 根环索出现 2 根断裂的情况下，结构依然可以满足承载力能力要求和正常使用状态要求，不会出现连续性倒塌问题。

9.10.2   CASE-2

    本工程钢桅杆外侧斜拉索分两组，每组斜拉索规格为 $6\phi120$，CASE-2 计算工况中假定其中一组斜拉索的 6 根中有 2 根因意外情况断裂，仅 4 根斜拉索起作用。图 9.10-4 为剩余 4 根斜拉索在断索后的应力时程曲线。由曲线可以看出，在发生 2 根斜拉索断裂后，剩余 4 根斜拉索的应力有所增加，由 354MPa 增加到 458MPa，剩余斜拉索应力增加 20％。应力增加后的斜拉索对应安全系数 $K=1570/458=3.42$，结构仍满足承载力要求。

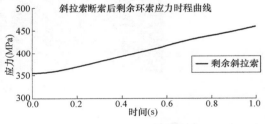

图 9.10-4   CASE-2 应力时程

    图 9.10-5 分别为其中一组斜拉索的 6 根索中出现 2 根断索前后结构的竖向变形云图，对比断索前后的变形云图可以看出，6 根斜拉索出现 2 根断索的情况下，结构的最大竖向变形会增大，最大竖向变形由 274mm 增大到 327mm。

    根据断索后的位移变化和应力变化可以看出，当其中一组斜拉索的 6 根中出现 2 根断裂的情况下，结构依然可以满足承载力能力要求和正常使用状态要求，不会出现连续性倒塌问题。

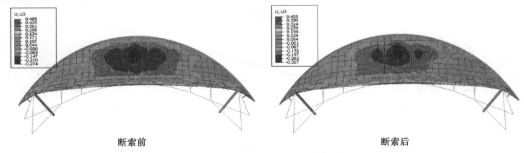

断索前   断索后

图 9.10-5   CASE-2 变形分析

9.10.3 CASE-3

本工程承重索为 1ϕ50，CASE-3 计算工况中假定其中一组承重索因意外情况断裂。承重索断索区域典型索分别标记为 1 号、2 号和 3 号，1～3 号典型索在整体计算模型中的位置见图 9.10-6。

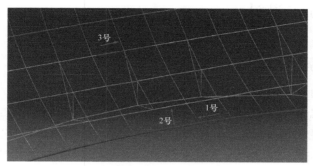

图 9.10-6   承重索断索后各相关索编号示意图

图 9.10-7 分别是与承重索断索位置相关的 3 个典型位置索在断索后的应力时程曲线，可以看出：

（1）1 号索是与断索平行的承重索，在承重索断索后，由于内力重分布的作用，1 号索的索力由 405MPa 增加到 449MPa，索力增加 11%，1 号索增加索力后的安全系数 $K=1570/449=3.49$，满足规范要求。

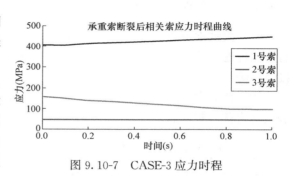

图 9.10-7   CASE-3 应力时程

（2）2 号索是与断索相邻的抗风索，抗风索在承重索断裂后的应力由 46MPa 增加到 47MPa，基本保持不变。

（3）3 号索是与断裂直接相连的承重索，承重索断索后 3 号索的索力由 157MPa 减小到 97MPa，索力降低了 38%。

图 9.10-8 分别为承重索断索前后结构的竖向变形云图，对比断索前后的变形云图可以看出，承重索断索后，与承重索相关区域的结构变形均有所增大，最大变形增加量在 100mm 以内，断索后结构的最大变形量 343mm。结构变形满足设计要求。

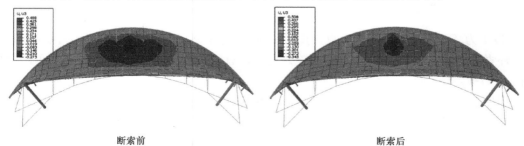

断索前   断索后

图 9.10-8   CASE-3 变形分析

根据断索后的位移变化和应力变化可以看出，在 1 组承重索出现断索的情况下，与断索位置相邻区域的结构变形会有所增加，最大增加量在 100mm 以内。与断索位置相邻区域的索应力均有所变化，变化后的索承载力满足规范要求，锁夹节点不平衡力满足规范要求。结构依然可以满足承载能力要求和正常使用状态要求，不会出现连续性倒塌问题。

9.11 关键节点设计

9.11.1 分析对象

对于大型公共建筑而言，节点的意义绝不仅仅是结构构件，也是重要的建筑元素。本工程为单层索网结构体系，重要节点均与索相关，本工程中典型的节点主要有：钢桅杆与环索、钢桅杆与边索、钢桅杆与斜拉索连接节点，抗风索与吊索连接节点，吊索与下拉索连接节点，承重索与抗风索连接节点，承重索、抗风索与钢拱连接节点。

9.11.2 节点性能目标

（1）关键索节点承载力设计值不小于拉索内力设计值 1.5 倍。关键索节点包括：环索与钢桅杆连接节点、斜拉索与钢桅杆连接节点、斜拉索与基础连接节点、下拉索与基础连接节点等。

（2）普通索节点承载力设计值不小于拉索内力设计值的 1.25 倍。除第（1）条外的索节点均为普通索节点。

9.11.3 分析方法及技术参数

本工程中节点分析采用通用有限元软件 ANSYS，索和索头均采用 Solid45 实体单元，钢材参数取值见表 9.11-1。

钢材参数表 表 9. 11-1

弹性模量(MPa)	泊松比	屈服强度设计值(MPa)	屈服强度标准值(MPa)
2.0×10^5	0.3	295	325

有限元分析的基本思路如下：先对整体结构进行分析，提取节点处交汇相关构件的内力，代入节点实体有限元模型。

9.11.4 JD-1 节点

JD-1 为环索与承重索连接节点，JD-1 一侧通过耳板与承重索相连，另一侧与环索相连，环索分上下两排布置。JD-1 形状较为复杂，有限元分析采用四面体单元，实体模型见图 9.11-1。

根据 JD-1 受力特点，有限元分析时在耳板位置施加承重索对应的索力，JD-1 中间部分由 10 根索穿过孔位，比耳板约束更强，不易变形，故对索孔的半圆面受力部分进行平动及转动自由度约束，同时对耳板销孔处施加承重索拉索破断力值 0.5 倍的荷载。图 9.11-2 是 JD-1 的 Mises 应力云图，由云图可以看出 JD-1 最大应力出现在承重索耳板位置，除少量应力集中区域以外，大部分应力小于 230MPa，小于钢材的屈服强度设计值，节点处于弹性受力状态。

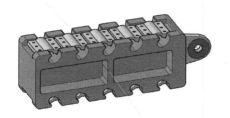

图 9.11-1　JD-1 实体模型

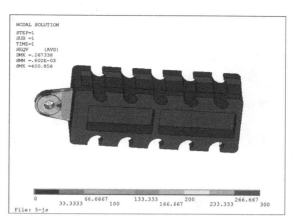

图 9.11-2　JD-1 Mises 应力云图

9.11.5　JD-2 节点

JD-2 为桅杆柱顶部节点，沿着桅杆钢柱周边布置四组耳板，分别与环索、两组背索、封边索相连。在这四组荷载中环索和背索受力最大，初步设计节点暂时只考虑此三组索荷载。JD-2 顶部通过两块椭圆形钢板与环索和封边索相连，外侧通过两组耳板分别与背索相连。JD-2 形状较为复杂，有限元分析采用四面体单元，实体模型见图 9.11-3。

根据 JD-2 受力特点，桅杆柱根部设置为固定铰支座约束，外荷载通过耳板孔施加。每道拉索销孔处施加的荷载为拉索破断力的 0.5 倍。图 9.11-4 是 JD-2 的 Mises 应力云图，由云图可以看 JD-2 最大应力出现在背索耳板根部附近，该处存在局部应力集中现象。其余节点区域大部分应力处于 200MPa 以内，小于钢材的屈服强度设计值，节点处于弹性受力状态。

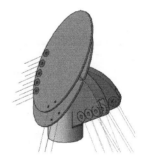

图 9.11-3　JD-2 实体模型

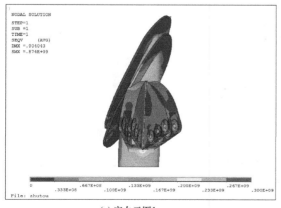

(a) 应力云图1

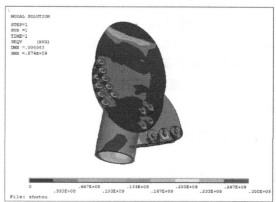

(b) 应力云图2

图 9.11-4　JD-2 Mises 应力云图

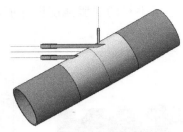

图 9.11-5　JD-3 实体模型

9.11.6　JD-3 节点

JD-3 是钢拱与承重索、稳定索相连接的耳板节点，其中稳定索为双索，故采用双耳板连接，如图 9.11-5 所示。对钢拱耳板节点，拉索传来的外荷载通过耳板孔施加。

图 9.11-6 是 JD-3 的 Mises 应力云图，由云图可以看出最大应力出现在连接耳板销孔附近，为局部应力集中。节点区域大部分应力处于 200MPa 以内，小于钢材的屈服强度设计值，节点处于弹性受力状态。

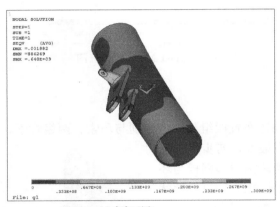

(a) 应力云图1

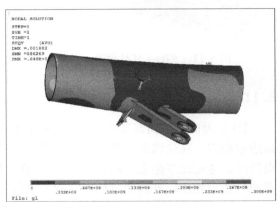

(b) 应力云图2

图 9.11-6　JD-3 Mises 应力云图

9.11.7　JD-4 节点

JD-4 是正交索网索夹节点，为承重索与稳定索的交叉连接节点，采用上下双盖板设计，如图 9.11-7 所示。

对正交索网索夹节点（JD-4），螺栓预拉荷载以面荷载方式施加在盖板螺栓作用面上。图 9.11-8 是 JD-4 的 Mises 应力云图，由云图可以看出最大应力出现在盖板悬挑根部，最大应力为 240MPa，小于钢材的屈服强度设计值，节点处于弹性受力状态。

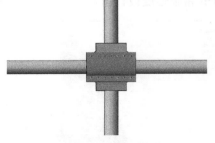

图 9.11-7　JD-4 实体模型

9.11.8　JD-5 节点

JD-5 是正交索网索夹节点，为承重索和抗风索的交叉连接节点，采用上下双盖板设计。索夹下方还连接下拉斜索，如图 9.11-9 所示。

对正交索网索夹节点（JD-5），螺栓预拉荷载以面荷载方式施加在盖板螺栓作用面上。图 9.11-10 是 JD-5 的 Mises 应力云图，由云图可以看出最大应力出现在耳板销孔处，除少

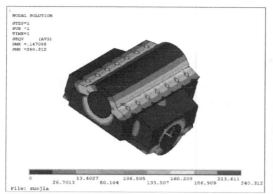
(a) 应力云图1

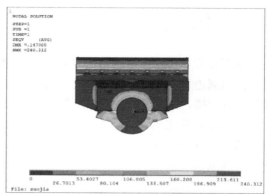
(b) 应力云图2

图 9.11-8　JD-4 应力云图

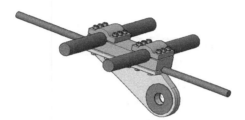

图 9.11-9　JD-5 实体模型

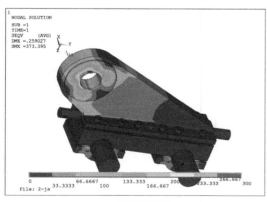
(a) 应力云图1

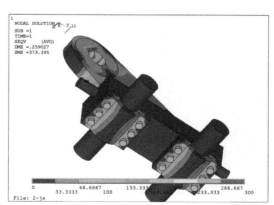
(b) 应力云图2

图 9.11-10　JD-5 应力云图

量应力集中区域外大部分应力在 230MPa 以内，小于钢材的屈服强度设计值，节点处于弹性受力状态。

9.11.9　小结

采用有限元软件建立节点的实体模型，按照整体模型中节点受力大小，对节点进行细部有限元分析，分析结果表明节点强度满足设计要求。

9.12 施工模拟

本工程为双向正交索网结构（短向为承重索，长向为抗风索），索网一边支承在刚性钢拱上，两侧边为柔性边索，另一边为柔性环索两端支承在高度为47m的钢桅杆结构顶部。钢桅杆柱脚铰接，每根桅杆设置两组斜拉索。根据本工程特点，施工步骤按如下流程进行：

第一步：施工索网后部的钢斜柱及钢拱结构；

第二步：搭设临时刚性支撑架，安装两个高度47m的钢桅杆，将斜拉索与钢桅杆相连，下部通过工装索与锚固点连接；

第三步：在地面铺设、组装环索及正交索网，将径向承重索与环索索夹节点连接；

第四步：采用临时工装索将承重索与钢拱相连，采用工装索将环索两端与钢桅杆顶相连；

第五步：提升环索两端的工装索，直至环索两端锚具就位，随后拆除钢桅杆支撑架，将钢桅杆斜拉索张拉就位；

第六步：同步张拉承重索直至所有承重索锚具就位，连接吊索和下拉索，环索两端的四组斜拉索采用工装索与锚固点连接；

第七步：同步张拉抗风索到设计值的50%；

第八步：张拉钢拱后方的背索至设计值；

第九步：同步张拉抗风索到设计值的100%；

第十步：将下内环索端部四组斜索张拉到位，此时整个索网达到设计所确定的预应力状态；

第十一步：根据位形实测结果，对稳定索索力进行微调。

图9.12-1给出了施工过程。

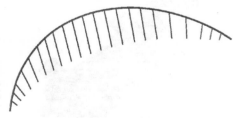

(1) 施工钢斜柱和钢拱

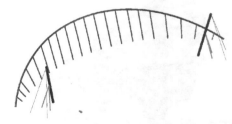

(2) 采用临时刚性支撑架，安装钢桅杆

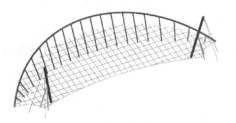

(3) 在看台上铺设索网

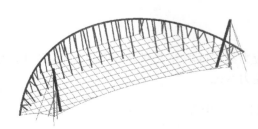

(4) 采用临时工装索将承重索与钢拱相连，将环索两端与钢桅杆顶相连

图9.12-1 施工过程（一）

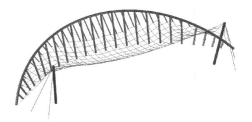

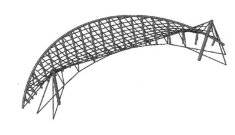

(5) 提升环索两端的工装索，直至环索两端就位，拆除钢桅杆支撑架，斜拉索张拉就位

(6) 同步张拉承重索就位，连接吊索和下拉索

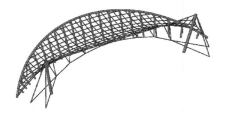

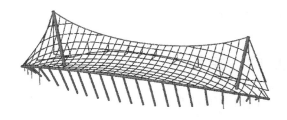

(7) 同步张拉抗风索到设计值的50%

(8) 张拉与钢拱相连的背索至设计值

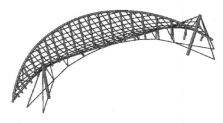

(9) 同步张拉抗风索至设计值的100%

(10) 张拉下拉索至设计值

图 9.12-1　施工过程（二）

　　根据施工顺序进行了施工模拟分析。图 9.12-2 给出了安装环索后的结构变形，图 9.12-3 给出了同步张拉承重索后的结构变形，图 9.12-4 给出了张拉下拉索至设计值时的结构变形，图 9.12-5 给出了张拉下拉索至设计值时的索力分布。

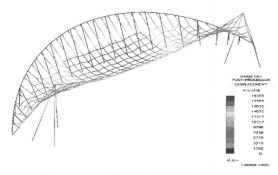

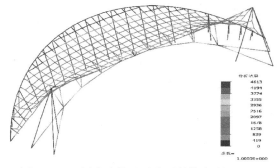

图 9.12-2　安装环索后结构变形（mm）　　　　图 9.12-3　同步张拉承重索后结构变形（mm）

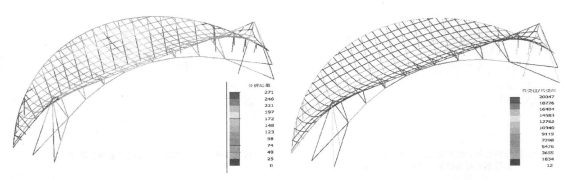

<table>
<tr><td>图 9.12-4　张拉下拉索至设计值时结构变形（mm）</td><td>图 9.12-5　张拉下拉索至设计值时索力分布（kN）</td></tr>
</table>

9.13　结论

霞田文体园体育场主要结构特点如下：

（1）结构体系采用双向正交单层索网体系＋膜屋面，屋面纵向受力跨度 210m，属于大跨超限屋盖结构。

（2）索网背面为刚性边界条件（落地钢拱）、索网正面和两个侧面均为柔性边界条件，柔性边界条件的存在对索网找形控制提出了较高的要求。

（3）背面钢拱和正面柔性环索从两端到中部的标高递变呈反向变化，使得屋面不能形成标准的马鞍面，导致屋面抗风效率较低。通过设置下拉索后形成抗风索＋下拉索的双重抗风体系，抗风效率明显提高。

（4）索网正面环索、侧面边索均铰接于 47m 高的钢桅杆，钢桅杆后方设置两组斜拉索与之平衡，钢桅杆的安全是整个屋盖安全的关键所在，需严格控制钢桅杆应力比。

（5）为抵抗风荷载作用下的变形，索网需施加较大的初始预应力，使得钢桅杆、斜拉索等对基础要求很高，基础设计难度较大。

针对以上问题，制定了相应的抗震性能目标，在结构布置和截面选择上采取多项加强措施。进行了多方面的计算分析，包括索网找形、索网静力计算、看台小震计算、索网屋盖抗连续性倒塌计算、整体模型和单独模型在中震和大震作用下的弹塑性时程分析、节点有限元分析，施工模拟等。根据结构分析结果，得出如下结论：

（1）结构传力路径清晰明确，结构体系基本合理可行。

（2）结构计算模型、计算参数选取基本合理，计算结果可信。

（3）承载力和变形均为风荷载工况控制，地震作用不起控制作用。

（4）结构的承载力、变形等计算结果均满足规范要求。

第三篇
典型钢结构事故
及思考

10 大跨结构事故

10.1 马来西亚苏丹米占再纳阿比丁体育场

马来西亚苏丹米占再纳阿比丁体育场，是东海岸最大的体育场，该体育场为当地地标，于2008年5月落成，并作为2008年马来西亚运动会等多个体育项目的赛场，可容纳5万人。竣工照片如图10.1-1所示，倒塌后照片如图10.1-2所示[1-2]。

图 10.1-1 竣工照片

图 10.1-2 倒塌后照片

体育场屋盖在第 12 届马来西亚运动会开幕时出现摇晃，原准备在体育场内悬挂威亚设备进行开幕式表演活动，但因体育场屋顶摇晃取消，开幕当天改用直升机进行表演。

使用一年后，2009 年 6 月 2 日体育场屋盖前方及左右两侧坍塌，范围占屋盖的 60%。整个全长 134m 的椭圆形顶盖，其中 80m 坍塌，所幸没有人员伤亡。在屋盖重建过程中，2013 年 2 月 20 日，工人在拆除未倒塌部分的屋盖时，另一处屋盖结构及钢柱倒塌，造成 5 名工人受伤，其中 3 名重伤。

事故调查报告显示，建造过程中各参与方之间缺乏协调、疏忽以及责任重叠是导致体育场屋顶坍塌的主要原因。体育场下部结构与屋顶结构顾问不同，没有很好地协调。马来西亚调查报告给出的事故原因如下：

（1）屋盖设计承载能力不足。在倒塌之前，屋盖结构已开始出现问题，人们可以观察到屋顶框架的损伤，并听到屋顶发出"砰"的响声。屋顶的维修正好准备从倒塌的那一天开始。事故发生后，可以看到螺栓从螺栓球连接处拔出。

（2）屋盖设计没有充分考虑屋顶结构的支撑条件。混凝土支墩与看台混凝土斜柱支撑之间存在约 30m 宽的间距。此部分屋盖结构没有足够的支撑，倾斜的支撑钢管发生屈曲，表明荷载超过了其抗屈曲能力。

（3）缺少必要的施工模拟，本工程复杂的建筑形状和大跨度使得该结构对施工支撑位置非常敏感。

（4）施工质量糟糕，导致屋顶的实际几何形状与设计不一致，钢构件的焊接有缺陷。

（5）现场安全措施没有质量控制。

（6）材料强度和构件制造质量不符合规范，屋顶结构的复杂性和耐久性需要更详细的分析。

（7）未综合考虑施工方案，未考虑临时支撑对受力的影响。

结构体系不完善，采用空间网壳，支撑屋盖的倾斜拱，其高度与网壳高度基本一致，且倾斜角太大，拱的稳定性能较差，无法起到空间结构受力作用。拱设计没有采取加强措施，拱的作用较弱，缺乏有效的支撑体系，是整体坍塌的主要原因。

10.2　波兰卡托维兹博览会大楼

波兰卡托维兹博览会大楼 2000 年 4 月建成运营，平面尺寸 96.360m×102.875m，中心部分 47.00m×52.75m，高度为 13.2m，其他部分高 10.2m。中心部分屋顶由 6 根主柱支撑，其他部分由 66 根间距 6m 的柱支撑，沿外圈放置。屋顶平面未设水平杆件支撑，仅采用 V 形杆件作为面外支撑，屋盖板采用波纹板。

2002 年 1 月，楼顶局部坍塌并进行了屋顶维修。2006 年 1 月大楼完全倒塌，造成 65 人死亡，130 人重伤[3]。结构三维示意图如图 10.2-1 所示，平面图及剖面图如图 10.2-2 所示。

中间矩形桁架高度 3000mm，上弦杆及边斜杆采用匚220 焊接形成的箱形截面，中间斜杆和直杆采用正方形管□100×100×4 和□100×100×5（用 8mm×100mm 或 6mm×100mm 两种板进行加强）制成。立体桁架未设置水平及竖向斜向构件，如图 10.2-3 所示。

结构破坏照片见图 10.2-4 和图 10.2-5。

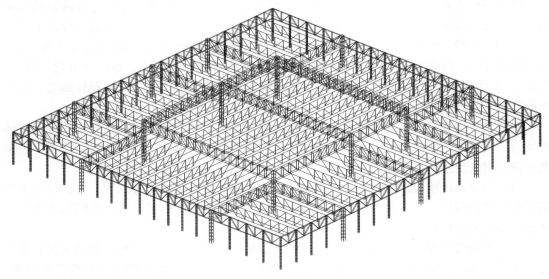

图 10.2-1　结构三维示意图

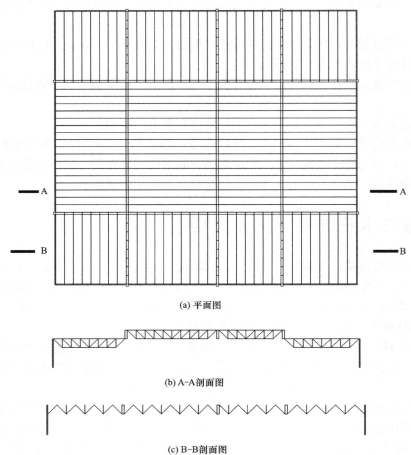

(a) 平面图

(b) A-A剖面图

(c) B-B剖面图

图 10.2-2　结构平面图及剖面图

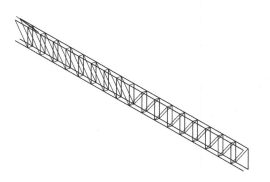

图 10.2-3 立体桁架

图 10.2-4 整体破坏照片[3]

图 10.2-5 局部破坏照片[3]

　　由于缺少必要的水平及竖向支撑，在竖向荷载作用下立体桁架发生了弯扭组合变形，事故当天不均匀的雪荷载更加重了这种扭转效应，见图 10.2-6，水平变形差 10cm，这对于立体桁架的受力是致命的。

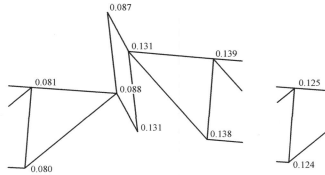

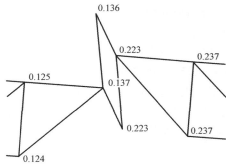

(a) 均布雪荷载下A-A剖面变形　　　　　　　　(b) 非均布雪荷载下A-A剖面变形

图 10.2-6 不同雪荷载情况下主梁变形（m）

结构的主梁为矩形空间桁架，主柱为格构柱，屋顶平面没有水平杆件支撑。屋顶有高低差，偏心距不同，在有不均匀积雪时，主梁的竖向荷载不对称，主梁受到弯曲扭转的共同作用，导致应力显著增加。格构柱抵抗水平荷载的抗力偏弱。中间部分屋顶坍塌，导致结构下移，主柱顶部破坏，使柱端承受了过大的水平力，见图 10.2-7。

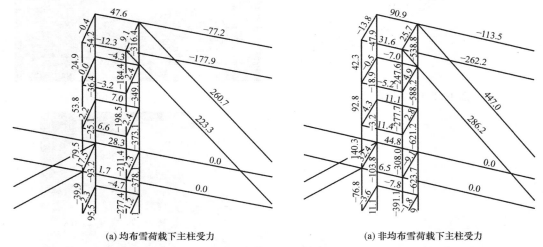

(a) 均布雪荷载下主柱受力　　　　　　　(a) 非均布雪荷载下主柱受力

图 10.2-7　不同雪荷载情况下主柱受到的水平力对比（kN）

格构柱仅设置水平杆件而没有设置斜向杆件，这种构造使柱无法承受较大的水平力。屋面未合理设置坡度，落水管被冰封堵，导致雨、雪过度堆积，产生过大的荷载。附属结构导致屋面局部积雪严重，荷载严重超过设计值。

卡托维兹博览会大楼坍塌是由于对结构荷载和受力情况的设计预估不足，桁架、主梁和主柱的设计都有缺陷，在有较大雪荷载时，屋顶发生屈曲破坏。

主要存在的问题：

（1）结构设计存在缺陷，在规范规定的雪荷载及其他荷载组合下，钢结构应力超过设计强度，主桁架变形过大，不满足设计要求，格构柱应力甚至超过 1 倍。在灾难发生时，屋顶上的冰雪负荷局部高出规范 2 倍，主桁架应力超过 1 倍，从而引起坍塌。

（2）主梁支座节点错误构造导致主柱上产生非常大的水平力作用，格构柱没有形成空间作用，杆件间水平联系很弱，无法承担相应的水平力（如果增加斜向支撑，格构柱整体作用将得到很大增强）。

官方调查结果为：建筑物上的大雪和冰未及时清除，造成屋顶破坏，管理方只进行了紧急维修，并没有按照波兰法律的要求向建筑检查员报告损坏情况。设计和施工上存在很多缺陷，导致了建筑的迅速倒塌。三名设计师被捕，其中两人被指控"故意造成建筑灾难"，第三人被指控"非故意造成建筑灾难"。

2007 年 3 月波兰修订了建筑法，大型建筑物必须每年冬季前后进行两次技术调查，确保建筑安全且结构合理。

10.3　美国肯珀体育馆

肯珀体育馆于 1973 年建成，总尺寸约为 110m×99m，采用三个三角形立体管桁架吊挂屋面，如图 10.3-1 所示。巨型桁架间距 47m，跨度 99m，之间的二级结构是平面钢桁架，间距 16m，每个悬挂节点用 4 个 A490 高强度螺栓连接，如图 10.3-2 所示。第二级平面桁架之间再布置第三级桁架檩条，间距 2.7m，上面铺设压型钢板组合板作为屋面。

1979 年 6 月 4 日，一场风速为 110km/h 的暴风雨导致高强度螺栓断裂，屋盖中心部分突然塌落（图 10.3-3），由于当时没有使用，未造成人员伤亡[4]。

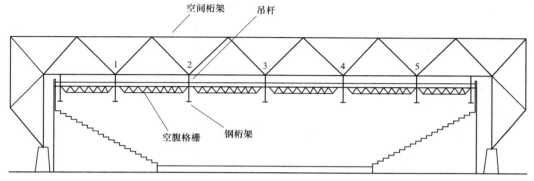

图 10.3-1　结构体系

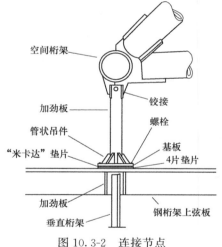

图 10.3-2　连接节点

图 10.3-3　倒塌照片

事故原因：

（1）体育馆的吊挂节点存在设计缺陷。节点上端铰接，下端用法兰连接。当屋面挠曲时，法兰节点产生次内力，螺栓需承受额外的撬拔力，大大超出了设计承载力。吊杆的破坏引起屋盖的垮塌。

（2）屋盖垮塌的主要原因是高强度螺栓长期在风荷载作用下发生疲劳破坏。在风荷载作用下，立体管桁架与平面钢桁架产生相对移动，悬挂节点产生弯矩，高强度螺栓承受了反复荷载，而高强度螺栓受拉疲劳强度仅为其初始最大承载力的 20%。对 A490 高强度螺栓的试验表明，在松、紧五次后，其强度仅为初始承载力的 1/3。螺栓在安装时没有拧紧，连接件中各钢板没有紧密接触，加剧了螺栓的破坏。

（3）体育馆的排水孔布置在周边，1.2 万 m² 的屋盖仅有 8 个 127mm 的落水管（初步估算需 65 个以上），设计的排水能力严重不足。雨水聚集导致结构发生变形，向内弯曲，为积水提供更多空间，使积水越来越多。肯珀体育馆因竖向刚度不足，4 级主次结构加剧了水池效应，荷载增大，从而在一场暴风雨中坍塌。

事故处理措施：体育馆主要承重结构立体管桁架完好，体育馆进行维修加固。加强桁架和托梁，屋顶中心标高抬高使屋面倾斜，便于排水，沿屋顶边缘添加了排水管；吊架焊接到桁架上，不再采用螺栓固定。1981 年，体育馆重新开放。

10.4 罗马尼亚布加勒斯特穹顶

罗马尼亚布加勒斯特穹顶坍塌事故是典型的失稳破坏[5]。该穹顶 1961 年建成，跨度约 93.5m，曲率半径 70m，矢高为 17.90m，矢跨比约 1∶5，圆顶分为 32 个空间半拱形，横截面为三角形，支撑在底部预应力钢筋混凝土环梁上，中央环加强了拱的连续性，三角形网格采用金属丝绑扎的方式，如图 10.4-1 和图 10.4-2 所示。

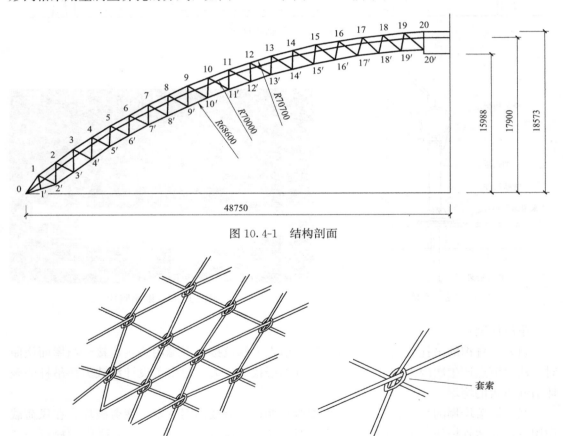

图 10.4-1　结构剖面

图 10.4-2　中间结构环及节点连接方式

结构构件为圆钢管（$\phi 38 \sim \phi 102$），穹顶外覆铝板。1963 年 1 月 30 日，由于屋顶局部积雪过多，导致穹顶发生下凹坍塌。根据设计，穹顶结构应能承受的雪荷载总重约为 683.3t，然而根据实际测量，坍塌时穹顶结构上的雪荷载总重仅为 200t 左右，相当于设计雪荷载总重的 30%。但屋面积雪集中在穹顶的天窗和支座附近，局部最大荷载 350kg/m²，使得局部雪荷载大于设计荷载，导致结构坍塌。

穹顶沿着经线方向出现多条波峰波谷，整体塌了下来，钢管几乎丝毫未损。坍塌破坏为结构杆件发生屈曲和节点滑移破坏。事故分析说明，该穹顶破坏属于弹性失稳破坏，结构失稳由局部过量积雪堆载引起，首先在结构局部过量积雪区域产生局部失稳，接着发生节点滑移现象，失稳区域不断扩大，形成整体失稳，最终发生跳跃型的整体失稳破坏。

穹顶整体失稳两个主要原因：

(1) 钢管交汇节点采用绑扎，不能限制杆件间的转动和相对滑动，大大降低了结构的稳定性。由于杆件间发生转动，穹顶呈现"波浪"形状的整体失稳。在这个失稳模态下，原本应该受拉的环箍并没有起作用。

(2) 本工程根据简化的薄膜理论设计，钢网壳的整体稳定承载力过低，按弹性分析的安全系数 K 仅为 2。我国规范考虑了实际工程中的各种不利因素和不确定性，将弹性屈曲的安全系数 K 取为 4.2。

10.5　查尔斯·威廉邮政学院剧院穹顶

查尔斯·威廉邮政学院（Charles William Post College）剧院于 1970 年建成，采用钢结构穹顶，穹顶直径约 52m，由环绕于四周的钢柱支承，钢柱间沿经线均匀布置 40 榀钢管。穹顶顶部设钢环，底部采用圆形的雨棚作为拉力环，纬向每隔一格布置连续十字交叉支撑，如图 10.5-1 所示。

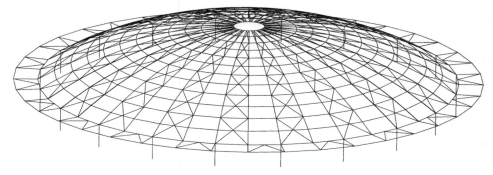

图 10.5-1　穹顶结构

1978 年 1 月 21 日凌晨，剧院穹顶因积雪和结冰导致中心突然凹陷，随即整体倒塌。大雪在风力作用下在穹顶上产生了漂移，雪堆积在背风面造成了不均匀荷载。雪荷载只有设计总荷载的 1/4，但集中在屋顶表面的 1/3 区段，不均匀荷载分布造成了倒塌，如图 10.5-2 所示。

设计时采用了过于简化的计算方法，只计算了均布活荷载，未考虑活荷载不利布置。活

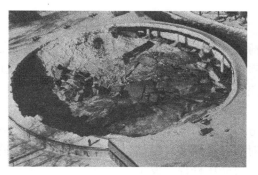

图 10.5-2　穹顶倒塌照片

荷载不利布置对单层壳影响非常大。本工程的活荷载分布见图 10.5-3。

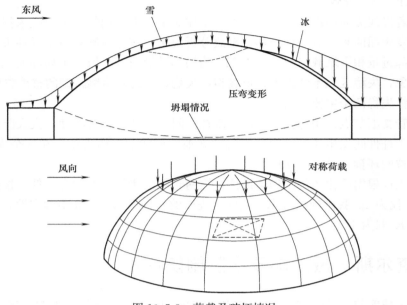

图 10.5-3　荷载及破坏情况

10.6　某垮塌钢网壳结构

某垮塌钢网壳结构[6] 建于 2010 年，为双层网壳结构，外形呈半球体，跨度约 124m，矢高为 40.3m，建筑面积为 12070m²，该网壳杆件为钢管，节点为螺栓球节点，结构剖面布置见图 10.6-1。网壳结构设计荷载取值：屋面永久荷载为 0.2kN/m²，不上人屋面活荷载为 0.5kN/m²，积灰荷载为 1.0kN/m²（标准值）。

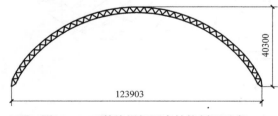

图 10.6-1　某垮塌钢网壳结构剖面示意

该网壳在三场大雪后发生垮塌，将近一半的屋面跌落地面。网壳垮塌前七天内发生三次降雪，降雪量分别为 8.5mm、11.1mm、11.6mm，降雪期间，气温均在 0℃以下。现场对网壳结构荷载情况进行检查，网壳上弦有屋面荷载，包括网壳自重、彩钢板及檩条自重、积灰荷载和雪荷载。其中积灰厚度为 10～15mm，通廊处局部积雪厚度达到 1.5m，网壳顶部不均匀积雪最厚处为 0.6 ～0.7m。现场观察相邻支座最大相对沉降差为 16mm，支座最大相对沉降差为 32mm。

事故原因：本次事故主要原因是雪灾，设计时未考虑雪荷载和积灰荷载的半跨不均匀分布。因该网壳所处地区常年为西北风，导致该网壳屋面东南区域常年积灰、冬季积雪相对西北区域多，再加上短时间内三次连续降雪，使得雪荷载分布不均匀，原设计受拉杆件变成受压杆件，发生失稳破坏，最终导致垮塌事故发生。

10.7 明尼苏达州大都会球场

明尼苏达州大都会球场位于美国明尼苏达州明尼苏达大学的校园内，体育场开业于 1982 年，可容纳观众 6.4 万人。从 1982 年到 2013 年此馆是美国国家橄榄球联盟的明尼苏达维京队、美国职业棒球大联盟的明尼苏达双城队的主场，从 1982 年到 2009 年是美国国家篮球协会的明尼苏达森林狼队的主场。

这个巨大的气承式膜结构（气膜建筑结构）体育场需要每秒钟 120m³ 的空气加压到内部空间才能把整体气膜体育场支承起来。气膜屋顶的膜材由两层组成，外膜使用 PTFE 膜材（1/32 英寸厚），内膜使用吸声作用的膜材（1/64 英寸厚），两层膜中间填充空气起到建筑保温隔热的作用；在冬天，热空气吹入两层膜中间以便于融化堆积在屋顶的雪。屋顶采用玻璃纤维织物 PTFE 膜材，完全由空气压力自支撑，是世界上第二座气膜建筑结构体育场（第一座气膜体育场为庞蒂亚克的银色穹顶体育场），是当时最大的气膜建筑。

为了防止大雪累积压塌气膜屋顶，设计师和业主共同研究了两套方案，一种是在两层膜中间充热空气，空气的温度最高时达到近 28℃，另一种措施是使用人工方式，当雪积累起来时需要人员使用热水管冲刷外膜。

体育场历史上共发生 5 次屋顶坍塌事故，都是因为积雪和其他恶劣天气，4 次发生在刚建成的 5 年内。

1981 年 11 月 19 日，由于没有足够的时间实施融雪和清雪措施，大雪的快速积压导致气膜屋顶坍塌；

1982 年 12 月 30 日，发生屋顶撕裂的事故；

1983 年 4 月 14 日，被大雪压塌，导致很多重要比赛无法正常进行；

1986 年 4 月 26 日，被大风撕开了一个很大的洞，因及时修补没有发生坍塌事故。

2010 年 4 月，进行膜材检查，认为外膜情况良好，整体体育场仍然可以很好地使用，但是内膜破损严重，需要全部更换，业主综合考虑后决定继续使用。

2010 年 12 月 10~11 日，43cm 的强降雪使体育场发生了大面积积雪，伴随的大风使整个体育场的膜材发生剧烈的震动和摆动。当工作人员调整压力和实施相关措施使结构稳定后，中间部分的膜材已经发生了松弛和高度降低的情况，气膜屋顶上出现了三个巨大的洞，未造成人员伤亡。2010 年 12 月 15 日整个气膜屋顶全部塌落到最低位置，如图 10.7-1 所示。

图 10.7-1 体育场屋顶塌落[7]

2011 年 8 月 1 日，全新膜材更换完成的体育场重新开放。2014 年 1 月 18 日，重新更换的膜结构屋顶进行放气，这座气膜体育场被拆除，未来在此地址将新建一个体育场，体育场的屋顶板由三层 ETFE 薄膜制成，带有可保持最低压力的送风装置，由连接到屋顶钢支架的铝框架固定到位，三层结构有助于控制体育场的热需求。

10.8　加拿大温哥华冬奥会体育场穹顶

加拿大温哥华冬奥会体育场是世界上最大的穹顶建筑之一，穹顶由两层玻璃纤维组成，中间可充入热空气以融化积雪，是加拿大为举办 1986 年世界贸易博览会而修建的，可容纳 6 万人，举行过许多重要活动。

图 10.8-1　温哥华冬奥会体育场穹顶塌陷[8]

2007 年 1 月 5 日，雨雪天气导致用于举办 2010 年冬奥会开幕式和闭幕式的体育场穹顶坍塌，图 10.8-1 为体育场塌陷的穹顶。

调查结果表明：该体育场穹顶塌陷是由人为和自然原因共同导致的，是由穹顶玻璃纤维老化、大风天气以及工作人员充气过多过快等原因造成。5 日当天，暴风雪天气导致穹顶出现轻微坍塌后，工作人员迅速为穹顶充气，但因两个人同时操作充气设备，导致穹顶的压力达到了所需的三倍。

穹顶塌陷后，对膜结构进行了修复。修复后体育场重新开放，2010 年冬奥会开幕式和闭幕式在该体育场顺利举行。

10.9　内蒙古伊金霍洛旗那达慕赛马场

2011 年 1 月 7 日，伊金霍洛旗那达慕赛马场，西侧看台七八十米长的钢结构罩棚主体结构发生坍塌，现场倒塌照片见图 10.9-1。

赛马场看台长度约 580m，分为东一区、东二区、中央区和西区。2010 年 11 月中旬用于罩棚钢结构焊接的 24 个支撑柱开始卸载，12 月 5 日完成后现场全面停工进入冬歇期，但由于西侧（西区）看台钢结构罩棚部分焊缝存在严重质量缺陷，遇到骤冷的天气，钢结构罩棚出现较大伸缩而发生塌落。焊缝质量严重缺陷是造成事故的直接原因之一，经专家组认定，这是一起施工质量事故。

图 10.9-1　倒塌照片[9]

10.10　上海某悬索结构屋顶

上海市某研究所食堂悬索结构为一项实验性建筑[10]，通过该工程探索大跨度悬索结构屋盖的应用技术，屋盖为直径 17.5m 的悬索结构，1960 年建成交付使用。檐口总高度为 6.4m，中部内环高度为 4.5m。屋顶主要由钢筋混凝土外环和型钢内环（直径 3m）以及 90 根 7.5mm 的钢绞索组成。预制钢筋混凝土异形板搭接于钢绞索上。板缝内浇筑配筋混凝土，屋面铺油毡防水层。屋盖平面与剖面如图 10.10-1 所示。

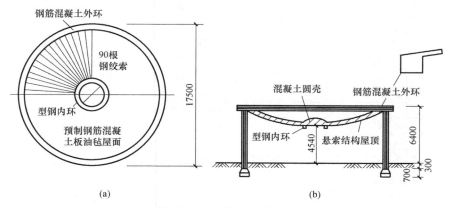

图 10.10-1　平面与剖面图

1983 年 9 月 22 日晚上，屋顶整体塌落，90 根钢绞索全部沿周边折断，周围砖墙和圈梁无塌陷损坏迹象，无人员伤亡。

事故主要原因：倒塌主要与钢绞索锈蚀有关，锈蚀的原因之一是屋面渗水，之二是上部通风不良，食堂水蒸气上升加剧了钢绞索的化学腐蚀。由于长时间腐蚀，钢绞索断面减小，承载能力降低，超过极限承载能力后断裂。

10.11　美国哈特福德城体育馆

美国康涅狄格州的哈特福德城体育馆，1975 年建成，屋顶高 25.3m，采用网格尺寸为 9.14m×9.14m 的倒正四棱锥网架结构。斜腹杆长为 9.14m，网架每边从柱挑出 13.71m。平面见图 10.11-1，剖面见图 10.11-2，主要结构单元及连接节点见图 10.11-3。从图中可以看出，上弦杆及斜腹杆在中点都有再分杆作为支撑，顶部水平杆没有设置水平支撑。屋盖由檩条、屋面板等组成，在上弦节点上立 H 型钢短柱支撑檩条和屋面板，屋面系统和上弦平面不在一个平面内。

网架杆件使用十字形的组合截面，见图 10.11-4，与相同截面的工字钢或方钢管相比，旋转半径小，屈曲荷载小很多。

工程师采用计算机进行结构计算，当时计算机刚刚被用于结构计算，是最先进的分析技术。但是计算机没有给出警告提示，这让工程师更加自信，以至于后来体育馆出现的危险信号被忽视了：网架提升后，监测的挠度是计算值的 2 倍。

在地面组装网架，整体提升。施工过程中，一些网架节点变形过大，安装屋顶板之前，对变形进行了测量，发现其挠度是计算机值的 2 倍，但没有对此采取任何措施。屋顶完工后第二年，也有市民发现屋顶有向下倾斜的变形。

1978 年 1 月 18 日，哈特福德经历了五年来最大的暴风雪，体育场屋顶坍塌，由于在凌晨倒塌无人员伤亡。根据事故调查：虽然降雪持续了大概 2 个星期，但倒塌时的雪荷载仍小于规范值，不存在超载问题。

图 10.11-1　平面示意

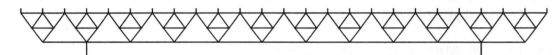

图 10.11-2　剖面示意

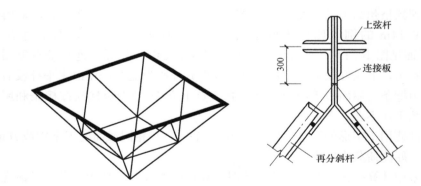

图 10.11-3　主要结构单元及连接节点

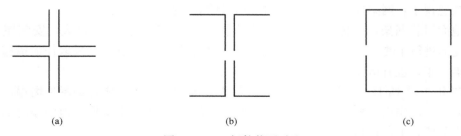

(a)　　　　　　　　　　(b)　　　　　　　　　　(c)

图 10.11-4　杆件截面对比

设计计算假定上弦杆及斜腹杆在中点都有再分杆作为支撑，上弦杆的计算长度是网格的一半，即 4.57m。但外围上弦杆，只有一侧有再分杆，在再分杆平面内能起支撑作用，而在垂直方向，上弦没有任何约束，实际计算长度是原假定的两倍，如图 10.11-5 所示。设计最严重的错误是网架的所有上弦压杆没有足够的水平支撑，压杆稳定承载力不足。

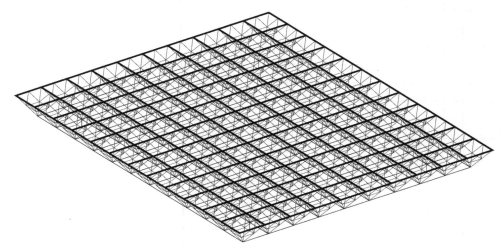

图 10.11-5　屋顶三维示意图

从结构受力角度讲，网架上弦及腹杆中心线应该交于一点，但该工程最终采用的节点桁架上弦杆与斜腹杆不在斜线中心点相交，斜腹杆中心线交点与上弦中心线有 30 cm 的偏差，由于斜腹杆没有直接支撑弦杆，变成了"弹性支撑"上弦杆，上弦杆更容易屈曲。修改后的弦杆截面和连接节点设计虽然便于施工，但十字形截面的抗扭刚度很差，斜撑与弦杆的连接节点存在较大的偏心。由于增加的斜腹杆存在偏心，容易发生弯扭失稳。考虑弯扭失稳，腹杆弦杆的承载力只有考虑弯曲屈曲荷载的 27.3%～39.2%[15]。外圈一根十字形上弦杆件失稳后，周边杆件没有足够的冗余承载力抵抗重新分配的内力，发生连续倒塌。

文献 [15] 给出了计算节点对比。外圈南北向上弦杆，在中点有立柱和檩条，但在再分杆平面外起不了支撑作用，只传递了屋面荷载，使上弦杆产生弯矩，并在竖直与水平两个方向挠曲，计算承载力只有原设计的 1/10 左右，部分杆件在提升前已开始压屈并产生明显的变形；中间部分东西向上弦杆，虽然两侧都有再分杆，但由于再分斜腹杆交点与上弦轴线有偏心，再分腹杆不能对上弦杆有效地加以约束，上弦杆的承载能力发挥不到 1/3。

事故教训：

（1）注意设计假定是否与实际受力情况符合：本工程在四角锥加了再分杆，可将压杆计算长度减小一半，但实际上在外围四边再分杆不起作用，引起上弦压杆失稳。

（2）尽量保持屋盖的整体性：本工程小立柱起坡，使屋面与网架上弦分离，如果将檩条直接与上弦连接，就能对网架的稳定起第二道防线的作用。

（3）重视节点的设计：再分杆节点连接有偏心，连接板太柔，进一步削弱了再分杆的支撑作用。

合理的水平支撑系统非常重要，如果在结构边部适当增加水平支撑，则可以部分解决平面外计算长度的问题，如图 10.11-6 所示。

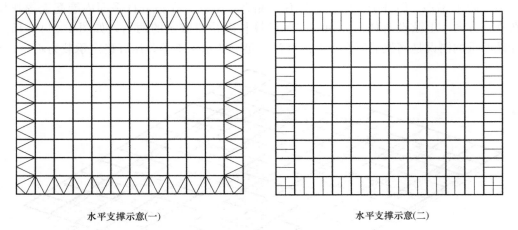

水平支撑示意(一)   水平支撑示意(二)

图 10.11-6 水平支撑示意

图 10.11-7 给出了添加水平支撑前后稳定应力比的对比，添加水平支撑后，有效减小了外侧杆件的计算长度，稳定应力比下降明显，水平支撑起到了良好的作用。

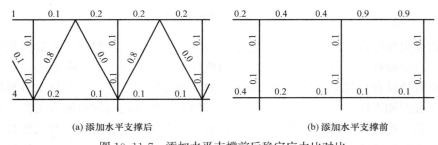

(a) 添加水平支撑后   (b) 添加水平支撑前

图 10.11-7 添加水平支撑前后稳定应力比对比

该体育馆于 1980 年重新设计建成，屋盖采用普通平面桁架。

10.12 网架结构典型事故

宋晋魏[11] 收集了 36 场网架事故的相关工程资料，并且对资料数据开展了深入分析与归纳总结，与国家网架及钢结构产品质量监督检验中心 40 项网架工程检测数据进行对比，其中因为设计方面的问题导致事故发生的所占比例达 47.2%。主要问题有：结构受力考虑不准确，与实际情况不符；构件材料选用不正确；分析软件选择不合理等。典型网架事故如表 10.12-1 所示。

典型网架事故   表 10.12-1

序号	工程名称	结构形式	结构尺寸(m)	事故情况	事故主因
1	太原某矿区通信楼[12]	棋盘形四角锥焊接球网架	13×18	1988 年 6 月在大雨后突然倒塌	(1)设计有严重错误； (2)超载； (3)焊接质量差； (4)腹杆失稳

序号	工程名称	结构形式	结构尺寸(m)	事故情况	事故主因
2	天津地毯进出口公司仓库[13]	正放四角锥螺栓球节点网架	48×72	1995年12月4日在通过阶段验收后塌落,死1人,伤13人	(1)采用简化计算方法与网架的实际不符; (2)螺栓假拧紧,腹杆失稳
3	深圳国际展览中心4号展厅[14]	四点支承的四角锥螺栓球节点网架	21.9×27.7	1992年9月7日网架塌落,螺栓断裂	(1)设计荷载与实际荷载不符导致部分支座受力超标,纵向下弦杆及部分腹杆压屈、大量套筒屈服; (2)部分高强螺栓安全度低于杆件安全度; (3)屋面排水系统设计存在严重缺陷
4	山东淄博某供销大厦	两向正交正放网架	29.7×33.88	1994年在铺设屋面板时大量腹杆挠曲,一柱端拉裂	(1)计算假定与实际不符,压杆长细比过大; (2)屋面实际做法超载
5	太原某汽车修理车间	折板型网架	24×54	在铺设钢筋混凝土屋面板时大量腹杆弯曲	该网架为几何可变体系,设计与施工中未采取措施
6	某候车厅	正放四角锥网架	21×66	铺设屋面板过程中,部分杆件弯曲	计算失误,支座构造为二向约束,计算按三向约束考虑
7	美国康涅狄格州哈特福德城体育馆[15]	正放四角锥网架	91.4×109.8	1978年1月18日凌晨在暴风雪后整个屋盖塌落	(1)积雪荷载过大导致压杆失稳; (2)计算模型与实际情况不符; (3)屋面体系水平传递途径不明确,受力不合理
8	某矿务局文化中心网架[16]	斜放四角锥网架	42×66,高3.5	网架安装完成后在自重作用下产生大变形	设计时边界约束将二向约束按三向约束计算
9	某车间	折板型网架	25×54	铺设屋面板过程中,60%腹杆弯曲	(1)设计计算与实际情况不符,导致网架杆件计算错误; (2)施工时腹杆弯曲网架为几何可变体系
10	京福高速公路某加油站网架[17]	焊接空心球节点棋盘形四角锥网架	13.2×17.9,高1.0	网架由短跨一端倒塌	(1)设计计算有误,整个网架的全部杆件包括上下弦和腹杆的截面均不足; (2)焊缝质量有问题; (3)施工时网架支柱预埋件不按图纸设计位置放; (4)小立柱施工中做成中间低两边高致使屋面积水; (5)未严格按下料尺寸焊接

续表

序号	工程名称	结构形式	结构尺寸(m)	事故情况	事故主因
11	某工程楼面网架[18]	螺栓球节点平板四角锥网架结构,上弦支承固定铰支座	24×30	网架倒塌	(1)设计中未考虑温差影响; (2)计算模型中采用弹性支座,实际采用了固定铰支座,局部网架杆件不满足承载力要求; (3)预埋件预埋不准,随意加设垫板导致了网架内力的改变; (4)支座球与十字支托板焊缝质量差
12	某俱乐部观众厅屋顶[19]	斜放四角锥焊接空心球网架	长30,宽24	2001年9月10日屋面翻修时突然整体垮塌	(1)焊接质量不符合要求; (2)翻修时所加混凝土垫层导致恒荷载已超出设计值41.5%,活荷载超出原设计荷载6.8%
13	某车间[20]	正放四角锥网架	107.8×144	暴雨中网架发生局部垮塌	暴雨中瞬时集中降雨量大,排水不畅,与设计工况相比,屋面积水荷载工况下网架杆件与螺栓受力水平较大幅度增加,部分已经超过其承载能力
14	西北某地区屋面网架[21]	螺栓球节点网架	20.7×63,高1.65	网架倒塌	(1)部分杆件压杆不满足规范规定; (2)部分杆件屈曲破坏; (3)施工时支座肋板与螺栓球焊接质量太差; (4)现场支座条件未能满足设计刚接的要求

10.12.1 意大利某学校体育馆

意大利某学校体育馆[22] 建于 2005 年至 2008 年之间,屋顶为网架结构,边长 3.25m,高度 2.30m,总尺寸为 26.7m×42.7m,总高度约为 10m。

节点使用了一种球形接头,它由带有平面和攻丝孔的实心锻造钢球、单个隐蔽的高强度螺栓、锥形端件等组成,力通过螺纹从构件端部的锥体传到螺栓上。

2010 年一场中度降雪使钢结构屋顶倒塌,如图 10.12-1 所示。体育馆内没有人,无人员伤亡。现场雪荷载估计在 0.20~0.40kN/m² 左右,低于意大利所规定的雪荷载特征值 1.28kN/m²。经过现场勘查计算,发现球形节点的螺纹断裂,钢构件、螺栓和球体采用错误的材料,经过与普通螺栓球接头对比试验发现,球形接头承载力比螺栓球接头低约 40%。

10.12.2 深圳国际展览中心 4 号展厅网架

深圳国际展览中心 4 号展厅,平面尺寸为 21.9m×27.7m,屋面采用正方四角锥螺栓

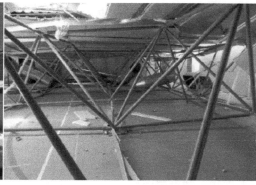

图 10.12-1　破坏现场

球节点网架，网格尺寸为 3.75m×3.75m，网架高度为 1.8m，网架由四柱支撑。该展厅屋盖由中德公司联合设计，国外公司提供螺栓球节点网架全部零配件，于 1989 年 5 月建成。网架设计时考虑的荷载为：屋盖系统自重 1.25kN/m²，均布活载 1.0kN/m²，考虑了风荷载及±25℃的温度应力。

1992 年 9 月 6 日至 7 日，受台风影响，普降大雨，总降水量为 130.44mm，7 日早晨 5～6 时，降雨量达 60mm/h，之后 4 号展厅的网架有 2/3 塌落，东边大面积散落于地面，其余部分虽仍支撑于柱上但可发现纵向下弦杆及部分腹杆压屈。在现场发现大量高强度螺栓被拉断或折断，部分杆件明显压屈，大量的筒套因受弯而呈屈服现象。

事故主要原因：雨水汇集超载。4 号展厅除承担自身屋面雨水外，还要承担会议中心屋面溢流过来的雨水，而 4 号展厅屋面本身并未设置溢流口，且雨水斗泄水能力不够。4 号展厅建成后，曾多次发现积水现象，事故现场 2 个排水口均被堵塞。屋面雨水不能及时排除，导致屋面积水，网架超载。

10.12.3　天津地毯进出口公司地毯厂仓库

1994 年 12 月 4 日，天津地毯进出口公司地毯厂仓库网架屋盖在阶段验收一个月后突然坍塌，造成 1 人死亡、13 人受伤。该工程采用正放四角锥螺栓球节点网架，平面尺寸为 48m×72m，网格尺寸为 3m×3m，网架高度为 3m，间距 6m 周边支承。塌落时屋面的保温层及 GRC 板已全部施工完毕，找平层正在施工，屋盖实际荷载约为 2.1kN/m²。

现场调查发现，除个别杆件外，网架连同 GRC 板全部塌落在地。因支座与柱顶预埋件为焊接，虽然支座已倾斜，但大部分没有坠落，并有部分上弦杆、腹杆与之相连，跨中位置上弦大直径压杆未出现压屈现象，下弦拉杆也未见被拉断。腹杆的损坏较普遍，杆件压曲，杆件与球的连接断裂。杆件与球连接部分的破坏随处可见，多数为螺栓弯曲。

设计方面：设计人员采用了非规范推荐的简化模型进行内力计算，该简化计算方法所适用的支承条件与本工程不符，与精确计算结果对比，部分杆件的内力差距超过了 2 倍。

施工方面：网架螺栓长度与封板厚度、套筒长度不匹配，套筒拧紧时高强螺栓的拧进长度不满足规范要求；加工安装误差大，使螺栓与球出现假拧紧；螺孔加工误差超标，使螺栓偏心受力。

10.12.4 内蒙古新丰热电公司发电厂汽机间

2005 年 7 月 8 日，内蒙古新丰热电公司发电厂汽机间网架突然发生坍塌，事故共造成了 6 人死亡、8 人受伤，其中 1 人重伤。该屋面采用正方四角锥螺栓球节点平板网架，平面尺寸为 31.5m×78m，网格尺寸为 2.8m×3m，网架矢高 2.7m，网架纵向多跨上弦柱点支承，一侧柱顶标高 31m，另一侧柱顶标高 31.9m，两侧支承点高差 0.9m，形成屋面单坡排水，坡度 2.857%。

事故主要原因为施工原因：施工采用了高空散装法，未按照要求架设临时支撑，产生较大变形，杆构件拼装非常困难，高强螺栓与螺栓孔对接偏差较大，部分螺杆存在紧固不到位甚至未入扣；铺设屋面板的整个过程中，施工人员也未采取任何有效措施以控制变形程度。

10.12.5 太原某厂房网架

太原某厂房建于 2002 年，厂房建筑主体结构采用钢筋混凝土框架，屋顶采用正交正放四角锥形式螺栓球网架，网格尺寸 3.0m×3.0m，网架矢高 3.0m，网架轴网尺寸 62.8×29.6m，建筑投影面积约 1859m^2，建筑高度约 27m，双向起坡 4%；网架钢材选用 Q235B 高频焊接无缝钢管，长轴方向周边上弦每三个螺栓球节点设一个支承。2015 年 5 月 17 日，该厂房螺栓球网架屋面西南角发生局部塌陷，部分网架下弦杆发生较大弯曲，5 月 20 日夜间，该螺栓球网架西侧一跨三个节间发生整体坍塌，压坏部分大型设备，由于夜间无人作业，未造成人员伤亡。

在对未坍塌区域螺栓球网架的观察中发现，部分连接腹杆的高强螺栓存在套筒销钉缺失现象。这是由于该 M42 高强螺栓与下弦螺栓球发生滑脱造成的，说明该螺栓球网架在安装施工过程中存在螺栓假拧。

坍塌事故发生的直接原因为：偶然超载致使高强度螺栓低周疲劳断裂；间接原因为：高强螺栓施工时存在假拧问题。

10.13 其他典型事故

10.13.1 香港城市大学胡法光运动中心陈大河综合会堂

2016 年，香港城市大学胡法光运动中心陈大河综合会堂屋顶倒塌，结构形式为空间桁架，事故照片如图 10.13-1 所示。事件的主要原因为屋顶结构超重，从而造成倒塌。主要原因有以下几点：

(1) 屋顶结构的地台比原设计厚；

(2) 屋顶铺设了绿化覆盖面；

(3) 绿化覆盖面局部积水。

钢结构屋顶上铺一层钢筋混凝土楼板，其上设有地台、隔热层、防水膜及绿化覆盖面。比原设计厚的地台及加设的绿化覆盖面，使得荷载增加，屋顶的斜度因此降低，影响排水水流及速率，导致绿化覆盖面出现局部积水。随着绿化覆盖面的积水量增加，进一步增加结构上的荷载，导致最终超载，造成结构倒塌。

10.13.2　荷兰阿尔克马尔大球场

荷兰阿尔克马尔大球场于 2006 年建成，2016 年约 20m 跨度钢结构屋顶倒塌，落在看台上，事故中无人受伤，事故照片如图 10.13-2 所示。

图 10.13-1　倒塌后的屋顶[23]

图 10.13-2　阿尔克马尔大球场倒塌照片[24]

本次屋顶倒塌事故，是由该场馆顶部钢梁的连接节点薄弱造成的。场馆屋顶钢梁的焊接存在问题，推翻了当时普遍认为的屋顶太阳能电池板荷载增加引发坍塌的猜想。屋顶钢梁的设计存在问题，连接处焊接不满足要求，使钢梁的承载能力至少下降了 50%。

10.13.3　法国巴黎戴高乐机场候机大厅屋顶坍塌

2004 年 5 月 23 日法国巴黎戴高乐机场候机大厅屋顶坍塌。调查委员会认为该结构设计不当，初始储备强度较低，导致其倒塌的原因主要包括：

（1）结构在恒载及外部作用（温度等）下刚度不足，在结构开裂后刚度退化更加严重，出现裂缝的原因是钢筋不足或放置错误；

（2）结构坚固性和冗余度不足，发生局部破坏时无法传递分散荷载；

（3）撑杆在混凝土连接处的局部冲剪应力过高；

（4）纵向支撑梁与柱子拉接的水平系杆薄弱。

10.13.4　莫斯科德兰士瓦水上乐园玻璃屋顶坍塌

2004 年 2 月发生的莫斯科德兰士瓦水上乐园玻璃屋顶坍塌事故，造成 26 人死亡，100 多人受伤。

10.13.5　韩国庆州毛海洋度假村体育馆

2014 年 2 月 17 日，位于韩国庆尚北道庆州市的庆州毛海洋（Mauna Ocean）度假村的体育馆，面积达约 1000m²，屋顶因积雪倒塌，造成 9 名大学生与 1 名庆典公司职员死亡，100 余人受伤。约 1000m² 规模的体育馆顶棚中央凹陷成 M 字形状塌陷在地面。屋顶上的积雪厚度达 40～50cm。

参考文献

[1]　MUSTAFFA A，MOHAMED A，SUHAIMI A. A case study：structure collapse sultan mizan zainal

abidin stadium roof collapse [R]. Terengganu SKEE4012-PROFESSIONAL ENGINEERING PRAC-TISE.

[2] GUL F, MEHR A. Sultan mizan zainal abidin stadium roof collapse, Kuala Terengganu, Malaysia (Lack of Safety Issues) [J]. EPH - International Journal of Mathematics and Statistics, 2016, 2 (10): 14-23.

[3] BIEGUS A, RYKALUK K. Collapse of katowice fair building [J]. Engineering Failure Analysis, 2009, 16 (5): 1643-1654.

[4] JAMES L. Report of the Kemper arenaroof collapse of June 4, 1979, Kansas city, Missouri [R/OL]、 [2022-12-13]. https://www.linecreekloudmouth.com/files/kemperarenaroofcollapse-1979report.pdf.

[5] MATTHYS L, MARIO S. Why buildings fall down-how structures fail [M]. New York, W. W. Norton & Company, 1992.

[6] 江建金, 王玲. 网壳结构屋面雪荷载不均匀分布引起的结构垮塌分析 [J]. 钢结构, 2018, 33 (08): 52-56.

[7] 中国新闻网. 美国遭暴风雨强降雪袭击公路铁路交通堵塞 [EB/OL]. (2010-12-14) [2022-12-13]. http://news.sina.com.cn/w/p/2010-12-14/092121637547.shtml.

[8] 加拿大冬奥会体育场穹顶坍塌 [EB/OL]. (2007-01-07) [2022-12-13]. http://jrzb.zjol.com.cn/html/2007-01/07/content_2230469.htm.

[9] 科宝华宇建材. 工作事故猛如虎! [EB/OL]. (2019-12-17) [2022-12-13]. http://k.sina.com.cn/article_3142689522_bb51a2f200100lybh.html.

[10] 王枝胜, 王鳌杰, 崔彩萍. 建筑工程事故分析与处理 [M]. 北京: 北京理工大学出版社, 2018.

[11] 宋晋魏. 网架结构事故原因分析及对策研究 [D]. 北京: 北京工业大学, 2014.

[12] 刘善维. 太原某通信楼工程网架塌落事故分析 [J]. 建筑结构, 1989 (06): 36-37+58.

[13] 姜丽云, 刘锡良. 天津某网架工程事故分析 [J]. 空间结构, 1997 (01): 62-64.

[14] 王俊. 深圳国际展览中心网架倒塌 [J]. 建筑结构, 1993 (12): 37.

[15] 陈骥. 美国哈特福德城体育馆网架结构失稳事故分析 [J]. 钢结构, 1997 (04): 20-25+42.

[16] 石彦卿. 网架网壳结构事故分析及处理方法 [J]. 特种结构, 1996 (01): 21-23+2.

[17] 滕道社, 张裕会. 网架工程事故分析及处理实例 [J]. 彭城职业大学学报, 2002 (04): 18-19.

[18] 程长明. 某楼面网架倒塌事故分析 [J]. 建筑科学, 2009 (4): 90-92.

[19] 朱振方. 某俱乐部观众厅网架垮塌事故原因分析 [J]. 山西建筑, 2002 (07): 122-123.

[20] 杜延海, 袁万胜. 某车间网架局部倒塌事故原因鉴定及修复处理 [C]. 第22届全国结构工程学术会议论文集第Ⅲ册, 2013: 358-361.

[21] 郝成新, 钱基宏, 宋涛, 等. 网架事故原因分析 [J]. 工程质量, 2009, 27 (04): 61-65.

[22] PIERACCINI L, PALERMO M, TROMBETTI T, et al. The role of ductility in the collapse of a long-span steel roof in North Italy [J]. Engineering Failure Analysis, 2017, 82: 243-265.

[23] 中国新闻网. 香港城市大学一运动中心天花倒塌初步有3人受伤 [EB/OL]. (2016-05-20) [2022-12-13]. https://news.cnr.cn/native/gd/20160520/t20160520_522196606.shtml.

[24] 荷兰阿尔克马尔大球场顶部分在暴风中倒塌, 周末球赛暂停 [EB/OL]. (2019-08-12) [2022-12-13]. https://www.sohu.com/a/333045668_291951.

11　典型钢结构事故

11.1　美国堪萨斯城凯悦皇冠中心酒店吊桥

凯悦皇冠中心酒店，位于美国密苏里州堪萨斯城，1980 年 7 月建成，由 40 层高的塔楼、中庭和功能区三部分构成。中庭为大型共享空间，平面尺寸 44m×36m，高 15m。在中庭上方二至四层设立三个连桥，连接塔楼与功能区，长 37m，连桥由 6 根 φ32 的吊杆悬挂在中庭屋顶。

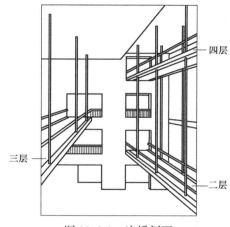

图 11.1-1　连桥剖面

二层连桥位于四层连桥的正下方，悬挂在四层连桥的横梁上，三层连桥和四层连桥直接悬吊在屋顶，如图 11.1-1 所示。连桥采用 C 形槽钢焊接形成的箱形梁，轻质混凝土楼板。现场中庭内景照片见图 11.1-2。

1981 年 7 月 17 日晚，有 1500 多人在中庭和人行连桥上观看当地广播电台的舞蹈比赛。晚上 7 时 05 分，四层连桥的钢吊杆断裂，整个四层连桥坠落至二楼连桥，并带着二楼连桥坠落到中庭，造成 114 人死亡，200 多人受伤，是当时美国死亡人数最多的工程事故[1]。事故现场照片如图 11.1-3 所示。

图 11.1-2　中庭内景照片

图 11.1-3　倒塌现场

最初设计是将二层和四层连桥用同一根杆悬挂下来，并用螺母固定，吊杆强度为 431MPa，之后变更成使用两根吊杆，且吊杆强度下降到 248MPa，这种变化使施加在第四层梁下的螺母上支撑了两个桥的重量，而不仅仅是一个桥的重量，使其应力增加了一倍。

吊杆连接方式如图 11.1-4 所示。计算简图如图 11.1-5 所示，螺栓处受力变为 2P，端部钢梁区域也承受了较大的荷载，是原设计中承受重量的两倍。吊杆是在槽钢上钻孔用螺栓固定，垫圈打磨平整。吊杆向上的拉力使箱梁下表面弯曲，箱形梁破坏，吊杆从箱形梁中脱离。图 11.1-6 给出了现场破坏照片。

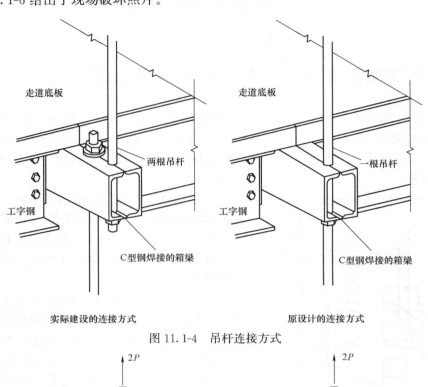

图 11.1-4　吊杆连接方式

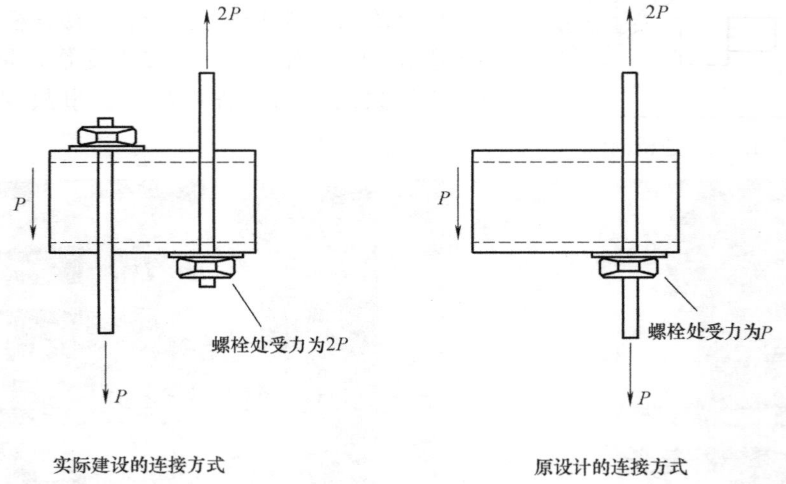

图 11.1-5　吊杆计算简图

事故主要原因：

（1）桥垮塌始于四层连桥连接节点。连接节点从原设计到修改的设计均有重大错误。原设计按单杆延伸设计，每个节点只承担本层传来的荷载，修改后的设计使四层梁与屋盖垂下的吊杆节点不仅承担本层的荷载，还要承担二层荷载，荷载增加了一倍，直接导致了连桥的破坏。

图 11.1-6　现场破坏节点

（2）箱梁是由两根槽钢焊接而成的，仅满足构造要求，槽钢吊杆位置未设加劲肋。

（3）设计未对这个节点设计进行强度验算；按照当地规范要求，每个节点的设计荷载应为 151kN，而试验得到这种节点的平均承载力为 91kN，即使按照原单杆延伸设计，节点的实际承载能力也只有规范设计荷载的 60%。

设计公司无论在设计过程中还是屋盖垮塌后的调查过程中均未对节点进行应有的验算。设计公司被吊销了设计资质和执照；结构工程师对设计项目负全部责任，被吊销了注册工程师执照。

一个不复杂的吊桥设计酿成了一起惨祸，设计重大的错误是未对吊桥连接节点的承载能力进行复核，如果采用加劲肋或增加垫板（不推荐）等加强节点，则不会发生如此惨烈的事故。

11.2　纽约花旗集团中心加固

纽约花旗集团中心于 1977 年建成，高 279m，59 层，面积 28 万 m^2，为当时世界第七高的建筑。由于周边圣彼得教会教堂与大楼一角冲突，使大楼的柱子不能设立在结构的四角，结构柱子移动到中间，大厦四角就变成了悬臂结构，设计了一个 V 形结构支撑系统，以每八层为单位，总共形成五组 V 形支撑，将力传导至周围 4 根巨型支柱再传到地面，如图 11.2-1 和图 11.2-2 所示。

图 11.2-1 花旗集团中心照片

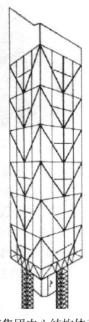

图 11.2-2 花旗集团中心结构体系

结构最不利风荷载方向是与建筑对角线平行的风，而设计时只检验了垂直面风的情况，对角线风荷载将比垂直面风荷载高[2]。施工焊接需要大量合格的焊工，成本高昂，为了节省焊接成本，将节点修改为螺栓连接，其强度小于焊接，实际螺栓的数量按照垂直面风情况考虑。建筑物在风中会产生摇晃，工程师采用调谐质量阻尼器以缓解摇晃问题，安置在大厦顶层的这台调谐质量阻尼器重 400t，以减少建筑物由风引起的摆动，增加建筑物的稳定性。

实际如果是相同的风荷载，沿每个面分解成两个垂直于建筑表面的分力，大小为垂直方向风力的 100%，部分桁架会出现双重受压或双重受拉的力学响应。在叠加后，100%＋100%＝200%，所以会比设计值高出了 100%。V 形桁架采用的计算模型并不恰当，V 形桁架计算只考虑了垂直面风，直接导致每个连接点应该使用的螺栓数量减半，如图 11.2-3 所示。

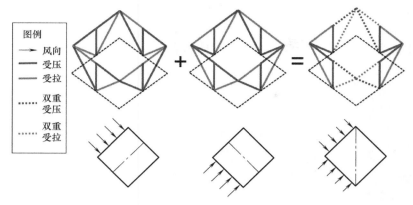

图 11.2-3　45°风荷载叠加效应

竣工并开始使用一段时间后，设计师发现了问题，如果建筑物遭遇了从对角线方向吹来的强风，那么整栋楼的承载力将变得严重不足。据估算，如果遇到 120km/h 速度的巨型台风，那么大楼将面临拦腰折断的危险，于是不得不对本工程 V 形桁架等进行加固：将每个螺栓连接节点焊接上钢板；保证阻尼器在任何时候都能运行；在关键结构构件上设置应变仪，持续监测构件应力。

当工程进行加固维修的时候，美国东岸出现了一个名为"艾拉"的飓风，速度达到 220km/h，政府制定了紧急时刻疏散计划，不过幸运的是，飓风登陆纽约的时候急转弯离开。

11.3　泉州欣佳酒店

2020 年 3 月 7 日，位于福建省泉州市的欣佳酒店发生坍塌[3]，造成 29 人死亡、42 人受伤，直接经济损失 5794 万元，倒塌现场照片如图 11.3-1 所示。

图 11.3-1　倒塌现场照片

泉州欣佳酒店主体为七层，建筑面积约 6693m²，东西长 48.4m，南北宽 21.4m，高 22m。横向 14m、7m 两跨，纵向六跨，每跨 8m。2012 年 7 月，四层钢结构建成（一层局部有夹层，实际为五层）。2016 年 5 月，在欣佳酒店建筑物内部增加夹层，由四层（局部五层）改建为七层。

图 11.3-2　翼缘及腹板变形

2020 年 1 月 10 日上午，装修工人在对 1 根钢柱实施板材粘贴作业时，发现钢柱翼缘和腹板发生严重变形（图 11.3-2），随后发现另外 2 根钢柱也发生变形。因春节停工，3 月 1 日重新进行加固施工时，又发现 3 根钢柱变形。3 月 7 日焊接作业的 6 根钢柱中，5 根焊接基本完成，但未与柱顶楼板顶紧，尚未发挥支撑及加固作用，另 1 根钢柱尚未开始焊接，直至事故发生。

增加夹层导致建筑物荷载超限。该建筑物原四层钢结构的竖向极限承载力是 52000kN，实际竖向荷载 31100kN，达到结构极限承载能力的 60%，正常使用情况下不会发生坍塌。增加夹层改建为七层后，建筑物结构的实际竖向荷载增加到 52100kN，已超过其 52000kN 的极限承载能力，结构中部分关键柱出现了局部屈曲和屈服损伤（图 11.3-3），虽然通过结构自身的内力重分布仍维持平衡状态，但已经达到坍塌临界状态，对结构和构件的扰动都有可能导致结构坍塌。因此，建筑物增加夹层，竖向荷载超限，是导致坍塌的根本原因。

图 11.3-3　局部屈曲

事故调查组认定，福建省泉州市欣佳酒店"3·7"坍塌事故是一起主要因违法违规建设、改建和加固施工导致建筑物坍塌的重大生产安全责任事故。酒店的改造加大了建筑自重，同时增加了使用荷载。改造时在主要钢结构受力构件上面进行焊接，使焊接点瞬间失去强度，当失去的强度累积一定程度时，造成结构失稳，使结构整体倒塌。

11.4　华沙电台广播塔

华沙电台广播塔[4]　1974 年 5 月 18 日建成，高度为 646.38m，在 1991 年倒塌之前是世界上最高的构筑物，由华沙广播电视台用作无线电长波的发送，如图 11.4-1 所示。

　　塔体是以边长为 4.8m 的等边三角形截面的钢桁架搭建而成，其塔尖部分则由一系列直径 245mm 的钢管构建。管壁厚度依据高度不等，从 8mm 至 34mm。钢桁架一共有 86层，每层高约 7.5m，塔身周围有 3 列直径为 50mm 的斜拉索保持塔体稳定，每列拉索沿高度方向隔 5 层布置一根，每根拉索都固定在地面上，这种间隔布列拉索的方式是为了防止静电的积累。组成该塔的钢结构一共有 86 层，和如今的电视塔不同，就是一个单纯的信号发射塔，没有什么其他的功能。不过其内部有一个升降机和爬梯，方便修建人员维护电视塔。

　　使用约十年后，结构塔身、下层及拉索形成疲劳损伤，需要进行维修，曾考虑重新修建同样高度但较坚固的塔取代，但并未实施。1988 年开始维修涂漆，但未施工完成。1991 年 8 月 8 日，塔体最高层的拉索替换错误，导致了整座塔的倒塌。该塔发生破坏时首先发生弯曲，接着瞬间折成两段，上段径直坠落，下段倾倒，如图 11.4-2 所示。由于倒塌时工人已经离开了这一区域，无人员伤亡。

图 11.4-1　现场照片

图 11.4-2　倒塌后照片

参考文献

［1］　MORIN C，FISCHER C. Kansas city hyatt hotel skyway collapse［J］. Journal of Failure Analysis and Prevention，2006，6（2）：5-10.

［2］　MORGANSTERN J. The fifty-nine-story crisis［J］. ASCE Journal of Professional Issues in Engineering Education and Practice，1997，123（1）：23-29.

［3］　国务院事故调查组. 福建省泉州市欣佳酒店"3·7"坍塌事故调查报告［R］. 2020 年 7 月.

［4］　华沙电台广播塔［EB/OL］.（2022-05-06）［2022-12-13］. https：//baike. baidu. com/item/华沙电台广播塔/5792053? fr＝aladdin.

12 桥梁事故

12.1 桥梁事故概述

桥梁结构是比较典型的大跨结构,新结构、新材料经常首先在桥梁中应用。在桥梁建设的历史上,采用新结构或新材料突破已有理论和经验,促进了结构设计的发展,但也有部分因设计或施工缺陷等,造成了桥梁垮塌。彭卫兵等[1] 统计了 2000 年前后桥梁事故的对比情况,如图 12.1-1 所示,其中 2000 年之前由于设计引起的事故比例在 18.4%,2000年之后由于设计引起的事故比例在 4.3%,总的由于设计引起的事故比例在 11.6%。设计导致桥梁事故的原因多种多样,如一些工程设计盲目追求结构的创新,缺乏严密的科学试验、经验积累,对新结构的认识不足导致结构设计存在缺陷。

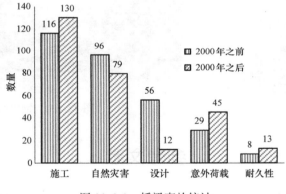

图 12.1-1 桥梁事故统计

叶华文[2] 在文献中给出了 2000—2014 年国内外桥梁事故情况,如表 12.1-1 和表 12.1-2 所示,总结了桥梁倒塌事故的主要原因,其中 9% 因结构和设计缺陷造成。

桥梁倒塌原因 表 12.1-1

原因	比例
洪水、地震、恐怖袭击等	65%
意外超载和冲击荷载	12%
冲刷	9%
结构和设计缺陷	9%
施工和监理错误	3.5%
缺乏监测与养护	1.5%

2000—2014 年国内外桥梁事故　　　　　　　　表 12.1-2

年份	先天夭折	自然灾害	人为灾害	合计
2000	2	4	0	6
2001	1	2	0	3
2002	2	2	0	4
2003	1	0	0	1
2004	4	0	5	9
2005	4	1	0	5
2006	4	5	2	11
2007	4	2	6	12
2008	5	6	4	15
2009	10	2	2	14
2010	14	3	3	20
2011	9	3	14	26
2012	6	10	15	32
2013	3	8	10	21
2014	8	4	4	16

　　根据日本统计的 104 座悬索桥断桥及 177 座钢桥断裂事故[3]，见表 12.1-3（部分桥梁事故原因有多种），设计缺陷造成的事故有 5 例；材料及制作缺陷 29 例；材料疲劳 4 例；腐蚀 21 例，其中有 19 座悬索桥主缆腐蚀很严重，对于索结构设计尤其要注意。

日本断桥事故分析　　　　　　　　表 12.1-3

事故原因	日本 104 座悬索桥断桥原因	日本 177 座钢桥断裂原因
超负荷、冲撞、火灾等	37	40
洪水与基础移动	23	77
主缆腐蚀/腐蚀	19	2
强风	12	8
吊装不当	4	8
设计缺陷	1	4
材料及制作缺陷	4	25
地震		11
材料疲劳		4
其他	5	

12.2　美国塔科马海峡大桥

　　1940 年建成的塔科马海峡大桥，主跨为 853.4m，和著名的金门大桥一样，是一座悬索桥，是当年美国第三大悬索桥，当时被称为人类创造力和毅力的结晶。桥面为由两道钢板梁和一层不透风桥面组成的开口截面桥跨结构，如图 12.2-1 所示。

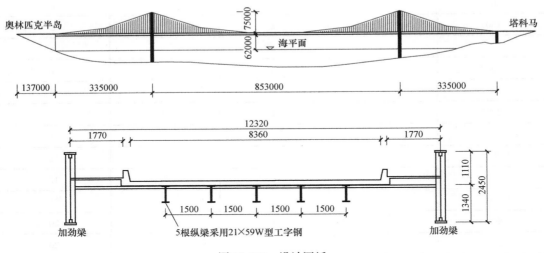

图 12.2-1　设计图纸

1937 年，工程师克拉克·艾尔德里奇提出了一个初步设计，采用当时流行的悬索结构，钢桁架梁高 7.6m，预计造价为 1100 万美元，交给桥梁专家审核；纽约曼哈顿大桥和旧金山金门大桥的设计师认为他可以花更少的钱建桥，将梁高减为 2.4m 高的钢板梁，使大桥更优雅，更具观赏性，预计造价 600 万美元，因为设计者在桥梁设计上享有盛誉，此方案被接受，桥的跨高比 350，跨宽比 72，桥梁没有足够的刚度。

在建造最后阶段，人们就发现大桥在微风的吹拂下会出现晃动甚至扭曲变形的情况，司机在桥上驾车时可以见到另一端的汽车随着桥面的扭动一会儿消失一会儿又出现的奇观。相同设计师设计的纽约白石桥也遇到了类似的晃动。桥面完成后，摇摆愈来愈烈，设计师向负责施工的人员保证采用减振阻尼器可以解决桥摇晃的问题，但装上阻尼器后问题仍然没有解决。1940 年 7 月华盛顿大学的法库哈逊教授用摄影机记录桥的振动并研究减振装置，通过模型试验发现在副跨跨中向地面设一锚缆可以减小桥的振动，但实际装在桥上后锚缆被拉断了。

当风从侧面吹来时，因桥身的阻拦，风分成上下两股不稳定的旋涡越过桥身。旋涡对桥身的吸力和压力在桥梁中产生扭转和弯矩，使桥身振动加剧。1940 年 11 月 7 日，在 19m/s 风速的持久作用下，桥面上下振幅近 9m，扭转达 45°。该桥最终由于构件在风荷载作用下发生侧向失稳而倒塌，当时的风速大约为 18m/s。设计师将桥的倒塌归根于工程师对空气动力性能认识不足，外加缺少资金而不得不将桥建得太窄。

调查结论：大桥倒塌的首要原因是桥梁跨高比和跨宽比太大及桥板和梁的形式失误，钢板梁的实心腹板使桥受风力影响很大，破坏始于北面悬索中部连接主缆和吊索的索夹滑移。该结构不能吸收足够的风能，北中跨索夹的松滑使得桥面产生扭转从而导致整个中跨破坏。工程界进行了大量的事故原因调查和研究，法库哈逊教授将风洞试验引入桥梁结构，试验证明塔科马海峡大桥由于桥梁变形过大且无足够的耗能机制而破坏倒塌。

重建的大桥于 1950 年 10 月 14 日建成通车，建桥前在风洞中进行空气动力试验。采用了桁架梁增加桥的刚度和减少风阻，在车道间的桥面开通缝以减少风压对桥面的影响，采用轻质混凝土路面以减轻桥的自重，桥面加宽为双向四车道，增加了桥的水平刚度，加宽了桥塔以提高大桥的稳定性，在桥塔与悬索和桥面板与吊索连接处使用液压阻尼减振器。

该桥倒塌而引发的一系列调查和研究促进了一系列学科的创新与进步，使桥梁结构和空气动力学得到了极大的发展。

12.3　德国宁堡斜拉桥

宁堡斜拉桥建成于 1825 年，是当时世界上跨度最大的斜拉桥和开启桥，采用锻铁拉索，在桥的中间安装了一个开闭器以允许船只通过。总长 118.5m，计算跨径 79.2m，桥宽 7.63m，桥面以上主塔高 14.8m，桥面距水面 3.9m。

桥梁施工过程中，结构安全曾受到质疑，尽管设计师坚持结构设计满足承载能力要求，但为安抚民众，还是增加了一倍拉索和支撑，建筑成本翻倍。在建造过程中，显示 40％的拉索产品不满足要求，重新加工，返工后的拉索基本能通过检验。

1825 年 12 月 6 日，市民们在桥上举行庆祝活动，一支游行队伍走上宁堡桥，乐师在大桥跨中进行演出，人群聚集在乐师周围，堵在大桥中间，人群集中在了桥的东南方，桥上的活荷载在纵向和横向上都不对称。乐队演奏音乐时，桥上有一些人试图让大桥随着音乐节拍摇晃，东南方向的 3 根背索首先断裂，西南侧的背索也随之断裂。由于桥塔与桥墩的连接处无法承受如此大的弯矩，南侧的桥塔发生倾覆，大桥南侧相继垮塌落入水中。桥上共有 282 人，北侧 30 人，南侧 252 人，其中 186 名成人和 66 名儿童落水，55 人死亡，60 人受伤，2 人下落不明。

调查结论：对拉索断口的分析发现，拉索质量堪忧，在制造和施工过程中有些拉索产生初始损伤。调查委员会认为不合理超载情况不可预见，撤销了对设计师的指控。受技术条件限制，采用锻铁拉索很难满足斜拉桥要求，抗拉强度偏低；当时设计缺乏合适计算方法和分析工具，对偏心荷载等考虑不足；对桥梁结构动力性能无法准确分析，结构刚度太小，游行人群通过时很可能会发生共振。

12.4　美国明尼阿波利斯 I-35W 桥

I-35W 大桥 (80＋139＋80)m 为三跨连续上承式钢桁架桥，跨越明尼苏达州明尼阿波利斯市密西西比河，于 1967 年竣工通车。其主腹杆和弦杆截面为工字形和箱形，节点采用铆接钢节点。1990 年，美国联邦政府发现 I-35W 桥支座有严重腐蚀，将该桥评为有"结构缺陷"，当时美国总共有超过七万座桥梁被评为此等级。2001 年，明尼苏达大学的一份报告指出 I-35W 大桥纵梁已扭曲变形，桁架存在疲劳损伤，并指出一旦车流荷载增大，I-35W 大桥恐将崩塌。

2007 年 8 月 1 日晚高峰，I-35W 大桥在短短几秒钟内突然垮塌[4]，139m 中跨上承桁架部分落入密西西比河中，共造成 13 人死亡和 145 人受伤。桥梁坍塌时，内部车道在浇筑覆盖层，大量的大型机械和骨料堆放在桥上，桥所受荷载增大，施工时的许多不良焊接细节，以及连接处的腐蚀造成了此次坍塌的发生。图 12.4-1 是现场照片，图 12.4-2 为破坏后照片。

图 12.4-1　I-35W 大桥现场照片

图 12.4-2　破坏后照片

图 12.4-3 为桥倒塌拍摄的一个 U10 节点，桁架构件通过一对 13mm 厚的钢板及直径 25mm 的铆钉连接。构件破坏主要为 A、B 和 C 三个主要裂缝：A 沿铆钉孔的对角断裂，断裂沿着铆钉组周边孔发生；B 为沿上弦杆 U9/U10 下边缘下方的水平裂缝；C 为节点附近的垂直裂缝。

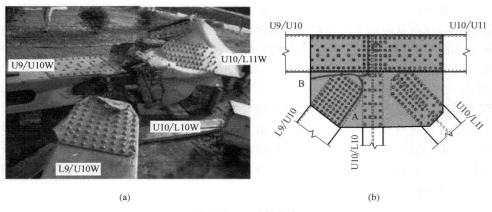

(a)　　　　　　　　　　　　　　(b)

图 12.4-3　破坏节点

原桥设计各杆件安全储备不足，因维修增加的集中荷载是 U10 破坏的直接外因；节点板厚度偏小，抗剪强度不足是其破坏的内因。维修荷载使得 U10 节点板剪切破坏，导致节点连接杆件受力急剧变化，原设计受拉竖杆 L10/U10 变为压杆，杆件失稳破坏，整个节点失去刚度，桥梁结构体系改变，无法继续按原设计承载，结构倒塌。

12.5　加拿大魁北克大桥

魁北克大桥[5] 横跨圣劳伦斯河，位于加拿大魁北克省，魁北克大桥是当时世界上最长的悬臂梁结构桥，悬臂达 171.5m，两悬臂间支撑 205.7m 中央段，两个主墩之间的悬臂跨度的净长为 548.7m。图 12.5-1 为魁北克大桥剖面图。

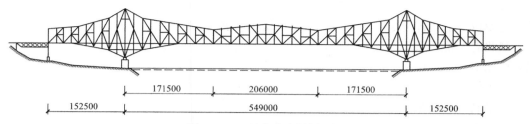

图 12.5-1　魁北克大桥剖面图

大桥施工的照片如图 12.5-2 所示，为了美观，将桥的上下弦杆设计成弧形杆，如图中 A9L 所示，降低了屈曲强度。

初始设计主跨 487.7m，设计师将主跨增加到 548.7m，荷载未重新计算，应力计算仍是基于 487.7m 的跨度。设计师发现这个错误后做了估算，发现应力增加了约 7%。当发现自重计算错误时，结构大部分加工和施工已经完成，除了提高设计容许应力外，设计师没有其他选择。但因设计容许应力值过高，受到桥梁工程师质疑。桥计算初始设计自重是 2760t，实际为 3250t，增加了 18%，设计师严重低估了自重，未能及时修正错误。在设计施工过程中，设计师拒绝其他工程师的复核，并且由于身体和年龄原因不在施工现场，却坚持要完全控制施工过程。

1907 年 6 月中旬，工人发现杆件变形过大，当工人铆接弦杆之间的接头时，预钻孔没有排成一列，将一些弦杆强行铆接在一起，但仍然有一些无法铆接，设计师认为相对小的变形问题不大。8 月，经过常规检查后，弦杆 A9L 的变形在两周内由 19mm 增至 57mm；相应的弦杆 A9R 也在同一方向上发生弯曲变形，施工方决定暂停工作，直到问题解决，但业主坚持继续施工。1907 年 8 月 29 日，当大桥刚刚完工时，下弦部分发生弯曲，整座桥几秒内倒塌，75 人丧生。大桥施工倒塌后的照片如图 12.5-3 所示。

图 12.5-2　大桥施工照片

图 12.5-3　破坏照片

魁北克桥压杆 A9L 由 4 块钢板和缀条组成，为组合截面。调查委员会认为压杆 A9L 由于其格构设计不合理而造成受压屈曲，并进行了压杆 1/3 比例模型试验，由于铆钉受剪破坏，试验中格构体系迅速破坏，弦杆屈曲。但当时工程师不了解钢结构稳定，设计师曾要求对受拉上弦杆进行试验，而没要求对压杆进行试验。

调查结论认为设计师审查并批准了设计，设计过程中判断错误，极大地低估了桥的自重，即使桥的下弦杆有足够的强度，这个错误仍将导致大桥倒塌。

魁北克大桥经重新设计后重建，新桥用了原设计 2.5 倍的钢材。设计上与第一座魁北克大桥相似，但设计缺陷被消除，图 12.5-4 为新建的魁北克大桥。195m 长的中央部分在工厂加工好运到施工现场吊装。1916 年 9 月 11 日，中央部分构件通过一个由液压千斤顶移动的钢制悬挂杆系统吊起，在上升了大约 4m 之后，吊装设备的一个固定装置断裂，整个桥梁中央构件掉到水里，13 人死亡。事故的原因是一段 1.06m 长的铸铁铰链断裂，吊装装置缺少了必要的冗余。

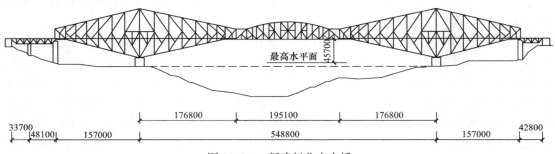

图 12.5-4　新建魁北克大桥

1917 年，在经历了两次惨痛的悲剧后，魁北克大桥终于竣工通车，这座桥是当时世界上最长的悬臂桥。

12.6　英国泰河桥

第一座泰河铁路桥于 1877 年建成，全长 3264m，是当时世界上最长的桥和跨度最大的铁路桥，中间 13 跨，11 跨跨径为 75m，2 跨为 69m。1879 年 12 月 28 日傍晚，一场暴风雨席卷了泰河大桥，当时一列火车在桥上行驶，整座桥中间大约 1000m 的部分连带着火车一起消失，75 人死亡。

调查报告表明，横向风载是桥梁倒塌的直接原因，材料和节点设计存在缺陷。泰河桥是首次以铸铁为主要材料建造的桥梁，事故发生后，铸铁被钢材取代，不再用于桥梁主体结构；意识到风荷载设计的重要性，英国桥梁规范将风荷载设计值进行了修改。

12.7　美国银桥

银桥建于 1928 年，位于俄亥俄河上，为悬索桥，主索是两根眼杆组成的锁链（图 12.7-1）。全长 528m，主跨 213m，边跨 116m；纵向吊杆间距为 15.2m，主缆由双眼杆构成，眼杆厚 51mm、宽 305mm，眼杆间通过销钉连接，相邻眼杆长度不同。

原设计主缆钢材的极限抗拉强度为 1517MPa，屈服强度为 965MPa，容许工作应力为 552MPa。但在眼杆主缆具体实施过程中，桥梁公司选择了一种极限抗拉强度为 689MPa，屈服强度为 517MPa，容许工作应力为 345MPa 的热处理钢材。垮塌事故始于俄亥俄塔侧边跨的第一个节点 C13N 铸造缺陷（图 12.7-2），在疲劳和压力的腐蚀下，1967 年 12 月

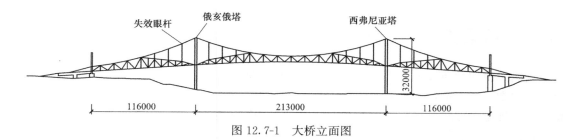

图 12.7-1　大桥立面图

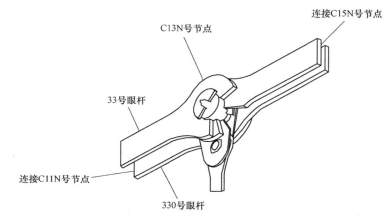

图 12.7-2　失效关键节点

15 日连接该节点的西侧主缆上的 330 号眼杆失效,使主缆在此处断裂。由于眼杆失效和节点的断裂,主塔和桥面随之倒塌,造成 46 人死亡[6]。

事故调查表明:银桥垮塌由有初始缺陷的 330 号眼杆导致,在 C13N 号节点端部下方形成了劈裂破坏,裂纹贯穿了眼杆底部使节点失效,眼杆从节点脱落,主缆局部破坏导致桥梁的整体垮塌。设计公司要求的安全系数,极限强度安全系数 2.75,屈服强度安全系数 1.75,符合当时的工程设计要求;而桥梁公司替代方案提供的热处理钢材对应的安全系数分别是 2 和 1.5,低于设计值。

在银桥结构设计上,主缆采用两片眼杆,结构冗余度不足,安全系数较低;眼杆连接的细节设计未考虑防腐蚀,制造过程易产生初始缺陷。与银桥有相同节点设计的圣玛丽桥最终也被拆除,因为无法拆卸节点,难以检查销孔内部,即使采用现代检测方法也无法检查销孔的钢材性能。之前只有巴西的弗洛里亚诺波利斯桥采用热处理眼杆作为悬索,对比如表 12.7-1 所示。

弗洛里亚诺波利斯桥和银桥对比　　　　　　　　　　　　表 12.7-1

	弗洛里亚诺波利斯桥	银桥
主缆	4 根眼杆	2 根眼杆
容许工作应力	321MPa	345MPa
眼杆措施	眼杆两端加厚了 3mm,减小了销孔处的应力集中	眼杆厚度没增加,且为便于安装,销孔直径增大了 3mm,由此产生一个与空气接触的空隙,使眼杆腐蚀持续发展且不易被检测

337

12.8　箱梁失稳典型桥梁事故

钢箱梁由加劲薄板组成，容易因受压加劲板屈曲而丧失承载力，早期工程师对薄壁箱梁结构力学认识不足，更多关注疲劳性能，对加劲板稳定承载力的研究不多，缺乏成熟的稳定计算理论，导致多次工程垮塌事故。1969—1973 年发生多起钢箱梁垮塌事故，如澳大利亚西门大桥、德国措伊伦罗达桥、维也纳多瑙河第四桥、英国米尔福港大桥、德国科布伦茨莱茵河桥等，这些事故经常被作为钢箱梁稳定问题的典型案例。

12.8.1　澳大利亚西门大桥

澳大利亚西门大桥跨越雅拉河，1968 年 4 月 22 日开工建设，设计总长 2582.6m，宽 37.3m，10 车道，引桥均为跨度 112m 简支三室钢箱梁，主桥为跨度 336m 的斜拉桥，使用澳大利亚桥规范中的 LY50 钢（相当于中国规范的 Q355）。顶底板和腹板厚度最小为 9.5mm。纵向加劲肋为高 150mm、厚 6.35mm 的扁钢，间距顶板 1067mm，底板 450mm，内腹板 600mm，外腹板 775mm；横向加劲肋高 460mm，厚 8mm，横肋间距 3.2m；实腹式横隔板间距 16m，中箱顶底板翼缘用间距 3.2m 的角钢斜撑连接。

因当时起吊能力限制，工厂预制箱梁节段，节段长 14m，节段截面为桥面宽度的一半，运至桥址拼装成半桥（112m 长），吊装半桥至桥位处，然后焊接形成整桥。由于半桥非对称，拼装容易产生高差，对施工工艺要求很高。在前几跨桥施工过程中，发现了半桥间桥面高差问题，采用混凝土压重减小高差，强行连接后没有发现问题。

1970 年 10 月 14 日，架设桥 10～11 号墩钢箱梁时，中箱顶板翼缘发生局部屈曲，两半桥跨中附近的顶板间高差达到 114mm，无法进行连接。在跨中施加 10 个重 8t 的混凝土压重，调整顶板变形，效果不明显。10 月 15 日，放松跨中的连接螺栓，高差降至 29mm，板件出现屈曲变形，随后不久，钢箱梁突然垮塌，导致 35 人死亡[7-8]。

倒塌原因：中箱顶板翼缘在自重作用下发生局部屈曲变形，为调整拼接节段顶板翼缘高差而施加的混凝土压重显著增大了顶板应力，边箱加劲顶板屈曲，最终全桥垮塌。纵横肋间距和加劲肋刚度是影响箱梁稳定性的关键因素，西门大桥加劲肋刚度不足，纵肋间距过大是导致其稳定承载能力低的原因。

重建的西门大桥进行了以下修改：

（1）原设计桥面为钢板＋10cm 混凝土＋5cm 沥青，为组合梁，新桥改为正交异性钢桥面板，沥青厚度改为 6.4cm；

（2）将桥面板的扁钢开口纵肋改为闭口梯形纵肋；

（3）施工安装调整：10～11 跨度设置若干临时支撑墩架，12～13 中央大跨不设临时支撑墩架，但设置临时斜拉索辅助悬臂端施工。

重建后桥的造价，原计划为 0.495 亿美元，实际为 1.20 亿美元。西门大桥是典型的开口肋加劲板焊接而成的三室钢箱梁桥，其倒塌原因是多方面的，包括设计、施工和监测等，直接原因是箱梁顶板失稳。

12.8.2　德国措伊伦罗达桥

德国措伊伦罗达桥为六跨连续钢箱梁桥，跨度（55＋63×4＋55）m，全长 362m，所用钢材为 St38（相当于 Q235）。钢箱梁为单箱室截面，顶板布置 U 肋，间距 200mm，腹板板肋间距 750mm，底板板肋间距 667mm，如图 12.8-1 和图 12.8-2 所示。

1973 年 8 月 13 日，第二跨悬臂拼装至跨中，进行下一梁段拼装，临时支撑尚未使用，桥梁突然倒塌，造成 4 人死亡。

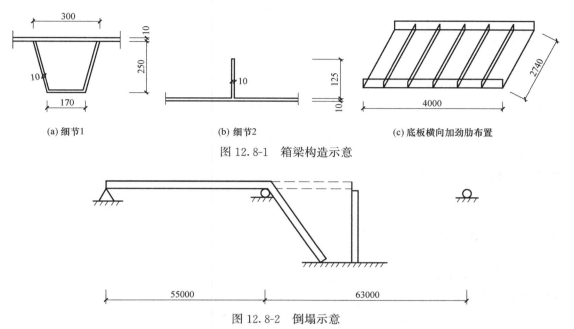

(a) 细节1　　　　　　　　(b) 细节2　　　　　　(c) 底板横向加劲肋布置

图 12.8-1　箱梁构造示意

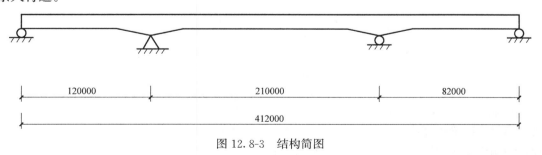

图 12.8-2　倒塌示意

调查结果表明垮塌的直接原因是底板屈曲，发生失稳。底板稳定不足是桥梁垮塌的主要原因，增加纵肋高度和减小纵肋间距是提高底板稳定的有效措施。

12.8.3　维也纳多瑙河第四桥

维也纳多瑙河第四桥，桥全长 412m（图 12.8-3），上承式连续箱形钢梁桥，跨度（120＋210＋82）m，考虑周边条件，桥梁为不对称结构，宽度 32m，布置有 6 车道及 2 条人行道。

图 12.8-3　结构简图

由于航道限制，桥梁结构高度很低，箱梁腹板高度，左桥台 5.0m，左桥墩 7.28m，右桥墩 4.6m，右桥台 3.75m。为了满足要求，横截面采用并列两箱，箱室宽度 7.6m，距离 8.0m，两箱之间不设横隔板或横联，只靠正交异性桥面板保持两箱共同作用（图 12.8-4）。桥面是 5cm 沥青铺装。桥面钢板厚 10～25mm，纵肋截面是 200mm×10mm 至 300mm×

20mm 的扁钢，纵肋中距取 0.36m；横梁中距取 2.0m。箱的底板厚度 10～30mm，腹板厚度 12～16mm。

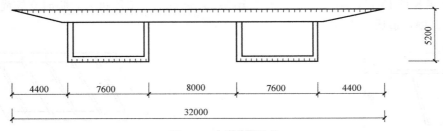

图 12.8-4　桥身示意

1969 年 11 月 6 日下午，合龙处的 4 块合龙腹板安装完成。当晚 8 点半，接连 3 次爆炸似的声响从桥上发出。因底板压溃而使梁的下翼缘缩短，桥台上的支承及左墩上 4m 高的钢排柱移位，左跨 120m 的中点及中跨、离合龙点约 60m 处两箱梁的底部均压溃，桥梁倒塌。

12.9　哥伦比亚奇拉贾拉大桥

哥伦比亚奇拉贾拉大桥[9] 是一座斜拉桥，总长度为 446.3m，横跨近 150m 深的奇拉贾拉峡谷，由两座钢筋混凝土桥塔支撑，每座桥塔有 52 根斜拉索，塔高为 107.34m，中跨 286.3m，边跨 80m，如图 12.9-1 所示，桥塔见图 12.9-2。

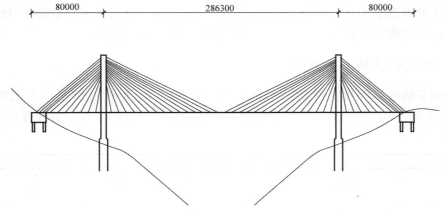

图 12.9-1　奇拉贾拉大桥立面示意图

在施工过程中，奇拉贾拉大桥的二分之一于 2018 年 1 月 15 日倒塌，西塔倒塌，死亡 9 人。当时，桥梁建设已接近尾声，每座桥塔悬挑的桥面两端相距约 30m。从现场记录的照片，倒塌主要因为桥塔下塔柱之间的分离，塔板附近出现了拉伸破坏，塔板作为桥塔之间的系梁构件承载能力不足。东塔由于施工慢，尚未倒塌，但已接近其极限，经过咨询公司专门研究，其他未倒塌部分在 2018 年 7 月引爆倒下。塔板作为系梁，水平预应力筋远远不够；但在垂直方向（即横桥向），预计没有大的应力，该塔板提供了 9 倍的预应力筋，如果所提供的预应力筋旋转 90°，倒塌就不会发生，倒塌的主要原因是设计错误。

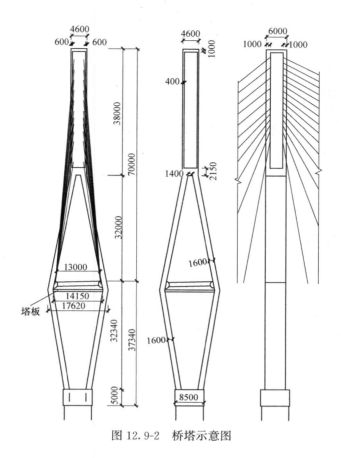

图 12.9-2　桥塔示意图

12.10　索桥典型事故

12.10.1　英国塞文桥

塞文桥为主跨988m的悬索桥[10]，1966年9月8日通车。采用全焊流线型扁平钢箱加劲梁和闭口肋正交异性桥面结构，并设计倾斜吊索增加结构阻尼，是一座具有里程碑意义的悬索桥。为解决大跨度悬索桥的抗风问题，塞文桥在设计时进行了风洞试验研究，并采用了气动稳定性非常优越的扁平箱式加劲梁，第一次从传统形式的钢桁梁革新为流线型扁平钢箱梁，这是桥梁技术史上的一次重大进步。塞文桥一共采用340根长度2~83m的钢吊索。

塞文桥存在三个问题：疲劳、荷载取值过低和箱形梁细节设计不够重视。1971年，开通5年后，纵肋与封头板连接处发生应力集中，发生疲劳开裂。1977年发现短索锚头处有钢丝开裂。主要原因是设计活荷载取值过小及锚头构造细节未精心设计。2006年对主缆进行了防腐处理。

整改后，将钢绞线直径一律从53mm增至65mm，更换后的吊索与箱梁连接件采用双向转向的销接，在锚头的钢绞线钢丝散开处，一律用氯丁二烯制造的缓冲构造控制其钢丝的曲率变化。对于较长的吊索装置了减振器抑制振动幅度。

12.10.2　加拿大拉奇福德大桥

加拿大蒙特利尔河上的拉奇福德大桥为混凝土桥面的钢结构拱桥，跨度 100m，每侧 12 个吊杆，上端连接到拱桥上。2003 年 1 月 14 日，桥梁东北部分沉降大约 2m，部分坍塌的原因是三根吊杆断裂。

事故发展过程：端部一根吊杆螺母轻微损坏，吊杆被卡住，上部出现疲劳断裂；相邻的吊杆承受双倍荷载，几年后在同一位置出现断裂；第三根吊杆超载，在卡车路过时完全断裂。前两个吊杆连接隐藏在了拱桥的钢箱，无法及时发现。在寒冷环境下，钢材不适用，导致脆性断裂。

事故主要原因：设计缺陷以及缺少检修。

12.10.3　宜宾南门大桥

宜宾南门大桥主桥系中承式钢筋混凝土肋拱桥，主跨 243.4m，拱肋净矢高 48m，矢跨比为 1/5。主拱拱轴线为悬链线，拱轴系数为 1.756，是当时国内跨径最大的钢筋混凝土拱桥。主拱结构为两条平行无铰拱，两拱肋用 K 撑和 X 撑连接。桥面纵板为预应力混凝土空心板，吊杆横梁为预应力混凝土结构，纵板与横梁固结。

2001 年 11 月 7 日，发生悬索及桥面断裂事故，桥两端同时塌陷，造成 2 人死亡、2 人失踪、3 人受伤。17 对吊杆 4 对断裂，北端长约 10m、南端长 20 余米的桥面预制板发生坍塌。两边断裂处在主桥与引桥的结合点，因受力不均，一边垮塌后，使桥面的支撑力发生波浪形摆动，造成另一边也垮塌。

事故原因：承重钢缆生锈，吊杆断裂。

12.10.4　海印大桥等

海印大桥全长 1130.75m，主桥总长 416m，跨度（35＋85.5＋175＋85.5＋35）m，主桥为跨径 175m 的双塔单索面预应力混凝土斜拉桥，两座桥塔高度 56.4m，桥面宽度 35m。全桥共布置 186 根斜拉索，水平夹角 27°～62°，索长 37.4～101.4m，外径 179～202mm。1988 年建成通车，1995 年 5 月 25 日发生了 9 号索断裂，后来发现 15 号索松弛。调查表明管道压浆工艺未能保证拉索顶部饱满，造成拉索锈断和松弛，在使用 12 年后对 186 根拉索全部更换，耗资 2000 万元[11]。

1974 年原联邦德国科尔布兰特桥，拉索为封闭索，做了 4 层防锈，但仍有水从索上端浸入到拉索内面，1976 年开始锈蚀，由于车辆行驶而溅起的掺杂着盐分的污水，使下部锚固端严重锈蚀，在 1979 年将 88 根索全部更换，花费 600 万美元。

1962 年建成的委内瑞拉的马拉开波桥，由于附近高温、潮湿，海水流入湖中，腐蚀了拉索锚固位置，1979 年 2 月有一根拉索由于腐蚀突然断裂，当局采取了紧急修复措施，更换了 384 根拉索，花费约 5000 万美元。

1982 年建成的济南黄河大桥，中孔 220m 的 5 跨预应力混凝土斜拉桥，每根拉索包含 2～4 束钢丝索，每束钢丝索由 67～121 根 $\phi 5$ 镀锌钢丝组成，用铅制套管压水泥浆进行防护。由于防护出现问题，拉索锈蚀严重，危及大桥的正常运行，1995 年 88 根拉索全部更换[12]。

12.10.5　法国昂热悬索桥

1850年4月16日，一场雷暴袭击了法国昂热，一支由近500名法国士兵组成的队伍在穿过横跨缅因河的悬索桥时努力保持直立。狂风加上士兵有节奏的步伐，导致335英尺长的悬索桥剧烈摇晃，最终钢索断裂。一座有11年历史的铸铁塔楼倒塌，桥梁和士兵一起坠入下面的河中。这起事故导致226人死亡。事故原因：风暴、桥梁锚的腐蚀和士兵同步踩踏产生危险的共振。

12.10.6　英国大雅茅斯悬索桥

1845年5月2日，英国城市大雅茅斯的狂欢突然变成了悲剧。因为威廉库克马戏团的到来，尽管下着雨，数百名观众包括儿童挤在横跨河流的悬索桥上观看，数千名观众挤在河岸两旁。当马戏团从这座1829年建成的桥下经过时，围观群众突然从桥的一侧转移到另一侧，突然的重量变化导致桥梁的拉索断裂。当桥板转向垂直时，孩子们被压在护栏栏杆上，踩踏导致79人死亡，其中包括59名儿童。

12.10.7　印度拉索桥断裂

2022年10月30日，印度古吉拉特邦莫尔比市一座百年吊桥坍塌，造成一百多人遇难。这座新翻修的吊桥在未经官方许可的情况下，于10月26日向公众开放；一家私人公司对这座桥进行了翻修，本应在吊桥开放前公布翻修细节并进行质量检查，但该公司并没有这样做，也没有从政府那里获得相应的资质证明。30日晚上倒塌时，桥上挤满了人，很多人在桥上蹦跳和奔跑，吊桥也因此而出现晃动。

事故原因：断桥事故归咎于修缮维护不当和桥梁负荷过重。初步调查报告显示，桥上一侧主钢缆断裂，49股钢索中，22股在断桥事故发生前就已经腐蚀严重，相关责任方既没有检查也未更换钢索。

参考文献

［1］ 彭卫兵，沈佳栋，唐翔，等. 近期典型桥梁事故回顾、分析与启示 ［J］. 中国公路学报，2019，32 （12）：132-144.

［2］ 叶华文. 重返桥梁垮塌现场 ［M］. 成都：西南交通大学出版社，2019.

［3］ 梁肇伟，杨昀. 公路钢桥设计和建造的若干问题 ［J］. 钢结构，1998，（4）：26-30.

［4］ SALEM H，HELMY H，Numerical investigation of collapse of the Minnesota I-35W bridge ［J］. Engineering Structures，2014，（59）：635-645.

［5］ PEARSON C，DELATTE N. Collapse of the Quebec bridge ［J］. Journal of Performance of Constructed Facilities，2006，20（1）：84-91.

［6］ National Transportation Safety Board. Collapse of U. S. 35 highway bridge，point pleasant，West Virgnia，NTSB-HAR-71-1，1970.

［7］ BURTON A. Lessons learned in the design and erection of box girder bridges from the west gate collapse ［D］. US：MIT，2005.

［8］ VICTORIA. Royal commission into the failure of the west gate bridge ［M］. Report of Royal Commission Into the Failure of the West Gate Bridge. Government Press，1971.

［9］ SANTIAGO P，MICHAEL E，JONATHAN D，et al. Investigation of the collapse of the chirajara bridge. Concrete International ［J］. 2019，41（6）：29-37.

［10］ COCKSEDGE C，BARON S，URBANS B，M48 Severn Bridge-Main cable inspection and rehabilitation. Bridge Engineering，2010，163（4）：181-195.

［11］ 林沛元，杨丽容. 广州海印大桥斜拉桥制索与安装 ［C］. 全国索结构学术交流会论文集，1991：154-159.

［12］ 徐飞萍，宋晓辉，陈仁山. 济南黄河大桥斜拉索目测病害及防治对策浅析 ［C］. 公路交通与建设论坛（2011），2003：355-359.

13　门式刚架等轻钢结构破坏

国内近几年来轻钢结构事故频发，门式刚架等是出事故最多的类型。轻钢结构事故的主要特点是结构局部或整体失稳，甚至整体坍塌。主要破坏情况有：

1996年9月9日广东省湛江市的台风造成数万平方的轻钢厂房受损。

1996年12月31日在鞍山暴风雪中有1.8万m²拱形屋面倒塌[1]。

1998年1月23日，杭州遭遇大雪，约6万m²轻钢厂房倒塌。

2004年8月12日夜登陆浙江温岭的台风"云娜"造成了大面积厂房倒塌，绝大多数是轻钢厂房。

2005年12月，威海暴雪，威海市住房和城乡建设局检查了350个各类钢结构工程，其中出现倒塌和受损的工程53座，占统计数据的15.14%。文登市倒塌24座，面积6万m²。根据气象局公布的数据为，平均降水量为51.3mm，超过了10%，部分积雪厚度为60～100cm。为此威海市政府发出通知：将轻钢结构房屋屋面基本雪压由0.45kN/m²提高到0.5kN/m²作为雪荷载设计值[2]。

2007年东北遭遇暴雪灾害，辽宁省有300多处钢结构厂房遭到不同程度的损坏，主要为门式刚架等轻型结构体系[3]。

2008年初，我国南方遭遇低温雨雪，湖南省湘潭市[4]倒塌面积约7万m²，江苏省溧阳市钢结构厂房等16万m²倒塌或部分倒塌[5]。

1993—1994年和1995—1996年美国冬天暴风雪导致东北部大量屋顶倒塌，包括工业厂房、轻钢结构的冰库和蔬菜大棚等[6]。

如文献[7]所述，1989年到2009年间，美国共发生1029起与雪有关的建筑物倒塌事件，其中37%倒塌建筑是钢结构；1979年到2009年，美国以外出现类似事件的报告共91起，53%倒塌建筑是钢结构。

13.1　主要破坏形式

门式刚架常见的破坏形式如下：

（1）门式刚架承重结构的失稳破坏；

（2）檩条、墙梁的屈曲；

（3）轻型屋面板被风载掀起；

（4）屋面板锈蚀，严重时使板产生孔洞，甚至断裂；

（5）屋面漏雨，影响正常使用。

13.2 结构事故原因

13.2.1 设计因素

墙、屋面板和檩条是保证刚架面外稳定的重要体系。对于轻钢结构厂房，要严格保证墙面体系、屋面体系的安全稳定。屋面檩条破坏后，屋面体系稳定性就受影响。大部分轻钢结构为了经济性，确定构件尺寸时采用接近临界的计算结果，整体安全度偏低。计算时荷载等稍微欠缺，就会造成受力不足。

冷弯薄壁构件设计需要注意的问题：

（1）冷弯薄壁型钢的翼缘宽厚比太大或卷边尺寸太小，以至于对翼缘没有起到加强作用，而使受压翼缘刚度不足，引起翼缘局部屈曲。

（2）荷载作用在檩条等构件翼缘时，常常不通过截面的剪切中心，使构件产生扭转，而扭转应力程序一般不计算，也没有相关公式。

（3）屋面板未能有效地阻止檩条侧向和扭转变形，没有为檩条提供足够的跨间拉条和支座处抵抗转动的约束，以致檩条产生扭转、侧向弯曲或弯扭屈曲。

13.2.2 雪荷载

建筑外形造成的局部积雪作用非常明显，直接导致局部的积雪超载。女儿墙以及内天沟的影响，在高低屋面等积雪分布系数的取值与雪灾事故中的实测值相比偏小；高低差屋面，积雪分布系数可达到 4.0 以上。对可能积雪的区域要加强设计（檩条加密、加强等），满足受力要求。

13.2.3 冰雪

南方地区低温状态会造成融雪，表面雪融化时，建筑排水管尚未解冻，高处的积雪化成水后向低处流动，在低处再次融入雪中，使该处的密度增大。天然雪的密度约为 $150\sim200\text{kg/m}^3$，而融水后密度甚至可以达到 $500\sim700\text{kg/m}^3$。天沟冻结排水不畅会造成雪密度急剧增加，内天沟容易造成积雪。

13.2.4 结构环境

结构所处环境条件差、涂层质量差或维护管理不及时，使钢材锈蚀。轻钢屋面彩钢板与檩条通常采用的自攻螺丝、拉铆钉连接，在风吸力长期作用下易造成扩孔。

13.2.5 结构施工中注意事项

柱脚在进行二次灌浆前，柱底板的 4 角应设置柱底垫铁等措施，避免柱脚锚栓在施工阶段因风荷载等外力作用而失效。

在施工过程中，因缺少墙面屋面稳定体系容易破坏。要采取临时措施，如合理设置缆风绳，以保证刚架的平面外稳定。

13.2.6　门式刚架设计注意点

厂房主要由横向、纵向抗侧力体系组成，其中横向抗侧力体系可采用框架结构，纵向抗侧力体系宜采用中心支撑体系，也可采用框架结构。每个结构单元均应形成稳定的空间结构体系。

柱间支撑的间距应根据建筑的纵向柱距、受力情况和安装条件确定；当房屋高度相对于柱间距较大时，柱间支撑宜分层设置；屋面板、檩条和屋盖承重结构之间应有可靠连接，一般应设置完整的屋面支撑系统。

参考文献

[1] 朱若兰. 轻钢结构工程事故分析 [J]. 建筑钢结构，2008，9（3）：37-41.

[2] 李风海，赵成武，周祥智. 暴风雪中的轻钢结构工程事故分析 [J]. 长春理工大学学报（高教版），2007（03）：163-164＋179.

[3] 李文岭，季李，甘秉政. 轻型钢结构抗雪和抗风能力的评定 [J]. 建筑科学 2011，27（增刊）：170-173.

[4] 蓝声宁，钟新谷. 湘潭轻型钢结构厂房雪灾受损分析与思考 [J]. 土木工程学报，2009，42（3）：71-75.

[5] 王元清，胡宗文，石永久，等. 门式刚架轻型房屋钢结构雪灾事故分析与反思 [J]. 土木工程学报，2009，42（03）：65-70.

[6] PERAZA D B. Snow-related roof collapses-several case studies [J]. Forensic Engineering，2000，10（1）：580-589.

[7] GEIS J，STROBEL K，LIEL A. Snow-induced building failures [J]. Journal of Performance of Constructed Facilities，2012，26（4）：377-388.

14 结构事故经验教训

钢结构事故在国内外多次发生，前面举例了很多与设计相关的大跨结构事故，如 1978 年美国哈特福德城体育馆网架由于压杆屈曲而倒塌破坏等。

14.1 结构设计方案

马来西亚苏丹粘再纳阿比丁体育场倒塌事故，是典型的结构体系问题，支撑屋盖的为倾斜拱且拱倾斜角太大，拱稳定性能较差，造成结构坍塌；波兰卡托维兹博览会大楼结构设计存在缺陷，矩形主桁架及格构柱设计不合理，引起坍塌；美国哈特福德城体育馆因体系问题加上错误的节点设计，造成结构失稳破坏。吸取教训，总结经验，对于钢结构设计可得到以下几方面的启示，供设计参考。

方案存在的主要问题：

（1）结构设计方案不合理。

（2）结构水平支撑体系设置不合理，支撑体系是保证结构整体刚度的重要组成部分，用于抵抗水平荷载和地震作用。

（3）传力途径不明确、围护与支撑结构不全等。

概念设计在结构选型与设计阶段非常重要，扎实的结构概念和力学分析对于结构设计非常重要。采用简化方法进行必要手算，概念清晰，避免结构分析失误，从全局角度控制结构的布置及整体措施，根据不同跨度选择合适的结构方案，在满足建筑要求的前提下，尽量优化结构设计，选择合理的结构方案。

14.1.1 新型结构

对于新型结构，或者重要工程，在对结构充分分析的基础上，进行必要的试验论证。以国家体育场鸟巢为例，在设计及施工过程中进行了多项试验，如半埋入式柱脚锚固试验、节点试验（焊接薄壁箱形单 K 节点、双弦杆 KK 节点、桁架柱菱形主管 KK 等）、复杂扭曲薄壁箱形构件试验、扭曲箱形构件拉伸试验等，同时进行了温度场与合拢温度关键技术、地震安全性关键技术、风致响应关键技术、结构监测与安全性研究关键技术等多项关键技术研究，确保结构安全。

14.1.2 网架设计

支撑体系或再分杆体系不合理，例如采用正交正放网架时，未沿周边网架上弦或下弦设置封闭的水平支撑，网架不能有效地传递水平荷载；屋面及支撑体系在设计时不能保证其水平力的有效传递，如两向正交正放、两向正交斜放、斜放四角锥、蜂窝形三角锥、折板形网架等，构造不合理或支座约束不当，就可能使结构成为几何可变体系。

对于大型网架结构再分式腹杆的设置，其主要目的是减小网架中受压杆件的计算长度；再分式腹杆与被再分杆截面要做到互相匹配，并保证被分杆在结构各向的有效约束。

14.2　计算分析

美国哈特福德城体育馆采用了当时最先进的计算机技术，但计算模型及节点假定等与实际设计不符。天津地毯进出口公司仓库采用了非规范推荐的简化模型进行内力计算，该简化计算方法所适用的支承条件与本工程不符，造成结构倒塌。

设计人员一定要了解结构的性能，具备分析和验算的能力，需要根据力学知识及设计经验等对结果进行判断。计算分析主要存在的问题：

（1）设计概念不清晰，过分依赖计算软件，不管结构是否复杂，用软件算过去就认为可行，盲目相信电算，没有考虑结构边界条件等其他因素影响。

（2）力学模型、计算简图与实际不符。对于边界条件，在计算时应使边界约束条件假定与实际工程的节点构造相符；问题复杂，作了不合理的简化；因输入有误或不了解程序导致输出结果不正确；不经分析直接采用软件计算结果，有时会做出错误的判断，甚至会引发事故。

（3）套用图纸或采用标准图集后未结合实际情况复核；计算方法的选择、假设条件、电算程序、近似计算法使用的图表有错误，未能发现。

（4）设计计算后，不经复核就增设杆件或大面积地代换杆件，认为原有设计有安全储备而任意减小截面，会导致出现过高应力杆件，造成结构内力重分布。

14.2.1　支座条件

力学模型、计算简图与实际不符，边界条件处理不当。如实际支座构造属于两向约束时，计算中按三向约束考虑。

应根据结构形式、支座节点设置和构造情况以及支承结构的刚度，确定合理的边界约束条件，应按实际构造采用固结支座、铰接支座、弹性支座或滑动支座等。边界条件对结构承载能力影响也很大，如单层壳结构等，对支座边界条件非常敏感。实际工程支座节点设置和构造必须与结构计算分析边界条件相符。

设计时应该考虑钢结构与下部支承结构协同工作。对于复杂结构，建议对单独钢结构模型和带钢结构的整体模型进行包络计算。杆件连接采用铰接或固接，不同软件设置不一样，需要特殊指定。

14.2.2　管桁架计算要点

管桁架结构因具有造型美观、制作安装方便、结构稳定性好、屋盖刚度大、经济效果好等特点，已广泛应用于公共建筑中。大部分条件下采用圆管相贯（特殊节点采用节点板等），构造简单，制作安装方便，结构稳定性好，屋盖刚度大。

分析管桁架时，当杆件的节间长度与截面高度（或直径）之比小于12（主管）和24（支管）时，假定节点为铰接。外荷载可按静力等效原则将节点所辖区域内的荷载集中作用在该节点上。另行考虑局部弯曲应力的影响。结构分析时，应考虑上部空间网格结构与下部支承结构的相互影响。

管桁架的适用范围：

（1）不直接承受动力荷载。对于承受疲劳荷载的直接焊接钢管节点，其疲劳问题远较其他型钢杆件节点受力情况复杂。

（2）为防止钢管发生局部屈曲，限制钢管的径厚比或宽厚比。

钢管结构构件的管壁一般很薄，而管径较大，在节点处直接焊接的钢管节点实际上是由几个圆筒壳交汇在一起的一个空间薄壳结构。理论上采用有限元方法或弹性薄壳理论进行分析是可行的，全过程分析需考虑局部材料进入塑性造成的材料非线性和节点处主管局部变形造成的几何非线性，但目前主要依赖试验。圆形和矩形的管节点有 7 种破坏模式：

（1）主管壁因冲切或剪切而破坏；

（2）主管壁因受拉屈服或受压局部失稳而破坏；

（3）与支管相连的主管壁因形成塑性铰线而失效；

（4）支管与主管间连接焊缝的破坏；

（5）受压支管管壁的局部屈曲；

（6）受拉支管侧主管壁的局部屈曲；

（7）有间隙的 K、N 形节点中，主管在间隙处被剪坏或丧失轴向承载力而破坏。

以上几种失效模式，有时会同时发生。规范针对不同破坏模式给出了节点承载力的计算公式及构造要求，这些公式只有少数是理论推出的，大部分是经验公式，在设计时要特别注意管桁架的节点设计。

14.2.3 节点设计及分析

美国堪萨斯城凯悦皇冠中心酒店吊桥坍塌，因吊杆连接节点错误，造成重大伤亡；美国肯珀体育馆钢桁架与立体框架采用高强螺栓连接，螺栓因疲劳破坏而导致屋盖倒塌；罗马尼亚布加勒斯特拱圈穹顶钢管交汇节点采用绑扎，不能限制杆件间的转动和相对滑动，大大降低了结构的稳定性，造成结构整体失稳；荷兰阿尔克马尔大球场屋顶钢梁的设计存在问题，连接处的焊接过于单薄，引起破坏；美国哈特福德城体育馆因错误的节点设计加上体系问题造成结构坍塌；意大利某学校体育馆球形节点的螺纹断裂，钢构件、螺栓和球体采用错误材料，造成结构坍塌。

连接节点的设计是钢结构设计中重要的内容之一，节点分刚接、铰接和半刚接，但目前钢结构设计中半刚接使用较少。在结构分析前，就应该对节点的形式有充分思考，尤其是关键节点设计，设计节点应与结构分析模型中使用的形式完全一致。

结构设计中易出现的问题有：节点构造不合理，图纸刚接铰接表示不清，梁柱连接节点构造与计算不符，铰接变成刚接，刚接变成铰接；悬臂梁等悬挑结构施工时出错，刚接变成铰接；杆件在节点相碰，支座位置腹杆与支承结构相碰等。

14.3 设计荷载

深圳国际展览中心，由于屋面排水系统缺陷造成大量积水，致使严重超载而倒塌；美国哈特福德城体育馆的网架屋盖由于暴风雪导致积雪荷载过大，加上设计上的严重缺陷，引发了网架的整体垮塌等。

在荷载组合方面的常见问题有：荷载少算或漏算，组合不当；设计时未考虑吊装荷载及半跨荷载，未验算吊装时杆件内力及变形等；未考虑支座不均匀沉降等；工业厂房等未考虑吊车等移动荷载及中、重级悬挂吊车对结构的疲劳验算等。

14.3.1 节点重量

设计时未正确复核结构节点重量，直接按照钢材重度 78.5kN/m³，未考虑节点重量（如梁柱节点等加劲肋、焊接球、螺栓球、鼓式节点等），未考虑防火涂料等重量，使得整体荷载偏小。考虑梁柱节点等重量一般在 1.05～1.15 之间，设计时候可适当放大钢材重度到 86kN/m³。

以单层网壳鼓式节点为例，六根杆件相交形成正六边形，假定节点重量为 150kg，除节点外杆件用钢量为 100kg/m²，比较不同杆件间距、节点重量对总体荷载的影响，如果间距特别密，节点重量超过均摊荷载（不含节点）的 53.5%；如果在正常的杆件范围内，以 3.6m 为例，节点重量为均摊荷载（不含节点）的 13.4%，通过适当放大杆件重量能够满足要求（表 14.3-1）。

不同杆件长度节点增加比例　　　　　　　　　　　　　　表 14.3-1

杆件长度(m)	节点均摊重量(kg)	增加比例
1.8	0.535	53.5%
2.7	0.237	23.8%
3.6	0.134	13.4%
4.5	0.086	8.6%

图 14.3-1 给出了一些钢结构典型连接节点。

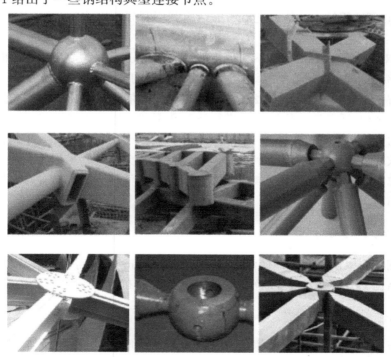

图 14.3-1　典型连接节点

14.3.2　楼面及屋面做法

如屋面板、防水层、保温层及找平层等，需要根据建筑做法准确计算。

14.3.3　屋面活荷载

《建筑结构荷载规范》GB 50009—2012 规定不上人的屋面，当施工或维修荷载较大时，应按实际情况采用。《工程结构通用规范》GB 55001—2021 中屋面活荷载标准值与《建筑结构荷载规范》GB 50009—2012 比较：取消了不上人屋面在不同类型下不得低于 $0.3kN/m^2$ 的规定，改为 $0.5kN/m^2$，不再有 $0.3kN/m^2$ 的特殊情况，设计时尤其要注意。

设计屋面板、檩条时，施工或检修集中荷载标准值不应小于 1.0kN，并应在最不利位置处进行验算。

14.3.4　活荷载不利布置

《高层建筑混凝土结构技术规程》JGJ 3—2010（简称《高规》）第 5.1.8 条：高层建筑结构内力计算中，当楼面活荷载大于 $4kN/m^2$ 时，应考虑楼面活荷载不利布置引起的结构内力的增大；当整体计算中未考虑楼面活荷载不利布置时，应适当增大楼面梁的计算弯矩。

《高规》第 5.1.8 条条文说明：如果活荷载较大，其不利分布对梁弯矩的影响会比较明显，计算时应予考虑。除进行活荷载不利分布的详细计算分析外，也可将未考虑活荷载不利分布计算的框架梁弯矩乘以放大系数予以近似考虑，该放大系数通常可取为 1.1～1.3，活载大时可选用较大数值。近似考虑活荷载不利分布影响时，梁正、负弯矩应同时予以放大。

魏勇[1] 对某会展中心活荷载不利布置进行了对比分析，楼层活荷载标准值 $8kN/m^2$，展厅 X 向 108m，Y 向 72m，楼层结构采用双向布置的大跨度钢桁架结构，沿 X 向每隔 27m 设置一榀桁架，沿 Y 向每隔 12m 设置一榀桁架。依据双向钢桁架的布置，将楼面划分成 12 个（3×4）活荷载作用区域，进行活荷载不利布置，研究发现：活荷载不利布置对桁架杆件内力的影响，跨中处大于支座处、中间跨大于边跨、弦杆大于斜杆；部分杆件内力放大系数超过 1.3，最大值达到了 1.67，对于这部分杆件，采用《高规》建议的放大系数近似考虑活荷载不利布置的影响是偏于不安全的；活荷载不利布置对于杆件应力比的影响大约在 10%～15%。

14.3.5　荷载不均匀分布

对大跨钢结构屋盖来说，即使活荷载不大于 $4kN/m^2$，也需要考虑荷载的不利分布。前面章节拱结构受力计算分析可以发现，荷载不均匀分布对结构影响较大。

14.3.6　风荷载

大跨屋盖结构具有重量轻、刚度低等特点，属于风敏感建筑结构，结构设计时，风荷载就成为其主要控制荷载。大跨屋面覆盖层在强风作用下容易受到很大的吸力，造成屋盖被掀落，甚至使主体结构受到破坏。

在风荷载作用下，结构破坏事故屡见不鲜，例如：

1988 年 8 月 8 日，杭州机场候机楼、市体育馆受到 07 号台风影响，严重破坏；

1995 年美国亚特兰大奥运会的主场馆——佐治亚穹顶在建成 3 年后，在一次强风暴雨袭击下有四片薄膜被撕裂，撕裂长度达 10 余米；

1999 年，加拿大蒙特利尔奥林匹克体育场遭遇暴风雪袭击，结构膜出现局部破裂；

2002 年 7、8 月，韩国釜山市四座体育馆均遭到损坏，体育场的棚顶被掀起，结构表面被严重损毁，挑篷结构在台风的袭击下出现膜材撕裂；

2002 年 8 月，苏州尚未投入使用的体育场屋顶被强风掀去 4000 多平方米；

2003 年上海大剧院大屋盖顶东侧中部一大块覆面材料被强风撕裂成两段，造成损坏面积 250 多平方米；苏州体育场遭遇风灾，损坏严重，相当部分悬挑屋盖的围护结构被大风掀起；

2004 年，台风"云娜"登陆温岭石塘，温岭市体育馆主馆和副馆的顶部，被台风撕开 30 多平方米的口子；

2004 年，河南省体育中心体育场屋盖被风撕裂并吹落 100m^2，多个大型采光窗被整体吹落，雨棚吊顶也被吹坏；

2005 年，受飓风"卡特琳娜"的影响，美国著名的新奥尔良"超级穹顶"体育馆屋顶受损，屋顶严重漏水；

2005 年 8 月 6 日，宁波北仑体艺中心在台风"麦莎"的影响下，南面第三块顶棚被台风掀掉，造成场馆渗水，屋面发生破坏；

2012 年 4 月，在风力只有 8 级的作用下，甘肃张掖育才中学体育场看台雨棚却遭遇严重破坏。

文献给出了典型的金属屋面板风揭事故（表 14.3-2）[2]。

典型金属屋面板风揭事故 表 14.3-2

时间	地点	破坏风速（m/s）	破坏现象
2010.12	北京 T3 航站楼	26	屋面被掀开
2011.11	北京 T3 航站楼	24	板件连接破坏，屋面被风吹开
2012	河南体育馆	24	屋面中间位置最高处铝塑板被风撕裂并吹落
2013.3	北京 T3 航站楼	30	东北角屋面被风掀开
2015.1	湛江奥体中心体育馆	50	大面积屋面被风掀开，部分固定支座破坏
2016.4	广州广外体育场	39.9	大面积屋面板被风掀开
2016	广州白云机场航站楼	11	屋面板被风掀开

2004 年，台风"云娜"自浙江省温岭市登陆，造成 756.2 万 m^2 工业厂房遭到严重破坏，其中 272.2 万 m^2 工业厂房发生倒塌；对台州市受损的 78 个工业厂房进行统计，其中，32 个整体倒塌，26 个局部倒塌或受损[3]。2008 年，台风"黑格比"登陆广东省茂名市，轻钢结构厂房是风灾中损坏严重的几类典型建（构）筑物类型之一，多处厂房发生了严重破坏，有的完全倒塌[4]。

大跨结构具有的质量轻、跨度大、柔性大、自振频率低等特点导致其对风荷载十分敏感，因此风荷载往往成为其控制荷载，由风荷载引起的损失非常大。风灾出现频率大，持续时间长，破坏力强。

风对结构的破坏主要有：

（1）脉动风使结构产生共振效应（抖振、颤振），从而破坏结构；

（2）风力作用下，结构产生裂痕和残余变形；

（3）风力作用下围护结构产生不同程度损坏；

（4）结构在风力作用下使结构产生振动，使人群感到不适；

（5）风力反复作用，会使结构产生疲劳破坏。

风荷载都是随时间变化的，不能直接使用风荷载的平均值进行设计。对于主要受力结构，除了考虑风压本身的脉动之外，还需要考虑风引起结构振动所带来的附加荷载。《建筑结构荷载规范》GB 50009—2012 对于"主要受力结构"和"围护结构"的计算，分别采用了风振系数和阵风系数作为平均风荷载的放大倍数。《工程结构通用规范》GB 55001—2021 将二者统一为"风荷载放大系数"。

垂直于建筑物表面上的风荷载标准值，应在基本风压、风压高度变化系数、风荷载体型系数、地形修正系数和风向影响系数的乘积基础上，考虑风荷载脉动的增大效应加以确定。

垂直于建筑物表面上的风荷载标准值，应按下述公式计算：

$$w_k = \beta_z \mu_s \mu_z w_0$$

式中：w_k——风荷载标准值（kN/m²）；

β_z——高度 z 处的风振系数；

μ_s——风荷载体型系数；

μ_z——风压高度变化系数；

w_0——基本风压（kN/m²）。

对于高层建筑、高耸结构以及对风荷载比较敏感的其他结构，基本风压应适当提高，并应由有关的结构设计规范具体规定。

基本风压值按照《建筑结构荷载规范》GB 50009—2012（简称《荷载规范》）附录 E.5 附表 E.5 取值，其中没有给出时，基本风压值可按附录 E 规定的方法，根据基本风压的定义和当地年最大风速资料，通过统计分析确定，分析时应考虑样本数量的影响。当地没有风速资料时，可根据附近地区规定的基本风压或长期资料，通过气象和地形条件的对比分析确定；也可按附录 E 中附图全国基本风压分布图近似确定。

1. 风压高度变化系数

对于平坦或稍有起伏的地形，风压高度变化系数应根据地面粗糙度类别按规范确定。地面粗糙度可分为 A、B、C、D 四类：

A 类指近海海面和海岛、海岸、湖岸及沙漠地区；

B 类指田野、乡村、丛林、丘陵以及房屋比较稀疏的乡镇和城市郊区；

C 类指有密集建筑群的城市市区；

D 类指有密集建筑群且房屋较高的城市市区。

2. 风荷载体型系数

房屋和构筑物的风荷载体型系数，可根据《荷载规范》确定，与表 8.3.1 中的体型类同时，可按该表的规定采用；体型不同时，可参考有关资料采用；体型不同且无参考资料可以借鉴时，宜由风洞试验确定；对于重要且体型复杂的房屋和构筑物，应由风洞试验确定。复杂结构采用风洞试验确定。

3. 顺风向风振和风振系数

屋盖结构的风荷载标准值一般是指作用在结构上的等效静力风荷载，它包含平均风和脉动风的作用。风振系数可以理解为风振响应的动力放大系数。

大跨屋盖结构一般无法求得与高层建筑及高耸结构意义相同的风振系数，将风振响应的动力放大系数作为风振系数，它是指在某一指定等效目标下，结构最大风振响应与平均响应的比值。等效目标可以是结构某个节点的位移或结构某个控制构件的内力。

对于索结构、膜结构等质量轻刚度小的风敏感结构或跨度大于 36m 的大跨度的屋盖结构，应考虑风压脉动对结构产生风振的影响。屋盖结构的风振响应，宜依据刚性模型风洞试验所得脉动风压结果，按随机振动理论计算确定。对于体育场看台等悬挑型大跨度屋盖结构的风振系数，可按《荷载规范》第 8.4.3 条的规定计算。

4. 横风向和扭转风振

对于横风向风振作用效应明显的高层建筑以及细长圆形截面构筑物，宜考虑横风向风振的影响。

对风荷载比较敏感的高层建筑（一般可认为是高度超过 60m 的高层建筑），承载力设计应按基本风压的 1.1 倍采用。计算位移按 50 年一遇基本风压，计算结构风振舒适度按 10 年一遇风荷载标准值。

体型复杂、周边干扰效应明显或风敏感的重要结构应进行风洞试验。

14.3.7　雪荷载

除了轻钢结构外，许多建筑也因积雪倒塌：

1978 年，美国哈特福德城体育馆在大雪作用下，导致屋盖结构突然发生倒塌。

2006 年 1 月，德国巴特赖兴哈尔溜冰场屋盖结构因承受了过大的雪荷载，同时结构安全储备较低，结构倒塌。

2012 年 2 月，波斯尼亚一座在役 30 年左右的体育馆因为暴雪肆虐，屋顶积雪过重而坍塌。

2014 年 2 月，韩国庆尚北道庆州市突降暴雪，Mauna Ocean Resort 度假村体育馆屋顶突然坍塌，导致 10 人遇难、124 人受伤。

2004 年 2 月 16 日，位于莫斯科附近的一水上乐园玻璃屋顶因积雪被压塌，使得 28 人死亡，142 人受伤。

2006 年 2 月 23 日，莫斯科市中心鲍曼市场由于积雪超重屋顶突然发生坍塌事故，使得 47 人死亡，29 人受伤。

2012 年 12 月，德甲联赛维尔廷斯球场被暴风雪严重破坏，顶棚被撕裂 1000 多平方米，3 根支撑梁被压坏。

1986 年 1 月，波兰考尔佐夫展览与文化中心的两个直径为 30m，矢高为 5m 的钢管球面网壳在大雪期间先后坍塌，其破坏的主因是雪荷载的非均匀分布，原设计雪荷载为 $50 \mathrm{kg/m^2}$，而穹顶局部实际雪荷载超过 $120 \mathrm{kg/m^2}$，使局部区域失稳，进而发生失稳传播，最后导致整个网壳结构发生失稳破坏。

查尔斯·威廉邮政学院剧院穹顶设计时采用了简化计算方法，只计算了均布雪荷载，未考虑雪荷载不利布置。单层壳对活荷载不利布置非常敏感；某跨度 123m 的钢网壳结构，因设计时未考虑雪荷载和积灰荷载的半跨不均匀分布造成垮塌；明尼苏达州体育场气承式膜结构因积雪多次破坏及压塌；2007 年加拿大温哥华冬奥会体育场穹顶由于积雪和大风坍塌。

雪对钢结构的影响主要是基本雪压和雪荷载不均匀分布。

1. 基本雪压

基本雪压应根据空旷平坦地形条件下的降雪观测采用适当的概率分布模型，按 50 年重现期进行计算。对雪荷载敏感的结构，应按照 100 年重现期雪压和基本雪压的比值提高其雪荷载取值。

基本雪压值按照《荷载规范》附录 E 查询，没有给出时，基本雪压值可按附录 E 规定的方法，根据当地年最大雪压或雪深资料，按基本雪压定义，通过统计分析确定，分析时应考虑样本数量的影响。当地没有雪压和雪深资料时，可根据附近地区规定的基本雪压或长期资料，通过气象和地形条件的对比分析确定；也可按附录 E 中全国基本雪压分布图近似确定。

雪荷载的组合值系数可取 0.7；频遇值系数可取 0.6；准永久值系数应按雪荷载分区Ⅰ、Ⅱ和Ⅲ的不同，分别取 0.5、0.2 和 0；雪荷载分区应按《荷载规范》附录规定采用。

确定基本雪压时，应以年最大雪压观测值为分析基础；当没有雪压观测数据时，年最大雪压计算值应表示为地区平均等效积雪密度、年最大雪深观测值和重力加速度的乘积。山区的雪荷载应通过实际调查后确定。当无实测资料时，可按当地邻近空旷平坦地面的雪荷载值乘以系数 1.2 采用。

当气象台站有雪压记录时，应直接采用雪压数据计算基本雪压；当无雪压记录时，可根据地区平均积雪重度和雪深，按下式计算雪压 s（kN/m^2）：

$$s = \gamma h$$

式中：γ——积雪重度（kN/m^3）。

h——积雪深度（m）。

积雪密度是指地面积雪中单位体积内的含水量，雪的密度变化范围很大，新雪较为松软密度较小，一般为 $40\sim100kg/m^3$，雪融化时密度较大，可以达到 $600\sim700kg/m^3$。影响积雪密度的因素很多，气温、地形地貌、降雪的持续性都是影响其密度的原因，降雪次数较多以及温度较高的地区，雪密度通常都会比较大。表 14.3-3 中给出了《荷载规范》和《屋面结构雪荷载设计标准》T/CECS 796—2020 对比，雪密度介于 $120\sim200kg/m^3$，大部分介于 $130\sim170kg/m^3$。

地区平均积雪密度（单位：kg/m^3）　　　　　　　　　表 14.3-3

地区	《屋面结构雪荷载设计标准》	《荷载规范》
东北地区	150	
新疆北部地区	170	150
华北及西北地区	130 （其中山东东营、滨州、德州及河北沧州部分地区取 170）	130（青海取 120）
秦岭、淮河以南地区	150（其中江西、浙江取 200）	

2. 雪荷载不均匀分布

同济大学顾明教授、周晅毅博士等对首都国际机场 T3 航站楼等大跨屋面结构的雪荷载分布问题进行了 CFD 数值模拟研究，计算分析了在风作用下积雪发生漂移后屋盖表面的雪荷载不均匀分布状况，为结构设计提供依据[5]。

杜文风等针对单层球面网壳的雪荷载最不利分布位置进行了研究，雪荷载的最不利分布方式为加载于最外两环时，此时的结构承载力较全跨和半跨时分别降低 24.8% 和 16.3%[6]。

王军林等对 K8 型单层球面网壳进行基于雪荷载厚度不均匀的结构极限承载力研究，雪荷载不均匀分布较均匀分布承载力普遍下降，且分布于球壳半跨的最外两环呈厚度不均匀时极限承载力下降最多，比全跨均匀和非均匀分别下降了 36.4% 和 9.6%[7]。

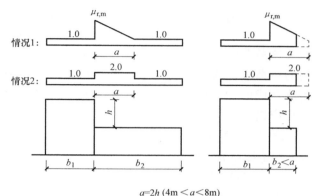

$$a=2h \,(4m<a<8m)$$
$$\mu_{r,m}=(b_1+b_2)/2h\,(2.0\leqslant\mu_{r,m}\leqslant4.0)$$

图 14.3-2　高低差屋面

我国规范中的堆雪荷载的分布系数最大取 2.0，在有高差的位置，最大取 4.0。按照《荷载规范》，高低差屋面，考虑了堆雪效应的影响，分布系数最高达到 4.0，长度为 $a=$ $2h$（且 $4m<a<8m$），其中 h 为屋面高差（图 14.3-2）。在此范围之外，雪荷载分布系数均为 1.0。

如果坡度大于 25°，相应的雪荷载如图 14.3-3 所示。在大跨结构中注意积雪分布，如图 14.3-4 和图 14.3-5 所示；在跨度大于 100m 的屋面上，要注意图 14.3-6 所示的雪荷载分布。

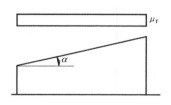

α	≤25°	30°	35°	40°	45°	50°	55°	≥60°
μ_r	1.0	0.85	0.7	0.55	0.4	0.25	0.1	0

图 14.3-3　单跨单坡屋面

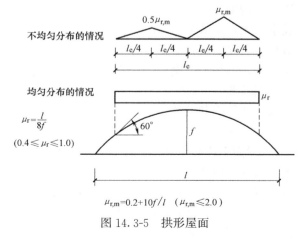

$$\mu_r=\frac{l}{8f}$$
$$(0.4\leqslant\mu_r\leqslant1.0)$$

$$\mu_{r,m}=0.2+10f/l \quad (\mu_{r,m}\leqslant2.0)$$

图 14.3-5　拱形屋面

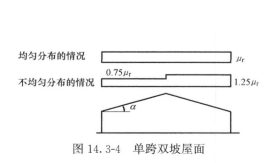

图 14.3-4　单跨双坡屋面

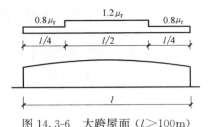

图 14.3-6   大跨屋面（$l > 100m$）

对雪荷载敏感的结构主要是大跨屋盖结构，可采用 100 年重现期雪压；基本雪压大的地区，可采用坡度大的屋面曲线，有利于积雪滑落。

14.3.8   覆冰

《工程结构通用规范》GB 55001—2021 第 4.5.6 条规定：计算塔桅结构、输电塔和钢索等结构的覆冰荷载时，应根据覆冰厚度及覆冰的物理特性确定其荷载值；计算覆冰条件下结构的风荷载，应考虑覆冰造成的挡风面积增加和风阻系数变化的不利影响，并应评估覆冰造成的动力效应；当下方可能有行人经过时，尚应对覆冰坠落风险进行评价并采取相应措施。

覆冰对结构物的影响主要体现在四个方面：静力荷载、覆冰对结构风荷载的影响、动力效应和坠冰造成的破坏。

（1）结构表面积冰后，覆冰重量将造成结构物承受的竖向荷载增加。这种静力荷载作用对于预应力钢索、细长网架等结构的内力都会造成显著影响。

（2）覆冰对结构风荷载的影响主要体现在两个方面，一是覆冰改变了结构的受风面积，二是改变了覆冰结构的风阻系数。

（3）覆冰的动力效应有各种不同的表现形式。当覆冰的质量相对较大时，将使结构自振频率明显降低，改变其动力特性。由于覆冰改变了结构横截面形状，因此可能产生驰振等气动不稳定现象，以及涡脱落导致的横风向共振。对于动力敏感的结构物，还需要考虑覆冰从结构表面脱落造成的振动。

（4）当覆冰从较高处坠落时，可能损坏低处的结构构件，甚至对行人造成威胁。越高的坠冰意味着越强的撞击作用，因此坠冰高度是评价此类风险的重要因素。

14.3.9   积水荷载

深圳国际展览中心，由于屋面排水系统缺陷造成大量积水，致使严重超载而倒塌；香港城市大学体育中心因绿化致屋面荷载增加及绿化覆盖面出现局部积水，导致最终超载，造成结构倒塌；台北丰原高中大礼堂完工验收后 18 天，发生降雨，屋顶积水超过 20cm，礼堂坍塌，造成 26 人死亡、86 人受轻重伤；美国肯珀体育馆则在一场暴雨中因积雨荷载，造成三分之二屋顶坠落。

大跨结构经常会遇到积水问题，公共建筑由于屋面面积大，排水路径长，容易积水增加屋面荷载。《工程结构通用规范》GB 55001—2021 第 4.2.10 条规定：对于因屋面排水不畅堵塞等引起的积水荷载，应采取构造措施加以防止；必要时，应按积水的可能深度确定屋面活荷载。

《屋面工程技术规范》GB 50345—2012 第 4.3.1 条规定：混凝土结构层宜采用结构找坡，坡度不应小于 3%；当采用材料找坡时，宜采用质量轻、吸水率低和有一定强度的材料，坡度宜为 2%。第 4.9.7 规定：压型金属板采用咬口锁边连接时，屋面的排水坡度不宜小于 5%；压型金属板采用紧固件连接时，屋面的排水坡度不宜小于 10%。大跨屋面结构采用压型金属板的较多，一般都是结构找坡，屋面的排水坡度不宜小于 5%。

对于屋面支撑系统及排水系统的设置，应当保证水平力的有效传递。在大型钢结构中，采用小立柱找坡设计屋面排水时要采取措施保证立柱的稳定性，防止因屋面积水使小立柱失稳导致檩条或者结构坍塌。

14.3.10 温度作用

温度作用对钢结构的影响不容忽视。国家游泳中心是由无数个多面体形成的异形结构，其外形尺寸为 $177m \times 177m \times 30m$，在运营期间结构最高温度达到 $75℃$，一年时间内其杆件应变变化最大达 $500\mu\varepsilon$[8]。国家体育场采用马鞍形双曲面屋面的复杂钢结构，长轴和短轴分别为 $332.3m$ 和 $297.3m$，该结构不规则的几何形态使其温度场分布极为不均匀，在一年时间内结构内部和外部的温差最大为 $31℃$，应力变化最大为 $49MPa$[9]。

温度作用应考虑气温变化、太阳辐射及使用热源等因素。基本气温应采用 50 年重现期的月平均最高气温和月平均最低气温。对于金属结构等对气温变化较敏感的结构，应适当增加或降低基本气温。

对于热传导速率较慢且体积较大的混凝土结构，结构温度接近当地月平均气温，可直接取用月平均最高气温和月平均最低气温作为基本气温。对于热传导速率较快的金属结构，对气温的变化比较敏感，这些结构要考虑昼夜气温变化的影响，必要时应对基本气温进行修正。气温修正的幅度大小与地理位置相关，可根据工程经验及当地极值气温与月平均最高和最低气温的差值酌情确定。

钢结构设计可采用极端最高最低气温，也可采用日平均最高最低气温，尚应根据结构表面的颜色深浅及朝向考虑太阳辐射的影响，对结构表面温度给以增大。

钢结构的合拢温度一般可取合拢时的日平均温度，但当合拢时有日照时，应考虑日照的影响。结构设计时，不能准确确定施工工期，结构合拢温度通常是一个区间值，这个区间值应包括施工可能出现的合拢温度。

14.3.11 荷载组合

根据《工程结构通用规范》GB 55001—2021，房屋建筑结构的作用分项系数应按下列规定取值。

永久作用：当对结构不利时，不应小于 1.3；当对结构有利时，不应大于 1.0。

预应力：当对结构不利时，不应小于 1.3；当对结构有利时，不应大于 1.0。

标准值大于 $4kN/m^2$ 的工业房屋楼面活荷载，当对结构不利时，不应小于 1.4；当对结构有利时，应取为 0。

当对结构不利时，不应小于 1.5；当对结构有利时，应取为 0。

对于活荷载，除了工业房屋大于 $4kN/m^2$ 时分项系数为 1.4，其余情况下均为 1.5。

14.4 钢结构稳定分析

钢结构工程多次发生重大的失稳事故。文献给出了钢结构事故中各种破坏类型的数量[10]，如表 14.4-1 所示，由于整体或局部失稳导致破坏的事故占比非常高，约占 40% 多。

钢结构事故中各破坏类型统计 表 14.4-1

破坏类型	1951—1977 年 59 起事故	1951—1959 年 69 起事故	1950—1975 年 100 起事故
整体或局部失稳	22	44	41
母材破坏塑性破坏	6	0	8
母材破坏脆性破坏	27	17	14
钢材的疲劳破坏	16	5	3（考虑焊缝）
焊接连接的破坏	15	26	24
螺栓连接的破坏	4	0	3
其他类型破坏	10	8	7

通过对失稳事故的深入分析，能够获得具体、详细破坏数据资料和破坏机理信息，为设计提供有益的借鉴或建议。能更全面、深入地了解和掌握钢结构及其构件的力学性态、稳定特征和失效机理，能更深刻地理解钢结构的计算理论、设计方法。

钢结构因抗拉强度不足破坏时，破坏前有先兆，会呈现出较大的变形，但当结构因受压失稳破坏时，失稳前变形很小，呈现出脆性破坏的特征，脆性破坏的突发性使得失稳破坏更具危险性。

稳定问题是钢结构最突出的问题，钢结构的失稳分为整体失稳和局部失稳两大类。稳定问题会受到初偏心、初弯曲、残余应力以及非线性因素的影响。整体失稳事故和局部失稳事故产生的原因分别如下：

1. 整体失稳事故原因

（1）设计错误。缺乏稳定概念；稳定验算错误；只验算基本构件的稳定，忽略整体结构稳定验算。

（2）构件的各类初始缺陷。在构件的稳定分析中，各类初始缺陷对其极限承载力的影响比较显著。初始缺陷包括：初弯曲、初偏心（轴压构件）、热轧和冷加工产生的残余应力和残余变形等，这些缺陷将对钢结构的稳定承载力产生显著影响。

（3）钢结构安装过程中，当尚未完全形成整体结构之前，属几何可变体系，构件的稳定性很差，必须设置足够的临时支撑体系来维持安装过程中的整体稳定性。若临时支撑设置不合理或者数量不足，轻则会使部分构件失稳，重则会造成整个结构在施工过程中倒塌或倾覆。

（4）使用不当。结构竣工投入使用后，使用不当或意外因素也是导致失稳事故的主因。例如，使用方随意改造使用功能；改变构件的受力状态；由积灰或增加悬吊设备引起的超载；基础的不均匀沉降和温度应力引起的附加变形；意外的冲击荷载等。

2. 局部失稳事故原因

局部失稳主要是针对构件而言，其失稳的后果虽然没有整体失稳严重，但也不容忽视。

（1）设计错误。设计人员未进行构件的局部稳定验算，杆件宽厚比和高厚比大于规范限值。

（2）构造不当。构件局部受集中力较大的部位，原则上应设置构造加劲肋。加劲肋数量不足、构造不当，会引起局部失稳。

（3）初始缺陷。初始缺陷包括钢材的负公差严重超标，制作过程中焊接等工艺产生的局部鼓曲和波浪形变形等。

（4）吊点位置不合理。在吊装过程中，尤其是大型的钢结构构件，吊点位置的选定十分重要。吊点位置不同，构件受力的状态也不同。压应力将会导致构件在吊装过程中局部失稳。针对重要构件应在图纸中说明起吊方法和吊点位置。

结构的初始缺陷包含结构整体的初始几何缺陷和构件的初始几何缺陷及残余应力。结构的初始几何缺陷包括节点位置的安装偏差、杆件的初弯曲、杆件对节点的偏心等。缺陷的最大值可根据施工验收规范所规定的最大允许安装偏差取值，初始几何缺陷按最低阶屈曲模态分布，但由于不同的结构形式对缺陷的敏感程度不同，可根据各自结构体系的特点规定缺陷值：网壳缺陷最大计算值可按网壳跨度的 1/300 取值。

钢结构的基本构件包括轴心受力构件（轴拉、轴压）、受弯构件和偏心受力构件三大类，只有轴心受拉构件和偏心受拉构件不存在稳定问题。

受弯构件局部稳定解决方法：限制板件宽厚比，使之达到屈曲的极限承载能力，不在构件整体失效前屈曲；允许板件在构件整体失效前屈曲，然后利用其屈曲后强度达到构件的承载能力；对梁设置横向或纵向加劲肋，解决不考虑屈曲后强度梁的局部稳定问题。

轴心受压构件和压弯构件局部稳定解决方法：控制翼缘板自由外伸宽度与其厚度之比、控制腹板计算高度与其厚度之比；如果受压构件为圆管截面，则应控制外径与壁厚之比。

14.5 大跨结构及复杂高层施工模拟等

当采用除满堂脚手架外的其他安装方法时，结构在安装阶段的受力状态与使用阶段的状态有较大的差别。安装时支承条件改变，吊装单元与原整体结构不一致，杆件内力会发生较大的变化。

14.6 钢结构的脆性破坏

钢结构的脆性破坏是其极限状态中最危险的破坏形式之一，表 14.6-1 给出了国际焊接协会对焊接钢结构脆性破坏的实例统计分析结果。

国际焊接协会对焊接钢结构脆性破坏的实例统计分析结果   表 14.6-1

序号	影响因素	实例数	比例（%）
1	钢材对裂纹的敏感性	26	20.6
2	结构构造缺陷	18	14.3
3	构件的焊接残余应力	17	13.5
4	钢材冷作与变形硬化	14	11.1
5	疲劳裂纹	9	7.1
6	其他焊缝缺陷	9	7.1

续表

序号	影响因素	实例数	比例（%）
7	结构工艺缺陷	9	7.1
8	结构超载	8	6.3
9·	构件的热应力	6	4.8
10	焊接热影响区的裂纹	3	2.4
11	钢材的热处理	3	2.4
12	焊缝的裂纹	2	1.6
13	钢材的冷加工	1	0.8
14	腐蚀裂纹	·1	0.8
	总计	126	100

钢结构的脆性破坏发生往往很突然，没有明显的塑性变形，而破坏时构件的名义应力很低，一般低于钢材的抗拉强度设计值，有时只有钢材屈服强度的 0.2 倍。影响钢结构脆性破坏的主要因素有：

（1）钢材的抗脆断性能差。钢材的塑性、韧性以及对裂纹的敏感性等都将影响其抗脆性断裂的性能，其中冲击韧性起着决定作用。

选择钢材时，应根据钢材类型和工作环境具有不同温度条件下冲击韧性的保证。低合金钢材的抗脆断性能比普通碳素钢优越；普通碳素钢系列中，镇静钢、半镇静钢和沸腾钢的抗脆断性能依次降低。钢材中某些微量元素的含量，如碳、磷和氮，对钢材抗脆断性能的影响也十分显著。

（2）构件的加工制作缺陷。这类缺陷主要包括：结构构造和工艺缺陷、焊接的残余应力和残余变形、焊缝及其热影响区的裂纹、冷作与变形硬化及其裂纹、构件的热应力等。这些缺陷将严重影响构件局部的塑性和韧性，限制其塑性变形，从而导致结构的脆性断裂。

（3）构件的应力集中和应力状态。构件的高应力集中会使构件在局部产生复杂应力状态，如三向或双向受拉、平面应变状态等。这些复杂的应力状态，严重影响构件局部的塑性和韧性，限制其塑性变形，从而提高了构件产生脆性断裂的可能性。

对于特别重要或特殊的结构构件和连接节点，可采用断裂力学和损伤力学的方法对其进行抗脆断验算。

在工作温度等于或低于－30℃的地区，焊接构件宜采用实腹式构件，避免采用手工焊接的格构式构件。在工作温度等于或低于－20℃的地区，结构设计及施工应符合下列规定：

（1）承重构件和节点的连接宜采用螺栓连接，施工临时安装连接应避免采用焊缝连接。

（2）受拉构件的钢材边缘宜为轧制边或自动气割边。对厚度大于 10mm 的钢材采用手工气割或剪切边时，应沿全长刨边。

（3）板件制孔应采用钻成孔或先冲后扩钻孔。

（4）受拉构件或受弯构件的拉应力区不宜使用角焊缝。

（5）对接焊缝的质量等级不得低于二级。

14.7 设计图纸

钢结构设计图纸一般分钢结构设计图和钢结构深化图两阶段，一般情况下设计单位主要提供设计图，钢结构深化图由钢结构深化公司专门绘制。

设计图是提供编制钢结构深化图的依据，其深度及内容应完整。在设计图中，对于设计依据、荷载（包括地震作用）、技术数据、材料选用及材质要求、设计要求（包括制造和安装、焊缝质量检验的等级、涂装及运输等）、结构布置、构件截面选用以及结构的主要节点构造等均应表示清楚，以利于钢结构深化。

钢结构深化图，一般称加工图或放样图，满足加工厂直接制造加工，并应附有详尽的材料表。设计图及深化图的内容表达方法及出图深度的控制。

设计图纸经常出现的问题：设计图纸错误或不完备，审查不细致；几何尺寸标注不清或矛盾，对材料、加工工艺要求、施工方法及特殊节点的特殊要求有遗漏；设计单位无资质、无签字等。

设计单位要强化设计资质，规范设计管理，承担起在设计、计算、出图等阶段的重任，严格控制各个环节，把好设计质量关，确保结构的安全可靠，杜绝事故发生。

14.8 钢结构防腐

由于普通钢材的抗腐蚀能力比较差，防腐是钢结构应关注的重要问题。腐蚀使钢结构杆件净截面减弱，降低了结构承载能力和可靠度，同时腐蚀形成的"锈坑"使钢结构产生脆性破坏的可能性增大，抗脆性能下降。有相当比例的结构损坏是由于钢材的腐蚀引起的。

2022年4月18日，位于郑州市金水区的郑州五洲大酒店俱乐部有限公司五洲温泉游泳馆发生一起较大坍塌事故，造成3人死亡、9人受伤，事故直接原因为游泳馆屋盖结构长期在潮湿环境下使用，钢屋架杆件、节点及支座部位均腐蚀严重，部分杆件截面损失率较大，致使杆件强度和稳定性严重不足，部分杆件荷载引起的稳定应力严重超出材料强度，导致屋面结构坍塌。

钢结构易发生锈蚀的部位：

（1）埋入地下的地面附近部位，如柱脚等；

（2）存在积水或遭受水蒸气侵蚀部位；

（3）经常干湿交替未包裹混凝土的构件；

（4）易积灰湿度大的构件部位；

（5）难于涂刷油漆的部位。

与钢结构防腐有关的规程主要有：《建筑钢结构防腐蚀技术规程》JGJ/T 251—2011、《钢结构防腐蚀涂装技术规程》CECS 343：2013。《建筑钢结构防腐蚀技术规程》JGJ/T 251—2011将腐蚀性等级分为六类：Ⅰ无腐蚀、Ⅱ弱腐蚀、Ⅲ轻腐蚀、Ⅳ中腐蚀、Ⅴ较强腐蚀和Ⅵ强腐蚀。当腐蚀性等级为Ⅱ级时，重要构件宜选用耐候钢。表14.8-1给出了钢结构防腐蚀保护层最小厚度，防腐蚀保护层厚度包括涂料层的厚度或金属层与涂料层复合的厚度，室外工程的涂层厚度宜增加20～40μm。涂层与钢铁基层的附着力不宜低于

5MPa。钢结构设计里面防腐蚀保护层设计使用年限一般为10～15年，室内要求的最小保护层厚度200μm。

钢结构防腐蚀保护层最小厚度

表 14.8-1

防腐蚀保护层设计使用年限 t（年）	钢结构防腐蚀保护层最小厚度（μm）				
	Ⅱ级	Ⅲ级	Ⅳ级	Ⅴ级	Ⅵ级
$2 \leqslant t < 5$	120	140	160	180	200
$5 \leqslant t < 10$	160	180	200	220	240
$10 \leqslant t \leqslant 15$	200	220	240	260	280

《钢结构防腐蚀涂装技术规程》CECS 343：2013 将腐蚀作用分为四类：C1 微腐蚀性、C2 弱腐蚀性、C3 中等腐蚀性和 C4 强腐蚀性，除分类少了两种，对应要求的防护涂层厚度与《建筑钢结构防腐蚀技术规程》JGJ/T 251—2011 一致，如表 14.8-2 所示。

钢结构表面防腐蚀涂层最小厚度

表 14.8-2

防腐蚀涂层设计使用年限 t（年）	防腐蚀涂层最小厚度（μm）		
	C2	C3	C4
$2 \leqslant t < 5$	120	160	200
$5 \leqslant t < 10$	160	200	240
$10 \leqslant t \leqslant 15$	200	240	280

钢结构表面防火涂层不具有防腐效能时，不应将防火涂料作为防腐涂料使用，应按构件表面涂覆防锈底层涂料、防腐蚀中间层涂料，其上为防火涂料，再做防腐面层涂料的构造进行防护处理，如表 14.8-3 所示。

除锈等级为 Sa2 $\frac{1}{2}$ 时钢结构常用防腐涂层配套

表 14.8-3

涂层构造									涂层总厚度（μm）	使用年限（年）		
底层			中间层			面层					强腐蚀	中腐蚀	弱腐蚀
涂料名称	遍数	厚度（μm）	涂料名称	遍数	厚度（μm）	涂料名称	遍数	厚度（μm）					
环氧铁红底涂料	2	60	环氧云铁中间涂料	1	70	环氧聚氨酯、丙烯酸环氧、丙烯酸聚氨酯等面涂料	2	70	200	2～5	5～10	10～15
	2	60		1	80		3	100	240	5～10	10～15	>15
	2	60		2	120		3	100	280	10～15	>15	>15
	2	60		1	70	环氧聚氨酯、丙烯酸环氧、丙烯酸聚氨酯等厚膜型面涂料	2	150	280	10～15	>15	>15
	2	60	—		—	环氧聚氨酯等玻璃鳞片面涂料	3	260	320	>15	>15	>15
						乙烯基酯玻璃鳞片面涂料	2					

涂层构造								涂层总厚度（μm）	使用年限（年）		
底层			中间层			面层			强腐蚀	中腐蚀	弱腐蚀
涂料名称	遍数	厚度（μm）	涂料名称	遍数	厚度（μm）	涂料名称	遍数	厚度（μm）			
富锌底涂料	2	70	环氧云铁中间涂料	1	60	环氧聚氨酯、丙烯酸环氧、丙烯酸聚氨酯等面涂料	2	70	200	5～10	10～15	>15
		70		1	70		3	100	240	10～15	>15	>15
		70		2	100		3	100	280	>15	>15	>15
		70		1	60	环氧聚氨酯、丙烯酸环氧、丙烯酸聚氨酯等厚膜型面涂料	2	150	280	>15	>15	>15

钢结构在使用过程中要定期检查。每隔 10～15 年，应对钢结构及幕墙连接件等进行全面检查。应以年为单位定期对防腐防护涂层进行检查维护。

14.9　钢结构防火

2001 年 9 月 11 日，美国纽约世界贸易中心 1 号楼和 2 号楼因飞机撞击，在大火中 1.0～1.5h 后完全倒塌，其中一个关键原因就是防火性能不足。

钢材主要缺点：耐腐蚀性和耐火性较差，钢结构使用时需要进行较严格的防护，其防护费用高于钢筋混凝土结构。钢材虽有一定的耐热性，但在温度达 150℃ 以上时，钢结构需要加隔热层加以保护；如果在无保护状态下 15 分钟接近 500℃，钢结构接近丧失承载能力。

建筑防火相关的规范最常用的是《建筑防火设计规范》GB 50016—2014（2018 年版）和《建筑钢结构防火技术规范》GB 51249—2017。《建筑钢结构防火技术规范》第 3.1.4 条明确要求，"钢结构的防火设计文件应注明建筑的耐火等级、构件的设计耐火极限、构件的防火保护措施、防火材料的性能要求及设计指标"。《建筑钢结构防火技术规范》规范第 4.1.2 条推荐了防火保护常用方法：喷涂（涂抹）防火涂料、包覆防火板、包覆柔性毡状隔热材料、外包混凝土和金属网砂浆后砌筑砌体。最常见的方法是喷涂（涂抹）防火涂料和包覆防火板。涂料保护又分非膨胀涂料和膨胀涂料，因为耐候性的原因一般室外宜采用非膨胀涂料或者环氧类膨胀涂料。

建筑钢构件的设计耐火极限应符合现行国家标准《建筑设计防火规范》GB 50016 中的有关规定。当钢构件的耐火时间不能达到规定的设计耐火极限要求时，应进行防火保护设计，建筑钢结构应按现行国家标准《建筑钢结构防火技术规范》GB 51249 进行抗火性能验算。

钢结构防火保护措施及其构造应根据工程实际，考虑结构类型、耐火极限要求、工作环境等，按照安全可靠、经济合理的原则确定。在钢结构设计文件中，应注明结构的设计耐火等级、构件的设计耐火极限、所需要的防火保护措施及其防火保护材料的性能要求。构件采用防火涂料进行防火保护时，其高强度螺栓连接处的涂层厚度不应小于相邻构件的涂料厚度。

14.10　施工

内蒙古那达慕赛马场因西侧（西区）看台钢结构罩棚部分焊缝存在严重质量缺陷，遇到近期骤冷的天气，钢结构罩棚出现较大伸缩而发生塌落；华沙电台广播塔因维修时最高层的钢桁架拉索替换错误，导致了整座塔的倒塌。

施工过程中，钢结构最容易发生事故，大部分事故都是由于施工不规范导致的。施工存在的主要问题有：

（1）项目未经正规设计及有关部门批准，擅自开工。

（2）建筑市场不规范，施工单位层层转包。

（3）违反设计与规范，不按图施工，偷工减料，材料随意代换，以次充好。

（4）管理混乱：不同型号杆件混乱摆放；施工人员不遵守操作规程，违章作业；质量安全监督检查不到位，管理人员安全意识淡薄等。

（5）焊接质量不符合有关施工规范的要求，焊缝质量不合格，节点未按照设计及规范要求。

（6）钢构件长度加工不精确，采用塞焊等方式焊接。

（7）网架拼装或吊装原因：装螺栓球节点网架时，个别杆件长度加工不精确或螺栓孔端面、角度误差较大，螺栓放不进去，将杆件焊到球体上；螺栓球节点网架在进行高强度螺栓紧固的时候，没有紧固到位，有假拧紧情况；焊缝质量不合格，包括焊接球本身的焊缝以及与钢管连接处的焊缝等。

（8）施工方案不合理：大跨结构的施工方案必须专家论证，制订详细、合理的施工方案和完备的施工组织设计，并进行必要的施工阶段验算。有些施工单位不经计算校核，随意增加杆件或支撑点。

钢结构加工制作的主要问题有：

（1）在制造加工过程中，不按标准及设计要求选用材料，选用劣质材料，钢管内外表面存在缺陷，管径与壁厚有较大的负偏差，拼装前杆件有初弯曲而不调直等。

（2）不按规范及图纸要求制作，任意修改施工图。杆件下料尺寸不准，特别是压杆超长，拉杆超短。不按规范规定对钢管剖口，对接焊缝时不加衬管或不按对接焊缝要求焊接。支座底板及底板连接的钢管或肋板采用氧气切割而不将其端面刨平，组装时不能紧密顶紧，支座受力时产生应力集中或改变了传力路线。

（3）焊缝质量差（未焊透、根部裂纹、烧穿、塌腰、气孔、夹渣等）。

（4）拼装后的偏差、变形不修正，强行安装，造成杆件弯曲或产生次应力。

（5）支座预埋钢板、锚栓偏差较大，造成网架就位困难，为图省事而强迫就位或预埋板与支座板焊死，从而改变了支承的约束条件。

（6）屋面施工违反设计要求，任意增加面层厚度，使屋盖重量增加。

14.11　使用原因

某俱乐部观众厅未拆除原找平层、保温层，二次增加找平层、保温层造成屋顶荷载增加，将施工机具及材料堆积在屋顶上，致使网架的实际荷载远远大于网架的极限承载能力，从而造成屋顶垮塌；香港城市大学体育中心因绿化致屋面荷载增加及绿化覆盖面出现局部积水，导致最终超载，造成结构倒塌；福建省泉州市欣佳酒店坍塌事故因违法违规建设、改建和加固施工导致建筑物坍塌。

使用荷载和条件的改变主要包括：

（1）使用荷载超过设计荷载：没有对结构进行定期维护或维修不当，如屋面排水不畅，积灰不及时清扫，积雪严重及屋面上随意堆料、堆物等，都会导致超载。

（2）使用环境变化（包括温度、湿度、腐蚀性等），使用用途改变。

（3）部分构件退出工作引起的其他构件荷载的增加，温度荷载、基础不均匀沉降引起的附加荷载，意外的冲击荷载，结构加固过程中引起结构改变。

参考文献

[1] 魏勇，柯江华，韩巍，等. 活荷载不利布置对某大跨钢结构内力的影响分析 [C]. 第三届全国建筑结构技术交流会论文集，2011：905-908.

[2] 曹镜韬. 长期风荷载作用下金属屋面板风致疲劳评估方法研究 [D]. 长沙：湖南大学，2021.

[3] 潘赛军，施月中，耿晓清，等. 浙江台州工业厂房 0414 号台风受损的原因剖析与对策探讨 [J]. 钢结构，2005，20：52-57.

[4] 宋芳芳，欧进萍. 台风"黑格比"对城市建筑物破坏调查与成因分析 [J]. 自然灾害学报，2010（4）：8-16.

[5] 周晅毅，顾明，朱忠义，等. 首都国际机场 3 号航站楼屋面雪荷载分布研究 [J]. 同济大学学报（自然科学版），2007（09）：1193-1196.

[6] 杜文风，高博青，董石麟. 单层球面网壳结构屋面雪荷载最不利布置研究 [J]. 工程力学，2014，31（3）：83-86.

[7] 王军林，李红梅，任小强，等. 不对称及非均匀雪荷载下单层球面网壳结构的稳定性研究 [J]. 空间结构，2016，22（04）：17-22

[8] 李惠，周峰，朱焰煌，等. 国家游泳中心钢结构施工卸载过程及运营期间应变健康监测及计算模拟分析 [J]. 土木工程学报，2012，45（3）：1-9.

[9] 曾志斌，张玉玲，王丽，等. 国家体育场大跨度钢结构温度场测试与分析 [J]. 铁道建筑，2008，8：1-5.

[10] 王元清. 钢结构脆性破坏事故分析 [J]. 工业建筑，1998（05）：55-58.